Java Web
项目实训教程 第2版

周建锋 主编

贺树猛 孙道贺 张蕊 副主编

清華大學出版社
北 京

内容简介

本书以项目为导向，通过“招生考试报名系统”项目讲解一个 Java Web 项目开发的完整设计与实现流程。全书共分为 14 章，第 1 章重点讲解系统实现需使用的技术，包括前端三大核心技术（HTML、CSS、JavaScript）以及 Java Web 技术基础（JSP、EL 表达式、JSTL 标签、Servlet、过滤器、监听器等）；第 2 章介绍系统需求；第 3 章讲解项目数据库的设计与实现；第 4 章实现对数据库基础操作的封装；第 5 章封装实现 DAO 层组件；第 6 章结合 MVC 分层设计思想对站点资源进行统一规划设计，并对视图层页面进行简要设计；第 7 章完成系统在初始阶段需要具备的一些基础功能；第 8~14 章按照报名系统的实际业务需求分阶段推进，依次完成各阶段的业务功能开发。

本书配套资源丰富，包括制作精美的教学课件（533 页）、项目开发的全过程教学视频（1200 分钟）、案例代码、项目开发素材以及项目的完整源代码。

本书可以作为高等院校或职业院校计算机类专业学生学习 Java Web 应用程序开发的实训教材，也可以作为 Java Web 应用开发人员的参考用书。

图书在版编目 (CIP) 数据

Java Web 项目实训教程 / 周建锋主编 . —2 版 . —北京：清华大学出版社 , 2024.5
ISBN 978-7-302-65778-1

Ⅰ . ① J… Ⅱ . ①周… Ⅲ . ① JAVA 语言—程序设计—教材 Ⅳ . ① TP312.8

中国国家版本馆 CIP 数据核字 (2024) 第 056214 号

责任编辑：刘向威 李薇濛
装帧设计：常雪影
责任校对：韩天竹
责任印制：刘 菲

出版发行：清华大学出版社
网 址：https://www.tup.com.cn，https://www.wqxuetang.com
地 址：北京清华大学学研大厦 A 座 邮 编：100084
社 总 机：010-83470000 邮 购：010-62786544
投稿与读者服务：010-62776969，c-service@tup.tsinghua.edu.cn
质 量 反 馈：010-62772015，zhiliang@tup.tsinghua.edu.cn
课 件 下 载：https://www.tup.com.cn，010-83470236
印 装 者：三河市龙大印装有限公司
经 销：全国新华书店
开 本：185mm × 260mm **印 张：**26.5 **字 数：**665 千字
版 次：2016 年 9 月第 1 版 2024 年 5 月第 2 版 **印 次：**2024 年 5 月第 1 次印刷
印 数：1~1500
定 价：79.00 元

产品编号：100510-01

前言

第2版

党的二十大报告指出，世界百年未有之大变局正在加速演进，新一轮科技革命和产业变革也在深入发展。在这个时代背景下，实现高水平科技自立自强，进入创新型国家前列成为我国发展的总体目标之一。目标的实现依靠的是各领域科技人才这个第一资源，因此对优秀人才的培养工作至关重要。在信息技术领域，云计算、大数据等网络服务技术是当前信息技术领域发展的热点，互联互通的信息化技术应用已经覆盖社会生活各个领域。各类网站、管理信息系统、大数据应用甚至是移动终端应用在开发时大量使用Web服务向终端用户提供应用接入方式。具体到Web服务开发领域，Java Web相关技术具有性能优越、框架丰富、技术成熟度高等优点，在市场上被广泛应用。因此，许多高校的计算机相关专业以及市场培训机构都开设了Java Web应用开发的相关课程，此类课程偏向于实际应用，可定位为技能实践类课程。高校非常重视学生实践应用能力的培养，对内容新颖、特色鲜明、配备优质微视频资源的实践类教材市场需求量比较大，但此类教材品种数量有限。为此，作者结合自身丰富的教学经验和项目实战经验精心编制了这本实践类的Java Web技术教程，力求为信息技术领域的人才培养做出绵薄贡献。

天津理工大学中环信息学院每年都会招收专升本学生，根据专升本招生工作的信息化建设需求，编写本书的教师团队选用Java Web技术自主设计开发了一个招生考试报名系统，并进行了多次迭代优化升级。在此基础上，作者结合多年的教学经验对这个实际的项目资源进行提炼，将其转换为适于实践教学的项目，并完成了本书的编著，以期能够满足实践教学之需。

本书在第1版的基础上，参照优化升级后的学院招生考试报名系统，重新编写了项目源码，调整了部分系统功能，增加了对数据库通用操作的封装以及DAO层组件设计，优化了前端页面视图代码，设计了请求参数的服务端校验框架，应用了Servlet 3.0中的新技术规范。此外，为进一步简化业务逻辑以及控制代码，设计了一些工具类，分别用于封装请求和响应相关方法、日期时间处理转换方法、密码加密方法、二维码生成方法、Excel文件数据读取并导入数据库方法等。本书在内容组织时不再简单地以用户角色功能模块为单元，而是以实际业务流程推进为主线来组织，章节的衔接更加合理自然；在关键技术要点的应用讲解时，凸显出软件代码的迭代过程，循序渐进地将代码初始版本编写、封装优化、技术迭代等具体演进过程呈现给读者。对初学者而言，在演进模式下学习实践关键技术，更加符合学习认知实践规律。尽管本书中的实训项目规模不大，但足以覆盖Java Web项目开发的基本知识点和关键技术，可为读者日后学习应用更高层次的开发框架奠定坚实基础。

本书各章节的内容组织如下：第1章首先对Web应用技术的基础知识、Web前端的三大核心技术（HTML、CSS、JavaScript）进行了简要的梳理总结，接着针对开发工具的选择与安装、Web服务器配置、Web项目创建与部署等环节讲解了Java Web项目开发及运行环境的搭建过程，最后在实际的开发环境中结合案例分别对JSP、EL表达式、JSTL标签库、Servlet、过滤器、监听器等Java Web开发的核心技术进行了逐一讲解，帮助读者理解并掌握技术原理；第2章对招考报名系统的开发背景、业务流程和功能需求进行了总体介绍；第3章介绍了项目数据库的详细设计并使用MySQL数据库完成了项目数据库的具体实现；第4章从管理信息系统的本质——数据管理的角度出发，对数据的存储、流转、转换过程进行分析，实现了Java实体类的设计封装，接着讲解了使用Java语言对MySQL数据库进行操作的基本流程，并对一些通用的数据操作进行了封装设计，为系统业务功能模块的开发提供底层的数据操作支撑；第5章封装实现了DAO层组件，进一步屏蔽了具体数据存取技术的实现细节；第6章结合MVC分层设计思想，分层对项目资源进行统一组织和规划，然后对系统功能页面视图的总体布局以及局部要素进行了详细设计；第7章完成了系统在初始时需要具备的一些基础功能；从第8章起，按照报考系统的实际业务需求分阶段推进，依次完成了招考信息管理、用户注册与登录、在线报名、现场确认与报名表打印、报名信息综合查询、准考证号码编排与考场分配、在线打印准考证、考试入场签到、成绩与录取信息导入及查询等业务功能的设计与实现。

本书的项目案例中覆盖了数据库操作封装、EL表达式与JSTL标签应用、密码加密、权限控制、验证码生成、表单的前端校验、请求参数的获取方法封装、请求参数的服务端校验框架、表单输入值的驻留、文件上传、在线打印、Excel表数据操作、数据库备份与恢复等在项目开发时常用的技术要点，读者可以在设计开发Java Web项目时参考借鉴。此外，本书配套提供了1200分钟的项目教学视频，完整地呈现了项目设计与开发的全部过程，为读者提供更详实生动的学习资源。

本书由周建锋任主编，贺树猛、孙道贺、张蕊任副主编，周建锋负责统稿。其中第1章由贺树猛编写，第2～4章由张蕊编写，第5～12章由周建锋编写，第13、14章由孙道贺编写。另外，周建锋负责项目代码的设计编写以及项目教学视频的录制。

最后，感谢读者选择使用本书。由于编者水平有限，书中难免有疏漏之处，敬请广大读者提出意见和建议，编者将不胜感激。

编　者

2024年4月

第1版前言

云计算、大数据等网络服务是当前计算机行业发展热点，这些应用大多基于网站作为其应用接入方式。Java技术因其优越性能，在网络服务方面占有一席之地，在计算机培训市场已经形成了基于Java的一系列培训课程。目前有关Java Web应用的书籍较多，有的是技术参考书，有的是以技术知识点讲解为主的教材。这些书籍中设计的示例编码规模相对较小，系统设计与实际应用也存在一定差距，学生学会了知识点，却体会不到如何用软件工程的方法去设计软件，不能满足应用技术型人才培养的需要。

天津理工大学中环信息学院2012年获批招收专升本学生，结合专升本招生工作的需要，自主开发了一个在线网络报名系统。系统采用Tomcat服务器，MySQL数据库，运用HTML、JavaScript、JSP、Servlet、过滤器、监听器等编程语言和技术，遵循MVC框架模式要求，构建了一个基于B/S模式的在线专升本招生报名管理信息系统。在此系统基础上，组织人员按照软件工程的思想，对该系统的需求分析、站点资源组织规划、设计与实现等进行了梳理，编写了本书，以期满足应用技术型计算机人才的培养需要。

本书侧重实践教学，结合实际项目，按照网站开发过程，系统、全面地介绍如何应用Java Web的基本技术开发Web应用。本书编写突出以下特点。

突出“软件工程”的思想，展示一个典型的基于B/S的管理信息系统的设计实现过程，尽管软件规模不大，但足以让读者真实体会学习管理信息系统类软件的设计实现过程。

贯穿“项目驱动”的思想，紧紧围绕系统实现时所使用的技术进行组织安排编写本书，密切结合MyEclipse软件，讲解具体技术工程化实现办法。理论部分以够用为度，部分未使用到的技术已经略去。

本书第1章侧重系统中所用技术的讲解，包括HTML、CSS、JSP基本内置对象、EL表达式、JSTL、Servlet和过滤器等。每个知识点都有典型的示例演示，其中，Servlet、过滤器、JSTL等是结合系统使用方式，使用MyEclipse软件独立设计的小型示例，使读者可以清楚数据的传递流程。第2章介绍系统需求，第3章是项目数据库设计，第4章是站点资源组织与用户界面设计，体现了系统的MVC模式设计，后续人员的分工合作是基于此展开的。从第5章开始介绍系统的设计实现过程，侧重代码的实现、数据流程讲解。第5章介绍过滤器在系统中的使用，第6章是用户模块的设计实现，第7章是招考信息管理模块的实现，第8章介绍监听器的作用，第9章是在线报名与打印模块设计，第10章是报考信息管理与现场确认模块的实现，第11章是考号与考场分配功能模块的实现，第12章是成绩管理模块的实现，第13章是数据库备份与恢复。

本书可以作为高等院校和职业院校学生学习Java Web应用程序开发课程的教材，也可以作为Java Web应用开发人员的参考用书。

本书由孙道贺、周建锋、张蕊、尉寅玮编著，孙道贺任主编并负责统稿，周建锋任副主编，其中第1章、第6章由孙道贺编写，第2章、第4章、第5章、第8章由周建锋编写，第3章、第7章由张蕊编写，第9～13章由尉寅玮编写。另外，杨帆参与了系统的设计和测试工作，协助完成本书资料收集与整理工作。

感谢读者选择使用本书。由于编者水平有限，时间仓促，书中难免有疏漏和不当之处，敬请广大读者提出意见和建议，编者将不胜感激。

编　者

2016年9月

目录

CONTENTS

第1章 Java Web应用开发基础

本章首先讲解Web应用技术的基础知识，既包括对软件架构、Web服务器、HTTP与URL、静态网页与动态网页等基本概念的阐述，又包括对Web前端三大核心技术（HTML、CSS、JavaScript）的梳理总结。接着从开发工具的选择与安装、Web服务器配置、Web项目创建与部署等环节详细讲解Java Web项目开发及运行环境的搭建过程。最后在实际的开发环境中，结合案例分别对JSP、EL表达式、JSTL标签库、Servlet、过滤器、监听器等Java Web开发的核心技术进行逐一讲解，为后续章节实现基于Java Web技术的招生考试报名系统奠定理论及实践基础。

1.1 Web应用基础

1.1.1 软件架构

随着互联网技术的蓬勃发展，传统的单机软件模式越来越难以满足实际应用需求，新的基于网络传输的软件架构应运而生。当前应用最为广泛的软件架构模式分为两种：一种是基于C/S（Client/Server，客户机/服务器）模式的软件架构，另一种是基于B/S（Browser/Server，浏览器/服务器）模式的软件架构。

1. C/S架构

C/S架构通常采用客户机、服务器两层架构，客户机通常指普通用户能够接触到的各种互联网终端设备（个人计算机、智能手机等）。在一个C/S架构的软件系统中，客户机中需要安装专门的软件，称为客户端程序。客户端程序负责与用户交互，还会承担一部分业务逻辑，同时它也需要通过网络向服务器发起业务处理请求或者数据请求，由服务器接收请求并将业务处理结果或者程序需要的数据响应给客户端。服务器也是互联网中的设备，它通常采用高性能计算机或工作站，处于生产模式下的服务器能够保持24小时不间断地对外提供服务。服务端运行的程序主要负责执行后台服务，处理多个客户端共享的信息与功能，并维护存储在数据库系统中的业务数据。除此之外，服务器在及时应答客户端请求的同时，还需要提供完善的安全保护措施，确保所维护数据的完整性和一致性。采用C/S架构模式设计的软件系统在更新升级时，不仅需要更新服务端程序，也需要逐一将所有终端设备中的客户端软件卸载并重新安装。

2. B/S架构

随着Internet和WWW（World Wide Web，万维网）的迅猛发展，以前广泛使用的C/S架构已经无法满足全球网络开放、互联互通和信息共享的需求，于是新的网络程序开发体系架构B/S应运而生。B/S是Web兴起后的一种软件设计架构，通常采用三层架构。

（1）第一层是客户机，仍然指互联网终端设备。与C/S架构不同的是，客户机中不再需要为每个软件系统都安装一套专门的应用软件了，而是统一使用Web浏览器作为软件系统的客户端程序。客户端浏览器不需要承担软件系统中的具体业务逻辑处理工作，而是作为代理软件处理用户与服务器之间的交互。

（2）第二层是Web服务器，它主要负责完成系统的业务逻辑处理与数据信息的传送转换工作，并将结果以某种格式（HTML、JSON等）的数据响应给客户端浏览器。

（3）第三层是数据库服务器，它是B/S架构的核心部分，其中存储了软件系统中几乎全部的数据。来自客户端浏览器的多数请求都与数据处理有关，这些数据处理请求会经由Web服务器发送到数据库服务器，然后在数据库服务器中执行数据的检索或更新操作。执行结果会返回给Web服务器，再经Web服务器处理后响应给客户端浏览器，最终呈现为用户可见的网页。

B/S架构统一了客户端程序（Web浏览器），不再需要为每个软件系统安装专门的客户端软件，它也使得不同软件系统之间的数据交互更加便捷。软件系统的核心部分集中在了服务端，简化了系统的开发维护，在系统更新升级时仅需要更新部署在服务器中的程序。B/S架构逐渐成为软件系统开发时的首选架构。当然，在实际工程项目开发时，还需要根据实际需求和技术要求选择适合的架构。

1.1.2 Web 服务器

Web服务器的概念较为宽泛，通常所说的Web服务器也称为网站服务器，它是建立在Internet之上并且驻留在某个服务器中的程序。Web服务器用于对外提供Web服务，让网络中的用户能够通过客户端浏览器访问服务器中部署的资源，这些资源既可以是HTML文档、图片、视频等静态资源，也可以是JSP、Servlet程序等动态资源。目前比较流行的Web服务器包括Apache、Tomcat、Nginx等。

Apache HTTP Server（简称Apache）是Apache软件基金会（Apache Software Foundation）的一个开放源代码的Web服务器，可以在大多数计算机操作系统中运行，具有跨平台和安全性高等优点，是目前最流行的Web服务器软件之一。

Tomcat是Apache软件基金会的Jakarta项目中的一个核心项目，由Apache、Sun和其他一些公司及个人共同开发完成。Tomcat服务器是一个免费的开放源代码的Web应用服务器，属于轻量级应用服务器，在中小型系统和并发访问用户不多的场合下被普遍使用，是开发和调试JSP程序的首选。Tomcat处理静态HTML的能力不如Apache服务器。

Nginx是一款高性能的HTTP和反向代理Web服务器，同时也提供了IMAP/POP3/SMTP服务。其特点是占有内存少、并发能力强，在高连接并发的情况下，它能够支持高达5万个并发连接数的响应，而内存、CPU等系统资源消耗却非常低，运行非常稳定。

1.1.3 HTTP与URL资源定位

1. HTTP

HTTP（Hypertext Transfer Protocol，超文本传输协议）是一种用于分布式、协作式和超媒体信息系统的应用层协议。万维网联盟W3C（World Wide Web Consortium）作为制定标准的国际组织，负责维护HTTP。HTTP的最新版本是HTTP/2，但是目前仍在广泛使用的一个版本是HTTP1.1。

HTTP采用请求/响应模型，使得Web服务器与浏览器之间可以通过网络进行数据交互。一般来说，Web服务器不间断运行，并等待HTTP客户端（通常是Web浏览器）来连接并请求资源。通常情况下都是由客户端发起连接，服务端不会主动连接客户端。

客户端向服务器发送的请求称为HTTP请求报文。请求报文中有三部分内容，第一部分是请求行，也就是请求报文中的第一行内容，请求行中包含请求的方法、请求地址和协议版本信息；第二部分是请求头信息；第三部分则是请求正文。在请求头消息与请求正文之间有一行为空行，用于通知服务器请求消息头到此结束，接下来是请求正文部分。

服务器响应给客户端的数据称为HTTP响应。同HTTP请求类似，HTTP响应也包含三部分内容，第一部分是响应状态行，响应状态行中包括协议版本信息、响应状态码和状态码描述信息；第二部分是响应头信息；第三部分则是响应的正文。

HTTP具有如下所述的特点：

（1）简单快速。在客户端向服务器发送的请求报文中，只需传送请求方法和路径，不需要发送过多的额外数据。常用的请求方法有GET、POST、HEAD、PUT、DELETE等。由于HTTP结构较为简单，使得HTTP服务器程序规模小，因此通信速度很快。

（2）较高的灵活性。HTTP能传输任意类型的数据对象，传输的内容类型由请求头信息中的Content-Type字段进行标记。

（3）HTTP是无状态的。无状态指协议自身不对请求和响应之间的通信状态进行保存，任何两次请求之间都没有依赖关系，因此该协议不具备事务处理的记忆能力。

（4）HTTP是无连接的。无连接的含义是对网络连接进行限制，每次连接都只会对一个请求进行处理，当服务器对客户端发起的请求处理完毕并收到客户端的应答后，就会直接断开连接。HTTP采用这种方式可以大幅节省传输时间，提高传输效率。

2. URL简介

URL（Uniform Resource Locator，统一资源定位符）用来标识定位网络资源，它完整地描述了Internet中的网页和其他资源的地址，简称为“网址”。部署在网络中的各种资源（HTML文档、图像、视频、程序等）都可以通过一个唯一的URL来定位。互联网用户通过客户端浏览器请求部署在Web服务器中的资源时，需要提供请求资源的完整URL地址。URL语法格式的基本构成如下所示：

格进行分隔。如下的示例展示了两个设置有多个属性的HTML元素。

```
protocol://hostname[:port][/context][/path][/resource][?query]
    [#fragment]
```

URL语法格式中的各个组成部分说明如下：

（1）protocol是请求资源时使用的协议名称，请求Web服务器中部署的资源一般采用的协议是HTTP或者HTTPS（Hypertext Transfer Protocol Secure，超文本传输安全协议），其中HTTPS是以安全为目标的HTTP通道，它在HTTP的基础上通过加密和身份认证保证了传输过程的安全性。

（2）hostname是资源所在的主机地址，可以直接书写为主机的IP地址。更通常的做法是使用域名来标识主机，域名可以通过域名解析服务器解析为主机的IP地址。

（3）port是资源主机提供服务时使用的端口号，HTTP的默认端口号是80。因此，对于采用80端口的Web服务器而言，请求其中的资源时可以省略端口号。

（4）context用于表示应用名称，这部分是可选的。一台Web服务器可以运行多个应用（也称上下文），其中一个可以配置为默认应用（上下文）。用户访问默认上下文中的资源时可以跳过context部分。

（5）path是资源在服务器中的路径部分，该路径可以被省略。如果省略该路径，则默认被定位到网站的根目录。

（6）resource是请求资源的名称。如果省略了资源名称，通常会定位到"index.html""index.jsp"等类似的索引页面，Web服务器可以设置默认定位的索引页面。

（7）query是附加的查询参数字符串。查询参数字符串以"?"开头，然后再拼接上多个参数，每个参数都以"key=value"的形式给出，参数与参数之间则使用"&"符号进行分隔。

（8）fragment是可选的片段标识符，它以"#"开头，用于定位网页中的某个锚点位置。

1.1.4 静态网页与动态网页

网页是纯文本文件，它使用HTML（Hyper Text Markup Language，超文本标记语言）标签描述各类内容信息，并能够被Web浏览器阅读解析，呈现为浏览器中的页面。网页还可以将分散的Internet资源连接为一个逻辑整体，构建成一个网站，为人们查找检索信息、请求网络服务、共享平台数据、下载网络资源提供方便。网页一般会被部署在Web服务器中，供网络用户请求访问。一般来说，部署在Web服务器中的网页可以分为静态网页和动态网页两类。

静态网页的网页文件中不包含需要在服务端执行的程序代码，其中所描述的内容都是确定不变的，通常以".html"或者".htm"作为文件的扩展名。当用户请求一个静态网页时，Web服务器会直接将这个静态网页文件发送到客户端，由客户端浏览器解析并呈现出来，页面内容始终不会发生变化。

动态网页的网页文件中嵌入了需要在服务端执行的程序代码，其中包含的程序代码通常被称为服务端脚本。动态网页文件的扩展名一般根据其中嵌入的服务端脚本语言定义，例如，嵌入Java语言程序或者JSP脚本的动态网页文件的扩展名是".jsp"，而嵌入PHP语言程序的动态网页文件的扩展名是".php"。当用户请求一个动态网页时，Web服务器首先执行网页文件中嵌入的服务端脚本程序，程序执行后的结果被包含在生成的网页文件中，然后再将这个结果页面发送到客户端，由客户端浏览器解析并呈现出来。动态页面中嵌入的服务端脚本程序实现的具体功能不同，导致网页中的内容可能会随着环境和时间的变化而发生变化。例如，不同的用户请求同一个动态网页，得到的页面结果可能是不一样的；同一个用户在不同的时间请求同一个动态网页，得到的页面结果也可能是不一样的。因此，用户请求的网页文件如果需要经服务端脚本程序运行之后动态生成，那么这个网页文件就称为动态网页。在B/S架构的软件系统中，由用户维护管理的数据往往都被存储在数据库服务器中，使用动态网页就可以通过嵌入的服务端脚本程序完成对数据的动态操作，实现用户对数据的动态管理，而静态页面只能够向用户展示固定不变的数据信息，不具备交互的特性。

1.2 HTML基础

HTML即超文本标记语言，用于制作超文本文档。HTML本身不是编程语言，而是使用一套相互嵌套的HTML标签来描述内容，给内容做标记。Web浏览器的作用就是读取HTML文档，并根据内容的标记（HTML标签）来确定如何在页面中呈现内容，而不会在页面中显示出HTML标签。

1.2.1 HTML 标签与 HTML 元素

HTML标签总是由一对尖括号“<...>”构成，中间包含有标签名称等内容。HTML标签通常是成对出现的，成对出现的标签分为开始标签和结束标签，其中结束标签的格式是“</...>”，“/”后紧跟着标签名称。例如，head标签是成对出现的，其中“<head>”是开始标签，“</head>”是结束标签。HTML文档中还存在少量的单标记标签，例如，用于控制文本换行的br标签就是单标记标签，可以书写为“
”或者“
”。除此之外，HTML还定义了一个注释标签，其格式为“<!-- ... -->”，该标签用于在HTML文档中插入注释，注释的内容不会被显示在浏览器页面中。

在HTML文档中，由开始标签、结束标签以及处于它们之间的所有内容构成一个完整的HTML元素。人们通常也会将HTML元素称为HTML标签。HTML元素之间可以嵌套，一个HTML元素可以在其内容部分包含其他HTML元素，整个HTML文档就是由相互嵌套的HTML元素构成的。HTML元素之间不能够随意嵌套，要根据语法规定或者语义约束进行合理嵌套。

1.2.2 HTML 元素的属性

HTML元素可以拥有属性，属性用于提供有关HTML元素的更多信息。例如，一个用于链接至其他资源的超链接元素至少还需要提供一个链接地址信息，才能够实现其功能。HTML元素的属性是以“属性名称="属性值"”的形式书写，定义在HTML元素的开始标签内部，书写位置在标签名称之后，并使用空格与标签名称分隔开。一个HTML元素可以定义多个属性，多个属性之间也需要使用空格进行分隔。如下的示例展示了两个设置有多个属性的HTML元素。

```
01 <a href="http://www.baidu.com" target="_blank">百度</a>
02 <span id="mess" class="text-red">提示消息</span>
```

HTML中有一些属性可以应用于所有的HTML元素，这样的属性称为全局属性。下面介绍一些常用的全局属性。

（1）class属性，用于给HTML元素设置类名，便于在样式设置时选取元素。可以同时给HTML元素设置多个类名，在class属性值中将这些类名使用空格隔开即可。

（2）id属性，用于给HTML元素设置一个唯一的名称标识，便于在样式设置时选取元素。

（3）title属性，用于给HTML元素设置额外的信息，在页面中显示为提示信息，当鼠标悬停在HTML元素上时就会弹出title属性中设置的内容。

（4）style属性，用于给HTML元素设置内联样式。

（5）draggable属性，用于定义HTML元素是否可以通过鼠标拖动，取值为true或false。当值为true时，表示元素被选中以后可以进行拖拽操作，否则不能拖动。

1.2.3 HTML 文档基本结构

HTML文档是由相互嵌套的HTML元素构成的，一个HTML文档就是一个HTML元素。HTML元素内按顺序嵌套了head元素和body元素，构成了HTML文档的基本结构，示例如下。

```
01 <!DOCTYPE html>
02 <html>
03   <head> ... </head>
04   <body> ... </body>
05 </html>
```

其中，第01行的DOCTYPE是文档的声明行，表明了文档的类型和版本信息。它不是HTML标签，但必须出现在HTML文档的第一行。

1.2.4 常用 HTML 标签

HTML中定义的标签是非常多的，每个标签都具有各自特定的作用。接下来分类介绍一些比较常用的HTML标签及其用法。

1. 基础标签

常用的基础标签包括html、head、body、title、p、h1、h2、h3、h4、h5、h6、br、hr等标签，分别介绍如下。

（1）html、head和body是构成HTML文档基本结构的三个元素。html元素是HTML文档的根元素。head元素是HTML文档的头部分，在文档的头部分可以嵌入一些标签来描述页面文档的相关信息，还可以使用一些标签导入外部样式文件、脚本文件等。body元素是HTML文档的主体部分，其中定义了页面的可见内容部分。

（2）title标签用于定义网页文档的标题，它需要嵌套在head元素中。浏览器会以特殊的方式来使用标题，通常把文档标题放置在浏览器窗口的标题栏或状态栏中。

（3）p标签用于定义段落，标签体中的内容文本在页面中以段落的格式呈现。

（4）h1~h6是标题类标签，用于定义标题，标签体中的内容文本在页面中以标题的格式呈现。其中，h1定义的是一级标题（最大的标题），然后h2~h6级别依次递减，共有6个级别的标题。

（5）br标签用于插入一个简单的换行符，它是单标记标签，没有结束标签，可以书写为“
”或者“
”。

（6）hr标签也是单标记标签，用于在页面中创建一条水平线，从而在视觉上将文档分隔为不同的部分，可以书写为“<hr>”或者“<hr />”。

2. 元信息标签

元信息标签主要包括meta标签和base标签，这两个标签需要嵌套在head元素中。

（1）meta标签用于定义文档的元数据信息（meta-information），如定义HTML文档的字符编码信息、网页的描述信息、关键词信息等。meta标签是单标记标签，它通过一些属性来定义文档的元数据信息。元数据信息总是以“名称/值”对的形式被定义和传递。如下代码列举了meta标签的几个应用示例。

```
01 <meta charset="UTF-8">
02 <meta http-equiv="content-type" content="text/html; charset=UTF-8">
03 <meta name="author" content="tjzhic">
04 <meta name="viewport" content="width=device-width, user-
   scalable=no, initial-scale=1.0, maximum-scale=1.0, minimum-
   scale=1.0">
```

以上代码中第01行直接使用charset属性定义HTML文档的字符编码。第02行中定义的元数据的名称由属性http-equiv的值定义，元数据的值则由属性content的值定义。使用带有http-equiv属性的meta标签时，服务器将把元数据中的“名称/值”对添加到HTTP响应头部分发送给浏览器，http-equiv属性的常用取值包括content-security-policy、content-type、refresh等。第03行和第04行中定义的元数据的名称由name属性的值定义，元数据的值仍由属性content的值定义。通常情况下，name属性的取值是可以自由定义的，也存在一些约定俗成的取值，比如，第03行中的author用于描述网页作者信息的元数据的名称。第04行中的viewport则用于描述手机移动端网页优化显示设置，当在手机移动设备端打开网页时，会检测网页中的meta标签是否设置了viewport这个元数据，如果设置了，就会按照其值（content属性的值）中规定的设置要求在手机移动设备中显示网页。

（2）base标签通过其href属性为页面中的所有链接规定一个默认地址或默认目标，它也是单标记标签。页面中链接类元素的链接地址可以设置为一个相对路径，默认情况下浏览器会以当前文档的URL来填充相对路径之前的部分，从而得到完整的链接地址。base标签的作用就是指定一个不同的URL来解析页面中的所有相对路径。

3. 样式标签

样式标签就是style标签，它需要嵌套在head元素中，用于定义页面的内部样式。它有一个必选属性type，其值就是“text/css”，还有一个可选属性media，用于定义样式在何种媒介类型中生效。如下的代码示例中定义的样式仅在页面打印时生效，而在计算机屏幕中，也就是浏览器页面中不会生效。

```
01 <style type="text/css" media="print">
02   p {font-size:30px;}
03 </style>
```

4. 语义类标签

语义类标签是通过标签名称本身的含义就可以大致推断出标签的作用或者标签体中的内容类型。常用的语义类标签包括div、span、header、footer、main、section、article、nav等。此外，上文中讲解的段落标签和6个标题类标签也可以归类为语义标签。

（1）div标签用于定义文档中的分区，把文档分隔为独立的、不同的部分。div是典型的块级元素，也就是说，浏览器通常会在div元素前后放置一个换行。div元素本身没有固定的呈现样式，常用于组合块级元素，以便于使用样式进行页面的排版布局。

（2）header、footer、main、section、article、nav都是块级元素，元素的效果和使用div没有什么不同，只不过使用这些标签能够更好地标识出分区的含义或者包含内容的类型。header元素定义的是文档或小节的页眉（介绍信息）。footer元素定义文档或小节的页脚。main元素定义文档的主要内容区域，它在一个页面文档中应该是唯一的。section元素定义文档中的小节或者区段。article元素定义一篇文章的展示区域。nav元素定义导航链接的区域。

（3）span标签用于组合文档中的内联元素。span元素本身也没有固定的呈现样式，只有对它应用了样式时，才会产生视觉上的变化。换句话说，如果不对span元素应用样式，那么span元素中的文本与其他文本不会有任何视觉上的差异，但是span元素仍然为文档增加了额外的结构。

5. 链接类标签

链接类标签用于链接其他资源或者页面，主要包括a标签和link标签。

（1）a标签就是超链接标签，定义了从本页面指向另外一个目标资源（可以是网页或其他网络资源）的链接关系，它使用href属性定义链接的目标资源地址。超链接标签的标签体中的内容（通常是文本）会显示在页面中，并具有特殊的显示样式，用户可以单击超链接触发请求目标资源的操作。超链接标签还有一个target属性，定义目标资源在浏览器中的打开位置，可以取值为“_self”“_blank”“_parent”或者“_top”，分别表示在当前窗口、新的浏览器窗口或标签页、父框架、当前框架页顶层窗口中打开目标资源，其默认取值是“_self”。a标签还可以用于定义页面锚点、邮箱链接、电话链接、图像链接、资源下载链接等。

如下所示的代码示例中，第01行定义了跳转到百度首页的超链接，页面会在新的浏览器窗口或标签页打开。第02行定义了当前页面的一个锚点位置。第03行链接到当前页面中定义的一个锚点位置。第04行定义了一个邮箱链接，用户单击时可以调用本地邮箱客户端发送电子邮件。第05行定义了一个电话链接，在手机浏览器中，单击该链接可以调用打电话的界面给某个号码拨打电话。第06行定义了一个图像链接，直接在超链接元素的标签体中嵌入一个图片元素即可。第07行使用download属性定义了一个资源下载链接，链接的资源是一个pdf文件，用户单击链接时会以download属性的值作为默认名称将资源下载到本地。

```
01 <a href="http://www.baidu.com" target="_blank">百度</a>
02 <a name="ch1"></a>
03 <a href="#ch1">第一章</a>
04 <a href="mailto:tjzhic@163.com">发送邮件</a>
05 <a href="tel:18688888888">拨号</a>
06 <a href="http://www.tjizhic.edu.cn"><img src="./logo.png"/></a>
07 <a href="./download/certificate.pdf"download="荣誉证书">证书下载</a>
```

（2）link标签用于链接一个外部样式表，它使用href属性定义链接的样式文件地址。link标签是单标记标签，需要嵌套在head元素中。下面的示例代码中使用link标签链接了一个外部样式文件“app.css”。

```
01 <link rel="stylesheet" type="text/css" href="app.css" />
```

6. 多媒体类标签

多媒体类标签用于在页面文档中嵌入图片、音频、视频等文件，主要包括img、video、audio、source等标签。

（1）img标签是单标记标签，用于加载图像并在网页中显示，其src属性指定了要加载显示的图像的源地址。此外，img标签还有alt、width和height等几个比较常用的属性，alt属性定义了图像的替代文本，width属性和height属性分别定义了图像显示时的宽度和高度。

（2）video标签用于加载视频并在页面中播放，其src属性是必填属性，指定了要加载播放的视频的URL。video标签的标签体内可以放置文本内容（通常是提示信息），不支持该标签的旧版本浏览器会显示标签体中的内容。此外，video标签还有一些常用属性，如autoplay属性可以设置视频自动播放，width和height属性设置视频播放器的宽度和高度，controls属性设置展示视频播放控件（包括播放/暂停按钮、定位、音量等），loop属性设置循环播放。

（3）audio标签用于加载音频并在页面中播放，其src属性指定了要播放的音频的URL。同video标签类似，audio标签的标签体中也可以设置文本提示信息。此外，audio标签中也有autoplay、controls、loop等相关属性。

（4）source标签为媒体元素（如video、audio等）定义媒体资源，通常嵌入在video标签或者audio标签内，可以提供多种格式的媒体资源。它使用src属性设置媒体源的URL，使用type属性设置媒体资源的类型。下面的代码展示了一个设置了多种格式视频源的video元素。

```
01 <video controls="controls" autoplay="autoplay">
02   <source src="movie.ogg" type="video/ogg" />
03   <source src="movie.mp4" type="video/mp4" />
04   您的浏览器不支持 video 标签。
05 </video>
```

7. 列表类标签

列表共有三类，分别为无序列表、有序列表和定义列表，它们都是组合标签。

（1）无序列表由ul标签和li标签组成，ul标签定义无序列表，其中嵌套的列表项由li标签定义。ul标签具有type属性，用于定义无序列表项之前的项目符号，默认取值为disc，定义项目符号为实心圆点；也可以取值为square，定义项目符号为实心的正方形块；还可以取值为circle，定义项目符号为空心小圆圈。实际开发时，一般不使用type属性定义列表项前的项目符号，而是使用样式更加灵活地设置。

（2）有序列表由ol标签和li标签组成，ol标签定义有序列表，其中嵌套的列表项由li标签定义。ol标签具有type属性，使用可以表示顺序的数字、字母等符号标记每个列表项目，体现出列表项的有序性，其取值可以是1、a、A、i或I。ol标签还有一个start属性，用来设定列表项序列的起始数值。

（3）定义列表由dl标签、dt标签和dd标签组成，dl标签描述定义列表，dt标签定义列表中的项目，而dd标签则用于定义列表中对项目的描述条目。dt和dd标签都嵌套在dl元素中。

8. 表格标签

网页中的表格由一套相互嵌套的标签组成，包括table、caption、thead、tbody、tfoot、tr、th、td，其中table标签定义一个表格，caption标签定义表格的标题，thead、tbody、tfoot分别定义表格的表头内容、主体内容及表注内容（脚注），tr标签定义表格中的行，th标签定义标题单元格，td标签定义内容单元格。下面的代码展示了一个包含了上述所有标签的表格，体现出了它们之间的嵌套关系。

```
01 <table>
02   <caption>薪资表</caption>
03   <thead>
04     <tr><th>月份</th><th>收入</th></tr>
05   </thead>
06   <tbody>
07     <tr><td>1月</td><td>¥8000</td></tr>
08     <tr><td>2月</td><td>¥8500</td></tr>
09   </tbody>
10   <tfoot>
11     <tr><td>总计</td><td>¥16500</td></tr>
12   </tfoot>
13 </table>
```

实际应用的表格不一定要包含如上所示的完整结构，只需要包含最基本的table元素、tr元素以及单元格元素（th或者td）就可以了。也就是说，表格中可以不定义表格标题caption，用于区分表格不同区域的thead、tbody、tfoot也可以省略，仅保持“table>tr>th”或者“table>tr>td”的三级嵌套结构即可。

table标签有很多属性，多数都用于设置表格的呈现样式，在实际开发时会被更加灵活的样式设置替代，在此就不再介绍table标签的属性了。表格中允许单元格跨越多个行或者多个列，从而构建出更为复杂的表格，这就需要使用到单元格标签（th或者td）中的两个属性：一个是rowspan属性，规定单元格可横跨的行数；一个是colspan属性，规定单元格可横跨的列数。rowspan属性和colspan属性在起始跨越的单元格中使用，后续被跨越的单元格元素就不需要再书写了，否则会造成表格的错乱。

9. 表单和输入类标签

表单用于收集不同类型的用户输入，由外层的form表单元素以及嵌套在其中的输入类标签、按钮标签以及辅助类标签组成。常见的输入类标签包括input标签（包含多种类型）、select和option组合标签、textarea标签等，按钮标签包括button标签和按钮类型的input标签，辅助类标签包括label标签、fieldset和legend组合标签等。

1）form表单

form表单标签是包含各类型输入表单元素和按钮元素的容器，它有两个重要的属性，一个是action属性，一个是method属性。action属性的取值是一个URL，规定了当提交表单时向何处发送表单数据。method属性规定了发送表单数据时使用的HTTP请求方法，可以取值为GET或者POST（均不区分大小写）。使用GET方法传输时，会将数据以请求参数字符串的形式附加在目标URL

之后进行传输。使用POST方法传输时，会将数据封装在HTTP请求报文的正文中进行传输。

2）input输入控件

input标签是单标记标签，它使用type属性定义不同类型的输入控件。每个输入控件都要使用name属性来标识区分不同的输入表单元素，使用value属性定义要传输到服务端的值。此外，使用disable属性可以将输入控件设置为禁用状态，处于禁用状态的输入控件都会呈现为灰色，不可以编辑输入，数据也不会被提交到服务端。使用readonly属性可以将输入控件设置为只读状态，处于只读状态的输入控件不可以编辑输入，控件中的默认值是可以被发送到服务端的。下面分别介绍不同类型的input输入控件。

（1）input标签的type属性取值为text时，就定义了一个单行的文本输入框。用户可以在文本框中输入文本内容。下面的代码展示了一个用于输入用户名的文本框，文本框中的默认值是admin。

```
01 用户名：<input type="text" name="username" value="admin" />
```

（2）input标签的type属性取值为password时，就定义了一个密码输入框。用户可以在密码框中输入字符串，输入的字符在显示时被"·"替代遮盖，表示输入的是密码。下面的代码展示了一个密码框。

```
01 密码：<input type="password" name="password" />
```

（3）input标签的type属性取值为radio时，就定义了一个单选按钮。单选按钮通常成组出现，实现让用户从一组选项中选择其中一项的功能。name属性值相同的单选按钮为同一个组，一组选项中只能有一个被选中。每个单选按钮都需要定义一个value属性，按钮被选中时就会向服务器发送value属性中定义的值。此外，还可以使用属性checked定义一个默认处于选中状态的选项。下面的代码展示了让用户选择性别的一组单选按钮，其中第01行中的单选按钮默认处于选中的状态。

```
01 性别：男 <input type="radio" name="sex" value="1" checked />
02 女 <input type="radio" name="sex" value="0"/>
```

（4）input标签的type属性取值为checkbox时，就定义了一个复选框。复选框通常成组出现，实现让用户从一组选项中选择多个选项的功能。name属性值相同的复选框为同一个组，同一组选项中可以有一个或者多个选项被选中，也可以没有任何选项被选中。每一个复选框都需要定义一个value属性，复选框被选中时就会向服务器发送value属性中定义的值。此外，还可以使用属性checked定义默认处于选中状态的选项。下面的代码展示了让用户选择个人爱好的一组复选框，其中第01行和第03行中定义的复选框处于选中的状态。

```
01 爱好：游泳 <input type="checkbox"name="likes"value=" 游泳 "checked />
02 篮球 <input type="checkbox" name="likes" value=" 篮球 "/>
03 阅读 <input type="checkbox" name="likes" value=" 阅读 " checked />
```

（5）input标签的type属性取值为hidden时，就定义了一个隐藏域。隐藏域元素在页面中不可见，用于向服务器传递一个固定的值，这个值在元素的value属性中定义。下面的代码展示了一个隐藏域元素。

```
01 <input type="hidden" name="nation" value="china" />
```

（6）input标签的type属性取值为button、reset或者submit时，就定义了一个按钮。当type属性值为button时，定义的是普通按钮，用户单击普通按钮时没有默认的事件发生，程序员可以使用JavaScript脚本为其绑定事件。当type属性值为reset时，定义的是重置按钮，用户单击重置按钮时，会清除其所在表单区域内的所有表单输入数据。当type属性值为submit时，定义的是提交按钮，用户单击提交按钮时，默认触发表单数据的发送请求。因此，在一个form表单中，至少要有一个“提交”按钮。使用input标签定义的按钮，按钮上呈现的文本是由value属性定义的。

3）button按钮

button标签用于定义一个按钮，与使用input实现的按钮不同之处在于，button不是单标记标签，可以在其标签体中嵌入文本，也可以嵌入图像等元素，制作出更具吸引力的按钮。使用button标签制作的按钮也根据type属性的取值区分为三类，三类取值及其含义与使用input标签制作的按钮是一样的，此处不再赘述。如下所示的代码中定义的两个按钮的效果和功能是完全一样的。

```
01 <input type="submit" value=" 注册 " />
02 <button type="submit"> 注册 </button>
```

4）下拉选项列表

下拉选项列表是一种常见的输入控件，用户可以在弹出的选项列表中选择其中一项。下拉选项列表使用select标签和option标签组合构建，option标签需要嵌套在select标签中。select标签使用name属性标识这个输入控件。option标签使用value属性定义选项被选中时要传的数据，页面视图中显示的选项文本是option标签体内定义的内容。此外，可以在option标签中使用属性selected设置选项默认处于选中状态。如下所示的代码中定义了一个用于选择城市的下拉选项列表，其中第03行的选项处于默认的选中状态。

```
01 <select name="city">
02   <option value="beijing"> 北京 </option>
03   <option value="tinajin" selected="selected"> 天津 </option>
04   <option value="guangzhou"> 广州 </option>
05 </select>
```

5）文本域

文本域输入控件用于定义输入多行文本的区域，使用textarea标签定义，标签体中的内容就是文本域中默认显示的文本。textarea标签使用name属性标识这个输入控件，使用rows和cols属性定义文本域默认显示的行数和列数。此外，textarea也支持disabled属性和readonly属性。

如下所示的代码展示了一个文本域输入控件。

```
01 自我介绍：<textarea name="intro" cols="30" rows="10"></textarea>
```

10.脚本标签

脚本标签用于定义客户端脚本，标签名称是script。script标签既可以直接在标签体中包含脚本语句，也可以通过src属性引入外部脚本文件。如果script标签设置了src属性，script标签体中的内容就会被忽略。script元素既可以嵌入在head元素内，也可以嵌入在body元素内。

1.3 CSS 基础

HTML标签原本用于定义文档内容，然而浏览器默认的显示样式不够美观，不能够满足人们的需求。Netscape和IE试图通过不断增加用于定义显示格式的标签和属性来解决显示样式的问题，例如增加center、font等格式类标签以及align、color等样式类属性，但仍不能满足美观页面的设计需求，反而使得文档内容与格式标签混杂在一起，导致页面结构越发复杂，难以维护。为此，WWW联盟在HTML之外创造出了CSS（Cascading Style Sheets，层叠样式表），解决了上述问题。CSS可以为使用HTML、XML等标记语言的结构化文档添加样式，轻松地实现内容定义与样式设置的分离，使文档更易于维护。HTML中用于定义显示格式的标签和属性将在高版本的HTML中被废弃，应避免使用。

1.3.1 如何引用 CSS

根据样式定义的位置、样式的作用范围以及样式引用方式的不同，可以将样式分为三类，分别为内联样式、内部样式和外部样式。

1. 内联样式

内联样式又称为行内样式，它通过HTML元素的style属性来设置样式，在属性值中可以直接声明样式属性，这种方式定义的样式属性仅对当前元素有效。如下所示的代码使用内联样式为一个段落元素声明了两条样式属性，这两条样式属性仅对这个段落元素生效。

```
01 <p style="color:red; font-size:30px;">少壮不努力，老大徒伤悲</p>
```

2. 内部样式

内部样式指在网页文档内部使用style标签声明的样式，这种方式声明的样式仅对当前的页面文档生效。如下所示的代码使用内部样式为当前页面中的所有段落元素声明了两条样式属性。

```
01 <style typt="text/css">
02   p {color:red; font-size:30px;}
03 </style>
```

3. 外部样式

外部样式定义在单独的文本文件中，其扩展名通常是“.css”。页面文档使用link标签就可以引入外部样式。一个外部样式文件中的样式声明仅对导入了该样式文件的页面文档有效。使用外部样式可以将网页内容结构与显示格式彻底分离开来。

1.3.2 CSS 语法规则

CSS的基本语法规则比较简单，只需要对HTML元素逐条设置样式属性即可，样式属性的声明格式为“样式属性名称:样式属性值”，多条样式属性之间使用分号隔开。

内联样式定义时仅需在HTML元素的style属性值中逐条设置样式属性，格式如下：

```
style="样式属性名称1 : 样式属性值1; … ;样式属性名称n : 样式属性值n;"
```

内部样式和外部样式有各自的作用范围，声明样式属性时，需要说明样式属性应用于哪些HTML元素。语法中规定先选择要应用样式的HTML元素，然后再为它们声明样式属性，声明的样式属性使用花括号括起来，格式如下所示，其中CSS选择器用于选取页面中的元素，选择器的语法将在1.3.3节中详细讲解。

```
CSS选择器 {
   CSS样式属性名称1 : CSS样式属性值1;
   …
   CSS样式属性名称n : CSS样式属性值n;
}
```

此外，在CSS代码中，注释以“/*”开头，以“*/”结尾，中间的注释内容可以跨行。

1.3.3 CSS 选择器

CSS中定义了用于选取页面元素的选择器语法，简称为CSS选择器，用于灵活高效地选取页面中的元素，可以选取某一个HTML元素，也可以选取多个HTML元素。接下来分类介绍一些常用的CSS选择器。

1. 基本选择器

CSS中最基本、最常用的选择器有四个，分别为通配符选择器、标签选择器、id选择器和类选择器。接下来对这四个基本选择器进行逐一介绍。

（1）通配符选择器。符号“*”就是通配符选择器，表示选取页面中的所有HTML元素。

（2）标签选择器。根据标签名称选取元素，例如选择器“p”表示选取页面中所有段落元素。

（3）id选择器。根据id属性值选取HTML元素，书写时要在id属性值之前添加符号“#”。例如，选择器“#mess”表示选取具有id属性并且id属性值为“mess”的HTML元素。此外，id选择器之前还可以添加标签选择器进行限定，例如，选择器“span#mess”表示选取具有id属性并且id属性值为“mess”的span元素。

（4）类选择器。根据元素的class属性值中定义的类名选取HTML元素，书写时要在类名之前添加符号“.”。例如，选择器“.mess”表示选取具有class属性并且class属性值中包含类名“mess”的所有HTML元素。此外，类选择器之前还可以添加标签选择器进行限定，例如，选择器“span.mess”表示选取定义了类名“mess”的所有span元素。

2. 关系选择器

关系选择器根据文档中元素之间所满足的位置关系来选择元素。常用的关系选择器包括后代选择器、子选择器、相邻兄弟选择器和通用兄弟选择器。

（1）后代选择器。基本语法格式为“S1 S2”，其中S1和S2代表两个选择器，它们之间使用空格隔开。假设S1选中的元素（集）为E，S2选中的元素（集）为F，那么后代选择器“S1 S2”将选取所有被E元素包含的F元素（即E元素的所有后代元素F）。例如，选择器“div p”将选取所有被div元素包含的p元素。

（2）子选择器。基本语法格式为“S1 > S2”，其中S1和S2代表两个选择器，它们之间使用“>”（大于号）隔开，大于号前后允许存在空格。假设S1选中的元素（集）为E，S2选中的元素（集）为F，那么子选择器“S1 > S2”将选取E元素的直接子元素F。例如，选择器“div > p”的选取结果就是页面中所有div元素的直接子元素p构成的元素集合。

（3）相邻兄弟选择器。基本语法格式为“S1 + S2”，其中S1和S2代表两个选择器，它们之间使用“+”（加号）隔开，加号前后允许存在空格。假设S1选中的元素（集）为E，S2选中的元素（集）为F，那么相邻兄弟选择器“S1 + S2”将选取那些紧跟在E元素之后的兄弟元素F。例如，选择器“h1 + p”选中的是紧跟在h1元素之后的兄弟元素p。

（4）通用兄弟选择器。基本语法格式为“S1 ~ S2”，其中S1和S2代表两个选择器，它们之间使用“~”（波浪号）隔开，波浪号前后允许存在空格。假设S1选中的元素（集）为E，S2选中的元素（集）为F，那么通用兄弟选择器“S1 ~ S2”将选取E元素之后所有兄弟元素F。例如，选择器“h1 ~ p”选中的是在h1元素之后的所有兄弟元素p。

3. 属性类选择器

属性类选择器根据元素的属性所满足的相关条件来选择元素。假设S代表一个选择器，E代表选择器S选中的元素（集），attr代表一个属性名称，val代表一个字符串，可以使用以下格式的属性类选择器选择元素。

（1）选择器“S[attr]”，在E元素（集）中选取具有attr属性的元素。

（2）选择器“S[attr = val]”，在E元素（集）中选取attr属性值等于val的元素。

（3）选择器“S[attr ~= val]”，在E元素（集）中选取attr属性值列表中包含val的元素。

（4）选择器“S[attr ^= val]”，在E元素（集）中选取attr属性值以字符串val开头的元素。

（5）选择器“S[attr $= val]”，在E元素（集）中选取attr属性值以字符串val结尾的元素。

（6）选择器“S[attr *= val]”，在E元素（集）中选取attr属性值包含字符串val的元素。

（7）选择器“S[attr |= val]”，在E元素（集）中选取attr属性值等于val或者以val拼接上“-”开头的元素。

4. 伪类选择器

伪类选择器用于选取处于某个特定状态的元素，它包含由一个“:”（冒号）分隔的两部分，冒号之前的部分是一个选择器，冒号之后的部分是一个表示元素所处特定状态的关键词，冒号前后不能有空格。可以将伪类选择器中的冒号理解为“并且”的关系，也就是说，使用伪类选择器选中的元素，既要匹配冒号之前的选择器，又要满足冒号之后的状态条件。伪类选择器在静态的HTML文档之外增加了对动态的状态条件的支持，可以让开发者更灵活地选择页面元素，更精准地设置元素的样式。伪类选择器分为很多种，常见的有动态伪类选择器、表单状态伪类选择器、结构伪类选择器、否定伪类选择器等。

1）动态伪类选择器

动态伪类并不存在于HTML中，只有当用户与页面进行交互时才能体现出来。动态伪类选择器包括两种形式：一种是用户操作伪类，包括hover和active；另一种是链接锚点伪类，包括link、visited和target。下面分别介绍这五个动态伪类，为便于举例说明，假设S代表一个选择器，E代表选择器S选中的元素（集）。

（1）伪类hover指鼠标悬停在元素上的状态。例如，选择器“S:hover”用于设置当鼠标悬停在元素E上时，元素E应具有的样式。

（2）伪类active指元素处于激活状态，当用户在元素上按下鼠标按钮并且尚未释放时，元素就处于激活状态。例如，选择器“S:active”用于设置元素E被用户激活时的样式。

（3）伪类link指超链接未被访问过的状态，它仅适用于选择超链接元素。例如，选择器“S:link”用于选择那些尚未被用户访问过的元素E，此时的元素E必须是超链接元素。

（4）伪类visited指超链接已被访问过的状态，它仅适用于选择超链接元素。例如，选择器“S:visited”用于选择那些已被用户访问过的元素E，此时的元素E必须是超链接元素。需要注意的是，可以应用于该伪类的样式属性不多，仅限于color、background-color、border-color等与颜色相关的属性，设置其他的样式属性会被浏览器忽略。

（5）伪类target用于选择当前URL指向的目标元素。在一个URL中，如果包含“#fragment”部分（参见1.1.3节讲解的URL语法格式），那么URL就链接到了页面中的一个具体元素，这个被链接的元素就是目标元素。假设有一个页面“demo.html”，页面中有两个段落，分别设置了id属性值为p1和p2，HTML代码如下所示。此时，如果当前请求URL地址是“.../demo.html#p1”，那么选择器“:target”选中的就是id值为p1的段落元素；如果当前请求URL地址是“.../demo.html”或者是“.../demo.html#p3”，那么选择器“:target”就未选中任何元素。

```
01 <p id="p1">段落 1</p>
02 <p id="p2">段落 2</p>
```

在超链接元素上同时使用用户操作伪类和锚点链接伪类时需要相当小心，因为link和visited是互斥的状态，二者已经覆盖了超链接的所有状态，如果同时想要在超链接上使用hover、active伪类，那么hover、active伪类的样式声明需要写在后面，否则会被link和visited伪类中的样式声明覆盖。因此对于超链接元素而言，使用动态伪类选择器声明样式时要按照link、visited、hover、active这个顺序依次书写声明，否则就会出现意料之外的结果。

2）表单状态伪类选择器

表单状态伪类应用于表单元素，用于选择处于某种状态下的表单元素。常用的表单状态伪类包括enabled、disabled、checked和focus等。下面分别介绍这四个表单状态伪类，为便于举例说明，假设S代表一个选择器，E代表选择器S选中的元素（集）。

（1）伪类enabled指元素处于可编辑状态，它适用于表单元素。例如，选择器“S:enabled”用于选择处于可编辑状态的表单元素E。

（2）伪类disabled指元素处于禁用状态，它适用于表单元素。例如，选择器“S:disabled”用于选择处于禁用状态的表单元素E。

（3）伪类checked指元素处于选中状态，它适用于单选按钮元素和复选框元素。例如，选择器“S:checked”用于选择处于选中状态的单选按钮元素E或者复选框元素E。

（4）伪类focus指元素处于聚焦状态，它适用于表单元素。例如，选择器“S:focus”用于选择获得焦点的表单元素。

3）结构伪类选择器

结构伪类选择器根据HTML页面中元素之间的位置结构关系来定位HTML元素，从而减少对HTML元素的id属性和class属性的依赖。CSS提供了非常丰富的结构伪类，常用的有first-child、last-child、only-child、nth-child、nth-last-child、first-of-type、last-of-type、only-of-type、nth-of-type、nth-last-of-type、empty等。下面对这些结构伪类进行讲解，为便于举例说明，假设S代表一个选择器，E代表选择器S选中的元素（集）。

（1）伪类first-child选中的元素一定是其父元素的第一个子元素，通俗地讲，就是那些在自己家中排行老大的元素。例如，选择器“S:first-child”选择的是元素（集）E中那些属于其父元素的第一个子元素的元素。

（2）伪类last-child选中的元素一定是其父元素的最后一个子元素，通俗地讲，就是那些在自己家中排行末尾的元素。例如，选择器“S:last-child”选择的是元素（集）E中那些属于其父元素的最后一个子元素的元素。

（3）伪类only-child选中的元素一定是其父元素的唯一子元素，通俗地讲，就是那些在自己家中是独生子的元素。例如，选择器“S:only-child”选择的是元素（集）E中那些属于其父元素的唯一子元素的元素。

（4）伪类nth-child需要传一个条件参数，写法为“nth-child(para)”，其中条件参数para可以是一个值，也可以是一个序列，选中的元素一定是其父元素的第para个元素。para可以取值为一个正整数，例如选择器“S:nth-child(2)”选择的是元素（集）E中那些属于其父元素的第2个子元素的元素。para可以取值为n的一个表达式，n表示从0开始的整数序列，例如$3n+1$表示第1个、第4个、第7个……此外，para还可以取值为关键字odd或者even，取值为odd时表示第奇数个，等价于表达式$2n+1$；取值为even时表示第偶数个，等价于表达式$2n$。

（5）伪类nth-last-child同nth-child类似，也需要传一个条件参数，写法为“nth-last-child(para)”，其中条件参数para的含义同上，选中的元素一定是其父元素的倒数第para个元素。

（6）伪类first-of-type、last-of-type、only-of-type、nth-of-type、nth-last-of-type分别将上述第（1）条~第（5）条中讲解的伪类名称中的“child”替换为“of-type”，称为type系列的结构伪类。type系列的结构伪类在选择元素时需要对子元素的类型进行区分，以first-of-type为例进行说明，它选中的元素一定是其父元素的第一个同类型的子元素。结合下面的HTML代码片段来讲，选择器“p:first-of-type”将选中段落1，因为在它的父元素“div#box”中，段落1是第一个段落类型的子元素。

```
01 <div id="box">
02 <h1> 标题 1</h1> <p> 段落 1</p> <h1> 标题 2</h1> <p> 段落 2</p>
03 </div>
```

（7）伪类empty用于选择空元素，也就是说元素的标签体部分不包含任何内容，即便是空格、换行都不行。例如，选择器“S:empty”选择的是元素（集）E中的空元素。

4）否定伪类选择器

否定伪类的关键词是not，用于从一组元素中将符合条件的元素剔除出去。假设S1、S2分别为两个选择器，那么伪类选择器“S1:not(S2)”会将S1选中的元素（集）中匹配选择器S2的那些元素剔除，也可以理解为匹配S1但不匹配S2的元素。

5. 伪元素选择器

伪元素也称为伪对象，它不存在于HTML文档中，是一个虚拟的元素。在CSS中使用伪元素选择器，可以在不改变HTML原有文档结构的基础上创建出一个新的元素，然后基于这个新的元素添加一些特殊效果。早期的时候，伪元素和伪类一样，都使用一个冒号分隔选择器和关键字，但是最新的CSS版本规定，伪元素需要使用两个冒号作为分隔符，便于区分伪元素和伪类。注意，伪元素只能出现在选择器的最后位置，并且不能同时定义多个伪元素。下面介绍几种常见的伪元素，包括before、after、first-letter、first-line和selection。

（1）“::before”用于在元素内部的原始内容之前插入一个可设置样式的子元素，这个子元素没有标签名称，是一个伪元素，默认情况下它是一个内联元素。设置伪元素的时候，必须在其样式声明中定义content属性（用于设置伪元素中的内容，可以为空字符串），浏览器才会真正创建伪元素。

（2）“::after”的用法和“::before”的用法一样，不同的是，“::after”是在元素内部的原始内容之后插入一个子元素（伪元素）。

（3）“::first-letter”用于选择元素内容中的第一个字母或第一个字，它适用于块级元素。

（4）“::first-line”用于选择元素内容中的第一行文本，它适用于块级元素。一段文字的第一行是多少个字，取决于页面窗口的宽度和字体大小等各种因素，但是“::first-line”这个伪元素选择器选中的始终是第一行文本。

（5）“::selection”选择的是用户当前在页面中选中的文本。默认情况下，用户在网页中选中一段文字后，选中的文字的颜色为白色，背景颜色为蓝色，如果需要改变这种选择样式，就可以使用“::selection”伪元素选择器来改变默认的设置。该选择器仅支持color、background-color等少量的CSS样式属性。

6. 分组选择器

分组选择器用于组合多个选择器的选择结果，把由不同选择器选中的元素组合在一起，以便于给这些元素定义相同的样式声明。分组选择器的基本语法格式为“S1, S2”，其中S1和S2代表两个选择器，它们之间使用逗号隔开。假设S1选中的元素（集）为E，S2选中的元素（集）为F，那么分组选择器“S1, S2”将同时选取元素（集）E和元素（集）F。

1.3.4 CSS 中常用的样式属性

CSS中定义的样式属性非常丰富，并且随着版本的升级迭代还会持续不断地增加新的样式属性，与此同时，一些过时的样式属性也会被逐渐废弃。每个样式属性适用的HTML元素未必相同，此外，不同的浏览器以及浏览器的不同版本对一些样式属性的支持程度也不一样，读者在学习样式属性时可以查阅最新版本的CSS参考手册。本节仅对一些常用的CSS样式属性进行介绍。

1. 字体属性

字体属性font用于定义文本字体的特性。font属性包含很多可独立使用的分量属性，分量属性以“font-”开头，包括font-style（字体样式）、font-variant（文本是否为小型的大写字母）、font-weight（字体粗细）、font-stretch（字体拉伸变形）、font-size（字体大小）、font-family（文本使用的字体名称或字体名称序列）。以下列举几个常用的字体属性的取值。

（1）font-style属性的默认取值为normal（正常的字体），其他常用取值为italic（斜体）。

（2）font-weight属性的默认取值为normal（正常粗细），其他常用取值为bold（粗体）、bolder（较粗的字体）、lighter（较细的字体）等。

（3）font-size属性定义字体大小，常使用长度值来定义字体大小，常用的长度单位是px（像素），也可以使用百分比来设置字体大小。

（4）font-family属性的取值就是字体名称或者以逗号分隔的字体名称序列。

2. 文本属性

文本属性用于设置文本的显示样式。常用的文本属性包括text-align（文本对齐方式）、text-indent（文本内容的缩进）、line-height（行高）等。

（1）text-align属性的默认取值是start（内容对齐开始边界），其他常用取值为end（内容对齐结束边界）、left（左对齐）、right（右对齐）、center（居中对齐）、justify（两端对齐）。

（2）text-indent属性可以指定一个长度值，也可以使用百分比。

（3）line-height属性的默认取值是normal（允许内容顶开或溢出指定的容器边界），经常使用长度值或者百分比来设置。

3. 颜色属性

颜色属性有两个，其中color属性用于设置颜色，opacity属性用于设置不透明度。

（1）color属性的取值就是一个颜色值。颜色值的表示方法有很多种，可以使用颜色名称（如red、green）表示；可以使用6位十六进制数表示，格式为“#RRGGBB”，其中RR、GG、BB分别代表红色、绿色和蓝色分量值，取值范围都是00~FF（十六进制）；可以使用RGB记法，格式为“rgb(R, G, B)”，其中R、G、B分别代表红色、绿色和蓝色分量值，取值范围都是0~255（十进制）。另外，还有其他更多的颜色值的表示方法，请读者自行查阅资料学习。

（2）opacity的取值是0（完全透明）和1（完全不透明）之间（包含0、1）的浮点数，定义不透明程度。

4. 文本装饰属性

用于给文本进行装饰的属性是text-decoration，它是复合属性，可拆分为三个独立的分量属性，分别为text-decoration-line（装饰线条的类型）、text-decoration-style（装饰线条的形状）和text-decoration-color（装饰线条的颜色）。通常直接使用text-decoration属性定义文本装饰，设置属性值时只需要按照类型、形状、颜色的顺序书写三个独立的分量属性值即可，分量属性值之间使用空格分隔开。下面分别介绍一下这三个分量属性的常用取值。

（1）text-decoration-line属性的默认取值为none（无装饰），其他常用的取值有underline（下画线）、overline（上画线）、line-through（贯穿线）和blink（闪烁）。

（2）text-decoration-style属性的默认取值为solid（实线），其他常用的取值有double（双线）、dotted（点状线条）、dashed（虚线）和wavy（波浪线）。

（3）text-decoration-color属性的取值就是一个颜色值。

5. 背景属性

背景属性background用于设置背景特性，它属于复合属性，相对比较复杂，可分拆为多个独立属性。此处讲解常用的四个独立属性。

（1）background-color属性用于设置背景颜色，其默认取值为transparent（透明），否则其取值就是一个颜色值。

（2）background-image属性用于设置背景图像，其默认取值为none（无背景图像），否则的话，就可以使用“url(...)”格式来设置一个背景图像，小括号中书写的是引用的背景图像的路径（绝对路径、相对路径均可）。当同时定义了背景颜色和背景图像时，背景图像将覆盖在背景颜色之上。

（3）background-position属性用于设置背景图像的位置，可以设置1~4个表示位置或者偏移量的参数值。参数值可以取值为center（横向或者纵向居中）、left（横向靠左）、right（横向靠右）、top（纵向到顶）、bottom（纵向到底）等表示位置边界的关键词，也可以取值为长度值或者百分比，表示具体的偏移量。如果只提供一个参数值，该值将应用于横坐标，纵坐标将默认为50%（等价于center）。如果提供了两个参数值，那么第一个参数值应用于横坐标，第二个参数值应用于纵坐标。如果提供了三个或者四个参数值，那么在每个使用偏移量（长度值或者百分比）的参数值之前都必须有一个表示边界的关键词（不包括center），偏移量就是相对于这个关键词表示的位置进行偏移的程度。

（4）background-repeat属性用于设置背景图像如何铺排填充，属性的默认取值是repeat（在横向和纵向上平铺），其他的常用取值分别为no-repeat（不平铺）、repeat-x（在横向上平铺）、repeat-y（在纵向上平铺）。

通常也会直接使用background属性定义背景，设置属性值时需要按照背景颜色、背景图像、图像位置、铺排方式的顺序书写独立的分量属性值。有时会根据具体的背景设置需求省略一些分量属性值，省略的分量属性都会采用其默认值。

6. 列表属性

列表属性list-style用于设置列表项目的样式，它属于复合属性，可分拆为3个独立属性，分别为list-style-type、list-style-position和list-style-image。

（1）list-style-type属性用于设置列表的项目符号，默认取值为disc（实心圆点），其他常用取值包括circle（空心圆）、square（实心方块）、none（不使用项目符号）等。

（2）list-style-position属性用于设置列表项目符号如何排列，默认取值为outside（放置在文本外），还有一个取值是inside（放置在文本内）。

（3）list-style-image属性用于设置列表项标记的图像，默认取值为none（不设置图像标记），否则取值为一个图像的URL地址，格式为“url(...)”，小括号中的路径可以是绝对路径或相对路径。

7. 边框属性

在学习边框属性以及下文中讲解的尺寸属性、边距属性之前，需要首先简单了解CSS盒模型。CSS盒模型将HTML元素类比为现实中的盒子，页面中的内容都需要放在不同的盒子中，盒子之间可以存在包含关系和并列关系。这些盒子的合理排放就可以组成一个网页。与现实生活中的盒子不同的是，现实生活中的东西一般不能大于盒子，否则盒子会被撑坏；而CSS盒子具有弹性，里面的东西大于盒子本身时会把盒子撑大。HTML中的块级元素可理解为是一个盒子，而内联元素或者文本内容可以理解为装在盒子中的具体物品。CSS可以为块级元素（盒子）设置厚度（边框属性），高度和宽度（尺寸属性），内容与边界的距离（内边距属性），还可以设置与其他块级元素之间的距离（外边距属性）。

边框属性border用于设置元素的边框特性，可分拆为三个独立属性，分别为border-width（边框宽度）、border-style（边框轮廓线型）、border-color（边框线颜色），这三个属性共同完成对一个边框特性的描述。由于边框涉及上、下、左、右四个方向，可使用border-top、border-bottom、border-left、border-right属性分别对上、下、左、右边框进行单独设置，设置时也需要使用三个独立属性。这样又可以组合出12个属性，命名的格式为“border-[top | bottom | left | right]-[width | style | color]”。在每个方括号中选取其中一个关键词进行拼接就得到一个属性名称，例如border-left-width属性用于设置左侧边框的宽度。下面分别介绍用于描述边框特性的三个独立分拆属性的常用取值。

（1）border-width属性设置边框宽度，取值为一个长度值。

（2）border-style属性设置边框轮廓的线型，默认取值为none（无轮廓），其他常用取值有solid（实线轮廓）、dotted（点状轮廓）、dashed（虚线轮廓）、double（双线轮廓）等。

（3）border-color属性设置边框的颜色，取值为一个颜色值。

对以上三个分拆的独立属性赋值时可提供1~4个参数值，如果提供全部四个参数值，将按上、右、下、左的顺序作用于四边；如果提供两个参数值，那么第一个作用于上、下两边，第二个作用于左、右两边；如果提供三个参数值，那么第一个作用于上部边框，第二个作用于左、右两边，第三个作用于下部边框；如果只提供一个参数值，将作用于全部四个边。

8. 尺寸属性

用于设置尺寸的属性共有6个，分别为width、height、min-width、min-height、max-width和max-height，它们的取值可以是一个长度值，也可以是一个百分比。其中，width和height分别用于设置元素的宽度和高度，min-width和min-height分别用于设置元素的最小宽度和最小高度，max-width和max-height分别用于设置元素的最大宽度和最大高度。尺寸属性不适用于内联元素。

9. 边距属性

边距属性包括内边距属性padding和外边距属性margin。同边框属性类似，边距属性也涉及上下左右四个方向，可以对某个方向上的边距进行单独设置，命名格式为“[padding | margin]-[top | bottom | left | right]”，在每个方括号中选取其中一个关键词进行拼接就得到一个属性名称，例如margin-right属性用于设置右侧的外边距。边距属性的取值为一个长度值或者百分比。

如果直接使用padding属性或者margin属性定义边距，可以提供1~4个参数值，用于对四个方向的边距进行设置。如果提供全部四个参数值，将按上、右、下、左的顺序作用于四个方向；如果提供两个参数值，那么第一个作用于上、下边距，第二个作用于左、右边距；如果提供三个参数值，那么第一个作用于上边距，第二个作用于左、右边距，第三个作用于下边距；如果只提供一个参数值，将作用于全部四个方向。

10. 布局属性

常用的布局属性包括display、float、clear、overflow等，分别介绍如下。

（1）display属性用于设置元素对象的显示方式，常用的取值有none（隐藏元素）、inline（将元素设置为内联元素）、block（将元素设置为块级元素）、inline-block（将元素设置为内联块元素）、flex（将元素作为弹性伸缩盒显示）等。

（2）float属性用于设置元素是否向左或者向右浮动，默认取值为none（不浮动），其他取值有left（向左浮动）和right（向右浮动）。设置了浮动的元素将脱离正常的文档流，浮于其他元素的上方。

（3）clear属性用于设置元素对象不允许有浮动对象的边（左边或右边），默认值为none（允许两边有浮动对象），其他取值分别为both（不允许两边有浮动对象）、left（不允许左边有浮动对象）、right（不允许右边有浮动对象）。

（4）overflow属性用于设置元素对象处理溢出内容的方式，默认取值为visible（溢出内容可见），其他常用的取值有hidden（溢出内容隐藏）、scroll（出现滚动条，溢出内容通过滚动呈现）、auto（内容有溢出时才出现滚动条）。此外，还可以使用overflow-x属性和overflow-y属性分别对水平方向和垂直方向可能产生的内容溢出进行单独设置，属性取值同overflow属性的取值相同。

11. 定位属性

定位属性position用于指定一个元素在文档中的定位方式，默认取值为static（常规流定位），其他常用的属性有relative（相对定位）、absolute（绝对定位）、fixed（固定定位）等。下面分别对这几种定位方式进行介绍。

（1）position属性取值static时，元素对象定位时遵循常规文档流。正常情况下，元素会按照其出现的先后顺序并结合元素自身的显示特征在页面中从左到右、从上到下逐一排列显示，此时元素在页面中的定位就被称为常规文档流定位。

（2）position属性取值relative时，元素对象仍遵循常规文档流的定位，但是它会参照自身在常规流中的位置，根据定义的偏移量属性进行偏移，偏移时不会影响常规文档流中的其他元素。

（3）position属性取值absolute时，元素对象会脱离常规文档流。此时，元素定位时会参照一个基准元素，并根据定义的偏移量属性进行偏移，这个被参照的基准元素是离元素最近的定位祖先元素（设置了相对定位或者绝对定位属性的祖先元素）。如果没有找到定位的祖先元素，则一直回溯到body元素并以body元素作为基准元素。

（4）position属性取值fixed时，元素对象会脱离常规文档流。此时，元素定位时以页面窗口为参考基准，并根据定义的偏移量属性进行偏移。当页面窗口中出现滚动条时，元素对象不会随着滚动。

当使用position属性将元素的定位方式设置为相对定位、绝对定位或者固定定位时，还需要进一步设置元素的偏移量，使用的是偏移量属性，包括top、bottom、left和right四个偏移量属性，属性的取值为长度值或者百分比。

由于定位方式的不同，元素之间有可能存在位置重叠的情况，此时可以通过层叠属性z-index来设置元素的显示优先级。层叠属性z-index仅适用于定义了position属性且属性值不为static的元素，它的取值为一个整数，表示层叠级别，层叠级别大的元素显示在上面，层叠级别小的元素显示在下面。

1.3.5 CSS的三大特性

CSS中有三个非常重要的特性，分别是继承特性、优先级和层叠性。掌握了这三个特性才能更深入地理解和应用CSS。

1. 继承特性

CSS中的一些样式属性具有继承特性，也就是说，为某个父元素设置的样式属性，会被其子元素以及后代元素继承。具有继承特性的样式属性包括字体属性、颜色属性、行高属性等。CSS的继承样式的机制可以进一步增加样式代码的灵活性和可维护性。

假设我们为body元素设置了样式属性“color:red;”，那么body元素中那些没有设置color属性的元素就会继承这个样式属性，元素中的内容文本会呈现红色。body中的那些设置了color属性的元素会使用自己的颜色样式设置，覆盖从body元素中继承的颜色样式。需要注意的是，设置了href属性的超链接元素是一个特例，它不会继承color这个颜色属性。

在CSS中有一个属性值关键字inherit（继承），所有的属性都可以取值为inherit，用于实现强制继承。如果将一个元素的某个样式属性值设置为inherit，那么该样式属性将会从其父元素继承，不管该样式属性是否具有继承特性。inherit关键字的应用使得元素能够从父元素中继承那些原本不具有继承特性的样式。如下代码所示，父元素div使用border属性设置了红色边框样式，由于border属性不具有继承特性，因此段落1不会继承div中设置的红色边框样式；而段落2设置border属性值为inherit，那么它就显式地指定了要继承父元素的边框样式，段落2因此会呈现红色边框样式。

```
01 <div style="border: 1px solid red;">
02     <p>段落 1</p>
03     <p style="border: inherit;">段落 2</p>
04 </div>
```

2. 优先级

在CSS中，元素的某个样式属性可能在多处被声明，并且设置的属性值互不相同，此时浏览器就需要通过优先级规则来决断出在元素中应该应用哪个样式声明。每条样式声明都可以根据优先级规则计算得到一个权重值（也称为特殊性值），权重值越大，样式声明的优先级越高。

1）优先级计算规则

权重值可以使用四段数字来表示，格式为“*a*, *b*, *c*, *d*”，其中*a*、*b*、*c*、*d*都是大于或等于0的整数。比较权重值时会从左到右依次比较每段数字，如果第一段数字*a*的值不相同，那么*a*值大的元素权重值就大；如果第一段数字*a*的值相同，就继续对第二段数字*b*进行比较，*b*值大的元素权重值就大，依此类推，直到分出大小为止。如果四段数字比较完毕后仍未分出大小，那么就认为两个权重值一样大。例如，权重值“0, 1, 0, 0”比权重值“0, 0, 3, 1”要大。

如果一条样式声明是在内联样式中定义的，那么其权重值为“1, 0, 0, 0”。如果一条样式声明是在内部样式或者外部样式中定义的，那么其权重值需要根据定义样式声明时使用的选择器来计算，此时样式声明的权重值也可以理解为选择器的权重值。各类单一选择器的赋权规则如下。

（1）id选择器的赋权为“0, 1, 0, 0”。

（2）类选择器、属性选择器和伪类选择器的赋权为“0, 0, 1, 0”。

（3）标签选择器和伪元素选择器的赋权为“0, 0, 0, 1”。

（4）通配符选择器、关系选择器和分组选择器的赋权为“0, 0, 0, 0”。

此外，元素继承的样式以及浏览器的默认设置样式都不会对样式声明的权重值增加贡献，也可以认为其赋权为“0, 0, 0, 0”。

一个选择器通常由多个单一选择器组合在一起构成，将选择器中包含的各个单一选择器的权重值相加就得到了该选择器的权重值，也是在该选择器中定义的每一条样式声明的权重值。计算选择器权重值时会用到加法操作，两个权重值相加时只需要分别将它们的每段数字相加即可。例如，选择器“div.box > p.mess”的权重值的计算结果为“0, 0, 2, 2”，因为这个选择器中有两个标签选择器div和p，还有两个类选择器“.box”和“.mess”以及一个关系选择器，按照单一选择器的赋权规则计算它们的和就很容易得到结果了。

需要注意的是，计算一个分组选择器的权重值时并不是简单地将选择器中的各个单一选择器的权重相加，而是分别求得其中每组选择器的权重值，然后取最大的那个权重值作为分组选择器的权重值。例如，计算分组选择器“p[title], div > p.mess”的权重值时，先计算第一个分组中的选择器“p[title]”的权重值，结果为“0, 0, 1, 1”；再计算第二个分组中的选择器“div > p.mess”的权重值，结果为“0, 0, 1, 2”；二者取较大者，得到分组选择器“p[title], div > p.mess”的权重值为“0, 0, 1, 2”。

如果两个选择器的权重值相等，那么其中的样式声明的权重值也相等，使得有冲突的样式声明具有相同的优先级。此时，浏览器会选择把最后给出的那条样式声明应用到元素上。

2）重要声明

在CSS语法中，可以在一条样式声明的结束分号之前使用“!important”修饰，用于提升样式规则的应用优先权，称为重要声明。如下所示的代码为所有段落元素设置了一条重要的样式声明，这条样式声明的应用优先权比内联样式更高，读者可以自行测试验证。

```
01 p {color : red !important;}
```

实际开发时，可能存在很多重要声明，也存在很多非重要声明，产生声明冲突的情况变得更加复杂。浏览器会将所有的重要声明分为一组，在组内使用优先级计算规则解决其中的声明冲突问题；然后将其余的非重要声明分为一组，在组内使用优先级计算规则解决其中的声明冲突问题。如果一条重要声明与非重要声明冲突，胜出的总是重要声明。

3. 层叠性

CSS的层叠特性指可以将多种来源、多种形式、多个文件中的CSS样式规则叠加在一起，共同作用于页面元素。对于一个元素而言，不同的样式声明会被层层叠加，冲突的样式声明则会根据其来源、重要性、权重值（优先级）、顺序等因素选出一个胜出者，作用于元素。

1.4 JavaScript 基础

1.4.1 JavaScript 语言简介

JavaScript（JS）是一种具有函数优先、轻量级、解释型或即时编译型的编程语言。JavaScript是Netscape在Web诞生初期创造的，由Netscape的Brendan Eich设计，最初将脚本语言命名为LiveScript，后来Netscape在与Sun合作之后将其改名为JavaScript。目前，JavaScript

作为开发Web页面的脚本语言而非常出名，它由客户端浏览器解释执行，是一种基于对象和事件驱动的解释性脚本编程语言。JavaScript的源代码在发往客户端运行之前不需要经过编译，文本格式的JavaScript代码随同网页一起直接发送给客户端浏览器，然后由客户端浏览器解释运行。浏览器环境允许JavaScript代码动态地获取并操作HTML文档元素，为页面的鼠标键盘等操作事件（如用户单击页面中某个按钮等）绑定响应代码，在数据被提交到服务器之前进行数据校验等。

1. JavaScript的语言构成

作为Web页面脚本语言的JavaScript由ES（ECMAScript）规范、DOM（Document Object Model，文档对象模型）和BOM（Browser Object Model，浏览器对象模型）三部分组成。ES规范描述了该语言的语法和基本对象，是JavaScript脚本语言的核心。DOM描述处理网页内容的方法和接口。简单来讲，每个载入浏览器的HTML文档都会成为一个document对象，JavaScript脚本通过document对象来获取HTML页面中的元素。BOM描述与浏览器进行交互的方法和接口，浏览器对象中的window对象表示浏览器中打开的窗口。在JavaScript中，window对象就是全局对象，也就是说，要引用当前窗口根本不需要特殊的语法，可以把window对象的属性作为全局变量来使用。例如，DOM中的document对象就是window对象的一个属性，可通过window.document属性对其进行访问，也可以只写document。

2. 如何在页面中引入JavaScript

在网页设计时，浏览器是JavaScript的宿主环境，也就是说，需要浏览器来运行JavaScript代码。我们可以使用1.2.4节讲解的脚本标签script将JavaScript语言编写的程序代码嵌入HTML页面中，也可以使用script标签将外部独立的JavaScript程序文件导入HTML页面中。script标签可以放置在页面的head区域，也可以放置在body区域。如果页面加载前需要JavaScript初始化一些数据，则应把标签放在head区域；如果有大量数据需要加载，又不想影响页面加载的速度，则可以将其放在body区域的末尾处。

3. JavaScript脚本执行顺序

在页面中不同位置导入的JavaScript脚本，正常情况下会按照代码出现的顺序依次加载执行。如果脚本中需要操作文档内容，则要等待HTML文档加载完成后再执行脚本，此时可以将脚本代码放在文档的最后，也可以将JavaScript脚本代码放在window.onload事件的回调函数中，表示当文档内容加载完毕后再执行脚本。

1.4.2 JavaScript 的词法结构

作为一门编程语言，词法结构是最基本的程序编写规则，规定了如何命名变量、如何分割语句、如何写注释等相关内容。

1. 程序文本

JavaScript语言是区分大小写字母的，也就是说它的变量、函数名、关键字以及其他标识符必须始终保持一致的大小写形式。例如，while关键字必须小写，如果写成了“While”或者“WHILE”，它就不是关键字了。

2. 注释

JavaScript的注释有两种：一种是单行注释，以“//”开头，直到本行的末尾为止；另一种是多行注释，以“/*”开头，“*/”结尾，中间的注释内容能够跨行。

3. 标识符

在JavaScript中，标识符用于命名常量、变量、属性、函数和类。JavaScript词法规定，标识符必须以字母、下画线（_）或者美元符号（$）开头，后续字符则可以是字母、数字、下画线（_）或者美元符号（$）。为了能够让程序有效区分标识符和数值，JavaScript标识符的首字母不能为数字。此外，JavaScript语言自身使用了一些单词，这些单词作为构成语言的一部分被称为关键字，在编写程序时不能够使用这些关键字作为变量的名称。

4. 字面量

在JavaScript程序中直接出现的用于赋值或者参与某种运算的数据（类型不限）值称为字面量。

5. 语句分割

一般的编程语言都使用分号“;”作为语句结束标志，JavaScript也采用这种方式。但是在JavaScript中，如果两条语句分别写在两行内，则分号是可以省略的。在具体编程实践时建议加上分号，可以使代码保持清晰，以增加程序的可阅读性。

1.4.3 JavaScript的数据类型

程序都是通过操作值来工作的，性质相同、具有相同特征的值被设计为一种类型。在JavaScript语言中，数据类型可以分为两大类，一类是原始类型，另一类是对象类型。其中原始类型又包括数值类型、字符串类型、布尔类型以及一些比较特殊的值和对象。此外，在JavaScript语言中还预置了一些常用的引用类型。

1. 原始类型

JavaScript中常见的原始类型包括数值类型、字符串类型、null、undefined、布尔类型等，分别介绍如下。

（1）数值类型能够表示整数和实数。当JavaScript程序中出现数值时，它就被称为数值字面量。整数默认采用基数为10的数字序列表示，也支持二进制（基数为2，前缀为0b或者0B）、八进制（基数为8，前缀为0o或者0O）和十六进制（基数为16，前缀为0x或者0X）的表示方法。实数可以使用传统的表示方法，用小数点分隔整数部分和小数部分，也可以使用指数记数法表示。指数记数法通过在实数值后面按顺序添加字母e（或E）、一个可选的加号或者减号，以及一个整数指数来表示，其值为实数值乘以10的指数次幂。此外，JavaScript预定义了全局常量Infinity和NaN（Not a Number）以对应无穷和非数值，这样的话，被零除在JavaScript中也不是错误，也能够返回一个结果。

（2）字符串是被放在一对匹配的单引号、双引号或者反引号中的字符序列，也称为字符串字面量。由单引号作为定界符的字符串字面量中可以包含双引号和反引号。同样地，由双引号和反引号作为定界符的字符串中也可以包含另外两种引号。

（3）null通常用于表示某个值是不存在的，它是JavaScript语言的一个关键字。可以把null看成一个特殊的对象，用于表示“没有对象”或者“没有值”。

（4）undefined也表示值不存在，例如某个已声明但未初始化的变量的值就是undefined，没有明确返回值的函数的返回值也是undefined。与null不同的是，undefined不是JavaScript的关键字，而是作为一个预定义的全局常量而存在。

（5）布尔类型的值表示逻辑真或者逻辑假，只有两个取值：true和false。JavaScript语言对待类型转换是非常灵活的，如果在需要一个布尔值的时候，程序员却提供了一个其他类型的值，JavaScript就会自动进行类型转换。在进行类型转换时，除了undefined、null、0、-0、NaN和空字符串会转换为false外，其他所有的值（也包括对象、数组等）都转换为true。

2. 对象类型

JavaScript中除了原始类型外，其他都是对象类型。实际上，任何不是字符串、数值（包括Infinity、-Infinity和NaN）、true、false、null、undefined的值都是对象。JavaScript中的对象就是一些值的无序集合，每个值都会有一个唯一的名字，这个名字通常就是一个字符串，对象就是由字符串到值的映射组成的，每个字符串到值的映射称为对象的一个属性。因此对象也可以理解为属性的无序集合，属性都包含一个名字（称为属性名）和一个值（称为属性值）。其中，属性名可以是任意字符串，但是一个对象中不能存在两个同名的属性。属性值可以是任意的JavaScript值（原始值、对象、函数等）。当属性值是一个函数的时候，这个属性通常被叫作对象的方法。在C、C++、Java及其他的强类型语言中，对象的属性必须事先定义，一般都是固定好数量的，而在JavaScript中，可以随时为对象创建任意多个属性。JavaScript对象的一些属性也可以继承自其他对象，这个其他对象就称为“原型”。JavaScript有三种方法来创建一个对象，分别通过对象字面量、new操作符和Object对象的create方法来实现。

3. 引用类型

引用类型是把数据和功能组织在一起的数据结构，可以理解为一类对象的定义，一般使用new操作符后跟一个构造函数（constructor）来创建。常用的引用类型包括日期和时间（Date）类型、正则表达式（RegExp）类型、数组（Array）类型、映射（Map）类型和集合（Set）类型等。

1.4.4 JavaScript 语法基础

语法中包括表达式、变量、常量、语句、函数、方法等要素，接下来逐一介绍这些语法要素。

1. 表达式

表达式是能够被求得一个值的JavaScript短语。例如，直接嵌入在程序中的一些字面量是最简单的表达式，一个变量名也是一个表达式。接下来介绍一些简单表达式以及通过操作符构建的复杂表达式。

1）简单表达式

常量、字面量值、变量引用以及某些语言关键字可以看作最简单的表达式。对象和数组的创建初始化也是表达式，其值就是新创建的对象或者数组。使用点（.）或者方括号（[]）对对象的属性进行求值也是表达式，称为属性访问表达式。此外，对函数的定义和调用也是一种表达式，称为函数定义与调用表达式。

2）算术操作表达式

由算术操作符组合构建的表达式称为算术操作表达式。算术操作符包括一元运算操作符、二元运算操作符和位运算操作符。其中，一元运算操作符包含一元加（+）、一元减（-）、递增（++）和递减（--）。二元运算操作符包括幂（**）、乘（*）、除（/）、模（%）、

加（+）和减（-）。位运算操作符包括按位与（&）、按位或（|）、按位异或（^）、按位非（~）、左移（<<）、有符号右移（>>）和零填充右移（>>>）。

3）关系操作表达式

关系操作符用于测定两个操作数之间的关系，依据两者之间是否满足某种关系返回true或者false。关系操作表达式的求值始终是布尔值，经常用于控制程序的执行流程。

（1）JavaScript中用于判断相等的操作符有两个，一个是相等（==），另一个是严格相等（===）。相等（==）比较可以在任意数据类型之间进行，JavaScript会自动进行类型转换，将不同类型的比较数据转换为相同的类型进行比较。严格相等（===）则要求参与比较的两个数据是相同类型的，否则直接返回false。

（2）JavaScript中的小于（<）、大于（>）、小于或等于（<=）、大于或等于（>=）操作符用于比较两个操作数。比较只能够针对数值和字符串，且更偏向数值比较，但是程序员提供的操作数可能是任意类型，因此非数值和字符串的操作数在比较时会进行类型转换。

（3）in操作符，左侧为字符串或者能够转换为字符串的值，右侧为对象，如果左侧的值是右侧的对象的属性名，则返回true。

（4）instanceof操作符，左侧操作数是对象，右侧是对象类的标识，当左侧对象是右侧类的实例时返回true。

4）逻辑表达式

通过逻辑操作符构建的表达式称为逻辑表达式。逻辑操作符包括与（&&）、或（||）和非（!）三个操作符，用于执行布尔运算，其中“与”操作和“或”操作需要两个操作数。“与”操作时，当且仅当两个操作数都求值为true，结果才为true，其余情况的结果均为false。“或”操作时，当且仅当两个操作数都求值为false，结果才为false，其余情况返回true。“非”操作符出现在操作数前面，可以反转操作数的布尔值。

5）赋值表达式

当为变量或者对象属性赋值时使用等号（=）操作符，称为赋值表达式。

2. 变量与常量

变量是数据值的“命名存储”，即，使用名字（标识符）表示一个值。术语“变量”意味着可以为其赋予新值，与变量关联的值在程序中可能会有变化。如果将一个值永久绑定一个名字（标识符），那么该名字（标识符）被称为常量。

在JavaScript中，使用变量或者常量之前需要先进行声明，变量或者常量名称必须符合标识符的命名规则。程序中使用let关键字来声明变量，声明变量的同时可以给变量赋初始值；使用const关键字声明常量，const与let类似，区别在于const必须在声明时初始化常量。

变量都有自身的作用域范围，这个作用域是程序源码中的一个区域，在这个区域内变量才有效。JavaScript中的多条语句组合能够以语句块的形式出现，通常将它们放在一对花括号中，也称为一个代码块。在一个代码块中声明的变量或常量，在代码块外是无法进行访问和使用的，此时的变量或者常量称为局部变量或局部常量。如果声明位于顶级，即在任何代码块的外部，那么声明的变量或常量就是全局变量或全局常量。在同一个作用域中不允许使用let或const重复声明相同名字的变量或常量。

3. 语句

JavaScript中的表达式称为短语，它是语句的一个组成部分。语句在执行后往往会导致某个事件发生，也就是能够完成既定任务。

程序语句的默认执行顺序是从上到下，先写的语句会先执行。在很多情况下，语句未必要按照顺序执行，需要使用控制语句改变程序代码的执行顺序。JavaScript中的控制语句与一般编程语言中的控制语句一样，主要分为分支语句和循环语句。分支语句包括if语句和switch语句，循环语句包括for语句、for-of语句、for-in语句、while语句和do-while语句。此处重点介绍for-of语句和for-in语句，其他语句的用法与常见的编程语言相同。

（1）for-of语句是一个专门用于可迭代对象的循环语句，遍历的是可迭代对象的元素，其基本的语法格式如下所示：

```
for(property of expression) { 被执行的代码块（循环体）}
```

在JavaScript语言中，字符串、数组、集合和映射都是可迭代对象，它们都可以理解为一组或者一批元素，可以使用for-of语法进行循环遍历。如下所示的代码用于在控制台循环输出字符串中的每个字母。

```
01 for(let letter of "Hello JavaScript!") { console.log(letter); }
```

（2）for-in循环看起来与for-of循环类似，但是它与for-of循环要求of后面是可迭代对象不同，for-in循环的in后面可以是任意的对象，用于枚举对象中的属性。基本的语法格式如下所示：

```
for(variable in object) { 被执行的代码块（循环体） }
```

执行for-in语句时，会首先求值object，如果求值为null或者undefined，则跳过循环；否则，会对求值对象的每个可枚举的对象属性执行一次循环体。如下所示的代码遍历打印出了对象o的每个可枚举属性的值。

```
01 let o = {x:1, y:2, z:3}; // 定义对象o
02 for(let p in o) { // 遍历对象o的可枚举属性
03     console.log(o[p]); // 打印对象o的属性值
04 }
```

4. 函数

在JavaScript中，函数就是对象，把函数想象成可被调用的“行为对象（action object）”就容易理解了。我们不仅可以调用它们，还能把它们当作对象来处理，例如增加删除属性、按引用传递等。函数是参数化的，定义函数时可以包含一组参数（称为形参），当函数调用发生时会提供一组实际参数（称为实参）参与运算。除了实参，每个调用还有另外一个值，称为调用上下文（invocation context），也就是this关键字的值。

1）函数声明

函数由function关键字声明，一般格式如下所示。理解函数声明，关键是要将函数的名字理解为一个变量，而这个变量的值是函数本身。函数的声明语句会被提升到所在作用域

（例如脚本、函数或代码块）的顶部，也就是说，调用函数的代码可以出现在函数声明的代码之前。

```
function func_name(param1,param2,…){
  // 函数体语句块
}
```

2）函数表达式

函数表达式看起来和函数声明非常像，但是函数表达式中定义的函数是可以没有名字的。函数声明实际上会声明一个变量，然后把函数对象赋值给它，而函数表达式不会声明变量，所以函数表达式中的函数可以没有名字，但是为了方便以后多次引用，往往会显式地将定义的函数赋给一个变量或者常量。通过函数表达式定义的函数不能在它们的定义之前调用。如下所示的代码将一个函数表达式赋值给了一个常量f1。

```
01 const f1 = function(x){ // 函数表达式定义的函数，赋值给常量 f1
02   return x*x;
03 }
```

3）箭头函数

箭头函数是一种更简洁地定义函数的语法，它使用符号“=>”来分隔参数部分和函数体部分。注意，函数参数和箭头之间不能存在换行符。如下代码为几个箭头函数的定义示例。

```
01 const f1 = (a,b) => {return a + b};      // 一般写法
02 const f2 = (a,b) => a + b;               // 仅有 return 语句的简写
03 const f3 = x => x*x;                     // 仅有一个参数的简写
04 const f4 = () => 23;                     // 没有参数时
```

4）函数嵌套

在JavaScript中，函数是可以嵌套在其他函数中的。关于嵌套函数，需要理解的最重要的内容是变量作用域规则，即，在嵌套函数中，可以访问包含自己的函数（或者称为外层函数）的参数和变量。反过来，外部是不能够访问函数内部的变量的。此外，关于嵌套函数还需要理解闭包的概念，简单来说，闭包就是指内部函数总是可以访问其所在的外部函数中声明的变量和参数，即使在外部函数被返回（寿命终结）之后仍可以访问。在JavaScript中，所有函数都是天生闭包的。

5）方法

方法其实就是JavaScript的函数，只不过它被保存为了某个对象的属性而已。如果有一个函数f和一个对象o，则可以通过“o.m=f”来定义对象o的一个名叫m的方法。对象o拥有了m方法后，就可以使用“o.m()”调用这个方法了。当然，如果方法有参数，像函数一样在小括号中传参就行了。方法调用与函数调用有一个重要的区别，在于它们的调用上下文不同。方法在调用时，其上下文this指向的是方法所属的对象本身。如果函数不是作为某个对象的方法被调用，那么在非严格模式的情况下，this将会指向全局对象；在严格模式的情况下，this的值为

undefined。需要注意的是，箭头函数没有this值。

1.4.5 JavaScript 中的常用系统对象

JavaScript语言最初是为Web浏览器创建的，目前它已经发展成为具有多种用途，适应多种平台的语言。平台可以是一个浏览器、一个Web服务器等，它们都提供了特定于平台的功能，JavaScript规范将其称为主机（宿主）环境。主机环境提供了语言核心以外的对象和方法，当主机（宿主）环境是Web浏览器时，就提供了控制网页的对象和方法。常用的系统对象包括window对象、document对象、navigator对象、location对象和history对象。

1. window对象

window对象处于对象层次的顶端，是“根”对象。它代表两个角色，一是代表JavaScript代码的全局对象，二是表示“浏览器窗口”，提供了处理浏览器窗口的方法和属性。浏览器会为HTML文档创建一个window对象。

window对象中定义的常用属性有name（窗口名称）、closed（窗口是否关闭）、innerheight（窗口文档显示区的高度）、innerwidth（窗口文档显示区的宽度）、outerheight（窗口的外部高度）、outerwidth（窗口的外部宽度）等。此外，window对象还包含了对自身的引用以及对其他常用系统对象的引用。window对象作为全局对象，其属性可以作为全局变量使用。

window对象中定义的常用方法有alert、confirm、prompt、setTimeout、clearTimeout、setInterval、clearInterval、close、open等。alert、confirm和prompt这三个方法实现了三类弹窗，alert方法弹出一个警告框，confirm方法弹出一个消息确认框，prompt方法弹出一个用户输入的对话框。setTimeout方法设置一个定时器，实现定时调用函数的功能；clearTimeout方法用于取消由setTimeout方法设置的定时器。setInterval方法设置一个周期定时器，按指定周期间隔不断地重复调用函数；clearInterval方法用于取消由setInterval方法设置的周期定时器。close方法用于关闭浏览器窗口，open方法用于打开一个浏览器窗口。window对象作为全局对象，其方法可以当作函数使用。

2. document对象

document对象是window对象的一部分，可以在程序中直接使用。每个载入浏览器的HTML文档都会成为一个document对象。使用document对象可以实现从脚本中对HTML页面中的所有元素进行访问。

document对象中的常用属性包括body（对body元素的直接访问）、domain（当前文档的域名）、title（当前文档的标题）、lastModified（文档的最后修改时间）、URL（当前文档的URL）等。

document对象可以使用getElementById、getElementsByName、getElementsByClassName和getElementsByTagName方法，分别根据元素的id值、元素的name属性值、元素的class属性值和元素的标签名称检索页面中的元素（集）。此外，document对象的write和writeln方法用于在文档中动态增加HTML代码，其中writeln方法会默认再增加一个换行。

3. navigator对象

navigator对象封装了有关浏览器的详细信息，如浏览器名称、代码、版本、系统语言等等。使用navigator对象可以判断用户使用的是何种浏览器，给出能够与之匹配的最佳JavaScript

代码和CSS样式。navigator对象的常用属性有appName（浏览器名称）、appVersion（浏览器的版本信息）、appCodeName（浏览器的代码名称）、platform（运行浏览器的操作系统平台）、userAgent（数据报文头部的user-agent字段的值）。

4. location对象

location对象封装了浏览器窗口中当前文档的地址信息。它的href属性表示文档的完整URL，其他属性分别描述了URL的各个组成部分，包括protocol（协议）、host（主机名称和端口号）、hostname（主机名称）、port（端口号）、pathname（URL的路径部分）、search（查询字符串部分）和hash（以#号开头的锚点部分）。

除了常用属性之外，location对象还有几个用于加载文档的方法。assign方法用于加载一个新的文档，reload方法用于重新加载当前文档，replace方法可以加载一个新文档而无须为它创建一条新的历史记录。

5. history对象

history对象最初的用途是表示窗口的浏览历史，但出于隐私方面的原因，history对象不再允许通过JavaScript脚本读取已经访问过的实际URL。history对象的属性只有length，它表示浏览器历史列表中的URL数量。history对象中仍可以使用的方法有back、forward和go，back方法用于加载访问历史列表中的前一个URL，forward方法用于加载访问历史列表中的下一个URL，go方法通过传入一个整数（可以为负值）实现历史记录页的跳转功能。

1.4.6 DOM 操作

HTML页面文档的DOM是一个树型结构，对DOM的所有操作都以这棵树的根节点document对象作为一个主“入口点”，进而可以访问任何页面元素（节点）。通过JavaScript脚本程序，我们可以任意动态添加元素（节点）、删除元素（节点）、访问并操纵元素（节点）。

1. 定位并获取元素

DOM让我们可以对元素做任何事情，但是首先需要获取对应的DOM元素，最常见的情形便是依据某些条件获取某个或者某组元素节点的引用，然后对它们执行某些操作。除了在1.4.5节中介绍的getElementById、getElementsByName、getElementsByClassName和getElementsByTagName这四个用于获取元素的方法之外，还有两个使用CSS选择器获取元素的方法，分别为querySelector方法和querySelectorAll方法。querySelector方法和querySelectorAll方法的入参都是一个CSS选择器，其中querySelector方法获取的是匹配给定选择器的第一个元素，而querySelectorAll方法获取的是匹配给定选择器的所有元素，这两个方法可以由document对象调用（从文档开始处查找），也可以由已获取的某个HTML元素对象调用（从元素的后代中查找）。

2. 操纵HTML元素

使用JavaScript提供的方法获取HTML元素对象之后，就可以操纵HTML元素了，既可以对元素进行创建、插入、移除、替换和复制操作，又可以对元素的属性进行获取、设置和移除操作，还可以对元素的内联样式进行操作。

1）元素的相关操作

（1）创建HTML元素可以使用document.createElement方法，传入要创建元素的标签名称即可。另外，还可以为新创建的元素添加id、className（class属性名称）、innerHTML（内部的HTML代码）等。

（2）插入HTML元素的方法有appendChild、insertBefore、before、after、prepend、append等，这些方法需要由一个已存在的HTML元素对象调用。假设有一个已存在的HTML元素E，当元素E调用上述方法时都会在哪里插入元素呢？appendChild方法会在E元素的子元素列表的末尾添加新的子元素。insertBefore方法会在E元素的某个已有的子元素节点前插入新的子元素，因此还需要传参一个已有的子元素作为参考元素。before方法和after方法分别在E元素前和E元素后插入新的元素。prepend方法和append方法分别在E元素的子元素列表之前和列表之后插入新的元素。

（3）替换HTML元素的方法是replaceChild，需要由某个父元素调用，替换的是其中某个子元素。方法的第一个入参是新元素，第二个入参是要被替换的旧元素。

（4）移除HTML元素的方法是removeChild，需要由某个父元素调用，移除其中的某个子元素。方法的入参就是要移除的这个子元素。

（5）复制HTML元素的方法是cloneNode，可以传参一个布尔类型的值，传值true则表示深复制，会复制元素节点及整个子DOM树，否则仅复制元素节点本身。

2）属性的相关操作

（1）获取HTML元素的属性可以使用getAttribute方法，需要传参要获取的属性的名称。一些HTML元素的属性也对应DOM对象的属性，因此也可以使用“对象.属性名”的方式获取。

（2）设置HTML元素的属性可以使用setAttribute方法，需要传参要设置的属性的名称和要设置的值。一些属性也可以直接使用“元素对象.属性名”直接赋值。

（3）移除HTML元素的属性可以使用removeAttribute方法，需要传参要移除的属性的名称。该方法会将整个属性从元素中移除，而不是仅仅清空属性的值。

3）样式的相关操作

HTML元素的style属性是一个对象，用于维护HTML属性style中定义的样式。使用“元素对象.style.样式属性名称”的格式就可以获取并设置元素的某个内联样式属性。在这里，对于CSS中的使用连字符（-）连接的多词属性名称，在对象中应使用对应的驼峰式名称表示，例如text-align应书写为textAlign。如下所示的代码将元素“p#demo”的内联样式属性text-align的值设置为center。

```
01 document.querySelector("p#demo").style.textAlign = "center";
```

1.4.7 JavaScript的事件处理机制

客户端JavaScript程序使用异步事件驱动的编程模型，事件可以在HTML文档的任何元素上发生。JavaScript支持的事件类型有很多种，包括页面生命周期事件（例如文档加载完成）、设备输入事件（例如鼠标单击）、状态变化事件（例如表单元素获得焦点）等。每个事件都有一个事件名称，例如，鼠标单击事件的名称是“click”。事件可以理解为某件事情发生的信号，为了对这个信号做出响应，我们可以编写一个事件处理程序（handler），并将这个事件处理程序注册到某个HTML元素上，当元素上的事件发生时就能够触发处理程序的执行。

1. 事件注册

可以通过三种方式在事件发生的目标元素上注册事件处理程序，分别是通过HTML属性注册、通过DOM属性注册以及通过事件监听方法注册。

（1）通过事件目标元素的一个属性来注册关联的事件处理程序，属性的名字由“on”和事件名称组合而成，例如onclick、onchange、onload、onmousedown等，可以在属性值中书写脚本代码或者函数调用，函数则可以定义在单独的JavaScript脚本中。这种方式将脚本代码与HTML代码混合在一起了，不适合写大量程序代码实现复杂的逻辑。

（2）通过DOM属性注册在本质上和通过HTML属性注册是一样的，只不过注册程序全部写在了JavaScript脚本中，代码分离得更彻底了一些。通过DOM属性注册时，其属性值应是一个函数，如果函数有声明，则可以将其注册到多个元素上实现复用。如下的示例给段落元素“p#p1”和“p#p2”绑定了同样的单击事件处理程序。

```
01 <script type="text/javascript">
02   funciton showMsg(){
03     alert(" 欢迎学习 JavaScript!");
04   }
05   let p1 = document.getElementById("p1");
06   let p2 = document.getElementById("p2");
07   p1.onclick = showMsg;
08   p2.onclick = showMsg;
09 </script>
```

（3）前两种事件注册方式存在一个缺陷，那就是针对某个元素的一个事件最多只能注册一个处理程序。HTML属性注册的方式根本无法分开写两个处理程序，DOM属性注册的方式在写法上倒是可以注册两个处理程序，但遗憾的是，它只会执行一个，也就是说后注册的程序会覆盖前者。通过事件监听方法addEventListener来注册处理程序就能够解决上述弊端，该方式允许注册多个处理程序而且不会出现覆盖的情况。addEventListener方法是在EventTarget类中定义的方法，EventTarget位于DOM对象继承链的顶端，因此DOM对象（包括Window对象、Document对象以及所有文档元素对象）都可以使用该方法。addEventListener方法有三个参数，第一个参数event是一个字符串，就是事件名称，不包含作为HTML元素属性使用时的前缀“on”；第二个参数handler是事件发生时要调用的函数；第三个参数不常使用，是一个附加的可选对象。如下代码所示，使用addEventListener方法为段落元素“p#p1”的click（鼠标单击）事件注册了两个处理程序，事件发生时两个处理程序会按照注册时的先后顺序执行，方法中第二个参数使用了箭头函数。

```
01 <script type="text/javascript">
02   let p1 = document.getElementById("p1");
03   p1.addEventListener("click",() => console.log(" 您单击了 "));
04   p1.addEventListener("click",() => console.log(" 一个段落 "));
05 </script>
```

2. 事件对象

当事件发生时，浏览器会创建一个Event对象，将与事件相关的详细信息放入其中，并将其作为参数传递给事件处理程序。如果在事件处理程序中需要使用与事件本身相关的一些信息，只需要给事件处理函数传递一个形参即可。形参一般取名为event或者e，见名知意。

所有事件对象都有type、target和currentTarget属性，它们被定义在Event类中，type属性是事件类型（名称），target和currentTarget属性都表示事件目标，它们之间的区别在下文中介绍了事件冒泡机制后才更易于理解。除此之外，还有很多属性被定义在不同的事件类型（Event类的子类）中，例如键盘事件具有一组属性，指针事件具有另一组属性，等等。

3. 事件冒泡

HTML元素是相互嵌套的，假如有三个元素满足嵌套关系“form > div > button”，当鼠标单击事件发生在button元素上时，它会首先运行在该元素上注册的鼠标单击事件处理程序，接着运行其父元素div上的鼠标单击事件处理程序，然后一直向上，各祖先节点元素上注册的鼠标单击事件处理程序都会被依次执行，这就是事件冒泡（bubbling）的原理。此时我们再回过来分析Event类的target属性和currentTarget属性的区别。父元素上的处理程序始终可以获取事件实际发生位置的详细信息，事件实际发生位置指引发事件发生的那个嵌套层级最深的元素，称为目标元素，也就是target属性指向的元素，它在事件冒泡过程中是不会发生变化的。而currentTarget属性会随着事件冒泡不断变化，当事件冒泡到哪个元素上时，currentTarget属性就指向哪个元素。

事件从目标元素开始向上冒泡，通常，它会一直上升到元素html，然后再到document对象，有些事件甚至会继续向上到达window对象，冒泡元素中的定义的事件处理程序会被依次执行。但是在冒泡过程中，如果判定事件已经被完全处理，可以让冒泡过程随时停止。Event类提供了用于停止冒泡的两个方法，分别为stopPropagation和stopImmediatePropagation，二者都可以阻止事件继续向上冒泡。如果一个元素在某个事件上注册了多个处理程序，stopImmediatePropagation方法还可以停止在该元素对应事件上注册的其他处理程序。

4. 浏览器默认事件

一些事件能够自动触发浏览器执行某些行为，这很常见。例如，单击一个超链接就会触发页面的跳转，单击表单中的“提交”按钮就会触发将表单数据提交到服务端的行为。如果想要阻止浏览器的默认行为，应该在事件处理程序中调用event.preventDefault方法。如果事件处理程序是通过HTML属性方式注册的，那么直接返回false也可以阻止浏览器默认行为。如下代码所示，单击超链接将不会触发页面跳转。

```
01 <a href="https://www.baidu.com" onclick="return false;">百度</a>
```

5. UI事件

UI事件来自用户界面，主要来源是鼠标、键盘、触摸屏等各类输入设备。这类事件有很多，接下来分类介绍一些常用的UI事件。

（1）MouseEvent类用于定义鼠标事件。在鼠标事件类中定义了一组相关的属性，包括button属性（获取触发事件发生的鼠标按钮）、组合键相关属性（获取在鼠标事件发生期间用户按下的键盘按键）、坐标属性（获取当前鼠标指针的坐标值）等，方便用户在程序设计时使用。

MouseEvent类中定义了许多常见的鼠标事件，包括dbclick（在短时间内双击）、mousedown（鼠标按键被按下）、mouseup（鼠标按键被松开）、mouseover（鼠标指针从一个元素上移入）、mouseout（鼠标指针从一个元素上移出）、mousemove（鼠标指针在元素上移动）、mouseenter（鼠标指针进入元素）、mouseleave（鼠标指针离开元素）等。

（2）PointerEvent类用于定义指针事件，它是处理来自各种输入设备（包括鼠标、触控笔和触摸屏等）的输入信息的解决方案。PointerEvent类继承自MouseEvent类，其中定义了许多支持触屏操作的事件。PointerEvent类中定义的常用事件包括click（鼠标左键单击事件，当mousedown及mouseup相继触发后才会触发该事件）、contextmenu（鼠标右键被按下）、pointerdown（支持触屏，类似于鼠标事件mousedown）、pointerup（支持触屏，类似于鼠标事件mouseup）、pointerover（支持触屏，类似于鼠标事件mouseover）、pointerout（支持触屏，类似于鼠标事件mouseout）、pointermove（支持触屏，类似于鼠标事件mousemove）、pointerenter（支持触屏，类似于鼠标事件mouseenter）、pointerleave（支持触屏，类似于鼠标事件mouseleave）。

（3）KeyboardEvent类用于定义键盘（含虚拟键盘）事件，当我们想要处理键盘行为时，应该使用键盘事件。例如，对方向键Up和Down或热键（按键的组合）作出反应。键盘事件包含keydown事件和keyup事件，当一个按键被按下时，会触发keydown事件；当该按键被释放时，会触发keyup事件。需要说明的是，如果按下一个键足够长的时间，keydown事件会被一次又一次地重复触发，直到按键被释放时，keyup事件才会被触发。事件处理程序一般都需要知道用户按下或释放的是哪个键，KeyboardEvent类通过事件对象的key属性或者code属性来获取具体的按键信息，其中key属性允许获取按键字符，code属性则允许获取“物理按键代码”。

（4）FocusEvent类用于定义聚焦事件，大多数元素默认不支持聚焦，但是表单元素会支持聚焦事件。当用户单击某个元素或使用键盘上的Tab键选中某个元素时，该元素将会获得聚焦，对应focus事件。当用户单击页面的其他地方，或者按下Tab键跳转时，元素将失去焦点，对应blur事件。blur事件常用来实现对表单元素输入的前端校验。

（5）InputEvent类用于定义输入事件，每当用户对输入值进行修改后就会触发输入事件input。与键盘事件不同，只要值改变了，input事件就会触发，即使那些不涉及键盘行为导致的值的更改也是如此，例如使用鼠标粘贴等。

（6）在Event类中还定义了一个change事件，当元素内容更改完成时会触发change事件，常用于表单元素。对于文本输入框所做的更改，当其失去焦点时，更改完成，就会触发change事件。对于其他表单元素，如下拉列表、单选按钮、复选框，会在选项更改后立即触发change事件。

6. 页面生命周期事件

HTML页面的生命周期包含以下几个重要事件节点，每个事件都可以通过定义事件处理程序完成特定的功能。

（1）当浏览器已完全加载HTML文档，并构建好了DOM树时就会触发DOMContentLoaded事件，此时页面中引入的图片、样式表之类的外部资源可能尚未加载完成。DOMContentLoaded事件发生在document对象上，必须使用addEventListener注册对应的事件处理程序。

（2）当浏览器不仅加载完成了HTML，还加载完了所有的外部资源时，就会触发window对象上的load事件。可以使用window.onload属性注册事件处理程序。

（3）当用户正在离开页面时会触发beforeunload事件，例如，当访问者触发了离开页面的导航（navigation）或试图关闭窗口时，beforeunload事件就会发生。此时，可以使用window.onbeforeunload属性注册事件处理程序，通过在处理程序中返回false来停止页面卸载。

（4）当用户要离开页面时，window对象上的unload事件就会被触发，可以使用window.onunload属性注册事件处理程序。此时，页面已经不可避免地要被卸载了，但是我们仍然可以在页面完全卸载之前启动一些操作，例如发送一些统计数据或者计时数据等。

1.5 Java Web应用开发核心技术

本节介绍Java Web应用开发的核心技术，既包括JSP技术、EL表达式、JSTL标签等用于构建动态页面视图的相关技术，又包括Servlet程序、Filter过滤器和Listener监听器这三大基本组件。不论是JSP页面的运行，还是Servlet程序的运行，都需要Web服务端运行环境的支持。接下来首先讲解开发Java Web应用时如何搭建开发与运行环境。

1.5.1 开发与运行环境搭建

Java Web应用程序的运行需要JDK和Web服务器的支持，应用数据的维护需要依赖专门的数据库管理系统，功能的测试离不开客户端浏览器的支持。所谓“工欲善其事，必先利其器”，选择一款功能齐全、集成度高、智能化、性能卓越的集成开发工具，可以在案例学习和项目开发时起到事半功倍的效果。接下来介绍软件工具的选择及安装配置。

1. JDK的安装配置

JDK（Java Development Kit，Java开发工具包）是为Java程序开发提供编译和运行环境的工具包。JSP引擎需要Java语言的核心库和编译环境，因此在安装JSP引擎之前，需要先安装JDK，可以登录官方网站下载与开发机操作系统相匹配的版本。在此，我们以适配64位Windows操作系统的JDK 1.8版本为例介绍其安装配置过程。

JDK的安装比较简单，直接双击下载后的JDK安装文件图标启动安装，然后按照安装向导逐步安装即可。安装时建议采用默认的安装路径，通常安装在“C:\Program Files\Java\”目录下。JDK安装完毕之后还需要配置JDK环境变量，确保在编译和运行Java程序时，能够找到Java编译器和Java运行环境来执行编译后的代码。同时，正确设置JDK环境变量也可以允许用户在IDE中使用高级特性，比如使用自定义jar包等。JDK环境变量的配置步骤如下。

（1）在Windows桌面或者资源浏览窗口左侧的导航窗格中找到“此电脑”并右击，在弹出的菜单中选择“属性”，打开系统设置页面，然后在系统设置页面的右侧找到并单击“高级系统设置”，弹出“系统属性”面板，接着切换到“高级”选项页，如图1.1所示；单击其中的“环境变量(N)...”按钮，打开“环境变量”面板，如图1.2所示。

（2）在“环境变量”面板下方的系统变量中单击“新建（W）...”按钮，弹出“新建系统变量”面板，在其中新建一个名为“JAVA_HOME”的系统变量，变量值设置为JDK的安装路径即可，如图1.3所示。设置完毕后单击“确定”按钮，完成系统变量“JAVA_HOME”的设置。

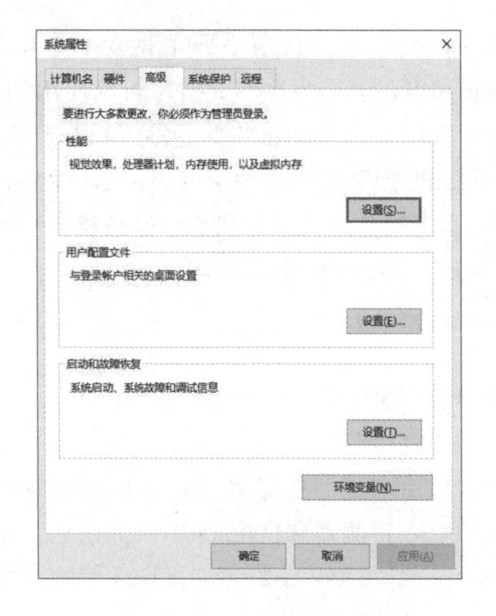

图1.1 “系统属性”面板

图1.2 “环境变量”面板

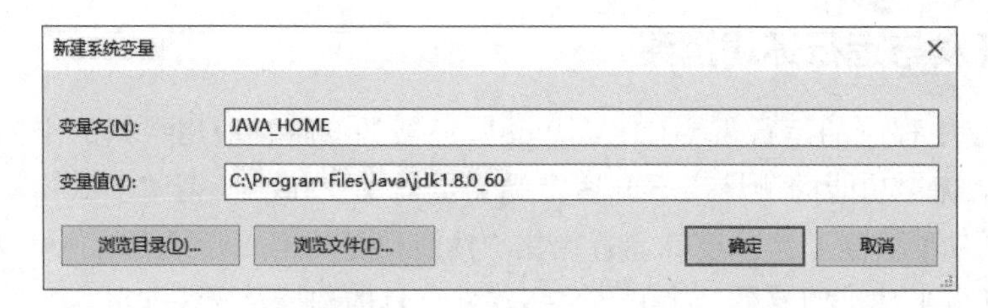

图1.3 新建系统变量“JAVA_HOME”

（3）配置JDK的classpath（类加载路径）环境变量。再新建一个系统变量，变量名设置为“classpath”，变量值设置为“.;%JAVA_HOME%\lib;%JAVA_HOME%\lib\tools.jar”即可。

（4）在图1.2所示的“环境变量”面板的系统变量列表中里找到并选中Path变量（该变量已存在，无须新建），然后单击“编辑(I)...”按钮，打开“编辑环境变量”面板，接着单击右侧的“编辑文本(T)...”按钮，打开“编辑系统变量”面板，在其中的变量值输入框原有内容之后追加配置内容“;%JAVA_HOME%\bin;%JAVA_HOME%\jre\bin”，如图1.4所示。注意，追加的配置内容中的各个路径值之间要使用分号隔开，最后单击“确定”按钮完成配置。

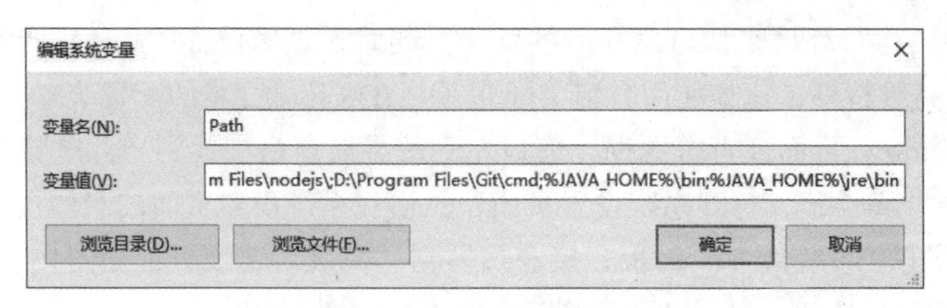

图1.4 编辑系统变量“Path”

（5）测试环境变量是否设置成功。可从Windows开始菜单中找到并打开“命令提示符”窗口，也可以按Win+R组合快捷键打开“运行”窗口，输入“cmd”之后单击“确定”按钮打开“命令提示符”窗口。在命令行中输入“java -version”命令，按Enter键执行，如果看到图1.5所示的Java版本信息输出，则说明JDK的安装操作以及环境变量的配置操作都是成功的。

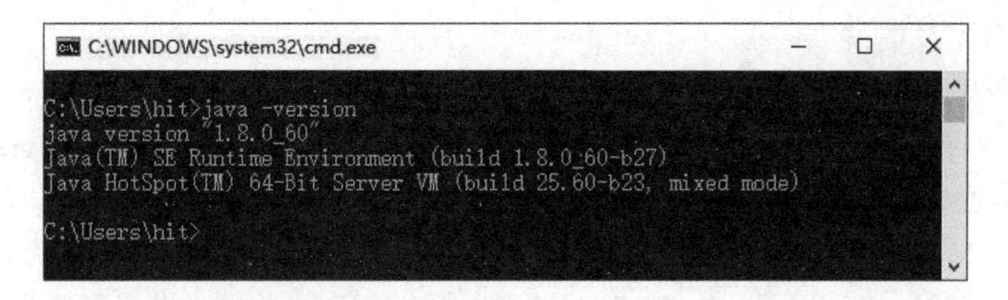

图1.5 环境变量的配置测试

2. Web服务器的安装配置

运行包含Servlet和JSP页面的Web应用程序，需要选择一款支持Servlet和JSP的Web服务器。

目前广为流行的Tomcat服务器是一个免费的、开放源代码的Web应用服务器，它属于轻量级Web应用服务器，在中小型系统和并发访问用户不多的场合下被普遍使用，也是支持Servlet和JSP的少数Web服务器之一。Tomcat服务器安装配置简单，运行稳定可靠，是初学者学习Java Web应用开发的首选。登录Tomcat的官方网站（https://tomcat.apache.org/）下载与开发机操作系统相匹配的版本。在此，我们可以下载版本号为"9.0.50"的Tomcat，以及适配64位Windows操作系统的二进制分发包"64-bit Windows.zip"。因为是二进制的发行版本，分发包下载到本地后直接解压缩就可以使用。我们将解压缩后的文件夹重命名为tomcat9，并将其复制到"E:\program\"目录下，后续在集成开发环境中配置Tomcat服务器时，Tomcat的根（Home）目录就是"E:\program\tomcat9"。

在Tomcat根目录下的bin目录中，存放着主要的命令文件，其中以".sh"结尾的是Linux命令文件，以".bat"结尾的是Windows命令文件。startup和shutdown命令分别用于启动和关闭Tomcat服务器。在Windows系统下，可以双击"startup.bat"命令文件启动Tomcat服务器，服务器启动后会占用一个命令行窗口，窗口中会显示服务器启动的日志信息，如图1.6所示。关闭Tomcat服务器时，可以双击bin目录中的"shutdown.bat"命令文件，也可以直接关闭启动时开启的命令行窗口。

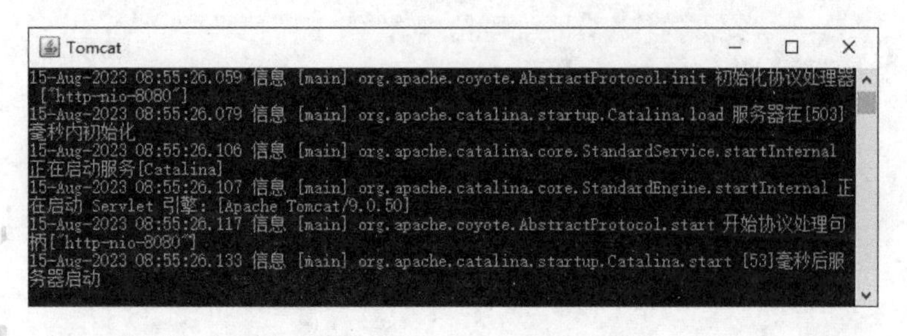

图1.6 Tomcat启动后的命令行窗口

3. 数据库服务器的选用

面向中小规模业务数据的存储管理，选择一款开源、免费、体积小、跨平台以及易于安装部署的关系数据库管理系统就能够满足需求了。在Web应用开发方面，MySQL是广为流行的最好的数据库应用软件之一，能够满足上述条件。在本节的学习任务中暂不涉及数据库相关技术，MySQL数据库的安装配置过程可参考项目数据库设计章节（3.2节）。

4. 集成开发环境的安装

为了提高开发效率，通常需要一款IDE（Integrated Development Environment，集成开发环境）工具。目前，用于Java编程语言的IDE工具有很多，其中IDEA（全称为IntelliJ IDEA）是业界公认的优秀的集成开发环境之一。我们在项目开发时使用IDEA集成开发环境，可以从IDEA的官网（https://www.jetbrains.com/idea/）下载与个人开发机器的操作系统类型相适配的版本。我们以“2019.3.5-Windows x64 (exe)”这个版本的IDEA为例来讲解安装配置过程。

双击下载后的“ideaIU-2019.3.5.exe”文件，进入安装流程，首先展示的是图1.7所示的欢迎界面。

在IDEA安装欢迎界面中单击“Next >”按钮，进入安装路径选择向导界面，如图1.8所示。用户可以采用默认安装路径，也可以自定义安装路径，建议采用默认安装路径。

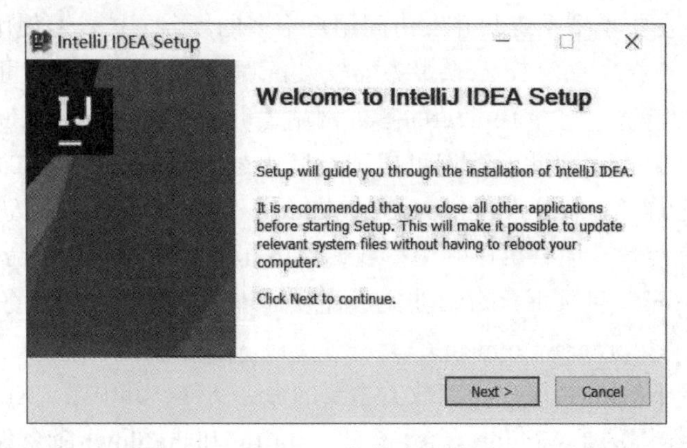

图1.7　IDEA安装欢迎界面

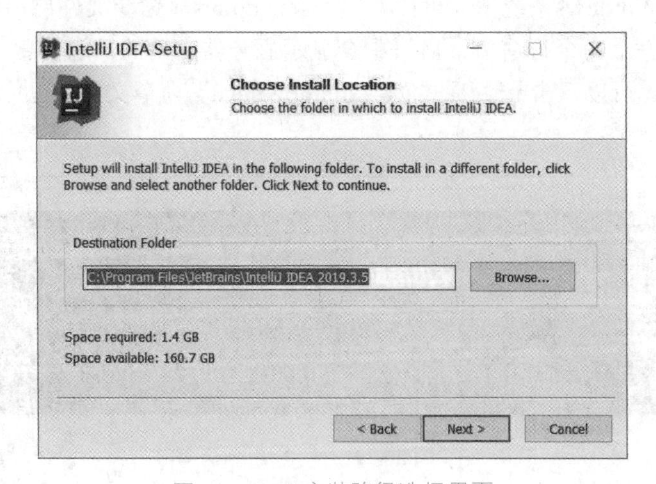

图1.8　IDEA安装路径选择界面

接着在IDEA安装路径选择界面中单击“Next >”按钮，进入安装选项配置界面，如图1.9所示。用户可以选择需要安装的选项，建议全部选中安装。

完成了安装选项的选择之后，接着单击“Next >”按钮，启动程序的安装过程，界面如图1.10所示，安装过程将会持续一段时间，耐心等待即可。

IDEA安装过程结束后需要重新启动计算机，可以选择立即重启，也可选择稍后手动重启，界面如图1.11所示。建议选择立即重启，然后单击“Finish”按钮完成IDEA的安装。

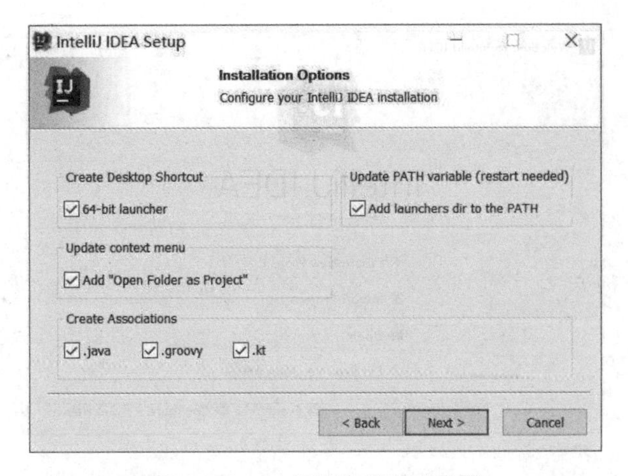

图1.9 IDEA安装选项配置界面

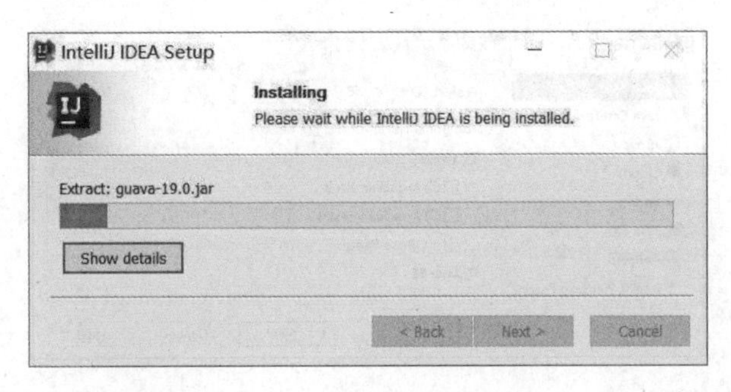

图1.10 IDEA安装过程界面

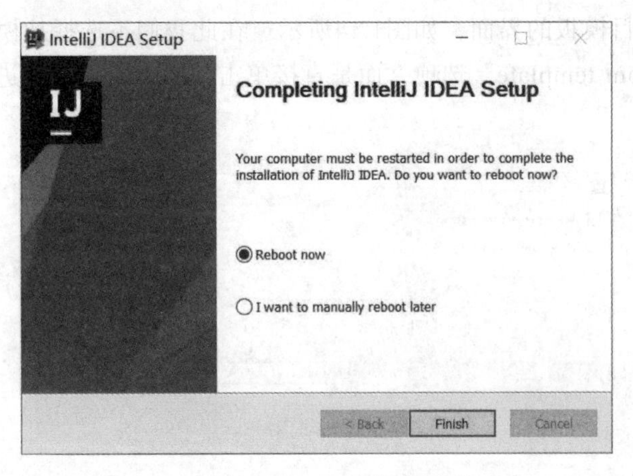

图1.11 IDEA安装完成界面

1.5.2 创建并部署Web项目

1. 创建项目

在桌面上找到IDEA的快捷方式图标，双击打开IDEA开发工具，进入IDEA启动欢迎界面，如图1.12所示，单击其中的“+ Create New Project”链接，开启新建项目的向导流程。

首先进入的是选择项目类型的界面，如图1.13所示，在此可以先创建一个普通的Java项目，直接在左侧的项目类型列表中选择“Java”，然后单击“Next”按钮进入下一步向导界面。

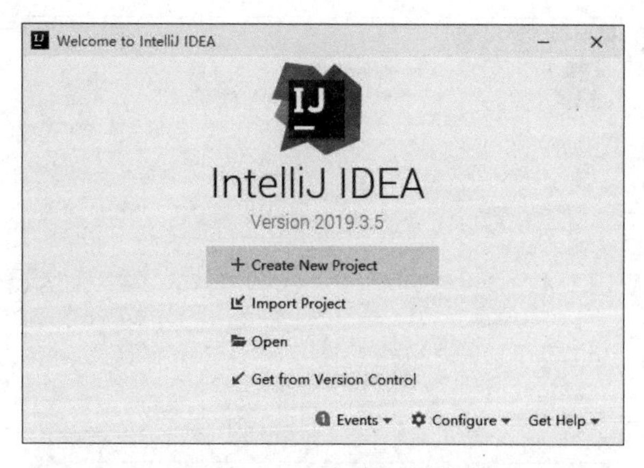

图1.12 IDEA启动欢迎界面

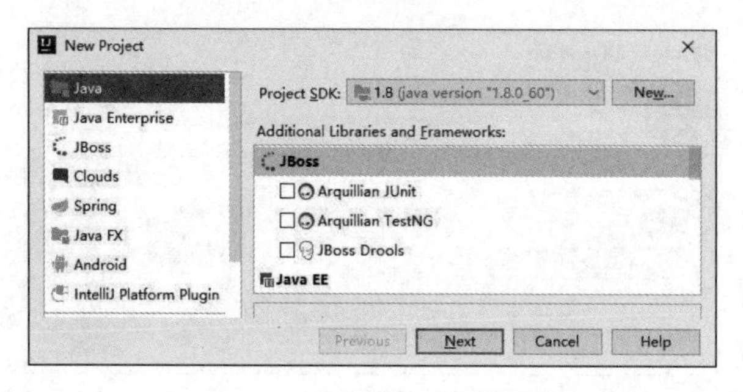

图1.13 选择项目类型界面

接下来是选择项目模板的界面，如图1.14所示。在此我们不选择从模板创建项目，不要勾选“Create project from template”选项，而是直接单击“Next”按钮，进入项目命名的向导界面，如图1.15所示。

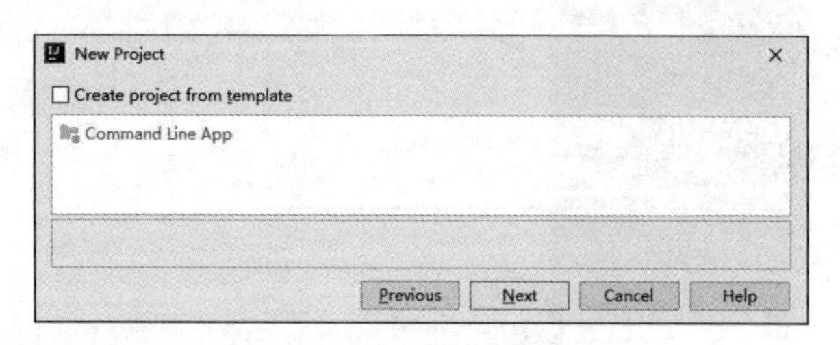

图1.14 选择项目模板界面

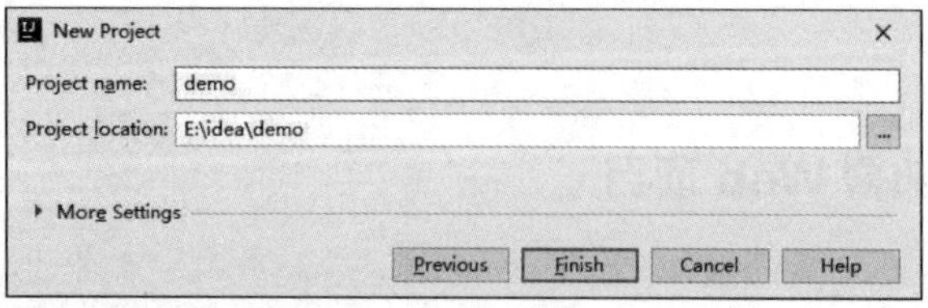

图1.15 项目命名界面

在项目命名界面中的“Project name”一栏输入项目名称“demo”，然后选择项目的保存路径，例如将项目路径设置为“E:\idea\demo”，最后单击“Finish”按钮完成demo项目的创建。项目创建完毕后就会打开IDEA工作区的主界面，如图1.16所示。与大多数IDE环境类似，

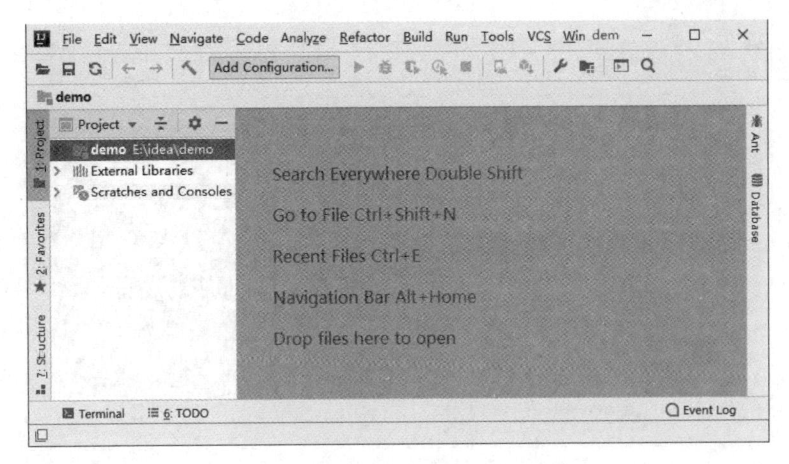

图1.16 IDEA工作区主界面

IDEA工作区中包括主菜单、工具栏、项目浏览窗口、文件编辑区以及可自由配置的功能窗口，读者可以自行操作学习。

2. IDEA的常用配置

任意一款IDE工具都支持灵活的应用配置，支持开发选项、界面效果、性能优化等各类参数的个性化设置。在IDEA工作区的主界面中，通过主菜单“File”→“Settings...”打开“Settings”面板，在其中可以设置当前环境下的各类配置项。接下来介绍并设置几个常用配置项。

（1）设置主题。首先在“Settings”面板左侧配置项目录树中选择“Appearance & Behavior”→“Appearance”，然后在右侧的Theme下拉列表中选择要切换的主题即可。

（2）设置通过鼠标滚轮改变当前处于编辑状态的文件中的字体大小。在“Settings”面板左侧配置项目录树中选择“Editor”→“General”，然后在右侧勾选“Change font size (Zoom) with Ctrl+Mouse Wheel”选项即可。

（3）设置显示代码行号以及方法之间的分隔线。在“Settings”面板左侧配置项目录树中选择“Editor”→“General”→“Appearance”，然后在右侧勾选“Show line numbers”选项设置显示代码行号，勾选“Show method separators”选项设置显示方法之间的分隔线。

（4）设置字体、字体大小、行距等。在“Settings”面板左侧配置项目录树中选择“Editor”→“Font”，然后就可以在右侧设置字体相关参数。

（5）设置文件编码。在“Settings”面板左侧配置项目录树中选择“Editor”→“File Encodings”，然后将右侧所有设置编码的位置均设置为“UTF-8”编码。

3. 添加Web框架支持

项目demo在创建时选择的是普通的Java项目，可以通过添加Web框架支持将其转换为Java Web项目。在IDEA主界面的“1:Project”视图窗口中，右击项目名称“demo”，在弹出的菜单中选择“Add Frameworks Support....”，打开“Add Frameworks Support”面板，勾选Java EE下的“Web Application”选项，然后单击“OK”按钮，完成对应Java EE框架的支持。此时，项目demo的目录结构如图1.17所示，增加了web目录，用于组织JSP页面等视图资源，其中默认创建了一个索引页“index.jsp”。

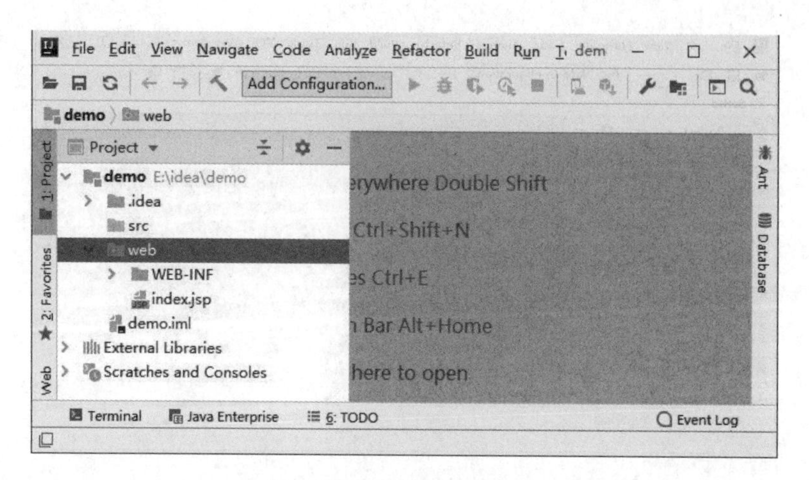

图1.17 Web项目目录结构

4. 配置Tomcat服务器并部署项目

项目最终会被部署在Web服务器下运行，需要为项目配置一个Web服务器，可以配置一个Tomcat服务器。首先选择主菜单“Run”→“Edit Configurations...”，或者在快捷菜单栏中单击“Add Configurations...”，打开“Run/Debug Configurations”面板，单击面板左上角的“+”按钮，在弹出的“Add New Configuration”列表中展开所有条目，选择“Tomcat Server”→“Local”选项，打开“Tomcat Server”的配置界面。接着在“Tomcat Server”配置界面中的“Server”选项页中找到“Application Server”选项，单击“Configure...”按钮打开tomcat配置页面，在其中配置Tomcat服务器对应的安装目录，单击“OK”按钮完成Tomcat服务器的配置。返回“Run/Debug Configurations”面板，切换到“Deployment”选项页，在右侧单击“+”按钮，选择“Artifact...”，然后将“Application context”一栏的项目部署路径修改为“/demo”，完成项目在Tomcat中的部署。最后单击“OK”按钮保存以上所做的配置即可。

接下来还需要为项目配置依赖的tomcat类库。选择主菜单“File”→“Project Structure...”，打开“Project Structure”面板，在左侧目录“Project Settings”下选择“Modules”配置页，接着将右侧配置面板切换到“Dependencies”选项页，然后在右侧单击“+”按钮，选择“Library”，在弹出的“Choose Library”窗口中选中“tomcat”，单击“Add Selected”按钮，就将依赖的tomcat类库添加进来了。最后单击“OK”按钮保存配置即可。

5. 启动并检查输出

在IDEA主界面中打开“8:Services”视图窗口，右击“Tomcat Server”，在弹出的右键菜单中单击“Run”，就可以启动运行Tomcat服务器了。服务器启动完毕后，自动打开浏览器访问项目的索引页，地址为“http://localhost:8080/demo/”，页面效果如图1.18所示。

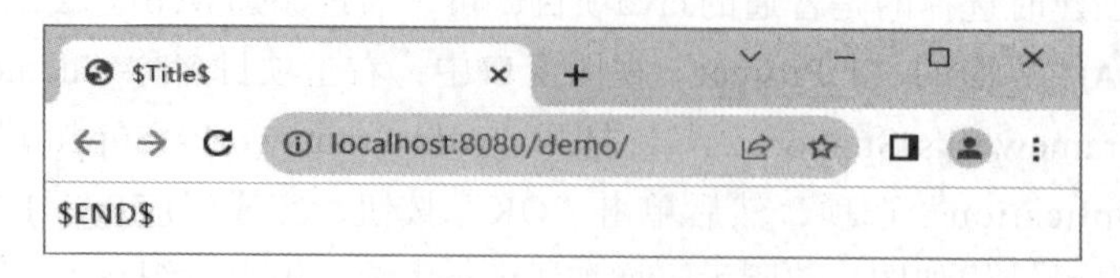

图1.18 项目默认的索引页

回到IDEA的工作区界面，Tomcat服务器启动之后会开启服务器的输出窗口“Server

Output”以及两个日志查看窗口“Tomcat Localhost Log”和“Tomcat Catalina Log”，如果在以上窗口中输出的中文呈现为乱码，则可以尝试使用如下所述的方案解决。

在Tomcat安装目录下的conf文件夹中找到“logging.properties”文件，打开并编辑该文件，在其中尝试替换或配置以下属性，配置完成后需要重启Tomcat才能生效。

```
01 ## 解决 Tomcat Catalina Log 窗口输出的中文乱码
02 1catalina.org.apache.juli.AsyncFileHandler.encoding = GBK
03 ## 解决 Tomcat Localhost Log 窗口输出的中文乱码
04 2localhost.org.apache.juli.AsyncFileHandler.encoding = GBK
05 ## 解决 Server Output 窗口输出的中文乱码
06 java.util.logging.ConsoleHandler.encoding = GBK
```

1.5.3 JSP 技术

1. JSP简介

JSP（Java Server Page）是运行在服务端的脚本语言，用于实现动态网页的开发。JSP文件就是在传统的HTML文件中插入Java程序片段和JSP标签而生成的，其扩展名为“.jsp”。Web服务器执行JSP文件中的程序代码，结果将以HTML文件格式返回给客户端。JSP本质上是Servlet的扩展，我们可以在JSP中使用Servlet的所有功能。当客户端请求JSP文件时，JSP代码会被翻译成Servlet代码，最终以字符串的形式向外输出HTML代码。

2. JSP脚本

在JSP文件中嵌入的Java程序称作JSP脚本，其中可以包含任意数量的Java语句。JSP脚本要以“<%”开头，以“%>”结尾，语法格式如下所示：

```
<% Java 语句 ... %>
```

下面结合具体案例来介绍JSP脚本，首先在项目demo中的web目录下创建一个文件夹，命名为“jsp”，用于存放JSP的案例代码文件。此外，本节中的案例代码文件都是在项目demo中创建的，后续在创建案例代码文件时将省略“项目demo中”这个限定词。接着在文件夹“jsp”的右键菜单中选择“New”→“JSP/JSPX”，输入文件名称“script”，然后单击键盘上的“Enter”键，完成第一个JSP文件的创建。接下来编辑“/web/jsp/script.jsp”这个文件，书写如1.5.3-01所示的JSP脚本案例代码。为便于后文引用以及读者查找，本书在讲解案例和项目时所列出的完整的文件代码（或文件中的代码片段）均以“章节号-序号”的形式进行编号，例如“代码1.5.3-01”表示的是本书第1.5.3节中编号为01的代码。此外，当列出的是某个文件的完整代码时，还会对文件版本进行编号。初始版本号为0.01，后续如果需要对文件进行迭代更新，那么每更新一个版本，就将文件版本编号增加0.01；最终版本会直接将版本编号更新为1.0。例如，代码1.5.3-01所描述文件的版本是1.0，说明当前代码已是最终版本，后续不会再对该文件中的代码进行迭代更新。

【代码1.5.3-01】文件/web/jsp/script.jsp，版本1.0。

```
01 <%@ page contentType="text/html;charset=UTF-8" language="java" %>
02 <!doctype html>
03 <html>
04 <head>
05   <meta charset="UTF-8">
06   <title>JSP 脚本 </title>
07 </head>
08 <body>
09   <% out.print("Hello, World!"); %>
10   <% int i = 4; %>
11   <%
12     int j = 5;
13     out.print(i + j);
14   %>
15 </body>
16 </html>
```

代码1.5.3-01中的JSP脚本是嵌套在HTML代码中的，具体说明如下：

（1）第01行，使用了一个JSP指令，定义与页面相关的属性。下文中会详细介绍JSP指令。

（2）第09行，嵌入了一段JSP脚本，其中有一条Java语句，调用了JSP内置对象out的print方法，打印输出字符串“Hello，World!”。

（3）第10行，嵌入了另一段JSP脚本，其中有一条Java语句，定义了一个整型变量i并赋初值为4。

（4）第11行~第14行，又嵌入了一段JSP脚本，其中有两条Java语句，第12行定义了一个整型变量j并赋初值为5，第13行紧接着打印出表达式“i+j”的值。

接下来测试代码1.5.3-01的运行结果，在IDEA主界面中打开“8:Services”视图窗口，右击“Tomcat Server”，在弹出的菜单中单击“Run”，启动运行Tomcat服务器。Tomcat服务器启动完毕之后，在浏览器地址栏访问“http://localhost:8080/demo/jsp/script.jsp”，页面效果如图1.19所示，页面中输出了字符串“Hello，World!”以及表达式“i+j”的计算结果9。

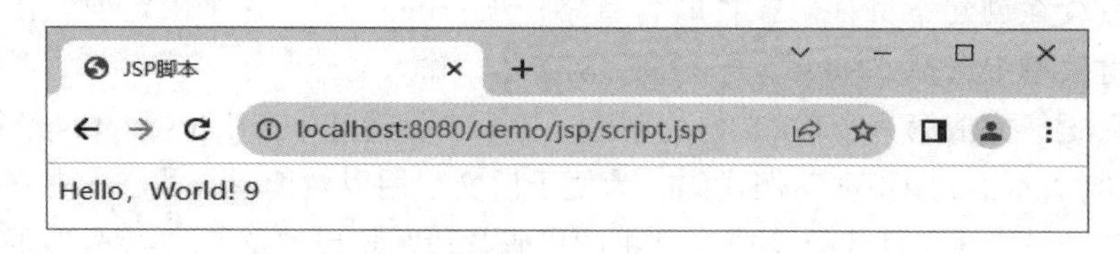

图1.19 JSP脚本案例页面效果

3. JSP声明

在JSP文件中，使用另外一种语法格式嵌入用于定义全局变量和全局方法的Java语句，称为JSP声明。JSP声明要以“<%!”开头，以“%>”结尾，语法格式如下所示：

```
<%! Java 声明语句 ... %>
```

下面结合具体案例来介绍JSP声明，在“/web/jsp/”目录下创建一个JSP文件“declaration.jsp”，编辑代码如代码1.5.3-02所示，其中未书写HTML文档的基本结构代码，后续讲解JSP相关的知识要点案例时也不再书写HTML文档的基本结构代码。

【代码1.5.3-02】文件/web/jsp/declaration.jsp，版本1.0。

```
01 <%@ page contentType="text/html;charset=UTF-8" language="java" %>
02 <%!
03   int num = 5;
04   public int add (int a, int b) {
05     return a + b;
06   }
07 %>
08 <%
09   out.print(num);
10   out.print("<br />");
11   out.print(add(num , 6));
12 %>
```

代码1.5.3-02说明如下：

（1）第02行~第07行，嵌入了一段JSP声明，其中第03行声明了全局变量num并赋初值为5，第04行~第06行声明了一个全局方法add，实现对两个整型数值求和的功能。

（2）第08行~第12行，嵌入了一段JSP脚本，其中第09行打印输出全局变量num的值，第10行输出一个HTML换行标签，第11行接着输出使用add方法求得的num与6相加的结果。

接下来测试代码1.5.3-02的运行结果，启动Tomcat服务器并访问“declaration.jsp”页面，页面效果如图1.20所示，输出了num的值5、换行以及num与6求和的结果11。

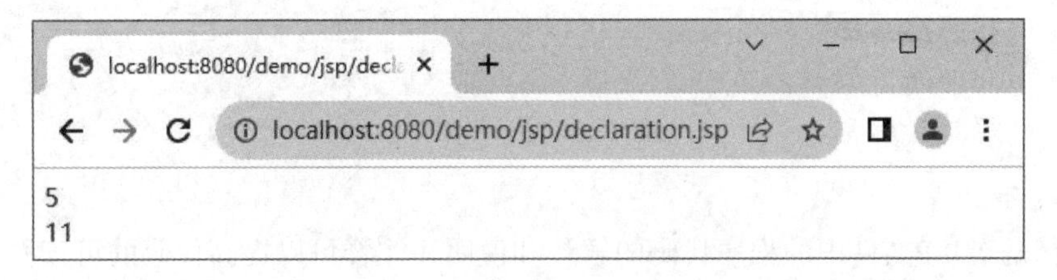

图1.20 JSP声明案例页面效果

从以上两个代码示例（代码1.5.3-01和代码1.5.3-02）中可以看到，在JSP脚本和JSP声明中都可以声明变量，那么它们之间有什么区别呢？我们知道，JSP代码最终都会被翻译成Servlet代码，其中JSP脚本中的语句内容会被转译并插入Servlet的service方法中，也就是说，JSP脚本中定义的变量是方法中的局部变量。由于Java语言不允许方法中嵌套方法定义，因此在JSP脚本中不能声明方法。JSP 声明中的语句内容会被添加到Servlet类中，处于任何方法之外，因此在JSP声明中定义的变量和方法都是全局的。

理解了JSP脚本和JSP声明的区别之后，可以尝试在JSP脚本中声明方法，IDEA会直接提示有语法错误。再如，如果将代码1.5.3-01中第10行的JSP脚本放置在第11行~第14行之后，IDEA也会提示语法错误，因为JSP脚本中声明的是局部变量，变量i在声明之前是不可用的。

反过来，如果将代码1.5.3-02中第02行~第07行的JSP声明放置在第08行~第12行的JSP脚本之后，在JSP脚本中依然能够读取和使用全局变量num的值，代码运行结果不变，读者可以自行测试验证。

4. JSP表达式

JSP 表达式可以直接将Java语言中的表达式的计算结果输出，不需要调用JSP内置对象out的相关打印输出方法就能够输出数据，通常用于输出变量和方法调用的结果。JSP表达式要以“<%=”开头，以“%>”结尾，语法格式如下所示：

```
<%= Java表达式 ... %>
```

可以将“<%= 表达式 %>”理解为JSP脚本“<% out.print(表达式); %>”的简写方式，需要注意的是JSP表达式不需要以分号结尾。下面给出一个JSP表达式的案例，在“/web/jsp/”目录下创建一个JSP文件“expression.jsp”，编辑代码如1.5.3-03所示，其中第08行、第09行和第10行中的JSP表达式分别与代码1.5.3-02中第09行、第10行和第11行中的Java语句等价，最终输出的页面效果也与图1.20一致。

【代码1.5.3-03】文件/web/jsp/expression.jsp，版本1.0。

```
01 <%@ page contentType="text/html;charset=UTF-8" language="java" %>
02 <%!
03   int num = 5;
04   public int add (int a, int b) {
05     return a + b;
06   }
07 %>
08 <%= num %>
09 <%= "<br />" %>
10 <%= add(num, 6) %>
```

5. JSP注释

JSP注释是对JSP文件中的程序代码的解释和说明，注释可以提高代码的可读性，让他人能够更加轻松地读懂代码。在JSP文件的不同位置处可以书写以下三类不同的注释。

（1）HTML注释，格式为“<!-- 注释内容 -->”。HTML注释中书写的JSP脚本、JSP声明、JSP表达式依然会在服务端执行，客户端浏览器页面中不显示HTML注释内容，但是可以通过查看页面源代码的方式看到HTML注释内容。

（2）JSP注释，又称为隐藏注释，格式为“<%-- 注释内容 --%>”。在JSP注释中书写的JSP脚本、JSP声明、JSP表达式都不会执行，客户端浏览器页面中不会显示JSP注释内容，页面源代码中也看不到JSP注释内容，安全性较高。

（3）JSP脚本中的注释，就是Java语言的注释，其中单行注释以“//”开头，多行注释则以“/*”开头，以“*/”结束。

下面结合具体案例来演示JSP文件中的各类注释，在“/web/jsp/”目录下创建一个JSP文件“comment.jsp”，编辑代码如1.5.3-04所示，在文件代码中包含了各类注释。

【代码1.5.3-04】文件/web/jsp/comment.jsp，版本1.0。

```
01 <%@ page contentType="text/html;charset=UTF-8" language="java" %>
02 <!-- 此处为 HTML 注释，在前端 HTML 源代码可以看到 -->
03 <!-- HTML 注释中嵌入了 JSP 脚本，<% String a = " 富强 "; %> -->
04 <!-- HTML 注释中嵌入了 JSP 声明，<%! String b = " 民主 "; %> -->
05 <!-- HTML 注释中嵌入了 JSP 表达式，<%= a %> -->
06 <%-- JSP 注释中嵌入了 JSP 脚本，<% String c = " 文明 "; %> --%>
07 <%-- JSP 注释中嵌入了 JSP 声明，<%! String d = " 和谐 "; %> --%>
08 <%-- JSP 注释中嵌入了 JSP 表达式，<%= c %> --%>
09 <%
10   // 单行注释
11   String e = " 创新 ";
12   /* 多行
13   注释
14    */
15   out.print(e);
16 %>
17 <%= a %> <%= b %> <%= e %>
```

代码1.5.3-04说明如下：

（1）第02行，书写的是一条HTML注释，注释内容在页面中不可见，在页面源代码中可见。

（2）第03行~第05行，书写了三条HTML注释，在注释内容中分别嵌入了JSP脚本、JSP声明和JSP表达式，它们都会被执行。其中，第05行可以在页面源代码中看到嵌套在其中JSP表达式的输出结果“富强”。

（3）第06行~第08行，书写了三条JSP注释，在注释内容中也分别嵌入了JSP脚本、JSP声明和JSP表达式，但是它们都不会被执行，在页面和页面源代码中不会看到第06行~第08行的任何输出内容。

（4）第09行~第16行，书写的是一段JSP脚本，其中第10行是一条Java语言的单行注释，第12行~第14行是Java语言的多行注释。

（5）第17行，使用JSP表达式分别输出变量a、b、e的值，它们都可以被正常输出。不要尝试输出变量c和d的值，因为在第06行和第07行的注释内容中定义的变量不会被执行。

代码1.5.3-04的最终运行效果如图1.21所示，图中既展示了页面显示内容，又展示了页面的源代码，页面源代码中的HTML基本结构是由浏览器根据服务器响应的内容类型（text/html）自动添加的。

6. JSP指令

JSP指令通过定义页面相关属性等方式告诉Web服务器如何处理JSP页面。服务器会根据JSP指令来编译JSP，最终生成Java文件。JSP指令不产生任何可见输出，在生成的Java文件中也不存在JSP指令。JSP 指令以“<%@”开始，以“%>”结束，基本语法如下：

```
<%@ 指令名称 属性名 1=" 属性值 1" 属性名 2=" 属性值 2" ... %>
```

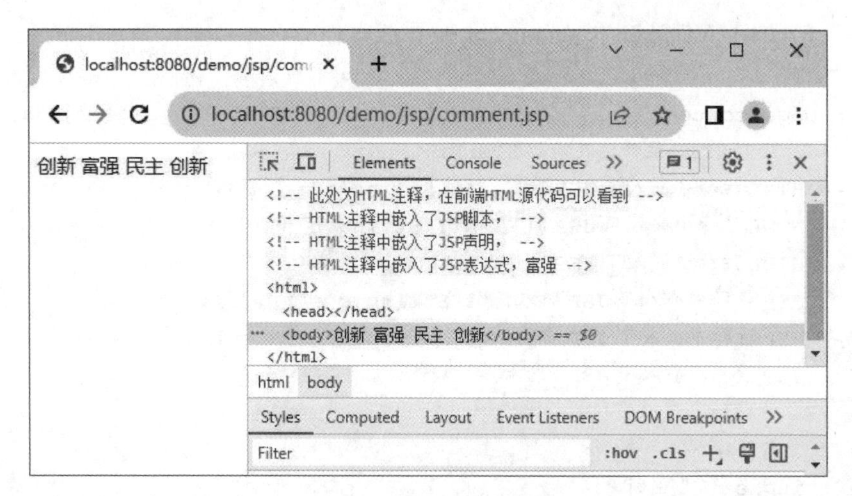

图1.21　JSP注释案例页面效果

JSP指令有三个，分别为page指令、include指令和taglib指令，接下来分别介绍这三个指令。

（1）page指令用于定义与页面相关的属性，常用的属性包括contentType（指定页面的MIME类型和字符编码）、language（指定页面中使用的编程语言）、import（用于导入类、接口、包，类似于Java的import关键字）、isErrorPage（设置当前页面是否为错误处理页面）、isELIgnored（指定是否忽略EL表达式）等。page指令可以在JSP页面的任意位置编写，通常放在JSP页面的顶部。

（2）include指令用于在JSP页面中引入其他文件的内容，引入的可以是JSP文件、HTML文件和文本文件等，相当于把指定文件的内容复制到JSP页面中。引入的文件和JSP页面构成一个整体同时编译运行。include指令使用file属性设置要引入的文件，引入的文件必须与当前JSP页面处在同一个Web服务器下，属性值则是引入文件的相对路径。

（3）tablib指令用于声明并导入标签库，它使用uri属性标识标签库的位置，使用prefix属性指定在页面中使用该标签库中的标签时应附加的前缀符号，用于区分不同标签库中的标签。

下面结合具体案例演示include指令的应用，首先在“/web/jsp/”目录下创建一个JSP文件“head.jsp”，作为被引入的文件，设计代码如1.5.3-05所示。

【代码1.5.3-05】文件/web/jsp/head.jsp，版本1.0。

```
01 <%@ page contentType="text/html;charset=UTF-8" language="java" %>
02 <p>我是head.jsp文件中的一个段落</p>
03 <% String pressName = "清华大学出版社"; %>
```

接着在“/web/jsp/”目录下创建另一个JSP文件“directive_include.jsp”，并在这个文件中使用include指令引入“head.jsp”文件，设计代码如1.5.3-06所示。

【代码1.5.3-06】文件/web/jsp/directive_include.jsp，版本1.0。

```
01 <%@ page contentType="text/html;charset=UTF-8" language="java" %>
02 <%@include file="head.jsp"%>
03 <%= pressName %>
```

启动Tomcat服务器并访问“directive_include.jsp”页面，页面效果如图1.22所示。“head.jsp”文件中的段落内容能够被正确地显示出来，在“head.jsp”文件中声明的pressName变量也是可以被读取显示的。

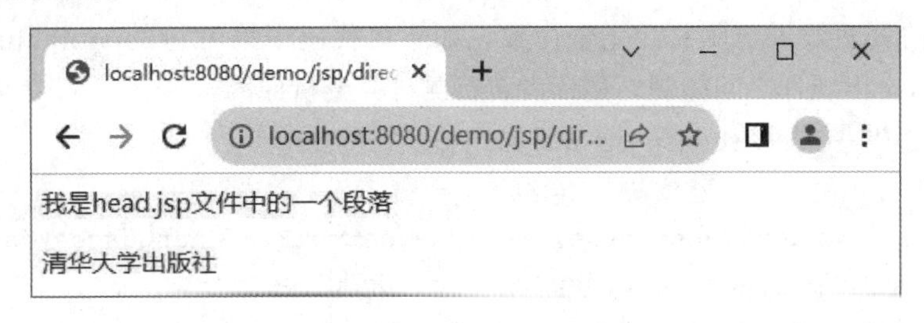

图1.22 include指令案例页面效果

7. JSP动作

JSP动作使用XML语法格式的标签来控制服务器的行为。利用JSP动作可以实现动态插入文件、重用JavaBean组件、将请求转发到另一个页面等操作。JSP动作标签的基本语法格式如下：

```
<jsp: 动作名称 属性名1="属性值1" 属性名2="属性值2" ...  />
```

JSP动作标签有很多，常用JSP动作标签包括“jsp:include”（用于动态包含文件）、“jsp:useBean”（用于实例化一个JavaBean）、“jsp:setProperty”（用于设置JavaBean的属性）、“jsp:getProperty”（用于获取JavaBean的属性）、“jsp:forward”（用于将请求转发到另一个页面）等。接下来详细介绍两个常用的JSP动作元素。

1）jsp:include动作

jsp:include动作允许将文件插入正在生成的页面中，基本语法格式如下所示，其中page属性用于指定引入文件的相对路径，属性值中可以使用JSP表达式，flush属性表示在引入文件前是否刷新缓冲区，默认值为false。

```
<jsp:include page="相对路径 | <%= 表达式 %>" flush="布尔值" />
```

jsp:include动作与include指令都用于引入外部文件，二者之间的区别如下。

（1）jsp:include动作标签中要引入的资源和当前的JSP页面是两个彼此独立的执行实体，也就是说，被动态引入的资源必须能够在Web容器中独立执行。而include指令只能引入遵循JSP格式的文件，被引入文件与当前JSP文件需要合并才能翻译成一个Servlet源文件。

（2）jsp:include动作标签中引入的资源是在运行时才包含的，而且只包含运行结果。而include指令引入的资源是在编译时期包含的，包含的是源代码。

能否将代码1.5.3-06第02行的include指令替换为jsp:include动作呢？根据jsp:include动作和include指令的区别来分析，如果将include指令替换为jsp:include动作，那么代码1.5.3-06第03行的JSP表达式就会报错，提示pressName未定义，其本质原因是因为jsp:include动作包含的是被引用资源运行后的结果，而“head.jsp”运行后的结果只是一个普通的文本段落，因此在输出pressName变量值之前找不到它的声明。相反，如果使用include指令，那么包含的就是被引用资源的源码文件，而在“head.jsp”源码文件的第03行中有pressName变量的声明，因此在

“directive_include.jsp”页面文件中可以读取并输出pressName的值。

接下来在“/web/jsp/”目录下创建一个JSP文件“jsp_include.jsp”，在这个文件中使用jsp:include动作来引入“head.jsp”文件，设计代码如1.5.3-07所示，此时该页面可以正常运行，且运行后的页面效果与图1.22完全一致。如果将代码中第02行的jsp:include动作替换为include指令，将会出现什么问题呢？请读者自行测试并分析原因。

【代码1.5.3-07】文件/web/jsp/jsp_include.jsp，版本1.0。

```
01 <%@ page contentType="text/html;charset=UTF-8" language="java" %>
02 <jsp:include page="head.jsp"></jsp:include>
03 <% String pressName = "清华大学出版社"; %>
04 <%= pressName %>
```

2）jsp:forward动作

jsp:forward动作用于将请求转发到另一个页面中，请求的参数数据会被一起转发到目标页面。jsp:forward动作的基本语法格式如下所示：

```
<jsp:forward page="相对路径 | <%= 表达式 %>" />
```

下面结合一个具体案例来演示jsp:forward动作的应用。在“/web/jsp/”目录下创建两个JSP文件，一个命名为“forward.jsp”，作为用户直接请求的页面；另一个命名为“target.jsp”，作为请求转发的目标页面。“forward.jsp”页面的代码设计如1.5.3-08所示，“target.jsp”页面的代码设计如1.5.3-09所示。

【代码1.5.3-08】文件/web/jsp/forward.jsp，版本1.0。

```
01 <%@ page contentType="text/html;charset=UTF-8" language="java" %>
02 <%
03   String uri = "target.jsp";
04   request.setAttribute("motto", "国泰民安须思危");
05 %>
06 <jsp:forward page="<%= uri %>"></jsp:forward>
07 <% request.setAttribute("motto", "富国强兵防未然"); %>
```

【代码1.5.3-09】文件/web/jsp/target.jsp，版本1.0。

```
01 <%@ page contentType="text/html;charset=UTF-8" language="java" %>
02 <p>我是目标页面target.jsp</p>
03 <%= request.getAttribute("motto") %>
```

启动Tomcat服务器并访问“forward.jsp”页面，页面效果如图1.23所示。

根据页面最终的显示结果进行分析，页面中显示的内容是“target.jsp”页面中的内容，说明请求被成功转发到了“target.jsp”页面。案例中的几个设计要点说明如下：

（1）代码1.5.3-08中第06行测试了在jsp:forward动作的page属性值中使用JSP表达式的语

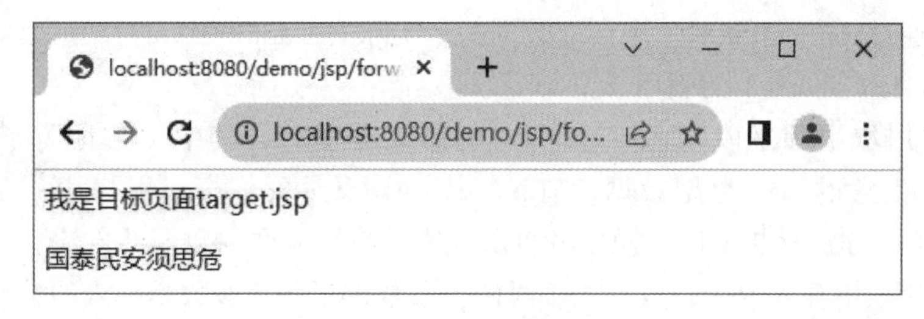

图1.23 forward动作案例页面效果

法。首先在代码的第03行声明了一个变量uri并赋值为目标页面地址字符串“target.jsp”，然后在第06行的page属性值中使用JSP表达式输出了这个uri。

（2）jsp:forward动作之前的代码能够被执行，jsp:forward动作之后的代码不会被执行。代码1.5.3-08中第04行在request作用域中以motto作为属性名保存了一个字符串值，第07行重新设置了motto的值。程序执行到第06行时，请求就被转发至“target.jsp”页面，在“target.jsp”页面的第03行代码中输出了保存在request作用域中的变量motto的值。结果显示，变量motto的值是在代码1.5.3-08的第04行中设置的，说明代码1.5.3-08的第07行代码没有被执行，也就验证了处于jsp:forward动作之后的代码不会被执行的结论。

（3）请求的转发操作是服务端内部的行为，客户端并不知晓。客户端请求的是“forward.jsp”页面，即使服务端将请求转发到了“target.jsp”页面，在客户端浏览器地址栏中显示的地址也仍然是“forward.jsp”页面的地址。

（4）如果在“target.jsp”页面中也书写一个jsp:forward动作，再次将请求转发至另一个页面也是可以的，也就是说，Web容器允许请求在其内部进行多次转发，进而形成一个请求转发的链条。注意，在请求转发的链条中不能有两个相同的页面（或Servlet），否则就会出现死循环。

8. JSP内置对象与作用域

JSP中有九个内置对象（又叫隐含对象），分别为pageContext对象、request对象、session对象、application对象、response对象、out对象、config对象、page对象和exception对象，它们都由Web容器创建和管理。在JSP页面中，这些内置对象不需要预先声明，也不需要进行实例化，可以在JSP脚本和JSP表达式中随意使用。

在JSP的九个内置对象中，有四个对象比较特殊，可以用于存取不同作用域中的数据。所谓作用域，就是指变量的存储位置和可见范围，简言之，就是信息可以共享的范围。JSP中有四个作用域范围，按照作用域范围从小到大排列，依次是page作用域、request作用域、session作用域和application作用域。

（1）page作用域代表的是当前JSP页面范围，在该作用域中保存的数据仅在当前JSP页面中有效，它是通过pageContext对象来存取数据的。

（2）request作用域代表的是当前请求范围，在该作用域中保存的数据可以被处于当前请求转发链条中的所有页面或者Servlet所共享，它是通过request对象来存取数据的。

（3）session作用域代表的是当前会话范围。用户使用同一客户端同一个浏览器在一定时间范围内与服务器之间的多次请求交互属于同一个会话，在该作用域中保存的数据可以被同一个会话中的页面、Servlet、请求所共享。它是通过session对象来存取数据的。

（4）application作用域代表的是整个Web应用的全局范围，也就是说，当Web应用启动的那一刻起，在该作用域中保存的数据能够被所有的页面、Servlet、请求、会话所共享。在JSP

页面中，它是通过application对象来存取数据的。实际上，application对象就是对当前应用的上下文对象（ServletContext）的引用。

数据在作用域中都是以“名称/值”对的形式存在的，其中“名称”是一个字符串，“值”可以是任意的Java类型数据。在pageContext对象、request对象、session对象和application对象中分别封装了用于操作各自所代表的作用域中的数据的方法。使用setAttribute方法可以在作用域中存入数据，该方法接收两个参数，第一个参数是存入的数据的名称，第二个参数是存入的数据值。如果存入的数据的名称在作用域中已经存在，那么新存入的数据值将会覆盖旧值。使用getAttribute方法可以取出存储在作用域中的数据，该方法接收一个参数，即要取出的数据的名称。使用removeAttribute方法可以将保存在作用域中的数据移除，方法需传参要移除的数据的名称。

为了更好地理解四个作用域的范围，设计一个实验案例供读者测试分析。在“/web/jsp/”目录下创建两个JSP文件，分别命名为“scope_head.jsp”和“scope_index.jsp”。“scope_head.jsp”页面的代码设计如1.5.3-10所示，“scope_index.jsp”页面的代码设计如1.5.3-11所示。

【代码1.5.3-10】文件/web/jsp/scope_head.jsp，版本1.0。

```
01 <%@ page contentType="text/html;charset=UTF-8" language="java" %>
02 <%
03 pageContext.setAttribute("pageInfo", "page 作用域的数据");
04 request.setAttribute("requestInfo", "request 作用域中的数据");
05 session.setAttribute("sessionInfo", "session 作用域中的数据");
06 application.setAttribute("applicationInfo", "application 作用域中的数
   据");
07 %>
08 <p> 在 scope_head.jsp 页面分别输出在四个作用域中存储的数据：</p>
09 <p>1.pageInfo = <%= pageContext.getAttribute("pageInfo") %></p>
10 <p>2.requestInfo = <%= request.getAttribute("requestInfo") %></p>
11 <p>3.sessionInfo = <%= session.getAttribute("sessionInfo") %></p>
12 <p>4.applicationInfo = <%= application.
   getAttribute("applicationInfo") %></p>
13 <jsp:forward page="scope_index.jsp"></jsp:forward>
```

【代码1.5.3-11】文件/web/jsp/scope_index.jsp，版本1.0。

```
01 <%@ page contentType="text/html;charset=UTF-8" language="java" %>
02 <p> 在 scope_index.jsp 页面中输出在四个作用域中存储的数据：</p>
03 <p>1.pageInfo = <%= pageContext.getAttribute("pageInfo") %></p>
04 <p>2.requestInfo = <%= request.getAttribute("requestInfo") %></p>
05 <p>3.sessionInfo = <%= session.getAttribute("sessionInfo") %></p>
06 <p>4.applicationInfo = <%= application.
   getAttribute("applicationInfo") %></p>
```

编写完上述两个文件的代码之后，启动Tomcat服务器，然后请读者按照如下步骤进行测试，观察页面输出结果并自行对比分析原因。

（1）在浏览器中直接访问“scope_index.jsp”页面，观察并分析输出结果。

（2）在浏览器中直接访问“scope_head.jsp”页面，执行完“scope_head.jsp”页面中的前12行代码之后，请求被转发至“scope_index.jsp”页面。请与步骤（1）中的页面输出结果进行对比分析。

（3）换一个浏览器，再次直接访问“scope_index.jsp”页面。请与前两个步骤中的页面输出结果进行对比，观察并分析输出结果。

接下来分别对九个内置对象进行介绍。

1）pageContext对象

pageContext对象也称为JSP页面的上下文对象，它是“javax.servlet.jsp.PageContext”类型的对象。pageContext对象封装了用于获取其他内置对象的方法，例如，getException方法用于获取exception对象，getRequest方法用于获取request对象。

此外，pageContext对象不仅可以操作page作用域中的数据，还可以操作其他三个作用域中的数据，通过重载setAttribute、getAttribute和removeAttribute方法实现。重载的三个方法中都增加了一个用于表示作用域范围的整型参数（取值分别为1、2、3、4），传参时也可以使用在“javax.servlet.jsp.PageContext”类中声明的四个int类型的常量，名称为“PAGE_SCOPE”（值为1）、“REQUEST_SCOPE”（值为2）、“SESSION_SCOPE”（值为3）和“APPLICATION_SCOPE”（值为4），分别代表四个作用域。使用pageContext对象调用setAttribute、getAttribute和removeAttribute方法时，如果不传递最后一个表示作用域范围的整型参数，那么默认操作的是page作用域中的数据；如果传递了表示作用域范围的整型参数，那么操作的就是这个整型参数值所代表的作用域中的数据。如下代码所示，调用pageContext对象的setAttribute方法在session作用域中存入一个数据。

```
01 <% pageContext.setAttribute("user", "admin", PageContext.SESSION_
   SCOPE); %>
```

2）request对象

request对象封装了来自客户端浏览器的各种信息，它是“javax.servlet.httpServletRequest”类型的对象。该对象代表客户端的请求，主要用于接收通过HTTP传送到服务器的数据，包括请求头信息、系统信息、请求方式、请求地址以及请求参数等。因此，在request对象中，除封装了用于操作request作用域中数据的方法之外，还封装了许多其他方法，包括大量的用于接收请求信息的方法，其中比较常用的方法及功能说明参见表1.1。

表1.1 request对象的常用方法

方法签名	返回类型	功能说明
getParameter(String s)	String	获取请求参数s的值
getParameterNames()	Enumeration<String>	获取所有请求参数的名称
getParameterMap()	Map<String, String[]>	获取所有请求参数和请求参数值的映射
getParameterValues(String s)	String[]	获取请求参数s传递的多个值
getHeader(String s)	String	获取由参数s标识的请求头信息

续表

方法签名	返回类型	功能说明
getRequestURL()	StringBuffer	获取完整的请求URL（不含请求参数）
getRequestURI()	String	获取请求的URI（不含域名、端口和请求参数）
getPart(String s)	javax.servlet.http.Part	通常用于获取请求参数s标识的上传文件
getRemoteAddr()	String	获取客户端的IP地址
getMethod()	String	获取请求传输的方法（GET、POST等）
getQueryString()	String	获取请求URL中附加的请求参数字符串
getSession()	javax.servlet.http.HttpSession	获取当前会话对象
getServletContext()	javax.servlet.ServletContext	获取当前上下文对象
getRequestDispatcher(String s)	javax.servlet.RequestDispatcher	获取请求转发器对象
getCookies()	javax.servlet.http.Cookie[]	获取Cookie

3）session对象

session对象就是会话对象，它是由Web容器创建的“javax.servlet.http.HttpSession”类型的对象。当一个用户首次从一个客户端向服务器发起请求时，服务器就会为该用户生成一个session对象，可以用于保存用户信息、记录交互时间信息以及跟踪用户的操作状态。HTTP是无状态的协议，它的缺点是不具备事务处理的记忆能力，而会话机制则在应用层弥补了这个不足，为用户使用HTTP开发交互应用提供了一种具有吸引力的解决方案。在session对象中，除封装了用于操作session作用域中数据的方法之外，还封装了一些其他常用方法，其中多数是用于管理会话的方法，参见表1.2。

表1.2 session对象的常用方法

方法签名	返回类型	功能说明
getId()	String	获取用于标识当前会话的sessionID值
getCreationTime()	long	获取session对象的创建时间（时间戳格式）
getLastAccessedTime()	long	获取当前会话的最后一次请求的时间（时间戳格式）
setMaxInactiveInterval(int i)	void	设置session的有效期（以秒为单位）
invalidate()	void	将当前session设置为失效的状态
getServletContext()	javax.servlet.ServletContext	获取当前上下文对象

4）application对象

application对象代表当前应用程序的上下文，它是“javax.servlet.ServletContext”类型的对象。在application对象中，除封装了用于操作application作用域中数据的方法之外，还封装了一些与当前应用相关的方法，其中比较常用的方法参见表1.3。

表1.3 application对象的常用方法

方法签名	返回类型	功能说明
getServerInfo()	String	获取Servlet容器的名称与版本信息
getContextPath()	String	获取当前上下文应用的路径
getRealPath(String s)	String	获取s在操作系统下的实际路径（s是一个相对路径）

5）response对象

response对象封装了服务器的响应信息，它是“javax.servlet.http.HttpServletResponse”类型的对象，代表的是对客户端请求的响应。在response对象中，有一个用于重定向请求的方法，方法的名称是sendRedirect，它接收一个路径参数；方法的作用是给客户端浏览器发送一个重定向指令，让客户端浏览器根据这个指令重新发起一个请求，新的请求地址则由方法参数指定。要注意请求重定向操作与请求内部转发操作的区别：请求内部转发是服务端内部行为，对客户端是透明的，转发后的地址不会在浏览器的地址栏中显示；而请求重定向则需要客户端浏览器参与（用户不需要参与），重定向后的地址会显示在浏览器的地址栏中。

6）out对象

out对象用于向客户端浏览器输出数据，并且可以管理应用服务器上的输出缓存区，它是“javax.servlet.jsp.JspWriter”类型的对象。out对象中常用的输出数据的方法是print方法和println方法，方法参数就是要输出的内容，其中println方法在输出内容之后还会输出一个换行。

7）config对象

config对象封装了当前JSP页面的配置信息，但是JSP页面通常无须配置，因此也就不存在配置信息。config对象是“javax.servlet.ServletConfig”类型的对象，该对象在JSP页面中非常少用。

8）page对象

page对象代表JSP本身，类似于Java类中的this指针，它是“java.lang.Object”的实例，在实际开发时并不常用。

9）exception对象

exception对象封装了JSP程序执行过程中发生的异常和错误信息，它是“java.lang.Throwable”类型的实例。exception对象的主要作用是显示异常信息，只有在错误处理页面（使用page指令设置isErrorPage属性值为true的页面）中才能够使用该对象。

1.5.4 EL表达式

在JSP页面中输出动态内容的频度很高，可以使用JSP表达式输出内容，也可在JSP脚本中使用out对象的print方法输出内容。二者比较，JSP表达式的写法相对精简一些，但是仍然不够简洁。为了进一步简化JSP页面中输出内容的方式，JSP 2.0新增了EL（Expression Language）表达式语言。EL表达式用于在页面中输出动态内容，它使用更为简洁、方便的形式输出内容，既能够简化JSP页面代码，又能够使页面逻辑变得更加清晰。

1. EL表达式语法

EL表达式具有更加简洁的语法格式，以“${”开头，以“}”结尾，中间书写EL表达式。如下所示的代码分别使用EL表达式、JSP表达式、JSP脚本在页面中输出请求参数username的值，显然EL表达式是最简洁的。

```
01 <%@ page contentType="text/html;charset=UTF-8" language="java" %>
02 ${ param.username }
03 <%= request.getParameter("username") %>
04 <%  out.print(request.getParameter("username")); %>
```

2. EL表达式中的运算符

EL表达式中定义了许多运算符，如算术运算符、比较运算符、逻辑运算符等。EL表达式中的一些运算符存在两种写法，既有使用传统的运算符符号表示的写法，又有使用EL表达式中的关键保留字表示的写法。

EL表达式中的算术运算符包括一个一元运算符（-），用于求负值，还包括二元运算符加（+）、减（-）、乘（*）、除（/）和求余（%），其中除法运算符还可以使用关键保留字div表示，求余运算符还可以使用关键保留字mod表示。

EL表达式中的所有比较运算符都存在两种写法，比较运算符包括等于（==或eq）、不等于（!=或ne）、小于（<或lt）、大于（>或gt）、小于或等于（<=或 le）和大于或等于（>=或ge）。

EL表达式中的所有逻辑运算符都有两种写法，包括逻辑与（&&或and）、逻辑或（||或or）和逻辑非（!或not）。

此外，EL表达式中还有几个其他类别的常见运算符，如表1.4所示。

表1.4 EL表达式中的其他运算符

运 算 符	功能说明
.	用于访问Java对象的属性或者Map类型数据的元素值
[]	用于访问数组、列表中或Map类型数据的元素值
条件表达式？表达式1 : 表达式2	问号表达式。条件表达式为真，结果为表达式1；否则结果为表达式2
empty	判断表达式的结果是否为null或空。如果结果为null或空，则返回true；否则返回false

在一个复杂的EL表达式中可以出现多种运算符，需要按照一定的优先级顺序来计算表达式。EL表达式中的运算符的优先级顺序可以参见表1.5，优先级序号越小，运算符的优先级就越高。

表1.5 EL表达式中运算符的优先级

优先级序号	运 算 符
1	[]、.
2	()
3	-（负）、not、!、empty
4	*、/、div、%、mod
5	+、-（减）

续表

优先级序号	运 算 符
6	<、>、<=、>=、lt、gt、le、ge
7	==、!=、eq、ne
8	&&、and
9	||、or
10	问号表达式

3. 禁用EL表达式的方法

根据程序设计的需求，如果不想使用EL表达式，可以在JSP页面中禁用EL表达式。可以只禁用一个EL表达式，也可以禁用当前JSP页面中的所有EL表达式，还可以禁用整个Web应用中所有JSP页面中的EL表达式。

（1）在某个EL表达式前加上转义符“\”，就可以禁用EL表达式，此时EL表达式会作为字符串原样输出。如下所示代码的输出结果是“${2+3}”，而不是表达式的计算结果5。

```
01 \${2+5}
```

（2）如果需要禁用当前页面中的所有EL表达式，只需要将当前JSP页面中page指令的isELIgnored属性设置为true即可。

（3）如果需要在整个Web应用中禁用EL表达式，可以在项目的部署描述符文件中进行配置。项目的部署描述符文件位于项目的“/web/WEB-INF/”文件夹中，文件名称为“web.xml”，它是Java Web项目的配置文件。Tomcat服务器在启动时，首先加载Tomcat安装目录中“/conf/”文件夹下的“web.xml”配置文件，这个配置文件中的配置作用于部署在该服务器下的所有Web应用；然后加载Web应用中的“web.xml”配置文件，如果没有在Web应用中找到这个配置文件，Tomcat会输出找不到该配置文件的消息，但仍然会部署Web应用程序。因此，Web应用中的这个“web.xml”配置文件并不是必要的，不过通常都会保留这个配置文件，以便为当前应用配置一些组件及功能。在当前项目的部署描述符文件中的“web-app”标签内加入如下代码所示的配置，就可以禁用当前Web应用中的EL表达式。

```
01 <jsp-config>
02   <jsp-property-group>
03     <url-pattern>*.jsp</url-pattern>
04     <el-ignored>true</el-ignored>
05   </jsp-property-group>
06 </jsp-config>
```

4. EL表达式中的内置对象

EL表达式的强大之处不仅仅在于其语法的简洁性，更在于EL表达式语言中内置了11个隐式的对象，可以更加便捷地读取常用数据，包括各个作用域中存储的数据、封装在请求对象中的相关数据等。EL表达式中的11个内置对象如表1.6所示。

表1.6 EL表达式中的内置对象

内置对象名称	对象类型	说明
pageScope	Map<String, Object>	用于获取存储在page作用域中的数据
requestScope	Map<String, Object>	用于获取存储在request作用域中的数据
sessionScope	Map<String, Object>	用于获取存储在session作用域中的数据
applicationScope	Map<String, Object>	用于获取存储在application作用域中的数据
param	Map<String, String>	用于获取一个请求参数的值（应用于单值参数）
paramValues	Map<String, String[]>	用于获取一个请求参数的值（应用于多值参数）
header	Map<String, String>	用于获取HTTP请求头的一个字段信息（应用于单值字段）
headerValues	Map<String, String[]>	用于获取HTTP请求头的一个字段信息（应用于多值字段）
initParam	Map<String, String>	用于获取Web应用的初始化参数
cookie	Map<String, Cookie>	用于获取Cookie对象
pageContext	javax.servlet.jsp.PageContext	当前JSP页面的上下文对象

在EL表达式的内置对象（下文简称EL内置对象）中，除了pageContext对象之外，其他对象都是Map类型的数据对象，用于获取封装在其中的数据。在EL表达式中获取Map类型对象的某个数据值的方式有三种，一种是直接使用Map类型的get方法来获取，另外两种则是分别使用表1.4中列出的点（.）操作符和方括号（[]）操作符来获取。如下代码示例中分别使用三种方式获取存储在request作用域中的以“username”命名的值，其中第01行和第03行中的双引号可以替换为单引号。

```
01 ${ requestScope.get("username") }
02 ${ requestScope.username }
03 ${ requestScope["username"] }
```

初学者一定不要将EL内置对象与JSP内置对象相互混淆，在EL表达式中不能直接书写JSP内置对象（pageContext对象除外），在JSP脚本或者JSP表达式中也不能书写EL内置对象（pageContext对象除外）。此外，从EL表达式内置对象中能够获取的数据，在JSP脚本或者JSP表达式中也一定能够通过JSP内置对象的相关方法获取。不同的是，如果获取的数据不存在（或者对象引用为null），EL表达式输出的结果为空字符串，而JSP脚本或者JSP表达式输出的结果为字符串“null”。下面结合一个案例来演示：在“/web/”目录下新建一个文件夹“el”，然后在“/web/el/”目录下创建一个JSP文件，命名为“compare.jsp”，设计代码如1.5.4-01所示。

【代码1.5.4-01】文件/web/el/compare.jsp，版本1.0。

```
01 <%@ page contentType="text/html;charset=UTF-8" language="java" %>
02 <% request.setAttribute("motto", "人生的意义，在于追求真、善、美的理想。");
```

```
    %>
03 <p>1.${ requestScope.motto }</p>
04 <p>2.<%= request.getAttribute("motto") %></p>
05 <p>3.<% out.print(request.getAttribute("motto")); %></p>
06 <p>4.${ requestScope.username }</p>
07 <p>5.<%= request.getAttribute("username") %></p>
08 <p>6.<% out.print(request.getAttribute("username")); %></p>
```

代码1.5.4-01中第02行在request作用域中存储了一个变量motto，第03行~第05行分别使用EL表达式、JSP表达式和JSP脚本读取并输出变量motto的值，接着第06行~第08行分别使用EL表达式、JSP表达式和JSP脚本读取并输出request作用域中不存在的一个变量username，第06行将输出空字符串，第07行和第08行将输出字符串“null”，得到如图1.24所示的页面运行效果。

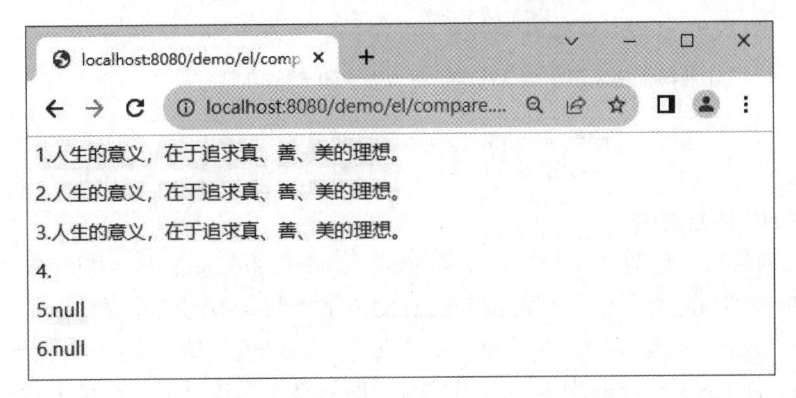

图1.24 EL内置对象与JSP内置对象的对比案例页面效果

接下来分组对EL内置对象进行详细介绍。

1）作用域类EL内置对象

作用域类EL内置对象包括pageScope、requestScope、sessionScope和applicationScope，分别用于获取存储在四个作用域中的数据。在EL表达式中，作用域类EL内置对象还可以省略不写，此时会按照pageScope、requestScope、sessionScope和applicationScope的顺序在作用域中依次查找要输出的数据。下面结合一个案例来演示作用域类EL内置对象的应用，在“/web/el/”目录下创建一个JSP文件“scope.jsp”，设计代码如1.5.4-02所示。

【代码1.5.4-02】文件/web/el/scope.jsp，版本1.0。

```
01 <%@ page contentType="text/html;charset=UTF-8" language="java" %>
02 <%
03   pageContext.setAttribute("pageInfo", "业精于勤");
04   request.setAttribute("requestInfo", "荒于嬉");
05   session.setAttribute("info", "行成于思");
06   application.setAttribute("info", "毁于随");
07 %>
08 <p>1.${pageScope.pageInfo}</p>
09 <p>2.${requestScope.requestInfo}</p>
10 <p>3.${sessionScope.info}</p>
```

```
11 <p>4.${applicationScope.info}</p>
12 <p>5.${info}</p>
```

启动Tomcat服务器并访问“scope.jsp”页面，页面效果如图1.25所示。从最终的输出结果来看，代码1.5.4-02中第08行~第11行中的EL表达式在作用域取值时都限定了作用域范围，而第12行中的EL表达式在作用域取值时省略了作用域类EL内置对象的限定，此时将首先从最小范围的作用域（page作用域）中查找变量info的值，如果不存在，再向更大一级范围的作用域（request作用域）中查找，依此类推，直到找到为止。本例中在session作用域中找到并输出了变量info的值。

图1.25 作用域类EL内置对象案例页面效果

2）参数类EL内置对象

参数类EL内置对象包括param、paramValues、header、headerValues和initParam。param和paramValues封装的Map对象中保存的都是所有的请求参数，不同的是对每个请求参数值的保存方式不一样。param中保存的是字符串，对于传递了多个值的请求参数而言，只会存储第一个值；而paramValues中保存的则是字符串数组，即便是针对传递了一个值的请求参数，也会以字符串数组的形式保存这个请求参数的值。header和headerValues封装的Map对象中保存的是HTTP请求头信息中的所有字段，二者的区别可以参照param和paramValues之间的区别来理解。initParam封装的Map对象中保存的是Web应用的初始化参数，Web应用的初始化参数可以在项目的部署描述符文件（/web/WEB-INF/web.xml）中进行配置。

接下来以param和paramValues为例来演示参数类EL内置对象的应用，在“/web/el/”目录下创建JSP文件“paras.jsp”，设计代码如1.5.4-03所示。

【代码1.5.4-03】文件/web/el/paras.jsp，版本1.0。

```
01 <%@ page contentType="text/html;charset=UTF-8" language="java" %>
02 <span>1.${param.user}</span>
03 <span>2.${param.hobby}</span>
04 <span>3.${paramValues.user[0]}</span>
05 <span>4.${paramValues.hobby[0]}</span>
06 <span>5.${paramValues.hobby[1]}</span>
```

代码1.5.4-03中分别使用param对象和paramValues对象获取请求参数user和请求参数hobby的值，测试页面时可以让请求参数user传一个值，让请求参数hobby传两个值。启动Tomcat服务器之后，可以通过URL附加查询字符串的方式传参。先在浏览器地址栏中输入“paras.jsp”的请求地址，接着附加请求参数字符串“?user=student&hobby=reading&hobby=drawing”，然后访问页面，呈现的效果如图1.26所示。根据输出结果分析，代码1.5.4-03中第03行使用param

对象只能获取参数hobby的第一个传值，使用paramValues对象才可以获取参数hobby的每个传值，例如，第05行和第06行分别获取了参数hobby的第一个传值和第二个传值。

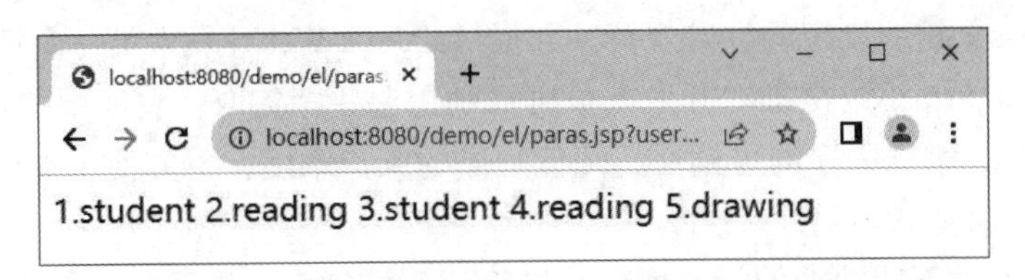

图1.26 参数类EL内置对象案例页面效果

3）EL中的cookie对象

Cookie是通过浏览器保存在本地的一小块数据（一般小于4KB），Cookie数据来源于Web服务器。Web服务器通过response对象的addCookie方法添加这些数据，客户端接收到之后则会将这些数据通过浏览器保存在本地。后续，当浏览器发送请求且浏览器存在Cookie时，浏览器会自动在请求头携带上Cookie数据，Web服务器就可以使用request对象的getCookies方法获取Cookie数据。如果说session机制在服务端弥补了HTTP无状态特性的不足之处，那么Cookie技术就是在客户端应对HTTP无状态特性的一种解决方案。Cookie是早期的技术，存在数据存储量小、安全性低等缺点，后来浏览器推出了Web Storage、indexedDB等新的本地存储方案，但是Cookie技术仍在广泛应用。

Cookie也是以“名称/值”对的形式存储数据的，在EL内置的cookie对象中封装的是以“Map<String, Cookie>”类型保存的所有Cookie，其中Cookie的类型是“javax.servlet.http.Cookie”。从EL内置的cookie对象中取出其中一个Cookie之后，就可以通过其name属性和value属性分别获取这个Cookie的名称和值。如下代码示例将输出一个名称为“JSESSIONID”的Cookie的名称和值。以“JSESSIONID”命名的Cookie是Tomcat服务器下的Web应用创建新的会话时传递到客户端保存的一个Cookie，用于配合实现会话机制。

```
01 <p>${cookie.JSESSIONID.name} = ${cookie.JSESSIONID.value}</p>
```

4）EL中的pageContext对象

EL中的pageContext对象与JSP内置对象中的pageContext对象都指代当前页面的上下文对象。二者用于操作作用域中数据的方法是一致的，都能够操作所有作用域中的数据，但是获取其他JSP内置对象的书写方式不一样。在上文中曾提到在EL表达式中不能直接书写JSP内置对象（pageContext对象除外），但并不意味着在EL表达式中获取不到JSP内置对象。实际上，在EL表达式中可以通过pageContext对象来获取JSP内置对象，也就相当于可以间接地使用JSP内置对象。

如下代码对比展示了在EL表达式中以及在JSP表达式中使用pageContext对象获取JSP内置对象的写法，其中第01行是在JSP表达式中获取session对象的写法，第02行则是在EL表达式中获取session对象的写法。

```
01 <%= pageContext.getSession() %>
02 ${ pageContext.session }
```

1.5.5 JSTL 核心标签库

JSTL（Java server pages Standarded Tag Library，JSP标准标签库）是由JCP（Java Community Process）组织制定的标准规范，它提供给Java Web开发人员一个标准、通用的标签库，由Apache的Jakarta小组维护。开发人员可以利用这些标签取代页面中的JSP脚本代码，从而提高代码复用性，增强程序的可读性，降低程序的维护难度，也方便了Web应用程序在各类应用服务器之间的移植。

JSTL中包含五类不同功能的标签库，分别为核心标签库、格式化标签库、函数库、XML标签库和SQL标签库。其中，JSTL核心标签库是最常用的标签库，包含了最核心的基础标签。接下来讲解JSTL核心标签库中的常用标签及用法，其他标签库的标签及用法请读者自行查阅资料学习。

使用JSTL标签之前需要在项目中导入JSTL依赖的jar包（可在Tomcat官网下载）。首先在“/web/WEB-INF/”目录下创建一个文件夹lib，然后将准备好的“jstl.jar”和“standard.jar”两个jar包复制到“/web/WEB-INF/lib/”目录下，接着将这个lib文件夹添加为项目的依赖类库，在lib文件夹上右击，在弹出的菜单中选择菜单项“Add as Library”，之后lib文件夹中的jar包就可以在项目中应用了。

将JSTL标签库依赖的jar包添加到项目中后，在JSP页面中使用JSTL标签之前还需要使用JSP的taglib指令进行导入。导入JSTL核心标签库的指令代码如下所示。JSTL标签在页面中使用时需要加上taglib指令中设置的prefix前缀，通常设置JSTL核心标签库的标签前缀为“c”。

```
01 <%@ taglib uri="http://java.sun.com/jsp/jstl/core" prefix="c" %>
```

接下来对JSTL核心标签库中的常用标签进行分类介绍。

1. 通用标签

JSTL核心标签库中的通用标签有四个，分别为set、out、remove和catch标签。

（1）set标签主要用于在JSP的作用域范围内存储变量值，也可以给对象属性赋值，还能够给Map类型的数据添加新元素。标签常用的属性包括var（存储的变量名称）、value（存储的值）、scope（变量存储的作用域，可取值page、request、session或application，默认值为page）、target（要设置属性值的对象或者要添加新元素的Map对象）、property（要设置的属性名称或者元素的名称）。当set标签用于在JSP的作用域范围内存储变量值时，var属性是必选属性，scope属性是可选的，其默认取值为page。变量的值可以在value属性中定义，也可以直接书写在标签体内，二者取其一。当set标签用于给对象属性赋值，或者给Map类型的数据添加新元素时，target属性和property属性都是必选属性。值的设置可以在value属性中定义，也可以直接书写在标签体内，二者取其一。

（2）out标签用于在页面中输出数据，它有三个属性，分别为value、default和escapeXml。属性value是必选属性，用于定义要输出的内容，在value属性的值中可以书写JSP表达式、EL表达式或者字符串值。属性default是可选属性，用于定义当value值为null时输出的默认值，也可以将默认值书写在标签体中，两种方式取其一。属性escapeXml是可选属性，取值为true或者false，用于设置是否将输出内容中的特殊符号（<、>、&等）转义为HTML字符实体后再输出，默认值为true。

（3）remove标签用于删除在作用域中存储的变量。标签中的var属性是必选属性，用于指定要删除的变量名称。标签中的scope属性是可选属性，用于指定删除的变量所属的作用域，可取值为page、request、session或application。如果未指定作用域，那么将会删除所有作用域中以var属性的值命名的变量。

（4）catch标签用于捕获嵌套在标签体中的代码块抛出的异常，其语法格式如下所示，其中属性var定义接收错误消息的变量。

```
<c:catch var="error"> 可能产生异常的代码块 </c:catch>
```

接下来通过示例代码演示上述标签的应用。在“/web/”目录下新建一个文件夹“jstl”，然后在“/web/jstl/”目录下创建一个JSP文件，命名为“common.jsp”，设计代码如1.5.5-01所示。

【代码1.5.5-01】文件/web/jstl/common.jsp，版本1.0。

```
01 <%@ page contentType="text/html;charset=UTF-8" language="java"
   import="java.util.HashMap" %>
02 <%@ taglib uri="http://java.sun.com/jsp/jstl/core" prefix="c" %>
03 <c:set var="motto_01" value=" 绳锯木断 " scope="session" />
04 <c:set var="motto_02">水滴石穿 </c:set>
05 <c:set var="motto_03" value=" 锲而舍之，朽木不折 —— <荀子·劝学>" />
06 <% pageContext.setAttribute("poem", new HashMap<>()); %>
07 <c:set target="${poem}" property="yan" value=" 黑发不知勤学早，白首方悔
   读书迟 " />
08 <c:set target="${poem}" property="lu">纸上得来终觉浅，绝知此事要躬行
   </c:set>
09 <p>1.${motto_01}, ${motto_02}</p>
10 <p>2.${poem}</p>
11 <p>3.<c:out value="${motto_03}" default=" 荀子·劝学 "/></p>
12 <p>4.<c:out value="${epigram}">锲而不舍，金石可镂 </c:out></p>
13 <c:remove var="motto_03" />
14 <p>5.${motto_03}</p>
```

代码1.5.5-01中分别演示了set、out和remove标签的应用，说明如下：

（1）第02行，导入JSTL核心标签库，标签前缀设置为“c”。

（2）第03行~第05行，使用set标签定义了三个变量。第03行在session作用域中设置了一个变量“motto_01”。第04行在默认的page作用域中设置了一个变量“motto_02”。第05行在默认的page作用域中设置了一个变量“motto_03”，其值中包含特殊符号（小于号和大于号）。

（3）第06行~第08行，第06行定义一个HashMap对象poem，并将其存入page作用域中。不要忘记在第01行的page指令中使用import属性导入类“java.util.HashMap”。接着第07行和第08行使用set标签为poem添加两个元素。

（4）第09行~第12行，输出使用set标签设置的变量或者添加的Map元素。第09行使用EL表达式在页面输出变量“motto_01”和“motto_02”的值。第10行输出HashMap对象poem，页面中将能看到其中的两个元素。第11行使用out标签输出变量“motto_03”的值。第12行试图

输出一个不存在的变量epigram，最终将会输出标签体中定义的默认值。

（5）第13行，使用remove标签移除变量“motto_03”。

（6）第14行，变量“motto_03”被移除后，再次使用EL表达式输出变量“motto_03”的值，结果应该显示为空字符串。

启动Tomcat服务器并访问“common.jsp”页面，页面效果如图1.27所示，请读者结合上述代码讲解对照检查页面的输出内容。

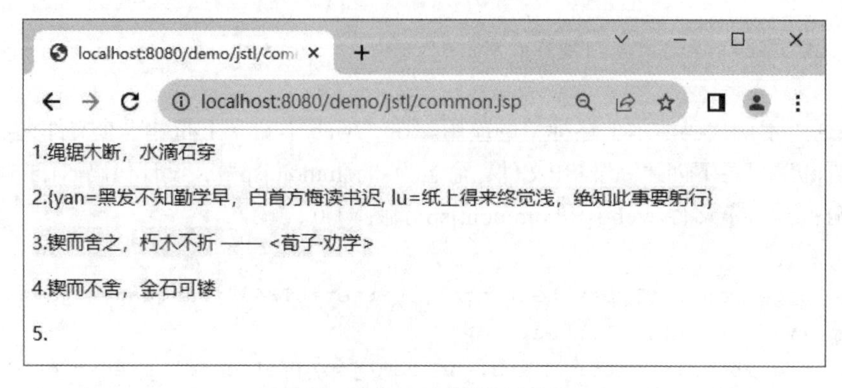

图1.27 通用标签案例页面效果

2. 条件标签

JSTL核心标签库中的条件标签有四个，分别为if、choose、when和otherwise标签。

（1）if标签用于简单的条件判断语句。标签中的test属性是必选属性，用于书写判断的条件，一般使用EL表达式来书写判断条件。如果判断条件结果为true，if标签体内的代码块会被执行，否则程序将跳过if标签体内的代码块。此外，如果需要将判断条件的结果保存在作用域中，可以使用var属性指定保存的变量名称，scope属性指定变量保存的作用域范围，scope属性可取值为page、request、session或application。

（2）choose、when和otherwise为一套组合标签，用于构建多分支的条件判断语句。其基本的语法格式如下所示，其中，choose标签中至少嵌套一个when标签；when标签有一个必选属性test，用于设置分支条件；otherwise标签在一个choose标签中至多出现一次，当其他分支条件都不成立时才会执行otherwise标签体内的语句块。

```
<c:choose>
  <c:when test="条件1"> 满足条件1时执行的语句块 </c:when>
  ...
  <c:when test="条件n"> 满足条件n时执行的语句块 </c:when>
  <c:otherwise> 其他条件都不满足时执行的语句块 </c:otherwise>
</c:choose>
```

接下来通过示例代码演示条件标签的应用。在“/web/jstl/”目录下新建一个JSP文件，命名为“condition.jsp”，设计代码如1.5.5-02所示。

【代码1.5.5-02】文件/web/jstl/condition.jsp，版本1.0。

```
01 <%@ page contentType="text/html;charset=UTF-8" language="java" %>
02 <%@ taglib uri="http://java.sun.com/jsp/jstl/core" prefix="c" %>
03 <c:set var="condition" value=" 勤学苦练 " />
04 <c:if test="${condition eq '勤学苦练'}">
05   <p>只有${condition}，方能旗开得胜</p>
06 </c:if>
07 <c:set var="grade" value="<%= (int)(1 + Math.random()*100) %>" />
08 <p>本次测验，您的成绩为${grade}分：</p>
09 <c:choose>
10   <c:when test="${grade ge 80}"> <p>优秀：戒骄戒躁，力求精益求精</p>
   </c:when>
11   <c:when test="${grade ge 60}"> <p>良好：分秒必争，定能突飞猛进</p>
   </c:when>
12   <c:otherwise> <p>不及格：重振旗鼓，终将百炼成钢</p> </c:otherwise>
13 </c:choose>
```

代码1.5.5-02中第03行~第06行演示了if标签的应用，第03行定义了一个变量condition，接着第04行使用if标签判断变量condition的值是否为“勤学苦练”，如果是，那么if标签体内的语句块就会执行。第07行~第13行演示了choose、when和otherwise的组合标签：第07行设置了一个用于保存成绩的变量grade，并赋值为一个1和100之间的随机数；第08行输出随机生成的成绩grade；第09行~第13行根据成绩值进行多分支判断，显示不同的成绩等级。图1.28展示了成绩为98分时的页面效果，读者可以通过单击浏览器中的“刷新”按钮重新请求页面，重新生成一个成绩后再来观察页面输出。

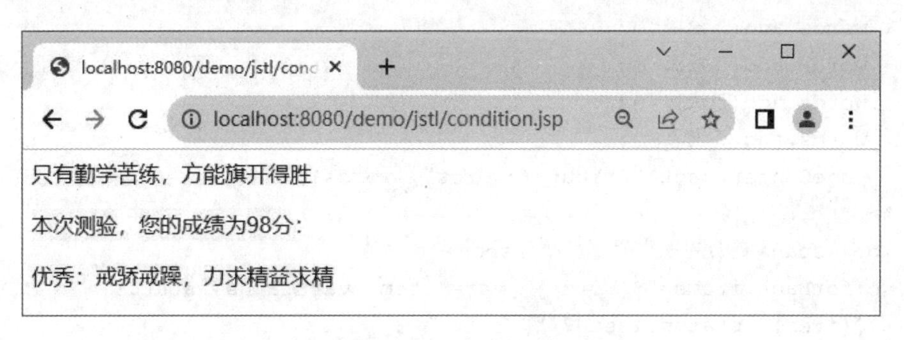

图1.28　条件类JSTL标签案例页面效果

3. 循环标签

JSTL核心标签库中的循环标签有两个，分别为forEach标签和forTokens标签。

（1）forEach标签用于实现循环遍历操作，可用于迭代遍历序列、数组、集合、映射、枚举等类型的数据。forEach标签的属性较多，参见表1.7。

forEach标签的varStatus属性包含四个状态属性，分别为index（当前循环的索引值，int类型）、count（当前循环的次数，int类型）、first（当前循环是否为第一次循环，boolean类型）、last（当前循环是否为最后一次循环，boolean类型）。

表1.7 forEach标签的属性

属性名称	说　明	默认值
items	迭代数据	无
var	每次遍历取得的迭代元素的变量名称	无
begin	开始的元素	0
end	最后一个元素	最后一个元素
step	每次迭代的步长	1
varStatus	代表循环状态的变量名称	无

（2）forTokens标签根据指定的分隔符将字符串分隔为一个数组，然后迭代遍历这个字符串数组。forTokens标签比forEach标签多一个属性delims，用于指定分隔符。forTokens标签中的items属性和delims属性都是必填属性，其中items的属性值必须是字符串类型的值。

接下来通过示例代码来演示循环标签的应用，在“/web/jstl/”目录下新建一个JSP文件，命名为“loop.jsp”，设计代码如1.5.5-03所示。

【代码1.5.5-03】文件/web/jstl/loop.jsp，版本1.0。

```
01 <%@ page contentType="text/html;charset=UTF-8" language="java"
   import="java.util.ArrayList" %>
02 <%@ taglib uri="http://java.sun.com/jsp/jstl/core" prefix="c" %>
03 <c:forEach begin="1" end="10" step="2" var="i"> ${i} </c:forEach>
04 <%
05   ArrayList<String> words = new ArrayList<String>();
06   words.add(" 爱国 ");
07   words.add(" 敬业 ");
08   words.add(" 诚信 ");
09   words.add(" 友善 ");
10   pageContext.setAttribute("words", words);
11 %>
12 <br><span>遍历列表中的数据：</span>
13 <c:forEach items="${words}" var="item" varStatus="status">
14   ${item}${status.last ? "" : ", "}
15 </c:forEach>
16 <br><span>遍历分隔的字符串：</span>
17 <c:set var="epigram" value="better late than never" />
18 <c:forTokens items="${epigram}" delims=" " var="word"
   varStatus="status">
19   ${status.count} : ${word}
20 </c:forTokens>
```

代码1.5.5-03中第03行使用forEach标签遍历数字序列1~10，步长为2。第04行~第11行定义了一个字符串列表words，并将其保存至page作用域。第13行~第15行使用forEach标签遍历字符串列表words，并在每个列表项内容（最后一个列表项除外）后输出一个逗号。第17行~第20

行使用forTokens标签遍历输出一个句子中以空格分隔的所有单词，并按顺序在每个单词前编上序号。执行后的页面效果如图1.29所示。

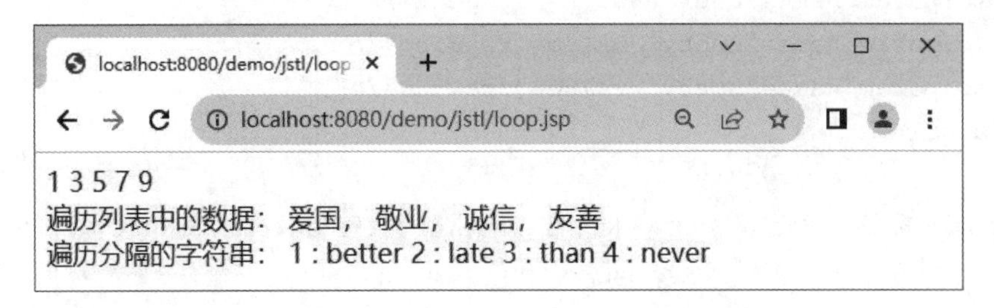

图1.29 循环类JSTL标签案例页面效果

4. URL操作标签

JSTL核心标签库中有四个与URL操作有关的标签，分别为import、redirect、url和param标签。

（1）import标签用于将其他文件包含到本页面，其功能与JSP的include动作是一样的，不同之处在于import标签还可以导入同一个服务器下的其他Web应用中的资源，甚至是网络中的资源。import标签的属性包括url（必选属性，包含资源的URL）、var（将导入的资源保存在作用域中的名称）、scope（导入的资源保存的作用域，可取值page、request、session或application）、charEncoding（导入资源显示时使用的字符编码格式）、context（当导入资源在同一个服务器下的其他Web应用中时，指定资源所在的Web应用的路径）。

（2）redirect标签用于实现请求的重定向，与JSP内置对象response的sendRedirect方法的功能一样，不同之处在于redirect标签还可以嵌套param标签添加请求参数。redirect标签的属性包括url（必选属性）和context，属性的含义与import标签中的url和context属性的含义完全一样。param标签用于添加请求参数，包含name和value属性，分别用于指定请求参数的名称和值。如下所示的代码将请求重定向至“/el/paras.jsp”页面，并传递请求参数user（一个值）和hobby（两个值）。

```
01 <c:redirect url="/el/paras.jsp">
02   <c:param name="user" value="student" />
03   <c:param name="hobby" value="reading" />
04   <c:param name="hobby" value="drawing" />
05 </c:redirect>
```

（3）url标签主要用于构建一个URL，其属性包括value、context、var和scope，其中value属性相当于import标签和redirect标签中的url属性，剩余三个属性与import标签中的同名属性的含义是一样的。url标签中也可以通过嵌套param标签添加请求参数。如下所示的代码定义了一个URL，其中添加的请求参数会以查询字符串的形式附加在这个URL之后，然后将这个附加了请求参数的URL以“parasUrl”命名保存至request作用域中。需要注意的是，如果使用url标签构建的URL没有被保存至作用域中，也就是说没有使用var属性，那么构建的URL字符串将会直接在页面中输出。

```
01 <c:url value="/el/paras.jsp" var="parasUrl" scope="request">
02   <c:param name="user" value="student"/>
03   <c:param name="hobby" value="reading"/>
04   <c:param name="hobby" value="drawing"/>
05 </c:url>
```

（4）param标签用于定义一个请求参数，通常嵌套在redirect标签和url标签中，其name属性和value属性分别用于设置请求参数的名称和值。

1.5.6 Servlet 技术

Servlet是用Java语言编写的服务端程序，按照Servlet自身规范编写，并由服务端调用和执行。Servlet是在Web服务端创建的用来响应客户请求的对象，它是由开发人员创建的继承自“javax.servlet.http.HttpServlet”类型的子类对象，通过重写用于处理HTTP请求的方法完成具体业务流程的处理，并将处理结果反馈给客户端浏览器。

1. Servlet生命周期

Servlet生命周期指Servlet从创建直到销毁的整个过程，主要涉及init、service和destroy三个方法的调用。

（1）Servlet实例只会被创建一次，实例在创建后会调用一次init方法，用户可以在该方法中定义一些初始化的操作，例如创建或者加载一些数据，这些数据将会应用于Servlet的整个生命周期。

（2）service方法是执行实际任务的方法。Servlet容器（即Web服务器）调用service方法处理来自客户端（浏览器）的请求，并把格式化的响应数据写回给客户端。在Servlet生命周期内，互联网中的用户可以多次请求Servlet。每当服务器接收到一个Servlet请求时，服务器就会创建一个新的线程并调用service方法提供服务。service方法是在“javax.servlet.http.HttpServlet”类中定义的，该方法由Web容器调用，检查当前HTTP请求的类型（GET、POST、PUT、DELETE等），并适时调用处理不同类型请求的方法，例如doGet、doPost、doPut、doDelete等。因此，在具体开发时，不需要也不建议重写service方法，只需要根据客户端的请求类型重写处理不同类型请求的方法（doGet、doPost等）即可。doGet和doPost方法是最常用的HTTP请求处理方法，一般情况下仅需在Servlet中重写这两个方法。

（3）destroy方法在Servlet生命周期结束时被调用，并且只会被调用一次。destroy方法中可以编写清理数据的相关操作。一旦执行destroy方法，Servlet对象就会被标记为垃圾回收。

2. Servlet的创建与配置

下面结合一个简单的应用案例讲解如何在IDEA中创建配置一个Servlet，并实现简单的图书捐赠功能。

1）创建Servlet

Servlet是Java类，需要组织在src目录下的包中，在项目的src目录上右击，在弹出的菜单中选择“New”→“Package”，接着输入包名“cn.demo.servlet”，然后按 “Enter”键完成Java包的创建。接下来在“cn.demo.servlet”包上右击，在弹出的菜单中选择“New”→“Create New Servlet”，弹出“New Servlet”窗口面板，在其中的Name一栏输入

Servlet的名字“BooksDonateServlet”，保持默认勾选“Create Java EE 6 annotated class”选项，然后单击“OK”按钮，完成Servlet的创建。新创建的Servlet类BooksDonateServlet的代码如1.5.6-01所示，该类继承了“javax.servlet.http.HttpServlet”类，并且已经重写了用于处理GET和POST类型请求的两个方法doGet和doPost，方法中的业务处理代码尚未编写。

【代码1.5.6-01】文件/src/cn.demo.servlet/BooksDonateServlet.java，版本0.01。

```
01 package cn.demo.servlet;
02 import javax.servlet.ServletException;
03 import javax.servlet.annotation.WebServlet;
04 import javax.servlet.http.HttpServlet;
05 import javax.servlet.http.HttpServletRequest;
06 import javax.servlet.http.HttpServletResponse;
07 import java.io.IOException;
08 @WebServlet(name = "BooksDonateServlet")
09 public class BooksDonateServlet extends HttpServlet {
10   protected void doPost(HttpServletRequest request,
   HttpServletResponse response) throws ServletException, IOException {
11   }
12   protected void doGet(HttpServletRequest request,
   HttpServletResponse response) throws ServletException, IOException {
13   }
14 }
```

2）配置部署Servlet

创建完Servlet类之后，用户还不能够直接请求访问Servlet对象，需要将创建好的Servlet部署在Web容器中。简单来讲，就是要为Servlet类配置URL映射，让客户端可以通过配置的URL向Servlet发起请求。在早期版本的Servlet规范中，只能在Web应用的项目部署描述符文件（/web/WEB-INF/web.xml）中配置Servlet的URL映射。在当前项目的部署描述符文件的“web-app”标签内加入如下所示的配置代码，就能够为上文创建的BooksDonateServlet这个Servlet类配置URL访问地址。其中，servlet标签中配置了Servlet类的名称与Servlet类的全限定名之间的对应关系，servlet-mapping标签中配置了Servlet类的名称与映射的内部路径之间的对应关系，结合Web应用的上下文路径与配置的内部路径就可以得出访问Servlet类的完整URL。注意，可以为一个Servlet配置多个确定的访问路径，还可以为一个Servlet配置访问路径的匹配模式，例如第08行使用了通配符“*”，匹配以“/books/donate/”开头的所有请求路径。

```
01 <servlet>
02    <servlet-name>BooksDonateServlet</servlet-name>
03    <servlet-class>cn.demo.servlet.BooksDonateServlet</servlet-class>
04 </servlet>
05 <servlet-mapping>
06    <servlet-name>BooksDonateServlet</servlet-name>
07    <url-pattern>/books/donate</url-pattern>
```

```
08   <url-pattern>/books/donate/*</url-pattern>
09 </servlet-mapping>
```

新版本的Servlet规范中新增了基于注解的配置模式，只需要在Servlet类的声明前使用“@WebServlet”注解进行标注式配置即可，简化了配置代码。Web应用项目在启动时，Web容器会读取Servlet类声明前的注解配置，并将Servlet部署在Web容器中。“@WebServlet”注解的常用属性如表1.8所示，其中value和urlPatterns不可同时使用，并且需要配置其中一个。如果一个Servlet只配置一个映射地址模式且其他属性不做配置，就可以使用更简化的配置模式，直接在注解中配置一个地址模式字符串即可。

表1.8 “@WebServlet”注解的常用属性

属性名称	属性类型	说　明
name	String	配置Servlet类的名称
value	String[]	可配置一组用于匹配Servlet的URL模式
urlPatterns	String[]	等同于value属性，二者不能同时使用
loadOnStartup	int	配置Servlet类的加载顺序
initParams	WebinitParams[]	配置一组初始化参数
asyncSupported	boolean	配置Servlet是否支持异步操作模式
displayName	String	配置Servlet的显示名称
description	String	配置Servlet的描述信息

接下来对BooksDonateServlet这个Servlet类进行配置，并在其doPost请求方法中编写几行测试代码，而让doGet方法直接调用doPost方法实现相同的功能。修改BooksDonateServlet类的代码如1.5.6-02所示。

【代码1.5.6-02】文件/src/cn.demo.servlet/BooksDonateServlet.java，版本0.02，上一个版本参见代码1.5.6-01。

```
01 package cn.demo.servlet;
02 // import ... 此处省略了导包语句
03 @WebServlet("/books/donate")
04 public class BooksDonateServlet extends HttpServlet {
05   protected void doPost(HttpServletRequest request,
   HttpServletResponse response) throws ServletException, IOException {
06     response.setCharacterEncoding("UTF-8");
07     response.setContentType("text/html;charset=UTF-8");
08     PrintWriter out = response.getWriter();
09     out.println("<p>收到您的捐赠请求，即刻为您办理...</p>");
10     out.flush();
11     out.close();
12   }
13   protected void doGet(HttpServletRequest request,
   HttpServletResponse response) throws ServletException, IOException {
```

```
14     this.doPost(request, response);
15   }
16 }
```

代码1.5.6-02中第03行使用注解直接配置Servlet的一个映射地址。第14行doGet方法直接调用doPost方法。在doPost方法中，第06行设置响应传输的编码，第07行设置响应的内容类型为HTML页面，第08行获取PrintWriter输出流对象，第09行打印一个段落文本，第10行将内容输出，最后第11行关闭输出流，完成向用户响应包含一个段落的HTML页面的功能。接下来启动Tomcat服务器并对BooksDonateServlet这个Servlet类进行访问测试，在浏览器地址栏输入"http://localhost:8080/demo/books/donate"并访问，响应的页面效果如图1.30所示。

图1.30 Servlet的测试效果

3）实现图书捐赠的功能

实际开发时，Servlet通常用于实现业务功能，JSP页面则作为与用户交互的视图。设计图书捐赠案例时，首先需要一个页面视图，在页面视图中部署捐赠图书的表单并展示出已捐赠图书的列表。用户在页面中输入捐赠图书的名称和数量之后将请求提交至Servlet，接着在Servlet中完成捐赠信息的接收与保存工作（本案例将捐赠信息保存至全局作用域中），然后再将请求转发到页面视图中渲染出感谢信息，并更新页面视图中的已捐赠图书列表。

在"/web/"目录下创建一个新的文件夹"view"，然后在"/web/view/"目录下新建一个JSP页面，命名为"donate.jsp"，作为图书捐赠功能的页面视图，页面代码设计如1.5.6-03所示。

【代码1.5.6-03】文件/web/view/donate.jsp，版本1.0。

```
01 <%@ page contentType="text/html;charset=UTF-8" language="java" %>
02 <%@ taglib prefix="c" uri="http://java.sun.com/jsp/jstl/core" %>
03 <!doctype html>
04 <html>
05 <head>
06   <meta charset="UTF-8">
07   <meta name="viewport" content="width=device-width, user-
   scalable=no, initial-scale=1.0, maximum-scale=1.0, minimum-
   scale=1.0">
08   <title>图书捐赠</title>
09 </head>
10 <body>
11   <form action="/demo/books/donate" method="post">
12     <label>图书名称：<input type="text" name="book_name"></label>
13     <label>捐赠数量：<input type="number" name="number" value="1"></
```

```
label>
14      <button type="submit"> 确认捐赠 </button>
15    </form>
16    <p style="color: red;">${requestScope.mess}</p>
17    <hr>
18    <p> 已收捐赠图书列表：</p>
19    <c:forEach items="${applicationScope.books}" var="book"
varStatus="status">
20      <p>${status.count}.《${book.key}》，数量：${book.value} </p>
21    </c:forEach>
22  </body>
23  </html>
```

代码1.5.6-03说明如下：

（1）第11行~第15行，设计一个简单的HTML表单，在表单中部署用于输入图书名称和捐赠数量的两个文本框及一个提交按钮。表单的提交地址映射的是BooksDonateServlet这个Servlet类。

（2）第16行，读取request作用域中的变量mess并展示，用于渲染感谢信息。首次访问页面时mess不存在（渲染为空），请求被Servlet处理后，会在request作用域中存储变量mess。当请求被再次转发至页面时，变量mess中保存的感谢信息就会被展示出来。

（3）第19行~第21行，使用JSTL循环标签forEach遍历并展示出保存在application作用域中的捐赠信息。

接下来在Servlet中实现捐赠信息的接收与保存功能，再次打开并编辑BooksDonateServlet类，设计代码如1.5.6-04所示。

【代码1.5.6-04】文件/src/cn.demo.servlet/BooksDonateServlet.java，版本1.0，上一个版本参见代码1.5.6-02。

```
01 package cn.demo.servlet;
02 // import ... 此处省略了导包语句
03 @WebServlet("/books/donate")
04 public class BooksDonateServlet extends HttpServlet {
05   public void init() throws ServletException {
06     this.getServletContext().setAttribute("books", new
HashMap<String, Integer>());
07   }
08   protected void doPost(HttpServletRequest request,
HttpServletResponse response) throws ServletException, IOException {
09     request.setCharacterEncoding("UTF-8");
10     ServletContext servletContext = request.getServletContext();
11     HashMap<String, Integer> books = (HashMap<String, Integer>)
servletContext.getAttribute("books");
12     String bookName = request.getParameter("book_name").trim();
13     int number = Integer.parseInt(request.getParameter("number").
```

```
    trim());
14      if (books.containsKey(bookName)) {
15        books.put(bookName, books.get(bookName) + number);
16      } else {
17        books.put(bookName, number);
18      }
19      servletContext.setAttribute("books", books);
20      request.setAttribute("mess", "赠人玫瑰，手留余香。您捐赠的图书将用于
    贫困地区小学图书馆建设，感谢您的爱心付出！");
21      request.getRequestDispatcher("/view/donate.jsp").
    forward(request, response);
22    }
23    protected void doGet(HttpServletRequest request,
    HttpServletResponse response) throws ServletException, IOException {
24      this.doPost(request, response);
25    }
26 }
```

代码1.5.6-04说明如下：

（1）第05行~第07行，重写init方法，在其中初始化一个“HashMap<String, Integer>”类型的对象，并以“books”命名保存至全局作用域中。

（2）第08行~第22行，在doPost方法中完成接收和保存图书捐赠信息的功能。

（3）第09行，设置请求传输的编码格式为“UTF-8”。

（4）第10行，获取当前Web应用的上下文对象servletContext。

（5）第11行，从全局作用域中取出保存在其中的books变量。

（6）第12行~第13行，调用request对象的getParameter方法分别获取用户传递的两个请求参数。第12行将图书名称保存为字符串变量bookName，第13行将捐赠数量转换为整型数据后保存为整型变量number。

（7）第14行~第18行，判断books的key值中是否包含本次用户捐赠的图书名称，如果包含，直接修改对应图书的捐赠数量，在原有数量的基础上再加上本次捐赠数量即可。如果books的key值中不包含本次用户捐赠的图书名称，就以本次捐赠的图书名称和捐赠数量构建一个新的元素添加到books中。

（8）第19行，将修改后的books重新保存至全局作用域中。

（9）第20行，在request作用域中以mess作为变量名称保存感谢信息。

（10）第21行，获取请求转发器，调用其forward方法将请求转发至已设计好的图书捐赠页面“/view/donate.jsp”中。

（11）第23行~第25行，doGet方法直接调用doPost方法实现相同的功能。

图书捐赠功能的页面视图和Servlet都设计完毕后，重新启动Tomcat服务器，通过浏览器访问图书捐赠页面“http://localhost:8080/demo/view/donate.jsp”，可以在页面中进行多次捐赠操作，页面效果如图1.31所示，感谢信息和已捐赠图书列表都可以正确显示。

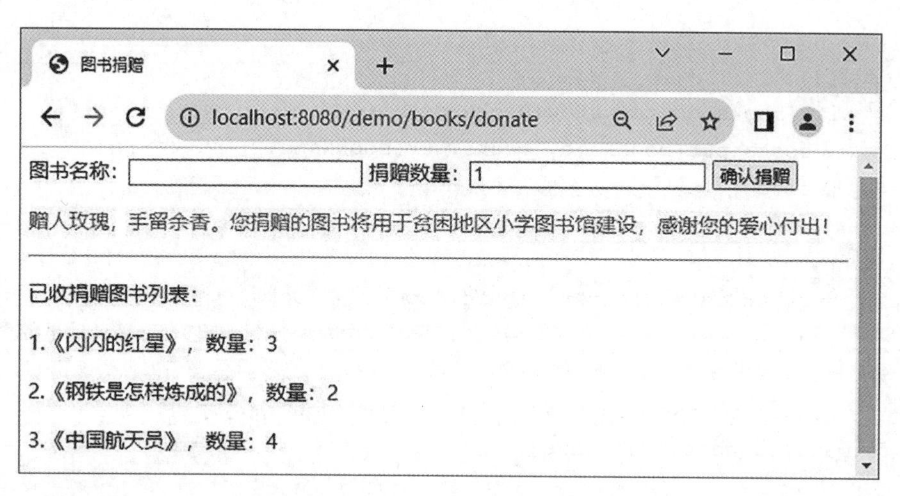

图1.31 图书捐赠案例页面效果

3. Servlet编程中常用的系统对象

在1.5.3节中学习了JSP页面中可用的九大内置对象，其中一些对象也可以在Servlet中的处理请求的方法中获取，比如，request对象和response对象本身就是请求处理方法（如doGet、doPost等）的入参，在方法中可以直接使用。表1.9展示了Servlet中常用系统对象的类名、获取对象的方法以及与JSP内置对象的对应关系。JSP内置对象的名称是固定不变的，而在Servlet中编写程序代码时，获取的系统对象的名称可以自由定义。

表1.9 Servlet中常用系统对象的类名以及与JSP内置对象的对应关系

系统对象的类名称	Servlet中获取对象的方法	对应的JSP内置对象
javax.servlet.http.HttpServletRequest	方法入参，直接使用	request
javax.servlet.http.HttpServletResponse	方法入参，直接使用	response
javax.servlet.http.HttpSession	request.getSession()方法	session
javax.servlet.ServletContext	request.getServletContext()方法	application
javax.servlet.ServletConfig	this.getServletConfig()方法	config

1.5.7 过滤器技术

过滤器Filter是Servlet规范中的一种非常实用的组件，它可以对Web应用中的任意资源请求进行拦截，并在拦截之后进行一些特殊的操作。过滤器常见的应用场景包括URL级别的权限控制、敏感词汇的过滤拦截、字符编码的统一设置、传输数据的加密解密、Web应用的日志处理等。

1. 过滤器的工作原理

当Web容器获得一个对资源的请求时，Web容器会判断当前请求资源是否为过滤器中配置的要拦截的请求资源，如果是，就把请求交给过滤器去处理，在过滤器中完成特定功能的操作（比如权限控制等），然后再根据操作结果决定是否继续将请求转交给被请求的资源。如果请求经过过滤器处理之后，最终到达了被请求的资源，那么当被请求资源作出响应时，Web容器同样会将响应先转发给过滤器（在过滤器中还可以对响应作出处理），然后再将响应发送给客户端。在整个过程中，过滤器对客户端和目标资源都是透明的。

在一个Web应用程序中可以配置多个过滤器，从而形成一条过滤器链条。在请求资源时，过滤器链条中的过滤器依次对请求作出处理，并按照相反的顺序对响应作出处理，原理如图1.32所示。

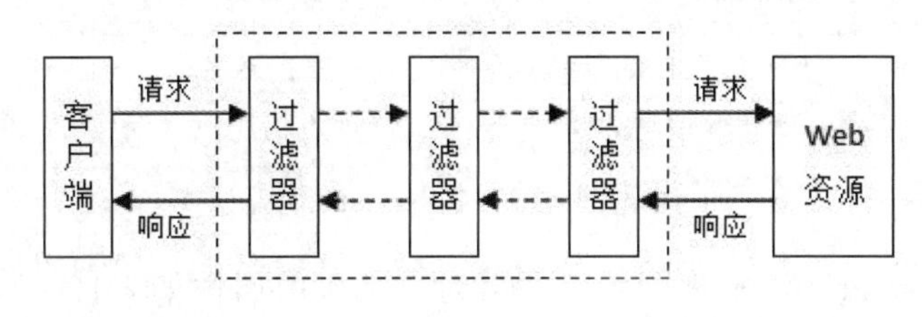

图1.32 过滤器原理示意图

2. 过滤器的创建与配置

过滤器类需要实现“javax.servlet.Filter”接口，在这个接口中定义了三个方法，分别是init方法、doFilter方法和destroy方法。

（1）init方法用于初始化过滤器，它接收一个“javax.servlet.FilterConfig”接口的引用作为方法参数。“javax.servlet.FilterConfig”接口由Web容器实现，容器将其实例作为参数传入过滤器对象的初始化方法init中，用于获取过滤器的初始化参数和Filter的相关信息。init方法在容器启动时执行，并且只会执行一次。

（2）doFilter方法的声明如下所示。该方法有三个传参，分别用于获取请求对象、响应对象和FilterChain对象，注意，请求对象和响应对象的类型分别为ServletRequest和ServletResponse，并不依赖于具体的协议。FilterChain对象的“doFilter(request, response)”方法负责将请求传递给下一个过滤器或者目标资源。

```
void doFilter(ServletRequest req, ServletResponse resp, FilterChain
   chain) throws IOException, ServletException;
```

（3）destroy方法在Web容器卸载过滤器实例之前被调用，在过滤器的生命周期中仅执行一次，可用于执行资源释放的操作。

要使一个过滤器实例能够正常工作，还需要配置过滤器需拦截的资源请求。同Servlet的配置类似，过滤器的配置也有两种方式，一种是在Web应用的项目部署描述符文件（/web/WEB-INF/web.xml）中配置，另一种是在过滤器类的声明之前使用“@WebFilter”注解进行配置。

在项目部署描述符文件中配置过滤器类时需要使用filter元素和filter-mapping元素，其中filter元素用于配置过滤器类的相关信息，常用的子元素参见表1.10。

表1.10 filter元素中常用的子元素

子元素名称	配置说明	是否必需
filter-name	配置过滤器的名称	是
filter-class	配置过滤器实现类的完全限定名	是
display-name	配置过滤器类的显示名称	否
description	配置过滤器类的描述信息	否
init-param	配置初始化参数，可在过滤器的init方法中读取	否

filter-mapping元素用于配置过滤器类拦截的请求资源，其中常用的子元素参见表1.11。

表1.11 filter-mapping元素中常用的子元素

子元素名称	配置说明	是否必需
filter-name	用于匹配filter元素声明时配置的过滤器名称	是
url-pattern	配置过滤器拦截的请求URL的模式，值以“/”开头	否
servlet-name	配置过滤器拦截的Servlet名称	否

使用“@WebFilter”注解来配置过滤器时，常用的属性如表1.12所示，其中value和urlPatterns不可同时使用，并且需要配置其中一个。如果一个Filter只配置一个URL地址模式且其他属性不做配置，就可以使用更简化的配置模式，直接在注解中配置一个URL模式字符串即可。

表1.12 “@WebFilter”注解的属性

属性名称	类 型	说 明
filterName	String	配置Filter类的名称
value	String[]	可配置一组拦截的请求URL模式
urlPatterns	String[]	等同于value属性，二者不能同时使用
initParams	WebinitParams[]	配置一组初始化参数
displayName	String	配置Filter的显示名称
description	String	配置Filter的描述信息

接下来创建一个简单的过滤器类，首先在项目的src目录下创建一个包“cn.demo.filter”，接着在“cn.demo.filter”包上右击，在弹出的菜单中选择“New”→“Create New Filter”，弹出“New Filter”窗口面板，在其中的Name一栏输入新创建的Filter类的名称“MyFilter”，保持默认勾选“Create Java EE 6 annotated class”选项，然后单击“OK”按钮，完成Filter类的创建。紧接着编辑MyFilter类中的代码，如1.5.7-01所示。

【代码1.5.7-01】文件/src/cn.demo.filter/MyFilter.java，版本1.0。

```
01 package cn.demo.filter;
02 import javax.servlet.*;
03 import javax.servlet.annotation.WebFilter;
04 import javax.servlet.http.HttpServletRequest;
05 import java.io.IOException;
06 @WebFilter("/jstl/*")
07 public class MyFilter implements Filter {
08   public void doFilter(ServletRequest req, ServletResponse resp,
   FilterChain chain) throws ServletException, IOException {
09     HttpServletRequest request = (HttpServletRequest) req;
10     HttpSession session = request.getSession();
11     session.setAttribute("epigram", "读书破万卷");
12     System.out.println("请求到达目标资源之前执行...");
13     chain.doFilter(req, resp);
14     session.setAttribute("epigram", "下笔如有神");
```

```
15      System.out.println("目标资源执行完毕，响应到达客户端之前执行...");
16    }
17 }
```

代码1.5.7-01说明如下：

（1）第06行，使用“@WebFilter”注解配置过滤器拦截的资源为“/jstl/”路径下的所有资源。

（2）第08行~第16行，实现接口中的doFilter方法。在Filter类中必须实现这个方法，而init方法和destroy方法在接口中有默认的空实现，可以不必在Filter类中重写。

（3）第09行，doFilter方法中的入参提供的是ServletRequest接口引用，它是HttpServletRequest的父接口。程序中可能需要通过请求对象调用HttpServletRequest接口中的相关方法，此时就必须将引用类型强制转换为HttpServletRequest。同样地，如果程序中要使用响应对象，也需要将响应对象的引用类型由ServletResponse强制转换为HttpServletResponse。

（4）第10行，获取当前会话对象session。

（5）第11行~第12行，它们是位于FilterChain对象的“doFilter(req, resp)”方法之前的代码，会在请求到达目标资源之前执行。第11行在session作用域设置一个变量epigram，存值为字符串“读书破万卷”，第12行在控制台打印一行字符串。

（6）第13行，调用FilterChain对象的“doFilter(req, resp)”方法，将请求传递给下一个过滤器或者目标资源。

（7）第14行~第15行，它们是位于FilterChain对象的“doFilter(req, resp)”方法之后的代码，代码也会被执行，执行的时机是目标资源执行完毕之后，响应到达客户端之前。第14行，在session作用域中将变量epigram的值修改为字符串“下笔如有神”。第15行在控制台打印一行字符串。

为了更好地测试分析doFilter方法中代码的执行顺序，可以再创建一个JSP页面，用于输出session作用域中存储的epigram变量的值。在“/web/view/”目录下创建JSP页面“epigram.jsp”，编写代码如1.5.7-02所示。

【代码1.5.7-02】文件/web/view/epigram.jsp，版本1.0。

```
01 <%@ page contentType="text/html;charset=UTF-8" language="java" %>
02 <p>session 作用域中变量 epigram 的值为：${sessionScope.epigram}</p>
```

完成了上述代码的编写工作之后，就可以重新启动Tomcat服务器进行测试分析了。Tomcat服务器启动之后，按照以下步骤进行测试分析：

（1）在浏览器中访问“/view/epigram.jsp”页面（参见代码1.5.7-02）。该页面没有被MyFilter过滤器拦截，此时页面中epigram变量的值为空，因为目前还没有在session作用域中设置这个变量。

（2）新开一个浏览器标签页（或者浏览器窗口），访问“/jstl/common.jsp”页面（参见代码1.5.5-01）。访问这个页面时，请求会被过滤器MyFilter拦截，过滤器doFilter方法中的代码会被调用执行。下面通过观察输出结果分析doFilter方法中代码的执行顺序。首先观察IDEA的Server控制台窗口的输出内容，在Server控制台窗口中输出了代码1.5.7-01中第12行和第15行中打印的内容，说明在过滤器doFilter方法中，FilterChain对象的“doFilter(req, resp)”方法调用之前以及之后的代码都会被执行。接着观察浏览器页面的输出内容，浏览器页面中输出的epigram的值为“读书破万卷”（参见代码1.5.5-01第12行），说明在目标资源（“/jstl/common.jsp”页面）执行之前，代码1.5.7-01中第10行已经执行了，将epigram变量的值设置为了“读书破万卷”。直到“/jstl/common.jsp”页面在服务端渲染执行完毕，epigram变量的值还没有被修改，也就是说FilterChain对象的“doFilter(req, resp)”方法调用之后的代码尚未被执行。

（3）将浏览器标签页（或者浏览器窗口）切换到“/view/epigram.jsp”页面，然后刷新页面，此时在页面中epigram变量的值为“下笔如有神”，说明epigram变量被成功修改了（参见代码1.5.7-01中第14行），这就进一步证明了在过滤器的doFilter方法中，FilterChain对象的“doFilter(req, resp)”方法调用之后的代码的执行时机就是在目标资源（如“/jstl/common.jsp”页面）执行完毕之后，响应到达客户端之前。

1.5.8 监听器技术

监听器（Listener）是一个专门用于对其他对象发生的事件或状态的变化进行监听和处理的对象。当被监听的对象发生了某个事件或者状态变化时，监听器对象中定义好的事件处理程序便会立即执行。Servlet规范中的事件监听器是实现了特定接口的Java类，它们的监听对象主要是Web应用中的ServletContext、HttpSession和HttpServletRequest这些作用域对象。一些监听器用于监听作用域对象的生命周期事件，一些监听器用于监听作用域对象中的属性变化事件。创建不同功能的监听器类，需要实现不同的监听器接口。一个监听器类可以实现多个监听器接口，也就是说，可以在一个监听器类中实现多种不同的监听功能。

1. 监听器分类

根据监听对象的不同，可以将监听器划分为ServletContext对象监听器、HttpSession对象监听器以及ServletRequest对象监听器。根据监听事件的不同，可以将监听器划分为对象生命周期事件监听器和对象属性变化事件监听器。在Servlet规范中，这几类事件监听器都定义了相应的接口，编写事件监听器类时需要实现对应的接口。Web服务器会根据监听器所实现的接口，将监听器注册到被监听的对象上。当某个被监听对象上的相关事件发生时，Web容器会调用监听器中用于处理相应事件的方法，执行方法中的代码完成监听任务。

监听对象生命周期事件的监听器接口有三个，分别为ServletContextListener（用于监听ServletContext对象的生命周期事件）、HttpSessionListener（用于监听HttpSession对象的生命周期事件）和ServletRequestListener（用于监听HttpServletRequest对象的生命周期事件）。生命周期事件包括对象的创建事件和对象的销毁事件，在监听对象生命周期事件的监听器接口中定义了用于处理对象生命周期事件的接口方法，参见表1.13。表1.13中列出的接口方法都会传递一个事件对象参数，通过这个事件对象参数就可以在方法中获取被监听的对象。

表1.13 监听对象生命周期事件的监听器接口中定义的接口方法

监听器接口名称	处理生命周期事件的接口方法	生命周期事件
ServletContextListener	contextInitialized(ServletContextEvent sce)	创建对象
	contextDestroyed(ServletContextEvent sce)	销毁对象

续表

监听器接口名称	处理生命周期事件的接口方法	生命周期事件
HttpSessionListener	sessionCreated(HttpSessionEvent se)	创建对象
	sessionDestroyed(HttpSessionEvent se)	销毁对象
ServletRequestListener	requestInitialized(ServletRequestEvent sre)	创建对象
	requestDestroyed(ServletRequestEvent sre)	销毁对象

监听对象属性变化事件的监听器接口也有三个，分别为ServletContextAttributeListener（用于监听ServletContext对象的属性变化）、HttpSessionAttributeListener（用于监听HttpSession对象的属性变化）和ServletRequestAttributeListener（用于监听HttpServletRequest对象的属性变化）。对象的属性变化有三种情况，分别是在对象中添加属性、移除属性和更新替换属性，在监听器接口中定义了处理属性变化事件的接口方法。监听对象属性变化的监听器接口中定义的用于处理属性变化事件的接口方法参见表1.14。表1.14中列出的接口方法都会传递一个事件对象参数，通过这个事件对象参数就可以在方法中获取被监听的对象以及发生变化的属性。

表1.14 监听对象属性变化事件的监听器接口中定义的接口方法

监听器接口名称	处理属性变化事件的接口方法	属性变化事件
ServletContextAttributeListener	attributeAdded(ServletContextAttributeEvent scae)	添加属性
	attributeRemoved(ServletContextAttributeEvent scae)	移除属性
	attributeReplaced(ServletContextAttributeEvent scae)	更新属性
HttpSessionAttributeListener	attributeAdded(HttpSessionBindingEvent se)	添加属性
	attributeRemoved(HttpSessionBindingEvent se)	移除属性
	attributeReplaced(HttpSessionBindingEvent se)	更新属性
ServletRequestAttributeListener	attributeAdded(ServletRequestAttributeEvent srae)	添加属性
	attributeRemoved(ServletRequestAttributeEvent srae)	移除属性
	attributeReplaced(ServletRequestAttributeEvent srae)	更新属性

2. 监听器的创建与配置

在一个项目中创建的所有监听器类通常会被组织在同一个Java包中，可以在“/src/”目录下创建一个名为“cn.demo.listener”的Java包，用于存放所有的监听器类。可以采取两种方式创建监听器类，一种方式是在包“cn.demo.listener”的右键菜单中选择“New”→“Create New Listener”，然后在打开的“New Listener”面板中填写监听器类的相关信息来创建一个新的监听器类。另一种方式则是直接在包“cn.demo.listener”中创建一个Java类，然后在类的声明中实现某个监听器类接口，并在类中重写对应的事件处理方法，完成一个监听器类的创建。

监听器类经配置后才能生效，可在Web应用的项目部署描述符文件（/web/WEB-INF/web.xml）中配置，也可在监听器类的声明之前使用“@WebListener”注解进行配置。在Web应用的项目部署描述符文件中配置一个监听器的元素是listener元素，其中可以配置的子元素包括listener-class（配置监听器类的全限定名）、display-name（配置监听器的显示名称）和

description（配置监听器的描述信息）。使用“@WebListener”注解配置监听器类时需要注意，必须在实现了某个监听器接口的类声明前使用这个注解才有效。“@WebListener”注解接收一个可选的value属性，用于配置监听器的描述信息。

接下来创建一个ServletContextListener监听器类的示例。在“cn.demo.listener”包中创建一个Java类，命名为“MyServletContextListener”，在类的声明中实现ServletContextListener接口，在类的声明前使用“@WebListener”进行标注，在类中重写contextInitialized和contextDestroyed两个事件处理方法。完整实现代码如1.5.8-01所示。

【代码1.5.8-01】文件/src/cn.demo.Listener/MyServletContextListener.java，版本1.0。

```
01 package cn.demo.listener;
02 import javax.servlet.ServletContextEvent;
03 import javax.servlet.ServletContextListener;
04 import javax.servlet.annotation.WebListener;
05 @WebListener
06 public class MyServletContextListener implements
   ServletContextListener {
07   @Override
08   public void contextInitialized(ServletContextEvent sce) {
09     sce.getServletContext().setAttribute("phrase", "九层之台，起于累
   土");
10     System.out.println("ServletContext对象已创建...");
11   }
12   @Override
13   public void contextDestroyed(ServletContextEvent sce) {
14     System.out.println("ServletContext对象已销毁...");
15   }
16 }
```

代码编写完毕后，当Tomcat服务器启动时会加载部署Web应用并创建ServletContext对象，代码1.5.8-01中第08行~第11行定义的contextInitialized方法就会立即执行，其中第09行获取当前的ServletContext对象并在application作用域中存入一个变量phrase，第10行在控制台打印输出一行字符串。当关闭Tomcat服务器时会卸载Web应用并销毁ServletContext对象，代码1.5.8-01中第13行~第15行定义的contextDestroyed方法就会被调用执行，在控制台打印输出一行字符串（参见第14行代码）。读者可以自行观察Tomcat服务器启动和关闭时的控制台输出，验证contextInitialized方法和contextDestroyed方法的执行输出。此外，读者还可以编写一个JSP页面，输出application作用域的变量phrase，并观察页面输出结果。

1.5.9 Java Web 应用的开发模式

Java Web应用的开发模式主要经历了以下四个阶段。

1. 独立JSP模式

在独立JSP模式下，整个Web应用中的几乎所有工作都交由JSP页面来处理。JSP页面既要负责接收处理客户端请求信息，又要负责业务逻辑处理工作，还要负责生成网页。使用独立

JSP模式开发Web应用程序有许多缺点，首先，网站的页面设计与逻辑处理混杂在一起，无法分离，给程序的调试带来了诸多困难；其次，代码的可重用性非常低，不利于程序的扩展；最后，系统维护非常困难，当需要修改业务逻辑时，往往涉及多个页面的修改。

2. JavaBean+JSP模式

随着技术的发展，人们开始使用JavaBean和JSP共同配合完成设计任务。JavaBean+JSP模式实现比较简单，适用于小型项目的快速开发。但是从工程化的角度来看，该模式仍然有很大的局限性：JSP页面本身仍然兼有视图展示和业务控制两种角色，控制逻辑和显示逻辑混杂在一起，代码的可重用性依然很低，系统维护和扩展的难度较大。

3. JSP+Servlet+JavaBean开发模式

该模式遵循了MVC（Model View Controller）设计模式。MVC模式采用了分层设计的思想，将应用程序代码划分为Model（模型层）、View（视图层）和 Controller（控制层）三层，各层分工明确。Model为模型层，是应用程序的核心，负责应用程序的数据存取及业务逻辑处理，拥有较多的处理任务。View为视图层，是用户看到并与之交互的界面，主要用于数据信息的输入采集和数据的显示输出，通常使用JSP页面展示视图界面。Controller为控制层，通常由Servlet充当控制器角色，接受用户输入并调用模型完成业务处理，再将请求转发到视图层页面展示处理结果或者数据。MVC设计模式是Java Web开发的经典模式，其分层设计的思想有助于简化复杂应用程序的设计开发。通过分层组织代码还可以让程序员在一个时间段内关注一个层面，也便于多人的分组协同开发。

4. 框架模式

以JSP+Servlet+JavaBean开发模式为基础，许多遵循MVC设计模式的Java Web应用框架被开发出来。这些框架技术适用于企业级Java Web应用开发，框架技术的出现进一步降低了开发成本，开发时间大幅缩短。

第2章 招生考试报名系统项目概述

从本章开始，我们将对一个实际的高职升本科招生考试报名系统项目进行讲解，结合项目学习在Java Web开发过程中常用的一些技术要点，以期读者可以借鉴并将其应用到自己的项目开发中。本章主要对招考报名系统的开发背景、业务流程和功能需求进行总体介绍。

2.1 项目开发背景

视频讲解

近年来，国家不断完善职业教育考试招生制度，致力于给各类学生提供多样化的成长路径、个人发展的希望和公平竞争的机会。进入职业院校的学生拥有多种学历提升路径，例如高职升本科、自学考试、成人高考、网络教育和国家开放大学等。每个学生都能根据自己的情况，选择适合的方式继续学习，不断进步。随着部分高校陆续获批高职升本招生资格，组织学生报名参加升学考试便成为招生工作中的一个重要环节。

随着信息化技术的不断发展，在线招考报名系统逐渐发展成为高校招生工作中不可或缺的基础设施。高校应以学校发展、招考类别等实际情况为出发点，有针对性地设计招生考试报名系统。一般来说，招生考试报名这项工作涉及院校内部各职能部门间的协同配合，各类数据的流通效率和共享程度便成为提升整体工作成效的关键因素。然而，目前部分院校内部的数据信息化设施不够完善，各职能部门之间的数据共享程度和信息流通效率仍处在相对较低的水平。为了实现部门间的信息共享，同时将相关人员从烦琐的招生考试报名的组织管理工作中解脱出来，缩减劳动耗费，必须使用网络信息化平台代替传统的人工招考管理。

2.2 业务流程分析

视频讲解

本书编者通过对招生考试报名过程中所涉及的各类人员及其职能分工进行调研，确定了使用网络信息化平台组织招生考试报名工作的基本流程，将招生考试报名工作的全部流程按照时间顺序、参与人员以及事件的逻辑顺序划分为以下六个阶段。

1. 基础信息维护阶段

基础信息维护阶段的主要参与人员为系统管理员和招生管理员。系统管理员维护站点的基本信息，将学校名称、系统名称、考试名称、地址、邮编、联系电话、版权备案信息等站点信息录入系统。招生管理员维护招生考试的基本信息，将报考须知、考试大纲等相关招生文件上传到系统中，并将招生专业、招生计划人数、考试课程、考试时间等相关内容录入系统中。

2. 开放报名阶段

开放报名阶段的主要参与人员为报考考生。报考考生首先通过招考报名系统注册账号并填写个人基本信息，然后在规定的时间内使用该账号登录系统填写个人报考信息，上传本人的电子照片。在考生到现场确认报名信息之前，如果发现填报信息有误则可以登录系统修改个人报考信息，也可以重新上传本人照片。

3. 现场确认阶段

现场确认阶段的主要参与人员为报考考生和招生管理员。报考考生在指定的时间内携带身份证以及其他相关证件到报考学校确认个人报名信息并缴纳考试报名费。考生到校之后，首先由招生管理员打印考生报名表，然后由考生核对报名表上的信息并签字确认。报考信息一旦确认完毕，考生就不可以再对自己的个人信息进行修改，也不允许重新上传本人照片。对于尚未确认或者确认时发现报考信息有误的考生，可以登录系统对错误的报考信息进行修改。

4. 排考阶段

排考阶段的主要参与人员为教务管理员。在现场确认报考信息与缴费工作截止之后，由教务管理员为所有已经缴费确认的考生编排准考证号码并分配考场。

5. 准考证打印与考试阶段

准考证打印与考试阶段的主要参与人员为报考考生和教务管理员。准考证号和考场分配完毕之后，考生可以登录系统在线打印准考证，准考证上包含个人报考信息、考试科目、考试时间、考点、考场、座位号以及考试注意事项等相关内容。考生携带身份证、准考证等相关证件到指定时间、地点参加考试。考试当天，考生入场时凭准考证上的二维码进行考试入场签到，入场签到工作由教务管理员组织。

6. 成绩及录取查询阶段

成绩及录取查询阶段的主要参与人员为招生管理员和报考考生。考试结束后，首先由相关专业教师进行阅卷评分，接着由招生管理员根据成绩排名以及招生计划数确定本次招生考试各招考专业的分数线，将考生的成绩和录取信息汇总到Excel文件中。然后，招生管理员将考生的成绩和录取信息以文件形式上传并导入系统数据库中，报考考生就可以登录系统查询本人的考试成绩与录取情况了。

2.3 系统功能性需求

视频讲解

1. 用户角色及功能模块划分

对招考报名工作的参与人员及业务流程进行分析之后，我们明确了使用系统的四个基本角色，分别为考生、系统管理员、招生管理员和教务管理员。通过详细梳理这四类用户角色的不同业务分工，画出系统的功能模块结构如图2.1所示。

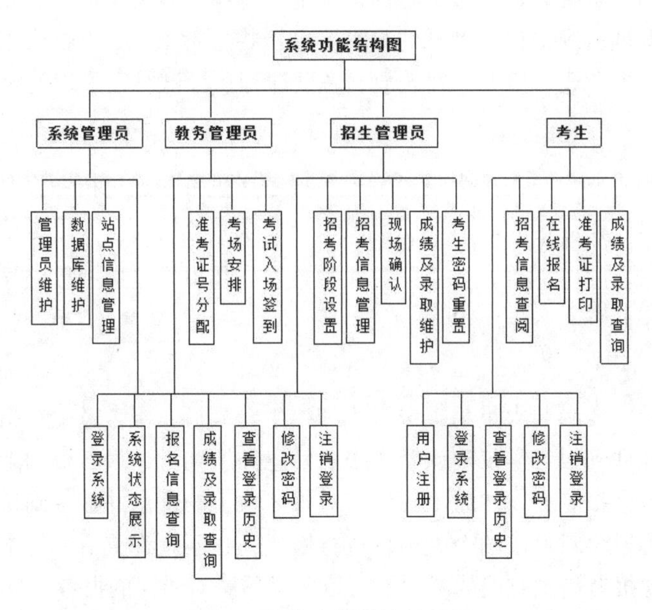

图2.1 系统功能模块结构图

考生用户的核心业务功能包括招考信息查阅、在线报名、准考证打印、成绩及录取查询。此外，考生还具有用户注册、登录系统、查看登录历史、修改密码和注销登录的基础功能。

系统管理员用户的核心业务功能包括管理员维护、数据库维护以及站点信息管理功能。招生管理员用户的核心业务功能包括招考阶段设置、招考信息管理、现场确认、成绩及录取维护和考生密码重置功能。教务管理员用户的核心业务功能包括准考证号分配、考场安排和考试入场签到。此外，所有管理员用户共有的系统功能包括登录系统、系统状态展示、报名信息查询、成绩及录取查询、查看登录历史、修改密码和注销登录功能。

2. 用户功能介绍

下面对不同用户的各个功能进行详细介绍。

1）考生用户

（1）注册功能。考生在报名前通过本系统注册账号。

（2）登录系统。考生使用注册的账号登录系统。

（3）查看登录历史。考生登录系统后，可以查看自己近期登录使用本系统的历史记录，包括每次登录的时间和登录时的IP地址等信息。

（4）修改密码。考生登录系统后可以修改自己的密码。

（5）注销登录。考生登录系统后可以随时注销登录，退出系统。

（6）招考信息查阅。考生登录系统后可以通过该功能查看招考信息，包括招考文件、招考专业信息、考试课程信息以及课程考试大纲等。

（7）在线报名。考生登录系统后可以在线填写或者修改本人报考信息，其中包括个人证件照片的上传。上传的电子版照片将在报名表和准考证上显示，因此照片必须为能够清晰地反映本人特征的免冠正面证件照。

（8）准考证打印。准考证上展示了个人基本信息、报考信息、准考证号、考场信息、考试提示等内容，并包含个人的证件照片以及入场签到二维码，这些内容由系统自动生成并提供打印样式。考生登录系统后可以在线打印准考证。

（9）成绩及录取查询。考生登录系统后可以查询本人的考试成绩和录取情况。

2）三类管理员用户的共有功能

（1）登录系统。管理员用户使用管理员账号登录系统后台。管理员账号由系统管理员添加并维护，系统初始时仅有一个系统管理员用户账号。

（2）系统状态展示。管理员登录系统后可以查看系统当前的运行状态信息，包括当前所处的阶段、当前在线人数、考生报考的一些统计信息等。

（3）报名信息查询。管理员登录系统后可以对考生的报名信息进行综合查询。

（4）成绩及录取查询。管理员登录系统后可以对考生成绩和录取信息进行综合查询。

（5）查看登录历史。管理员登录系统后，可以查看自己近期登录使用本系统的历史记录，包括每次登录的时间和登录时的IP地址等信息。

（6）修改密码。管理员登录系统后可以修改自己的密码。

（7）注销登录。管理员登录系统成功后可以随时注销登录，退出系统。

3）系统管理员用户功能

（1）管理员维护。本系统有且仅有一个系统管理员用户，系统管理员可以添加招生管理员或者教务管理员，可以查看管理员列表。如果其他管理员用户忘记了登录密码，系统管理员还可以对其他管理员用户的密码进行清零重置操作。

（2）数据库维护。系统管理员可以对本系统的数据库进行备份操作，也可以使用已经备份的数据库文件来恢复数据。

（3）站点信息管理。系统管理员可以根据招考单位的实际情况对站点的基本信息进行维护，包括学校名称、系统名称、考试名称、学校地址、邮编、联系电话以及版权备案信息。这些信息将被存储至数据库中。

4）招生管理员用户功能

（1）招考阶段设置。系统在使用过程中被划分为六个阶段，招生管理员可对当前所处的具体阶段进行设置，通过设置系统当前所处的阶段来实现用户某些功能的开放与关闭。

（2）招考信息管理。招考信息共包括以下三类：①招考专业基本信息，包括专业名称、计划人数等；②考试科目基本信息，包括各招考专业的考试科目以及各科目的考试时间等信息；③招考文件，包含报考须知、考试大纲等。

（3）现场确认。考生到现场确认个人信息时，首先由招生管理员打印考生报名表，考生报名表是由考生填写的个人信息和报考信息自动生成的，缴纳考试报名费之前需要本人再次核对与确认。考生信息确认无误后，由招生管理员向考生收取报名费并对该考生信息进行确认登记。已确认的考生将不能再次修改个人填报信息。

（4）成绩及录取信息维护。招生管理员将考生的考试成绩和录取情况上传并导入系统。

（5）考生密码重置。如果有考生忘记了自己的登录用户名或者密码，招生管理员可以根据考生用户名或者考生的身份证号查询到该考生的注册信息，然后将该考生用户的密码进行重置。

5）教务管理员用户功能

（1）准考证号分配。教务管理员使用本系统给每个已缴费确认的考生编排一个唯一的准考证号，分配考场编号和座位号。准考证号的生成规则由教务管理员设置。

（2）考场安排。教务管理员使用本系统为每个考场编号分配一个具体的考场教室。

（3）考试入场签到。考试当天，教务管理员组织考生入场签到，考生签到后方可入场考试。

3. 系统使用阶段定义

视频讲解

我们根据时间先后以及事件的逻辑顺序将招考报名系统的使用过程进行了阶段划分，不同用户在各个阶段可以使用的系统功能不同。按照2.2节对系统业务流程的分析，可以将系统划分为六个不同的使用阶段，分别为：①基础信息维护阶段；②开放报名阶段；③现场确认阶段；④排考阶段；⑤准考证打印与考试阶段；⑥成绩及录取查询阶段。

与招生考试具体业务流程相关的功能中，有一些功能只能在某一个或某几个阶段内开放使用，这些功能称为阶段受限的功能。在设计开发时，需要根据系统当前所处的招考阶段去控制此类功能的开放或关闭。阶段受限的功能在不同阶段的开放分布情况如表2.1所示，其中列出的用户功能仅在对应所处的系统阶段内开放，在其他阶段时处于关闭状态。

表2.1 阶段受限的功能在不同阶段的开放分布情况

所处阶段	用户角色			
	考生	招生管理员	教务管理员	系统管理员
1.基础信息维护		招考文件管理		站点信息管理
2.开放报名	用户注册、在线报名			
3.现场确认	用户注册、在线报名（尚未确认考生）	现场确认		
4.排考			准考证号分配、考场安排	
5.准考证打印与考试	准考证打印		考试入场签到	
6.成绩及录取查询	查询成绩及录取信息		成绩及录取信息维护	

表2.1中未列出的其他用户功能不受招考阶段限制，可以在系统运行时一直开放使用，称为阶段不受限的功能。阶段不受限的功能主要对应于一些基础性的功能，在设计开发时不需要考虑系统当前所处的招考阶段。

2.4 系统非功能性需求

视频讲解

1. 软硬件环境需求

（1）系统可运行于Windows平台或Linux、Unix平台。

（2）系统采用B/S架构，基于MVC设计模式构建。

（3）系统运行于互联网环境中。

（4）系统采用的JDK版本为1.8（或者更高版本）。

（5）系统使用的数据库为MySQL 5.1（或者更高版本）。

（6）系统使用的Tomcat服务器版本为9.0（或者更高版本）。

2. 安全保密需求

本系统的系统架构、权限机制应该能够保证系统数据的安全性，拥有较完备的数据合规性校验策略，确保数据的规范性。

3. 可维护性和可扩展性

本系统使用B/S架构，基于Java Web技术并采用MVC模式设计开发，使系统具有良好的可维护性和可扩展性。

4. 兼容性和用户界面友好性

针对不同级别版本的主流浏览器产品，应做到界面效果统一，适用性强，具备良好的交互效果，用户体验较好。

5. 开发测试环境

系统采用IntelliJ IDEA作为开发工具，使用Chrome浏览器进行应用测试。

第3章 项目数据库的设计与实现

本章首先介绍项目数据库设计的详细过程，然后对MySQL数据库管理系统的安装和配置步骤进行介绍，接着讲解如何在集成开发环境IDEA中配置并操作MySQL数据库，最后完成项目数据库表的结构设计、数据库表的创建以及数据库表中初始数据的插入。

3.1 数据库设计

视频讲解

3.1.1 系统数据流图

第2章通过对系统的业务需求进行分析，明确了本系统应包括系统管理员、考生、教务管理员和招生管理员四类用户角色。将以上四类用户角色作为数据的源头，可以得到系统的顶层数据流，如图3.1所示。

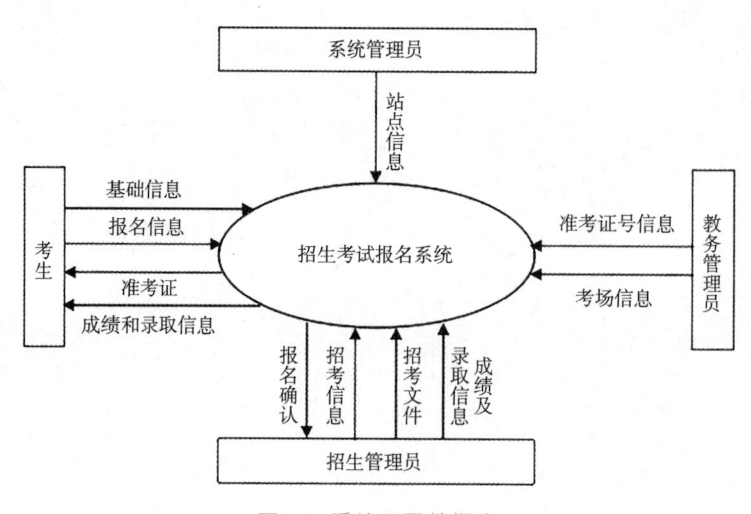

图3.1 系统顶层数据流

通过对注册登录、信息录入、文件上传、考试报名、信息确认、考场分配、成绩导入、录取查询等主要业务操作流程进行分析，可以将系统的顶层数据流图进一步细化分解。对主要业务数据流进行细化分解后，得到如图3.2所示的数据流图。其中，用户信息表中的数据来源于考生用户注册功能，招考文件表中的数据来源于招生管理员用户的招考文件管理功能，招考信息相关表格中的数据来源于招生管理员用户的招考信息管理功能，报名信息表中的数据主要来源于考生用户的在线报名功能和教务管理员的排考功能，成绩及录取信息表中的数据主要来源于招生管理员用户的成绩信息导入功能。

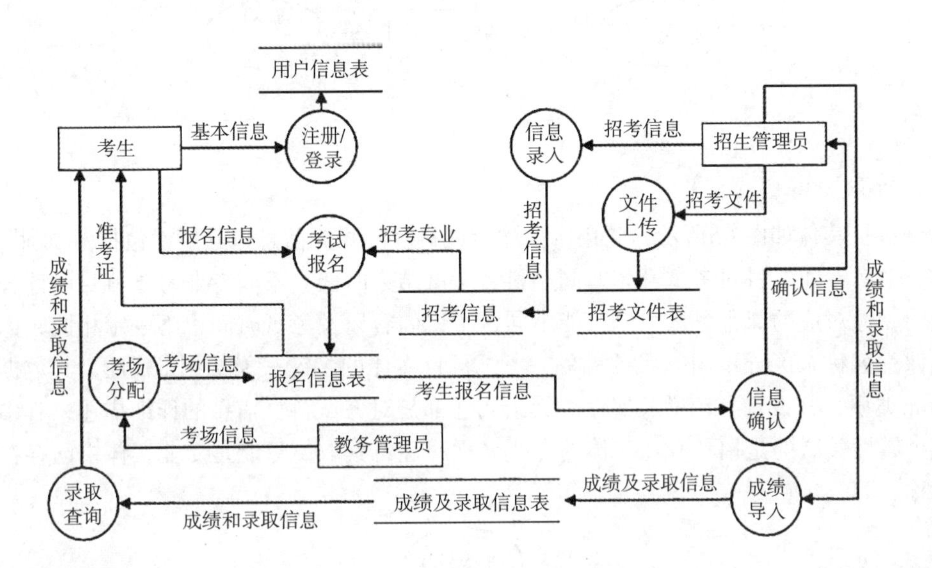

图3.2 主要业务分解后的数据流

3.1.2 概念模型 E-R 图

概念模型设计阶段的任务是将现实世界中的数据模型抽象为一定的信息结构。这种信息结构常用E-R图（Entity Relationship Diagram，实体联系图）来表示。每个业务功能模块都需要操作一个或多个数据实体（如管理员实体、考生实体、考试科目实体等），最终这些数据实体会被持久化至数据库表中。本项目在概念模型设计阶段抽象出的主要实体包括考试科目、招考专业和考生，这三个实体之间的联系如图3.3所示。

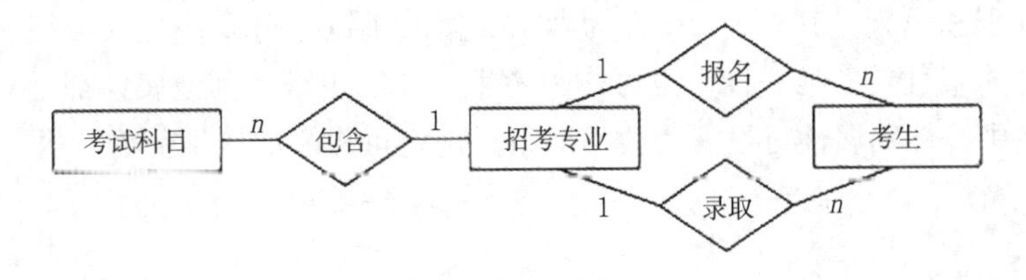

图3.3 系统主要功能E-R图

除了在图3.3中出现的三个实体之外，系统中还包括一些其他实体。下面针对系统中所有的实体逐一进行介绍。

1. 招考专业实体

招考专业实体如图3.4所示，它用于描述考生报考的专业信息，其属性包括id、专业名称、计划招生人数。其中，id属性为招考专业实体的主键，其数据类型可设计为int类型，并设置自增属性。专业名称不能为空且具备唯一性，也可作为该实体的主键。计划招生人数用来表示本专业的计划招生人数。

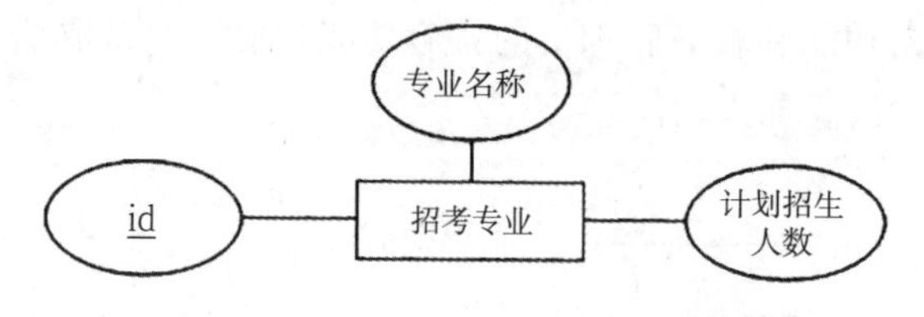

图3.4 招考专业实体

2. 考试科目实体

考试科目实体如图3.5所示，它用于描述考试科目的相关信息，其属性包括考试科目id、课程名称、隶属专业、科目考试开始时间和科目考试结束时间。不同专业考试科目的课程名称可能会相同，但对应的课程考试大纲可能不同，考试内容以及考试时间也不一定相同，因此并不能使用课程名称来区分不同的考试科目。考试科目实体的主键只能选用id属性，其数据类型可设计为int类型，并设置自动增长属性。其余属性都是对考试科目信息的详细描述，其中，隶属专业这个属性关联的是招考专业实体的专业名称属性，其取值只能是专业实体中已存在的某个专业名称。

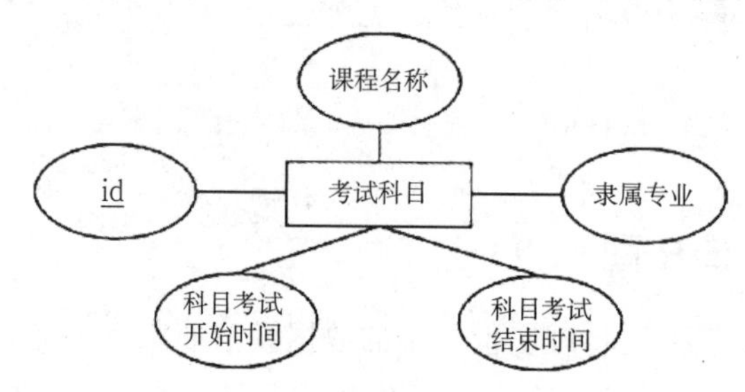

图3.5 考试科目实体

3. 考生实体

考生实体如图3.6所示，它用于描述考生的基本信息，其属性包括id、用户名、身份证号、密码、姓名、性别和民族。其中，id属性为考生实体的主键，可设计为int类型，并设置自增属性。用户名属性非空且具备唯一性，也可作为考生实体的主键。其他属性都是对考生个人基本信息的描述，其中，性别属性可设置为枚举类型，规定可枚举的属性值为“男”和“女”。

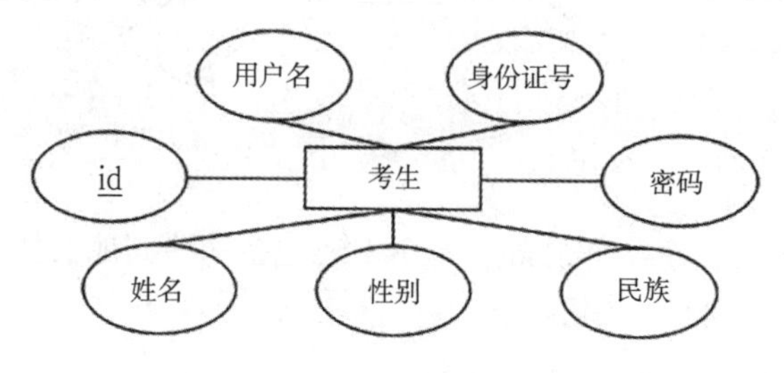

图3.6 考生实体

4. 站点实体

站点实体如图3.7所示，它用于描述站点基本信息，其属性包括id、学校名称、系统名称、考试名称、联系电话、地址、邮编和版权备案信息。其中，id属性为站点实体的主键，可设计为int类型，并设置自增属性。学校名称、系统名称和考试名称描述了当前考试的基本信息，联系电话、地址和邮编是招考学校的基本信息，版权备案信息用来存储当前站点的版权及备案信息。

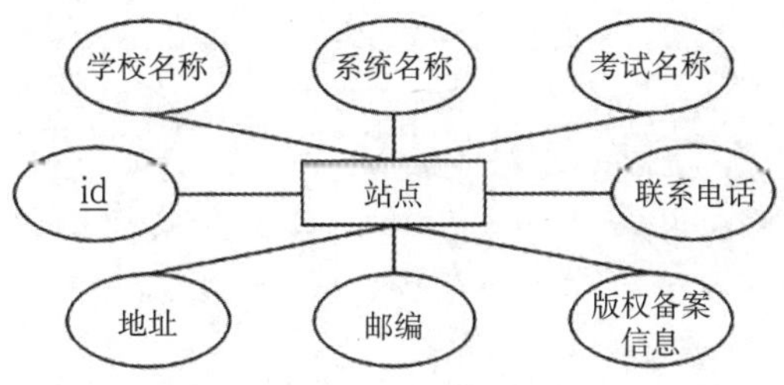

图3.7 站点实体

5. 管理员实体

系统共有三类管理员用户，管理员实体中除了具有描述管理员基本信息的属性之外，还有一个用户组属性用于区分不同类别的管理员。管理员实体如图3.8所示，它的主键也是id，可以设计为int类型，且为自增类型。管理员实体的其他属性还包括管理员用户名、管理员密码、管理员姓名和所在组。

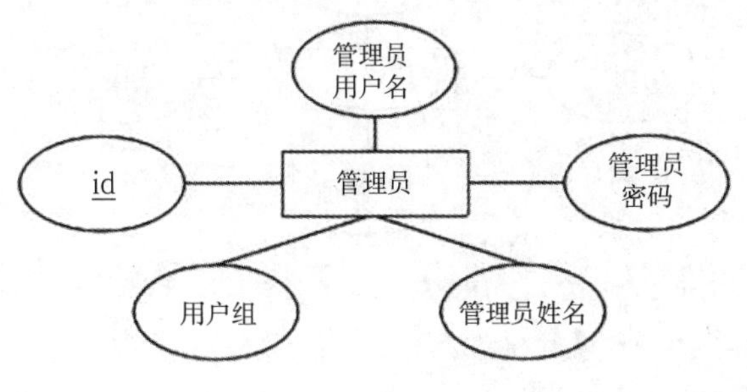

图3.8 管理员实体

6. 阶段实体

在2.3节中，我们将招生考试报名系统划分为了六个固定的系统阶段，通过系统阶段设置来区分并限制一些功能操作。阶段实体如图3.9所示，它用于对各个不同系统阶段进行说明描述，其属性包括id、阶段编号、阶段名称、阶段描述以及是否当前阶段。其中，id属性为阶段实体的主键，可设计为int类型，并设置自增属性。“是否当前阶段”这个属性可以由招生管理员进行设置，该属性取值为0或者1，当取值为1时表示该阶段属于当前阶段。需要注意的是，在六个系统阶段中，任意时刻有且仅有一个阶段属于当前阶段。

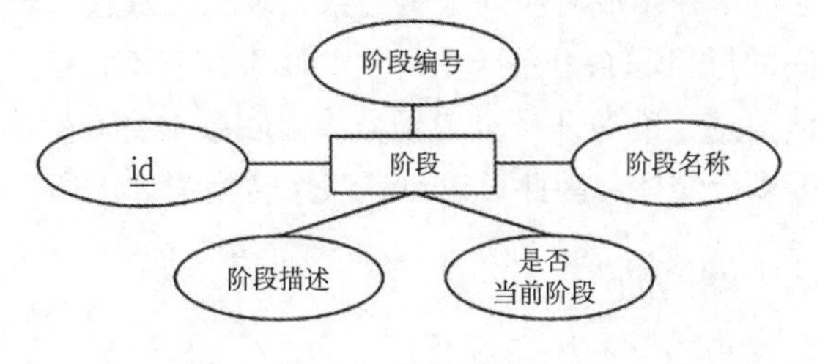

图3.9 阶段实体

7. 日志实体

日志实体如图3.10所示，它用于描述各类用户登录系统的信息，其属性包括id、用户名、用户组、登录时间以及登录IP地址。其中，id属性为日志实体的主键，可设计为int类型，并设置自增属性。用户名来源于登录系统的各类用户的用户名，用户组用于区分不同角色的用户。

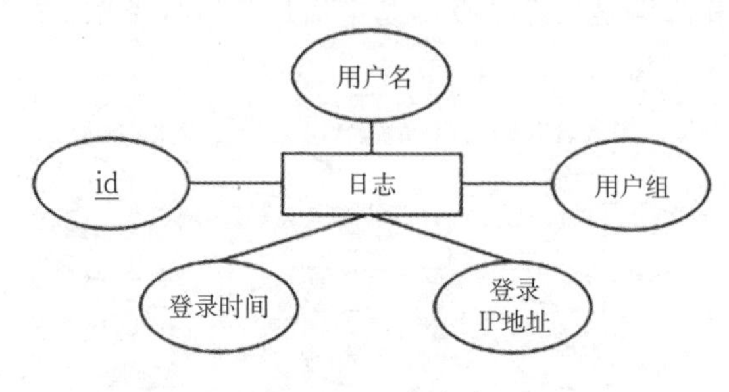

图3.10 日志实体

8. 文档实体

文档实体如图3.11所示，它用于描述上传至服务端的招考文件信息，其属性包括id、文档名称、文档路径和上传时间。其中，id属性为主键，可设计为int类型，并设置自增属性。其他属性均是对上传文件信息的具体描述。

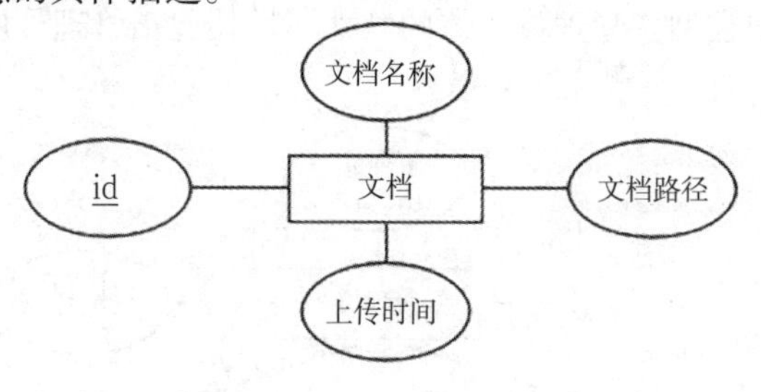

图3.11 文档实体

3.1.3 逻辑结构设计

视频讲解

逻辑结构设计阶段需要将概念模型设计阶段得到的概念模型转换为逻辑模型。目前最常用的逻辑模型是关系模型，关系模型可以进一步转换为关系数据库中的关系。在设计时，除了要将概念模型E-R图中的实体转换为关系模型之外，实体之间的联系也需要进行转换。在图3.3所示的E-R图中，存在三组联系，分别是招考专业和考试科目之间的包含联系、招考专业和考生之间的报名联系以及招考专业和考生之间的录取联系。其中，招考专业和考试科目之间的包含联系易于转换，通过在考试科目实体中包含隶属专业这个属性就可以将它们之间的一对多的联系表示出来。招考专业和考生之间的报名联系及录取联系比较复杂，可以通过单独生成对应的报名关系和录取关系进行转换。

招考专业和考生之间的报名联系是系统中的主要联系，它不仅记录考生与招考专业之间的对应关系，还会记录确认信息、准考证号、考场号等由联系本身产生的属性。报名联系涉及考生、报考专业、管理员等多个实体，因此可以将该联系转换为如下所示的关系模式：

报名（id，报考人用户名，报考专业，毕业院校，毕业年份，联系电话，邮政编码，邮寄地址，收件人，照片位置，确认状态，确认管理员用户名，准考证号，考场编号，考场地址，座位号，考试签到时间）

其中，报考人用户名来源于考生实体的用户名属性，报考专业来源于招考专业实体的专业名称属性，确认管理员用户名来源于管理员实体的管理员用户名属性。

考生报考成功后的录取情况对应成绩和录取关系，用于记录学生参加考试后的总成绩和录取情况，包含考生实体和招考专业实体，因此该联系可以转换为如下所示的关系模式：

成绩（id，准考证号，用户名，姓名，报考专业，总成绩，备注，录取信息）

概念模型设计阶段的所有实体和联系总共需要转换为十个关系表，分别为站点信息表（site）、管理员用户表（admin）、阶段信息表（phase）、招考专业表（major）、考试科目表（course）、考生表（student）、报名信息表（enroll）、成绩及录取信息表（grade）、文档表（doc）和登录日志表（log）。

站点信息表（site）用于存储站点的基本信息，它的表结构设计如表3.1所示。

表3.1　站点信息表（site）的表结构

字段名	数据类型	说　明
id	int	ID，主键，自增
site_school	varchar(100)	学校名称，非空
site_name	varchar(100)	系统名称，非空
site_test_name	varchar(100)	考试名称，非空
site_location	varchar(100)	地址，非空
site_zip_code	char(6)	邮编，非空
size_contact	varchar(20)	联系电话，非空
site_copy	varchar(100)	版权备案信息，非空

管理员用户表（admin）用于存储管理员的基本信息，它的表结构设计如表3.2所示。

表3.2　管理员用户表（admin）的表结构

字段名	数据类型	说　明
id	int	ID，主键，自增
admin_username	varchar(20)	管理员用户名，唯一性，非空
admin_name	varchar(20)	管理员姓名，非空
admin_password	varchar(50)	管理员密码，非空
admin_group	varchar(20)	用户组，非空

阶段信息表（phase）用于存储六个系统阶段信息，并体现当前所处的系统阶段，它的表结构设计如表3.3所示。

表3.3 阶段信息表（phase）的表结构

字段名	数据类型	说明
id	int	ID，主键，自增
phase_number	tinyint	阶段编号，非空
phase_name	varchar(20)	阶段名称，非空
phase_description	varchar(255)	阶段描述，非空
phase_is_current	tinyint	是否当前阶段，0表示否，1表示是

招考专业信息表（major）用于存储招考专业的基本信息，它的表结构设计如表3.4所示。

表3.4 招考专业信息表（major）的表结构

字段名	数据类型	说明
id	int	ID，主键，自增
major_name	varchar(50)	专业名称，非空，唯一性
major_plan_number	int	计划招生人数，非空

考试科目表（course）用于存储考试科目的详细信息，它的表结构设计如表3.5所示。

表3.5 考试科目表（course）的表结构

字段名	数据类型	说明
id	int	ID，自增，主键
course_name	varchar(50)	课程名称，非空
major_name	varchar(50)	隶属专业，非空
course_start_timestamp	int	科目考试开始时间，非空
course_end_timestamp	int	科目考试结束时间，非空

考生表（student）用于存储考生的基本信息，它的表结构设计如表3.6所示。

表3.6 考生表（student）的表结构

字段名	数据类型	说明
id	int	ID，主键，自增
student_username	varchar(20)	用户名，非空，唯一性
student_password	varchar(50)	密码，非空
student_name	varchar(20)	姓名，非空
student_sex	enum	性别，枚举值为“男”“女”
student_id_code	char(18)	身份证号，非空，唯一性
student_nation	varchar(40)	民族，非空

报名信息表（enroll）用于存储考生的报名信息、报名确认状态、考场、考试签到等信息，它的表结构设计如表3.7所示。

表3.7 报名信息表（enroll）的表结构

字 段 名	数 据 类 型	说　　明
id	int	ID，主键，自增
student_username	varchar(20)	报考人用户名，非空，唯一性
major_name	varchar(50)	报考专业，非空
enroll_school	varchar(50)	毕业院校，非空
enroll_graduate_year	char(4)	毕业年份，非空
enroll_contact	varchar(20)	联系电话，非空
entroll_zip_code	char(6)	邮政编码，非空
enroll_address	varchar(100)	邮寄地址，非空
enroll_receiver	varchar(20)	收件人，非空
enroll_photo	varchar(128)	照片位置
enroll_confirm	tinyint	确认状态，非空，默认为0
admin_username	varchar(20)	确认管理员用户名
enroll_exam_number	varchar(20)	准考证号
enroll_room_number	varchar(5)	考场编号
enroll_room_location	varchar(100)	考场地点
enroll_seat_number	char(2)	座位号
enroll_sign_timestamp	int	考试签到时间

成绩及录取信息表（grade）用于存储考生最终的总成绩以及考生的录取情况信息，它的表结构设计如表3.8所示。

表3.8 成绩及录取信息表（grade）的表结构

字 段 名	数 据 类 型	说　　明
id	int	ID，主键，自增
enroll_exam_number	varchar(20)	准考证号，非空，唯一性
student_name	varchar(20)	考生姓名，非空
major_name	varchar(50)	报考专业，非空
grade_total	int(11)	总成绩，非空
grade_note	varchar(255)	备注
enroll_note	varchar(255)	录取信息，非空

登录日志表（log）用于存储系统用户的登录信息，它的表结构设计如表3.9所示。

表3.9 登录日志表（log）的表结构

字 段 名	数 据 类 型	说　　明
id	int	ID，主键，自增

续表

字段名	数据类型	说　　明
log_username	varchar(20)	用户名，非空
log_group	varchar(20)	用户组，非空
log_timestamp	int	登录时间，非空
log_ip	varchar(100)	登录IP地址，非空

文档表（doc）用于描述上传文件的信息，它的表结构设计如表3.10所示。

表3.10　文档表（doc）的表结构

字段名	数据类型	说　　明
id	int	ID，主键，自增
doc_name	varchar(255)	文档名称
doc_uri	varchar(255)	文档路径
doc_upload_timestamp	int	上传时间

3.2 数据库环境搭建

视频讲解

MySQL是一个RDBMS（Relational Database Management System，关系数据库管理系统），由瑞典MySQL AB公司开发，目前属于Oracle公司。MySQL是最好的数据库应用软件之一，尤其是在Web应用开发方面，成为了一些中小企业业务系统数据库的首选。

下面以“MySQL 5.1.68”在Windows 10系统下的安装为例介绍MySQL的安装和基本配置操作。首先双击下载到本地系统中的MySQL安装文件“mysql-essential-5.1.68-win64.msi”，打开安装向导，弹出如图3.12所示的欢迎界面，单击“Next >”按钮，打开选择安装类型的界面，如图3.13所示。

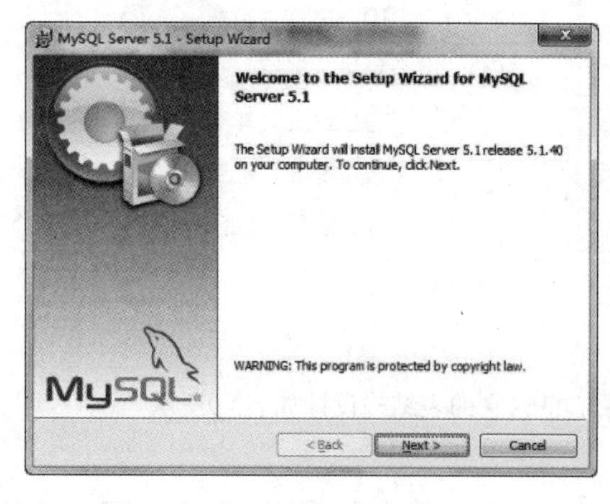

图3.12　安装欢迎界面

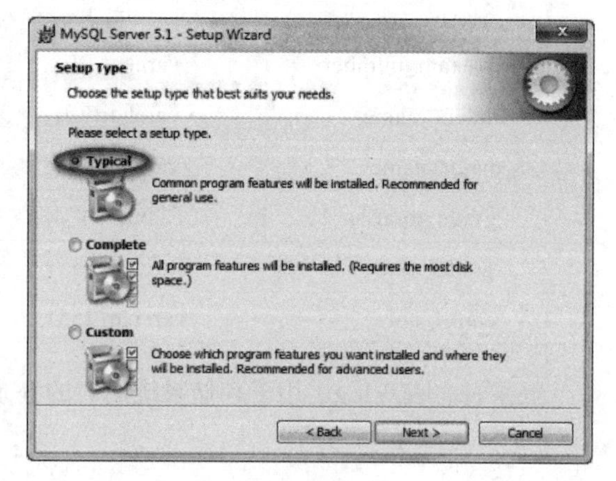

图3.13　选择安装类型

在图3.13所示的界面中勾选“Typical”进行典型安装，也可以选择“Custom”进行定制安装。单击“Next >”按钮，打开准备安装程序的界面，如图3.14所示。

图3.14所示的界面中显示了当前的安装路径等信息，单击“Install”按钮，程序开始安装，安装过程需要等待一段时间，如图3.15所示。

当程序安装完成后，显示当前安装版本的MySQL信息，分别如图3.16和图3.17所示。

在图3.17中单击“Next >”按钮，弹出提示配置MySQL服务和注册MySQL服务的界面，如图3.18所示。勾选“Configure the MySQL Server now”配置MySQL服务，然后单击“Finish”按钮，完成MySQL的安装，同时开启MySQL服务的配置向导，如图3.19所示。

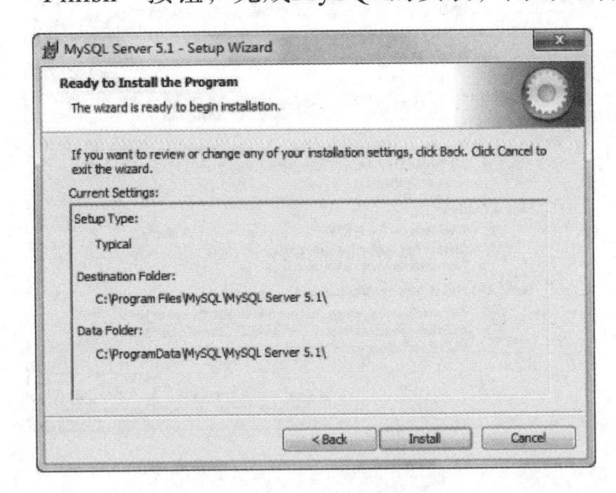

图3.14 准备安装程序

图3.15 程序安装中

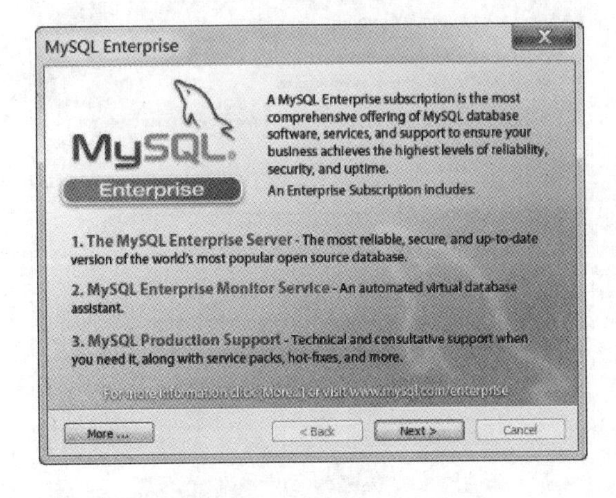

图3.16 MySQL信息1

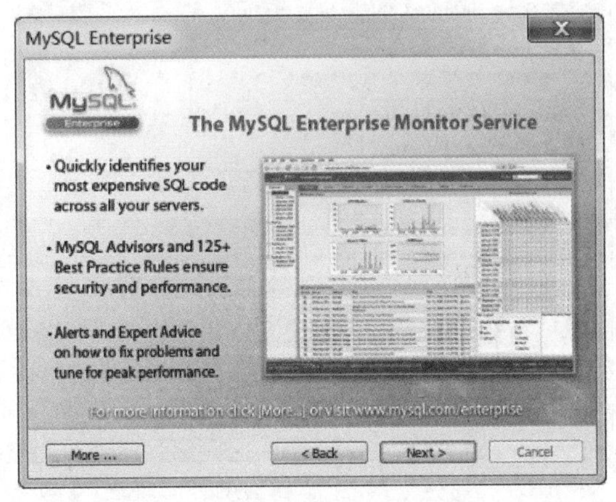

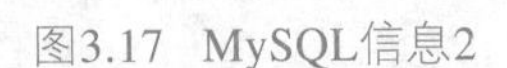

图3.17 MySQL信息2

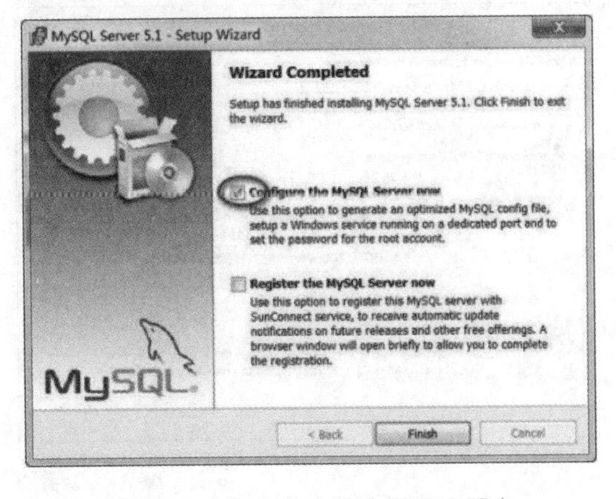

图3.18 安装完成并选择配置服务

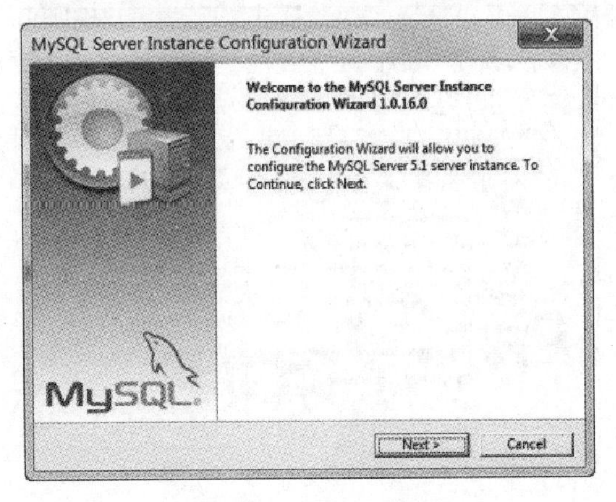

图3.19 MySQL配置向导

对MySQL实例进行向导式配置，选择详细配置和开发机模式，分别如图3.20和图3.21所示。

按照向导选择多功能数据库，然后配置数据库文件的存放位置，分别如图3.22和图3.23所示。

将数据库连接数配置为100，如图3.24所示。MySQL的默认端口号为3306，无须修改，如图3.25所示。

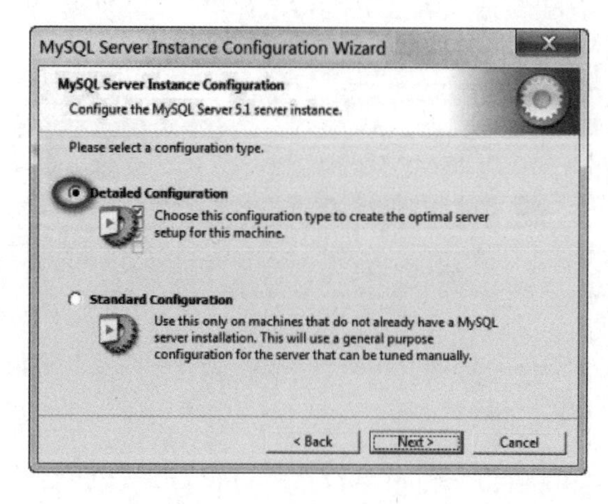

图3.20 选择详细配置

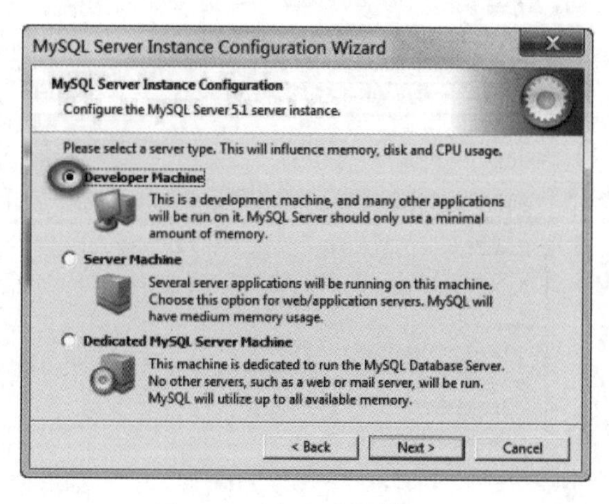

图3.21 选择开发机模式

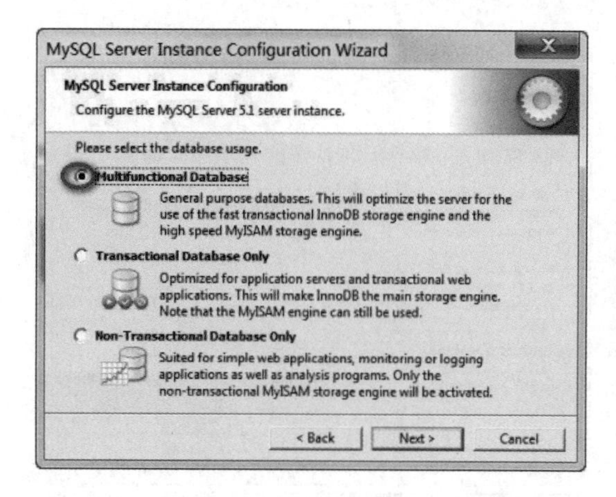

图3.22 选择多功能数据库

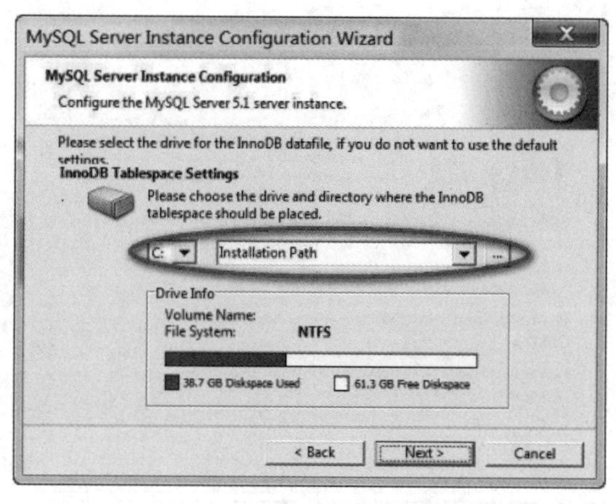

图3.23 选择数据库文件位置

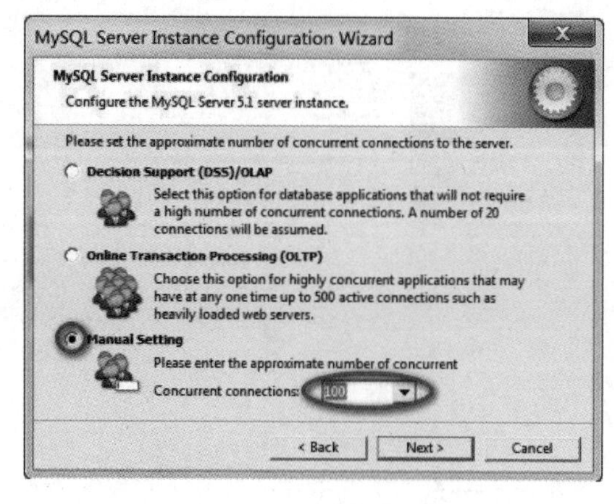

图3.24 设置数据库连接数

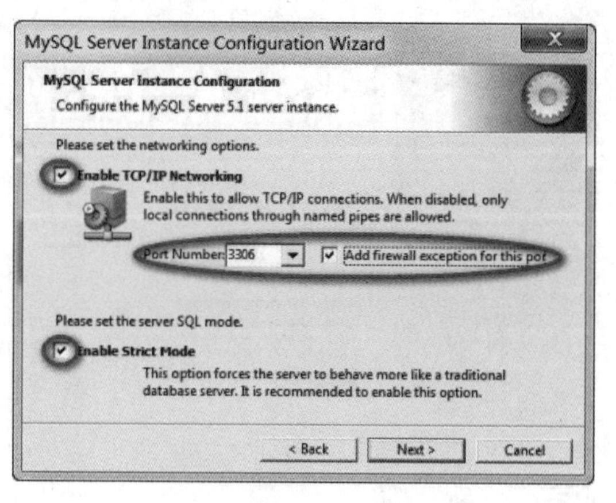

图3.25 设置端口号

将默认字符集修改为“utf8”，如图3.26所示。之后配置服务与环境变量，如图3.27所示。最后一步是MySQL的安全设置，设置数据库密码，并开放允许远程登录，如图3.28所示。

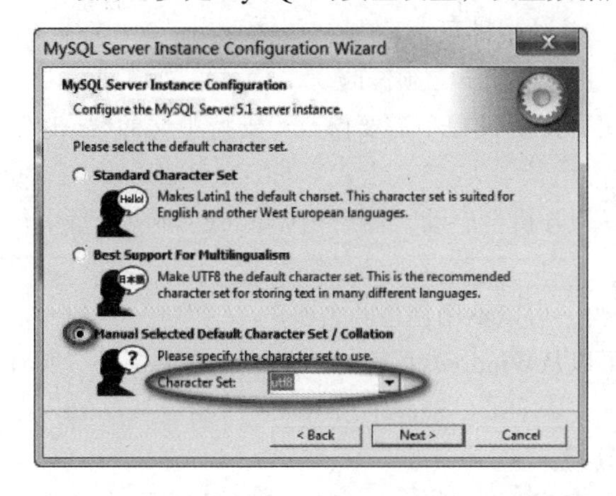

图3.26 设置字符集

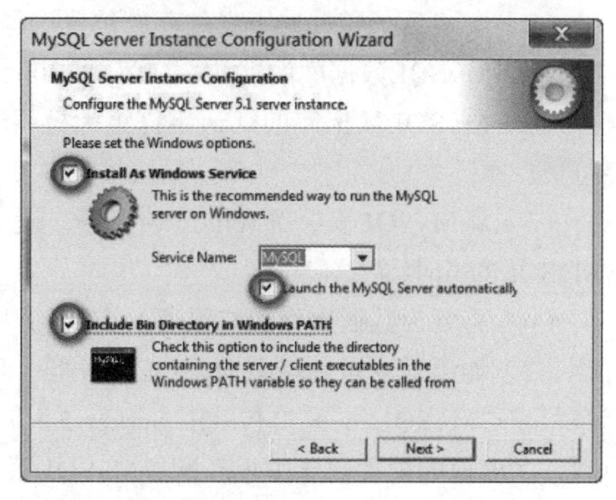

图3.27 配置服务与环境变量

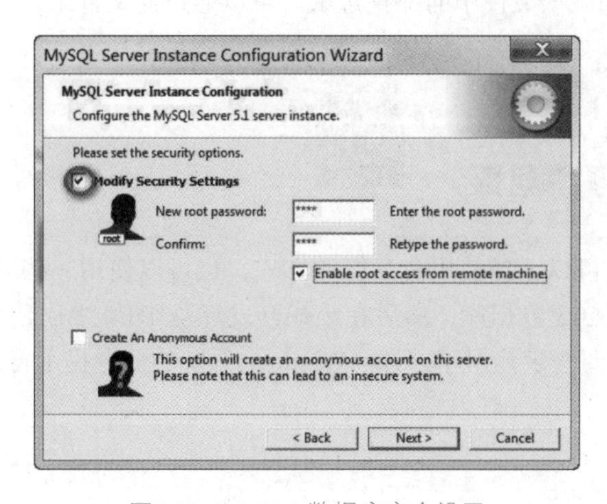

图3.28 MySQL数据库安全设置

所有配置项设置完成后，将按顺序执行各项配置。如图3.29所示，单击“Execute”按钮执行，配置成功后的界面如图3.30所示。至此，MySQL数据库配置成功，MySQL服务开启成功，安全设置应用成功。

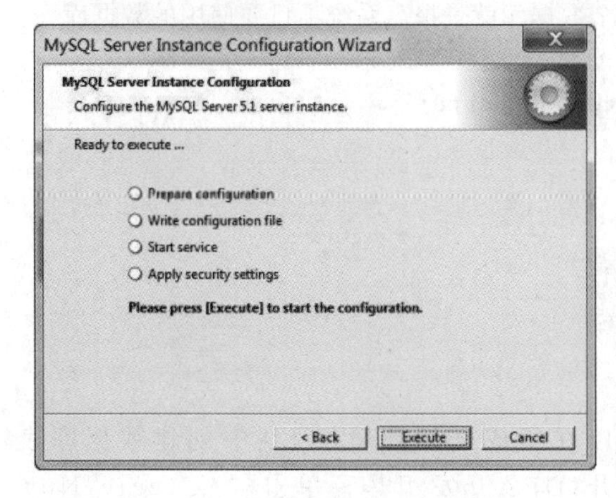

图3.29 准备执行配置

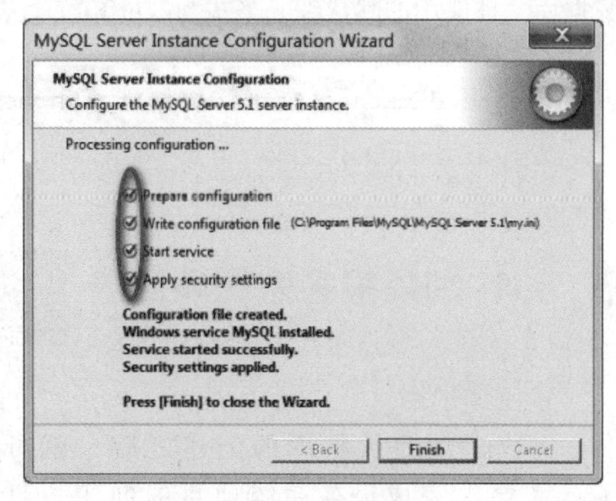

图3.30 配置执行成功

MySQL数据库的安装和配置要点总结如下：

（1）根据需要，选择典型安装或者选择定制安装均可。

（2）安装目录和数据库文件存放位置选择默认位置即可。

（3）MySQL数据库的默认端口号为3306，一般情况下无须修改。

（4）MySQL数据库的默认字符集为拉丁语，配置过程中需要修改为支持中文的“utf8”字符集。

（5）将MySQL安装为Windows服务，设置为开机自启动，然后在Windows环境变量中包含MySQL的bin目录。

（6）需要为数据库根账户设置一个初始密码，可以不用创建匿名账户。

（7）如果需要重新配置MySQL服务器，可以从Windows系统的“开始”菜单打开“所有程序”→“MySQL”→“MySQL Server 5.1”→“MySQL Server Instance Config Wizard”菜单项，在出现的配置向导中重新配置MySQL服务器。

（8）在MySQL安装路径下有一个名为“my.ini”的文件，这是MySQL的选项配置文件，MySQL启动时会自动加载该文件中的配置选项。可以通过此文件来修改MySQL的一些默认配置项。

3.3 创建项目数据库

视频讲解

数据库及表的创建可以选择使用命令行的方式，也可以使用一些MySQL管理工具。我们首先基于命令行的方式创建数据库，然后在集成开发环境IDEA中创建数据库表。如果要对数据库进行操作，首先需要登录数据库，打开Windows系统的命令提示符，输入以下命令登录数据库。

```
mysql -uroot -proot
```

其中，“-uroot”代表登录时使用的用户名为root，“-proot”代表当前root用户的密码为root，该密码是在安装MySQL数据库时设定的。

当登录成功后，可以执行以下命令创建数据库。该行命令表示创建一个名称为“bmxt”的数据库，且使用的默认编码格式为“utf8”，这个数据库就是报名系统项目要使用的数据库。

```
create database bmxt default character set utf8;
```

3.4 创建报名系统项目

视频讲解

1. 创建项目

完成了项目数据库的创建之后，就可以在集成开发环境IDEA中创建数据库表了，需要先完成报名系统项目的创建。打开IDEA开发工具，单击“+Create New

Project”，打开“New Project”面板，如果已经打开了IDEA，则可以通过主菜单“File”→“New”→“Project....”，打开“New Project”面板。在“New Project”面板的左侧选择“Java”，单击“Next”按钮，然后在“Project Name”一栏中输入项目名称“bmxt”，并通过“Project location”一栏来选择项目的位置，然后单击“Finish”按钮完成项目的创建。

由于项目是Java Web项目，因此需要增加对应的框架支持。在IDEA主界面的“1:Project”视图窗口中，右击项目名称“bmxt”，在弹出的菜单中选择“Add Frameworks Support....”，打开“Add Frameworks Support”面板，勾选Java EE下的“Web Application”选项，然后单击“OK”按钮，完成对应Java EE框架的支持。

2. 配置Tomcat服务器

项目最终会被部署在Web服务器下运行，需要为项目配置一个Web服务器，可以配置一个Tomcat服务器。首先选择主菜单“Run”→“Edit Configurations...”，或者在快捷菜单栏单击“Add Configurations...”，打开“Run/Debug Configurations”面板，单击面板左上角的“+”按钮，在弹出的“Add New Configuration”列表中展开所有条目，选择“Tomcat Server”→“Local”选项，打开“Tomcat Server”的配置界面。接着在“Tomcat Server”配置界面的“Server”选项页中找到“Application Server”选项，单击“Configure...”按钮打开Tomcat配置页面，在其中正确配置Tomcat服务器对应的安装目录，单击“OK”按钮就完成了Tomcat服务器的配置。返回“Run/Debug Configurations”面板，切换到“Deployment”选项页，在右侧单击“+”按钮，选择“Artifact...”，然后将“Application context”一栏的项目部署路径修改为“/bmxt”，完成项目在Tomcat中的部署。最后单击“OK”按钮保存以上所做的配置即可。

3. 启动并检查输出

在IDEA主界面中打开“8:Services”视图窗口，右击“Tomcat Server”，在弹出的菜单中单击“Run”，就可以启动运行Tomcat服务器了。服务器启动后，IDEA会开启服务器输出窗口“Server Output”以及两个日志查看窗口“Tomcat Localhost Log”和“Tomcat Catalina Log”。如果在以上窗口中输出的中文呈现为乱码，则可以尝试按照1.5.2节中提供的方案解决。

3.5 在集成开发环境中创建数据库表

视频讲解

3.5.1 配置数据库连接

IDEA开发工具支持可视化的数据库连接配置，配置完成后就可以在集成环境中操作数据库了，更加便于项目的开发与测试。下面将详细介绍如何在IDEA集成开发环境中配置MySQL数据库连接。

如图3.31所示，选择主菜单“View”→“Tool Windows”→“Database”，打开数据库工具窗口面板。

接着在数据库工具窗口面板中单击右侧的“+”按钮，然后选择“Data Source”→“MySQL”，如图3.32 所示，打开“Data Sources And Drivers”面板。

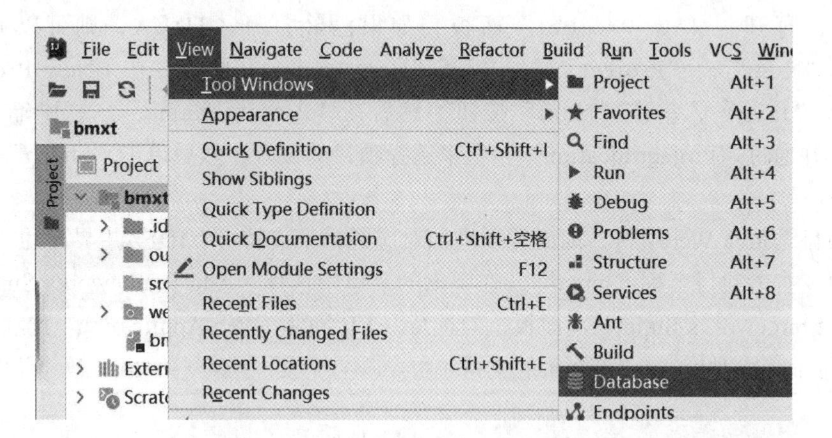

图3.31 打开Database工具窗口面板

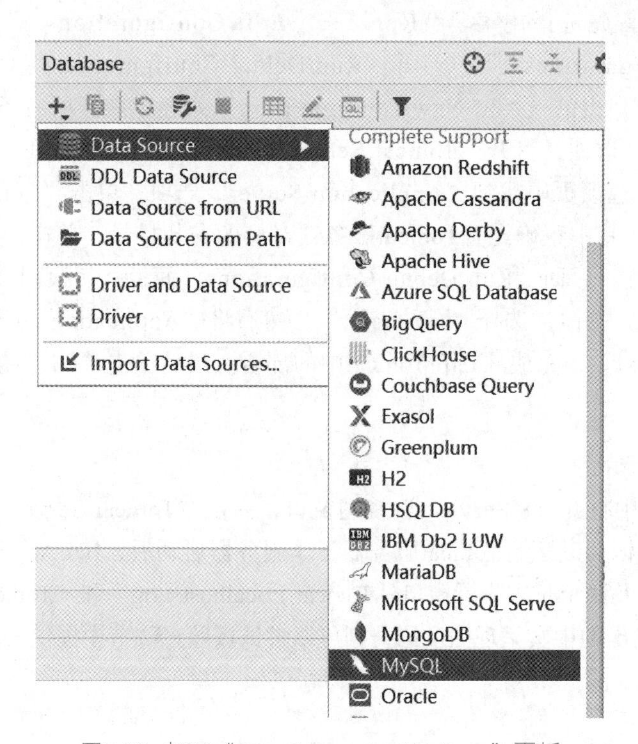

图3.32 打开“Data Sources and Drivers”面板

打开的“Data Sources And Drivers”面板如图3.33所示，在面板的右侧“General”标签页中可以对MySQL数据库连接进行详细的配置。其中，“User”一栏需要输入数据库的用户名，项目开发测试时使用的是MySQL的root账号，因此需要输入“root”；“Password”一栏需要输入对应数据库账号的密码“root”，该密码是在安装MySQL数据库时配置的；“Database”一栏需要填写项目开发时使用的数据库名称“bmxt”。上述配置完成后，在“URL”一栏中会自动生成“bmxt”数据库的链接地址URL。

除了配置数据库账号的用户名、密码、默认连接的数据库之外，还需要配置加载数据库驱动程序才能实现对数据库的具体操作，配置的数据库驱动程序版本要与系统中安装的MySQL版本相匹配。单击图3.33中的“Driver:MySQL”，在弹出的下拉选项中选择“Go to

Driver...”，接着在面板左侧的驱动程序列表中选择“MySQL for 5.1”，然后在面板右侧的“Driver files”一栏中添加具体的驱动程序jar包，可在本地系统中选择已下载好的数据库驱动包“mysql-connector-java-5.1.47.jar”，或者使用IDEA提供的对应版本的数据库驱动包，如图3.34所示。

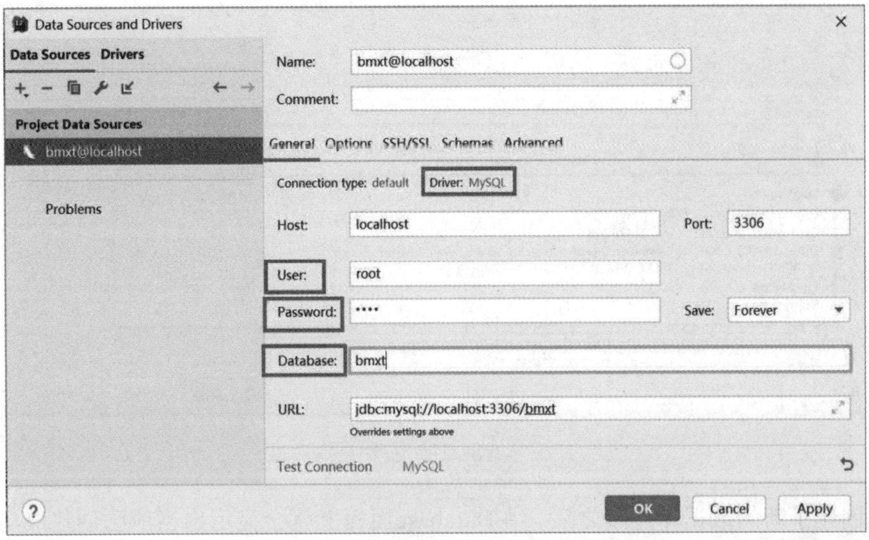

图3.33 配置MySQL连接

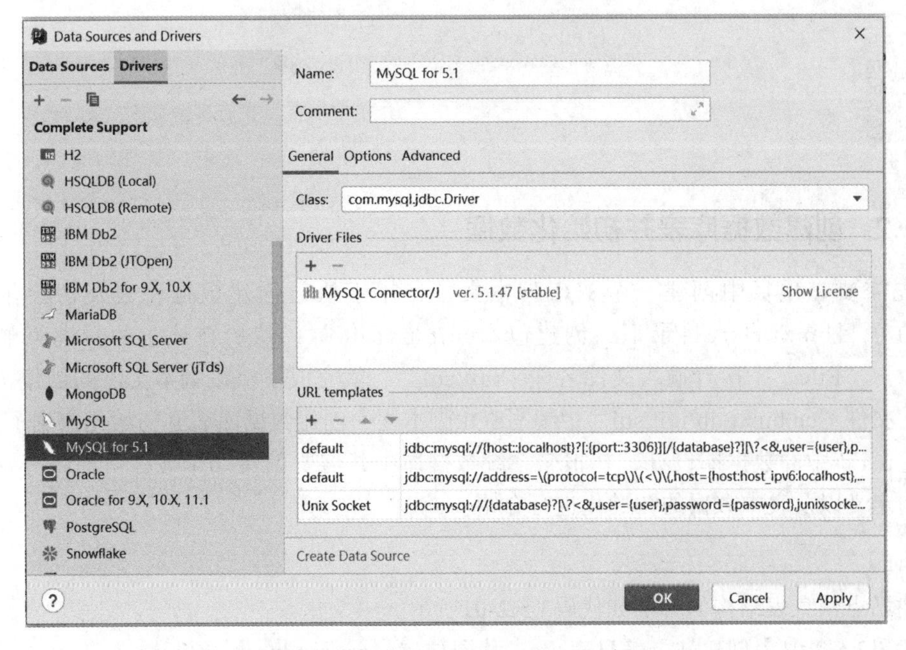

图3.34 选择对应的MySQL驱动

配置完数据库驱动之后，单击“OK”按钮，返回“Data Sources And Drivers”面板界面。此时，“Driver”属性配置处显示配置好的数据库驱动版本“MySQL for 5.1”。接着就可以单击“Test Connection”进行连接测试了，如果连接成功，会显示连接成功的提示文本，如图3.35所示。配置数据库连接成功后，单击“OK”按钮返回即可。

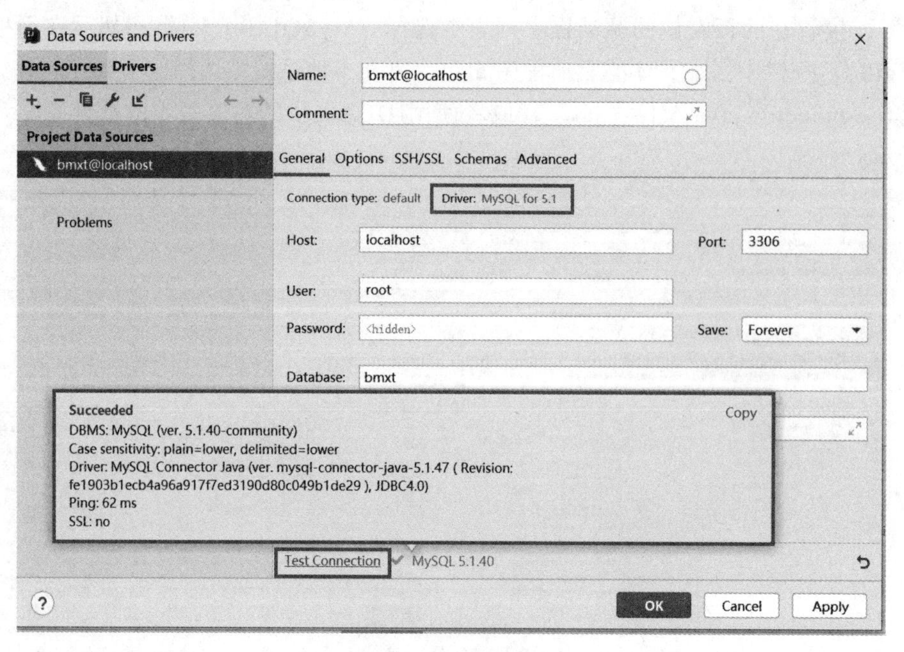

图3.35 MySQL数据库连接成功

配置创建了新的数据库连接之后，在Database面板上就会显示出当前已创建成功的数据库连接“bmxt@localhost”，如图3.36所示。

视频讲解

图3.36 连接配置成功后的Database面板

3.5.2 创建数据库表并初始化数据

首先需要在项目中创建一个SQL脚本文件，用于执行创建数据库表及初始化数据的脚本。在项目bmxt的src目录下，创建包“cn.bmxt.db”，然后在该包的右键菜单中选择“New”→“File”，接着输入文件名称“init.sql”，就完成了SQL脚本文件的创建。接下来就可以在文件“cn.bmxt.db/init.sql”中编写SQL脚本逐一创建数据库表并初始化数据了。

对应3.1节中的数据库设计，在报名系统数据库中共需要创建10个表，下面将分别对每个表的结构定义以及表中数据的初始化进行介绍。

1. 创建并初始化站点信息表

创建站点信息表结构的脚本如代码3.5.2-01所示。

【代码3.5.2-01】创建站点信息表site，代码位置：/src/cn.bmxt.db/init.sql。

```
01 drop table if exists `site`;
02 create table `site`(
03   `id` int auto_increment primary key comment 'ID',
04   `site_school` varchar(100) not null comment '学校名称',
```

```
05    `site_name` varchar(100) not null comment '系统名称',
06    `site_test_name` varchar(100) not null comment '考试名称',
07    `site_location` varchar(100) not null comment '地址',
08    `site_zip_code` char(6) not null commentT '邮编',
09    `site_contact` varchar(100) not null commentT '联系方式',
10    `site_copy` varchar(100) not null commentT '版权备案信息'
11 ) ENGINE = InnoDB AUTO_INCREMENT = 1 DEFAULT CHARSET = utf8;
```

根据逻辑结构设计阶段对站点信息表（site）的表结构设计，书写创建数据库表site的SQL语句，完成数据表site的创建。代码3.5.2-01中，第01行首先判断数据库中是否已经存在表site，如果存在则先将表site删除。第02行~第11行是创建数据表site的SQL语句，其中第03行中的“auto_increment”用于设置id字段的自增属性，“primary key”用于定义数据库表site的主键为id字段。

书写完创建站点信息表site的脚本之后，使用鼠标左键选中第01行~第11行代码，然后右击鼠标，在弹出的菜单中单击“Execute”执行，首次执行时需要选择新的数据库会话连接“New Session”，使用3.5.1节中配置好的数据库连接“bmxt@localhost”。执行成功后可在数据库bmxt中创建表site，在“Database”窗口中将“bxmt@localhost”逐级展开后可看到创建好的数据库表site，如图3.37所示。

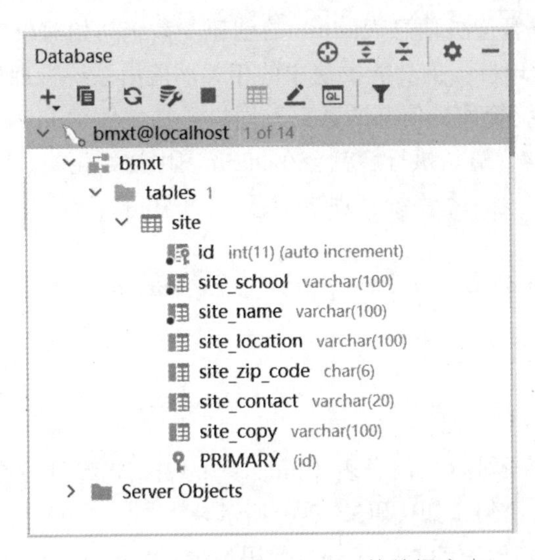

图3.37 Database窗口中呈现的数据库表

接着在创建好的数据表site中初始化一条数据，作为站点的初始信息，在“init.sql”文件中书写插入一条数据的SQL语句，如代码3.5.2-02所示。

【代码3.5.2-02】在数据库表site中初始化一条站点信息，代码位置：/src/cn.bmxt.db/init.sql。

```
01 insert into `site` values (1,'XXX大学','2023年高职升本报名系统','2023
   年高职升本专业考试','XXX市XXX路XXX号','300000','022-88888888','版权
   所有 © 2023-2024 津ICP备XXXX号');
```

在执行代码3.5.2-01时已经创建了与数据库连接的会话，后续再去执行“init.sql”文件中

的脚本时只需要选中要执行的代码，单击右键菜单中的“Execute”选项执行即可；也可以先选中要执行的代码，然后单击文件编辑窗口左上角的绿色“▶”按钮执行；还可以使用键盘中的组合快捷键Ctrl+Enter来执行选中的脚本。

2. 创建并初始化管理员信息表

根据逻辑结构设计阶段对管理员信息表（admin）的表结构设计，在文件“init.sql”中书写创建数据库表admin的SQL语句，如代码3.5.2-03所示。

【代码3.5.2-03】创建管理员信息表admin，代码位置：/src/cn.bmxt.db/init.sql。

```
01 drop table if exists `admin`;
02 create table `admin`(
03   `id` int auto_increment primary key comment 'ID',
04   `admin_username` varchar(20) not null unique comment '管理员用户
   名',
05   `admin_name` varchar(20) not null comment '管理员姓名',
06   `admin_password` varchar(50) not null comment '管理员密码',
07   `admin_group` varchar(20) not null comment '用户组'
08 ) ENGINE = InnoDB AUTO_INCREMENT = 1 DEFAULT CHARSET = utf8;
```

语句执行后就完成了管理员信息表admin的创建。系统初始时仅需要一个系统管理员，其他管理员信息可以通过管理员维护功能模块中的相关功能由系统管理员添加。在管理员信息表admin中添加一条表示系统管理员信息的数据，同样是在文件“init.sql”中书写一条插入数据的语句，参见代码3.5.2-04，语句执行后就会在admin表中初始化一条系统管理员信息。

【代码3.5.2-04】初始化一条系统管理员信息，代码位置：/src/cn.bmxt.db/init.sql。

```
01 insert into `admin` values (1, 'sys_admin', '超管员', '000000',
   '系统管理员');
```

3. 创建并初始化阶段信息表

根据逻辑结构设计阶段对阶段信息表（phase）的表结构设计，在文件“init.sql”中书写创建数据库表phase的SQL语句，如代码3.5.2-05所示。

【代码3.5.2-05】创建阶段信息表phase，代码位置：/src/cn.bmxt.db/init.sql。

```
01 drop table if exists `phase`;
02 create table `phase`(
03   `id` int auto_increment primary key comment 'ID',
04   `phase_number` tinyint not null comment '阶段编号',
05   `phase_name` varchar(20) not null comment '阶段名称',
06   `phase_description` varchar(255) not null comment '阶段描述',
07   `phase_is_current` tinyint comment '是否当前阶段：0-否，1-是'
08 ) ENGINE = InnoDB AUTO_INCREMENT = 1 DEFAULT CHARSET = utf8;
```

代码3.5.2-05执行之后就完成了阶段信息表phase的创建。接下来需要将六个阶段的信息分别添加至phase表中，其中第一阶段为当前系统所处阶段。在文件“init.sql”中书写6条插入数据的语句，参见代码3.5.2-06，接着同时选中这6条插入语句并执行，完成阶段信息表中阶段信息数据的初始化。

【代码3.5.2-06】初始化系统阶段表phase，代码位置：/src/cn.bmxt.db/init.sql。

```
01 insert into phase values(1, 1, '基础信息维护阶段', '（1）系统管理员：站
   点信息管理；（2）招生管理员：招考文件管理。', 1);
02 insert into phase values(2, 2, '开放报名阶段', '（1）考生：用户注册、在
   线报名、修改报名信息。', 0);
03 insert into phase values(3, 3, '现场确认阶段', '(1)招生管理员：现场确认；
   （2）尚未确认考生：用户注册、在线报名、修改报名信息。', 0);
04 insert into phase values(4, 4, '排考阶段', '(1)教务管理员：准考证号分配、
   考场安排。', 0);
05 insert into phase values(5, 5, '准考证打印与考试阶段', '（1）考生：准考
   证打印、考试签到。', 0);
06 insert into phase values(6, 6, '成绩及录取查询阶段', '（1）招生管理员：
   成绩及录取信息维护；（2）考生：成绩及录取信息查询。', 0);
```

4. 创建招考专业信息表

根据逻辑结构设计阶段对招考专业信息表（major）的表结构设计，在文件“init.sql”中书写创建数据库表major的SQL语句，如代码3.5.2-07所示。选中这段代码并执行，就完成了数据库表major的创建。

【代码3.5.2-07】创建招考专业信息表major，代码位置：/src/cn.bmxt.db/init.sql。

```
01 drop table if exists `major`;
02 create table `major`(
03   `id` int auto_increment primary key comment 'ID',
04   `major_name` varchar(50) not null unique comment '专业名称',
05   `major_plan_number` int(11) not null comment '计划招生人数'
06 ) ENGINE=InnoDB AUTO_INCREMENT=1 DEFAULT CHARSET=utf8;
```

5. 创建考试科目信息表

根据逻辑结构设计阶段对考试科目信息表（course）的表结构设计，在文件“init.sql”中书写创建数据库表course的SQL语句，如代码3.5.2-08所示。选中这段代码并执行，就完成了数据库表course的创建。

【代码3.5.2-08】创建考试科目信息表course，代码位置：/src/cn.bmxt.db/init.sql。

```
01 drop table if exists `course`;
02 create table `course`(
03   `id` int auto_increment primary key comment 'ID',
04   `course_name` varchar(50) not null comment '课程名称',
```

```
05  `major_name` varchar(50) not null comment '隶属专业',
06  `course_start_timestamp` int not null comment '科目考试开始时间',
07  `course_end_timestamp` int not null comment '科目考试结束时间'
08 ) ENGINE=InnoDB AUTO_INCREMENT=1 DEFAULT CHARSET=utf8;
```

6. 创建考生信息表

根据逻辑结构设计阶段对学生信息表（student）的表结构设计，在文件“init.sql”中书写创建数据库表student的SQL语句，如代码3.5.2-09所示。选中这段代码并执行，就完成了数据库表student的创建。

【代码3.5.2-09】创建考生信息表student，代码位置：/src/cn.bmxt.db/init.sql。

```
01 drop table if exists `student`;
02 create table `student`(
03  `id` int auto_increment primary key comment 'ID',
04  `student_username` varchar(20) not null unique comment '用户名',
05  `student_password` varchar(50) not null comment '密码',
06  `student_name` varchar(20) not null comment '姓名',
07  `student_sex` enum('男','女') not null comment '性别',
08  `student_id_code` char(18) not null unique comment '身份证号',
09  `student_nation` varchar(40) not null comment '民族'
10 ) ENGINE=InnoDB AUTO_INCREMENT=1 DEFAULT CHARSET=utf8;
```

7. 创建报名信息表

根据逻辑结构设计阶段对报名信息表（enroll）的表结构设计，在文件“init.sql”中书写创建数据库表enroll的SQL语句，如代码3.5.2-10所示。选中这段代码并执行，就完成了数据库表enroll的创建。

【代码3.5.2-10】创建报名信息表enroll，代码位置：/src/cn.bmxt.db/init.sql。

```
01 drop table if exists `enroll`;
02 create table `enroll`(
03  `id` int auto_increment primary key comment 'ID',
04  `student_username` varchar(20) not null unique comment '报考人用户
   名',
05  `major_name` varchar(50) not null comment '报考专业',
06  `enroll_school` varchar(50) not null comment '毕业院校',
07  `enroll_graduate_year` char(4) not null comment '毕业年份',
08  `enroll_contact` varchar(20) not null comment '联系电话',
09  `enroll_zip_code` char(6) not null comment '邮政编码',
10  `enroll_address` varchar(100) not null comment '邮寄地址',
11  `enroll_receiver` varchar(20) not null comment '收件人',
12  `enroll_photo` varchar(128) null comment '照片位置',
13  `enroll_confirm` int not null default '0' comment '确认状态',
14  `admin_username` varchar(20) null comment '确认管理员用户名',
```

```
15   `enroll_exam_number` varchar(20) null comment '准考证号',
16   `enroll_room_number` varchar(5) null comment '考场编号',
17   `enroll_room_location` varchar(100) null commentT '考场地点',
18   `enroll_seat_number` char(2) null comment '座位号',
19   `enroll_sign_timestamp` int default 0 comment '考试签到时间点'
20 ) ENGINE=InnoDB AUTO_INCREMENT=1 DEFAULT CHARSET=utf8;
```

8. 创建成绩及录取信息表

根据逻辑结构设计阶段对成绩及录取信息表（grade）的表结构设计，在文件“init.sql”中书写创建数据库表grade的SQL语句，如代码3.5.2-11所示。选中这段代码并执行，就完成了数据库表grade的创建。

【代码3.5.2-11】创建成绩及录取信息表grade，代码位置：/src/cn.bmxt.db/init.sql。

```
01 drop table if exists `grade`;
02 create table `grade` (
03   `id` int auto_increment primary key comment 'ID',
04   `enroll_exam_number` varchar(20) not null unique comment '准考证
   号',
05   `student_name` varchar(20) not null comment '考生姓名',
06   `major_name` varchar(50) not null comment '报考专业',
07   `grade_total` int not null comment '总成绩',
08   `grade_note` varchar(255) null comment '备注',
09   `enroll_note` varchar(255) not null comment '录取信息'
10 ) ENGINE=InnoDB AUTO_INCREMENT=1 DEFAULT CHARSET=utf8;
```

9. 创建用户登录日志信息表

根据逻辑结构设计阶段对用户登录日志信息表（log）的表结构设计，在文件“init.sql”中书写创建数据库表log的SQL语句，如代码3.5.2-12所示。选中这段代码并执行，就完成了数据库表log的创建。

【代码3.5.2-12】创建用户登录日志信息表log，代码位置：/src/cn.bmxt.db/init.sql。

```
01 drop table if exists `log`;
02 create table `log`(
03   `id` int auto_increment primary key comment 'ID',
04   `log_username` varchar(20) not null comment '用户名',
05   `log_group` varchar(20) not null comment '用户组',
06   `log_timestamp` int not null comment '登录时间',
07   `log_ip` varchar(100) not null comment '登录IP地址'
08 ) ENGINE=InnoDB AUTO_INCREMENT=1 DEFAULT CHARSET=utf8;
```

10. 创建文档信息表

根据逻辑结构设计阶段对文档信息表（doc）的表结构设计，在文件“init.sql”中书写创建数据库表doc的SQL语句，如代码3.5.2-13所示。选中这段代码并执行，就完成了数据库表doc的创建。

【代码3.5.2-13】创建文档信息表doc，代码位置：/src/cn.bmxt.db/init.sql。

```
01 drop table if exists `doc`;
02 create table `doc` (
03   `id` int auto_increment primary key comment 'ID',
04   `doc_name` varchar(255) not null unique comment '文档名称',
05   `doc_uri` varchar(255) not null comment '文档路径',
06   `doc_upload_timestamp` int not null comment '上传时间'
07 ) ENGINE=InnoDB AUTO_INCREMENT=1 DEFAULT CHARSET=utf8;
```

11. 完整的SQL脚本

代码3.5.2-01~代码3.5.2-13中所有代码构成了文件“init.sql”的第一个完整版本，我们将该版本编号为0.01，并记录如代码3.5.2-14所示。

【代码3.5.2-14】文件/src/cn.bmxt.db/init.sql，版本0.01。

```
01 ... 此处为【代码 3.5.2-01】中的全部代码
02 ... 此处为【代码 3.5.2-02】中的全部代码
03 ... 此处为【代码 3.5.2-03】中的全部代码
04 ... 此处为【代码 3.5.2-04】中的全部代码
05 ... 此处为【代码 3.5.2-05】中的全部代码
06 ... 此处为【代码 3.5.2-06】中的全部代码
07 ... 此处为【代码 3.5.2-07】中的全部代码
08 ... 此处为【代码 3.5.2-08】中的全部代码
09 ... 此处为【代码 3.5.2-09】中的全部代码
10 ... 此处为【代码 3.5.2-10】中的全部代码
11 ... 此处为【代码 3.5.2-11】中的全部代码
12 ... 此处为【代码 3.5.2-12】中的全部代码
13 ... 此处为【代码 3.5.2-13】中的全部代码
```

第4章 数据库基础操作的封装

本章首先通过对信息系统中的数据在各环节的表示形式进行分析，说明了数据在流入流出数据库时都需要进行转换，其中主要涉及Java实体类与数据库关系表中的记录之间的映射转换；然后讲解如何设计封装Java实体类以更加便于数据转换；接着介绍使用Java语言对MySQL数据库进行操作的基本流程；最后对数据库中一些通用的基础操作进行封装，完成数据库中数据的灵活存取和转换，为系统业务功能模块的开发提供底层的操作支撑。

视频讲解

4.1 系统中的数据表示和转换

管理信息系统的核心就是处理数据，包括数据的新增、修改、删除、查询展示等。最小的数据单元的表示形式是统一的，那就是数据值和数据值的含义说明，可以用“字段名称：字段值”的形式来表示。在关系数据库中，字段名称就是关系表的列名，字段值就是对应列中的一个具体数据，一组基本的数据单元构成关系表中的一条记录，多条记录构成一个关系表。在Java中，使用对象存储数据，字段名称就是实体对象的属性名称，字段值就是实体对象的属性值，一组基本的数据单元构成一个对象。在网页的表单中录入数据时，字段名称就是表单元素的name属性值，字段的值则为表单元素的value属性值。

当数据从数据库流出（读取）到程序系统中的时候，数据库表中的记录就需要相应地转换为程序系统中的某种数据单元的组合形式（如对象）。当数据从程序系统中流入（写入）到数据库中时，需要将程序系统中以组合形式呈现的数据单元逐一取出，然后再存入到数据库表中，组合为关系表中的一条记录。

具体来说，数据在关系数据库中是以表的结构存储的，数据被保存在可持久化的介质中，例如磁盘中。而运行的管理信息系统一般都是在内存中操作这些数据，因此就需要将数据库中的数据临时性地读取到内存中，数据更新之后，再将其同步更新至数据库中。数据在内存中的存储结构与系统开发时使用的具体编程语言有关。使用Java语言开发的信息系统，一般会使用一个POJO（Plain Ordinary Java Object，普通的Java对象）或者Map类型的数据来临时存储从数据库中读取的一条记录，当一次性读取多条数据记录时，还会将Java对象或者Map类型的数据组织在一个集合中。

4.2 实体类的设计

4.1节中分析了数据的表示和转换过程，以便于我们理解并设计类，辅助完成数据的存取和转换。首先使用POJO来映射存储数据库表中的记录，对应每一个数据库表，在系统中都应该有一个POJO与之对应，这称为对象关系映射（Object Relational Mapping，ORM）。在具体实现时，让数据库表的表名与对应的Java实体类的类名保持一致（不区分大小写），同时让数据库表中的属性名（列名）与对应的Java实体类的属性名保持一致。这样既便于代码的阅读和理解，也便于封装通用的操作。

3.5.2节中讲述了各个数据库表的定义，在每个数据库表中都定义了一个名称为id的属性，并将其设置为了主键，其值自动增长。对应地，在设计Java实体类时，我们可以将这个id属性作为所有实体类共享的部分，将其定义在一个共同的父类中。当然，也可以根据需要在这个父类中定义所有实体类共享的方法。

基于上述设计思想，我们首先定义一个类Entity作为所有实体类的共同父类，然后再逐一定义各个具体的实体类，详细的操作过程及实现代码分小节介绍如下。

4.2.1 创建 Entity 父类

视频讲解

首先在bmxt项目的源码目录src下创建一个Java包，命名为“cn.bmxt.entity”，用于存放与关系表一一对应的实体类定义文件。接着在“cn.bmxt.entity”包下新建一个子包，命名为“common”，该包的完整包名为“cn.bmxt.entity.common”，用于组织存放Entity父类，也可以用于组织一些其他用途的实体类，例如封装分页数据的实体类。最后在“cn.bmxt.entity.common”包中创建类Entity，在该类中定义各个实体类共有的属性id，并提供公共的存取方法getId和setId，具体实现如代码4.2.1-01所示。

【代码4.2.1-01】文件/src/cn.bmxt.entity.common/Entity.java，版本1.0。

```
01 package cn.bmxt.entity.common;
02 import java.io.Serializable;
03 public abstract class Entity implements Serializable {
04   private static final long serialVersionUID = 1L;
05   private long id;
06   public long getId() {
07     return id;
08   }
09   public void setId(long id) {
10     this.id = id;
11   }
12 }
```

代码4.2.1-01中第03行是Entity类的定义，它实现了串行化Serializable接口，使得其子类可以被序列化。

4.2.2 创建并定义实体类 Site

视频讲解

我们首先以实体类Site为例分步骤详细讲解如何定义一个完整的实体类。后续章节会对实体类的实现代码进行优化。

1. 创建Site类并定义属性

在“cn.bmxt.entity”包中创建实体类Site，它是一个POJO，用于映射数据库关系表site。Site类继承于Entity类，需要在其中定义与关系表site相对应的属性（id属性除外），属性定义代码如4.2.2-01所示。

【代码4.2.2-01】定义实体类Site的属性，代码位置：/src/cn.bmxt.entity/Site.java。

```
01 private String site_school; // 学校名称
02 private String site_name; // 系统名称
03 private String site_test_name; // 考试名称
04 private String site_location; // 地址
05 private String site_zip_code; // 邮编
06 private String site_contact; // 联系电话
07 private String site_copy; // 版权备案信息
```

2. 添加构造方法

在程序应用时，会用到无参的构造方法，也可能会用到有参的构造方法，尤其是包含所有属性参数的构造方法，因此需要在Site类中声明无参构造方法和包含所有属性参数的构造方法，可以手动输入构造方法的代码，也可以通过IDEA工具辅助自动生成构造方法的代码。我们选择使用IDEA工具来辅助生成构造方法，在Site类的空白处右击，从弹出的菜单中选择“Generate...”，调出Generate面板，也可以直接按下组合快捷键Alt+Insert调出Generate面板，然后在Generate面板中选择“Constructor”，接着在弹出的选择构造器属性参数面板中选中列出的所有属性，可以一边按住键盘Shift键不放开，一边通过鼠标左键单击的方式选中所有属性，然后单击“OK”按钮，就生成了包含所有属性参数的构造方法。再次重复上述操作，在选择构造器属性参数面板中直接单击“Select None”按钮，就生成了无参的构造方法，生成的代码如4.2.2-02所示。

【代码4.2.2-02】实体类Site的无参构造方法和包含所有属性参数的构造方法，代码位置：/src/cn.bmxt.entity/Site.java。

```
01 public Site() {}
02 public Site(String site_school, String site_name, String site_test_
   name, String site_location, String site_zip_code, String site_
   contact, String site_copy) {
03   this.site_school = site_school;
04   this.site_name = site_name;
05   this.site_test_name = site_test_name;
06   this.site_location = site_location;
07   this.site_zip_code = site_zip_code;
08   this.site_contact = site_contact;
```

```
09    this.site_copy = site_copy;
10 }
```

3. 添加Setter和Getter方法

Site类中属性的修饰符均为private，因此在程序中不可以对属性值直接操作，需要提供用于存取属性值的公有方法，分别称为getter方法和setter方法。在Site类的空白处，按下组合快捷键Alt+Insert调出Generate面板，在Generate面板中选择“Getter and Setter”，接着在弹出的面板中选中列出的所有属性，然后单击“OK”按钮，系统就自动生成了Site类中各个属性的getter方法和setter方法代码，生成的代码如4.2.2-03所示。

【代码4.2.2-03】IDEA辅助生成实体类Site中各个属性的getter方法和setter方法代码，代码位置：/src/cn.bmxt.entity/Site.java。

```
01 public String getSite_school() {
02    return site_school;
03 }
04 public void setSite_school(String site_school) {
05    this.site_school = site_school;
06 }
07 public String getSite_name() {
08    return site_name;
09 }
10 public void setSite_name(String site_name) {
11    this.site_name = site_name;
12 }
13 public String getSite_test_name() {
14    return site_test_name;
15 }
16 public void setSite_test_name(String site_test_name) {
17    this.site_test_name = site_test_name;
18 }
19 public String getSite_location() {
20    return site_location;
21 }
22 public void setSite_location(String site_location) {
23    this.site_location = site_location;
24 }
25 public String getSite_zip_code() {
26    return site_zip_code;
27 }
28 public void setSite_zip_code(String site_zip_code) {
29    this.site_zip_code = site_zip_code;
30 }
31 public String getSite_contact() {
32    return site_contact;
```

```
33 }
34 public void setSite_contact(String site_contact) {
35   this.site_contact = site_contact;
36 }
37 public String getSite_copy() {
38   return site_copy;
39 }
40 public void setSite_copy(String site_copy) {
41   this.site_copy = site_copy;
42 }
```

4. 重写toString方法

在后续开发测试时，为了便于在控制台中打印测试实体类对象，需要在Site类中重写toString方法。toString方法的代码也可以由IDEA工具辅助自动生成，按下组合快捷键Alt+Insert，调出Generate面板，在Generate面板中选择“toString”，接着在弹出的面板中选中Site类的所有属性，单击“OK”按钮，就可以看到系统自动生成的toString()方法代码了，生成的方法代码如4.2.2-04所示。

【代码4.2.2-04】实体类Site重写的toString方法，代码位置：/src/cn.bmxt.entity/Site.java。

```
01 @Override
02 public String toString() {
03   return "Site{" +
04     "site_school='" + site_school + '\'' +
05     ", site_name='" + site_name + '\'' +
06     ", site_test_name='" + site_test_name + '\'' +
07     ", site_location='" + site_location + '\'' +
08     ", site_zip_code='" + site_zip_code + '\'' +
09     ", site_contact='" + site_contact + '\'' +
10     ", site_copy='" + site_copy + '\'' +
11     '}';
12 }
```

至此，实体类Site的代码编写完毕，对应的完整文件代码如4.2.2-05所示。

【代码4.2.2-05】文件/src/cn.bmxt.entity/Site.java，版本0.01。

```
01 package cn.bmxt.entity;
02 import cn.bmxt.entity.common.Entity;
03 public class Site extends Entity {
04   ... 此处为【代码 4.2.2-01】中的所有代码
05   ... 此处为【代码 4.2.2-02】中的所有代码
06   ... 此处为【代码 4.2.2-03】中的所有代码
07   ... 此处为【代码 4.2.2-04】中的所有代码
08 }
```

4.2.3 使用 Lombok 插件优化实体类代码

视频讲解

实体类中的getter方法、setter方法、构造方法、重写的toString方法都属于样板式代码。虽然这些代码都可以使用IDEA工具辅助生成，但生成的代码行数众多，使得代码不够优雅简洁。我们可以通过引入Lombok插件来优化实体类代码。

Lombok项目开发了一个Java库，这个库可以自动插入到编辑器和构建工具中来增强Java的性能。使用Lombok插件之后，Java类中就不需要再书写getter、setter、toString等方法了，只需要在类上标注几个Lombok注解即可，简化了实体类代码的编写，避免了冗余和样板式代码的出现。

Lombok的常用注解及功能如表4.1所示。

表4.1 Lombok的常用注解及功能

注　解	功　能
@NonNull	用在成员方法或者构造方法的参数前面，会自动产生一个关于此参数的非空检查，如果参数为空，则抛出一个空指针异常
@Setter	用在类上，自动生成Setter方法
@Getter	用在类上，自动生成Getter方法
@ToString	用在类上，自动生成toString方法
@EqualsAndHashcode	从对象的字段中生成hashCode和equals的实现
@NoArgsConstructor	自动生成无参的构造方法
@AllArgsConstructor	自动生成包含所有属性参数的构造方法
@Data	整合了@Setter、@Getter、@ToString、@EqualsAndHashcode等注解的功能

本项目在开发时使用的Lombok插件的版本是1.18.20，使用时需要在项目中导入该版本的jar包。首先在项目路径“/web/WEB-INF/”下创建一个文件夹lib，并将“lombok-1.18.20.jar”这个jar包复制到“/web/WEB-INF/lib”文件夹中，接着还需要在“/web/WEB-INF/lib”文件夹上右击，在弹出的菜单中选择菜单项“Add as Library”，将这个lib文件夹添加为项目中的库，之后lib文件夹中的jar包就可以在项目中应用了。后续我们导入的其他jar包也都放在这个lib文件夹中。

完成了Lombok插件的jar包导入操作后，就可以使用Lombok注解来优化实体类Site的代码了。优化后的实体类Site的代码如4.2.3-01所示。

【代码4.2.3-01】文件/src/cn.bmxt.entity/Site.java，版本1.0，上一个版本参见代码4.2.2-05。

```
01 package cn.bmxt.entity;
02 import cn.bmxt.entity.common.Entity;
03 import lombok.AllArgsConstructor;
04 import lombok.Data;
05 import lombok.NoArgsConstructor;
06 @Data
07 @NoArgsConstructor
08 @AllArgsConstructor
```

```
09 public class Site extends Entity {
10   private String site_school; // 学校名称
11   private String site_name; // 系统名称
12   private String site_test_name; // 考试名称
13   private String site_location; // 地址
14   private String site_zip_code; // 邮编
15   private String site_contact; // 联系电话
16   private String site_copy; // 版权备案信息
17 }
```

4.2.4 其他实体类的实现

视频讲解

与实体类Site的设计类似，我们直接使用Lombok插件优化实体类代码设计，依次完成项目中其他实体类代码的编写。

1. 创建并定义实体类Admin

在“cn.bmxt.entity”包中创建实体类Admin，用于映射数据库关系表admin。实体类Admin继承于Entity类，其中定义了与关系表admin相对应的属性（id属性除外）。实体类Admin的完整实现代码如4.2.4-01所示。

【代码4.2.4-01】文件/src/cn.bmxt.entity/Admin.java，版本1.0。

```
01 package cn.bmxt.entity;
02 import cn.bmxt.entity.common.Entity;
03 import lombok.AllArgsConstructor;
04 import lombok.Data;
05 import lombok.NoArgsConstructor;
06 @Data
07 @NoArgsConstructor
08 @AllArgsConstructor
09 public class Admin extends Entity {
10   private long id; // ID
11   private String admin_username; // 管理员用户名
12   private String admin_name; // 管理员姓名
13   private String admin_password; // 管理员密码
14   private String admin_group; // 用户组
15 }
```

2. 创建并定义实体类Phase

在“cn.bmxt.entity”包中创建实体类Phase，用于映射数据库关系表phase。实体类Phase继承于Entity类，其中定义了与关系表phase相对应的属性（id属性除外）。实体类Phase的完整实现代码如4.2.4-02所示。

【代码4.2.4-02】文件/src/cn.bmxt.entity/Phase.java，版本1.0。

```
01 package cn.bmxt.entity;
02 import cn.bmxt.entity.common.Entity;
03 import lombok.AllArgsConstructor;
04 import lombok.Data;
05 import lombok.NoArgsConstructor;
06 @Data
07 @NoArgsConstructor
08 @AllArgsConstructor
09 public class Phase extends Entity {
10   private int phase_number; // 阶段编号
11   private String phase_name; // 阶段名称
12   private String phase_description; // 阶段描述
13   private int phase_is_current; // 是否当前阶段
14 }
```

3. 创建并定义实体类Major

在“cn.bmxt.entity”包中创建实体类Major，用于映射数据库关系表major。实体类Major继承于Entity类，其中定义了与关系表major相对应的属性（id属性除外）。实体类Major的完整实现代码如4.2.4-03所示。

【代码4.2.4-03】文件/src/cn.bmxt.entity/Major.java，版本1.0。

```
01 package cn.bmxt.entity;
02 import cn.bmxt.entity.common.Entity;
03 import lombok.AllArgsConstructor;
04 import lombok.Data;
05 import lombok.NoArgsConstructor;
06 @Data
07 @NoArgsConstructor
08 @AllArgsConstructor
09 public class Major extends Entity {
10   private String major_name; // 报考专业名称
11   private int major_plan_number; // 计划招生数
12 }
```

4. 创建并定义实体类Course

在“cn.bmxt.entity”包中创建实体类Course，用于映射数据库关系表course。实体类Course继承于Entity类，其中定义了与关系表course相对应的属性（id属性除外）。实体类Course的完整实现代码如4.2.4-04所示。

【代码4.2.4-04】文件/src/cn.bmxt.entity/Course.java，版本1.0。

```
01 package cn.bmxt.entity;
02 import cn.bmxt.entity.common.Entity;
```

```
03 import lombok.AllArgsConstructor;
04 import lombok.Data;
05 import lombok.NoArgsConstructor;
06 @Data
07 @AllArgsConstructor
08 @NoArgsConstructor
09 public class Course extends Entity {
10   private String course_name; // 考试科目名称
11   private String major_name; // 隶属专业名称
12   private long course_start_timestamp; // 考试开始时间点
13   private long course_end_timestamp; // 考试结束时间点
14 }
```

5. 创建并定义实体类Student

在“cn.bmxt.entity”包中创建实体类Student，用于映射数据库关系表student。实体类Student继承于Entity类，其中定义了与关系表student相对应的属性（id属性除外）。实体类Student的完整实现代码如4.2.4-05所示。

【代码4.2.4-05】文件/src/cn.bmxt.entity/Student.java，版本1.0。

```
01 package cn.bmxt.entity;
02 import cn.bmxt.entity.common.Entity;
03 import lombok.AllArgsConstructor;
04 import lombok.Data;
05 import lombok.NoArgsConstructor;
06 @Data
07 @NoArgsConstructor
08 @AllArgsConstructor
09 public class Student extends Entity {
10   private String student_username; // 考生用户名
11   private String student_password; // 密码
12   private String student_name; // 姓名
13   private String student_sex; // 性别
14   private String student_id_code; // 身份证号
15   private String student_nation; // 民族
16 }
```

6. 创建并定义实体类Enroll

在“cn.bmxt.entity”包中创建实体类Enroll，用于映射数据库关系表enroll。实体类Enroll继承于Entity类，其中定义了与关系表enroll相对应的属性（id属性除外）。实体类Enroll的完整实现代码如4.2.4-06所示。

【代码4.2.4-06】文件/src/cn.bmxt.entity/Enroll.java，版本1.0。

```
01 package cn.bmxt.entity;
02 import cn.bmxt.entity.common.Entity;
03 import lombok.AllArgsConstructor;
04 import lombok.Data;
05 import lombok.NoArgsConstructor;
06 @Data
07 @AllArgsConstructor
08 @NoArgsConstructor
09 public class Enroll extends Entity {
10   private String student_username; // 考生用户名
11   private String major_name; // 报考专业
12   private String enroll_school; // 毕业院校
13   private String enroll_graduate_year; // 毕业年份
14   private String enroll_contact; // 联系电话
15   private String enroll_zip_code; // 邮政编码
16   private String enroll_address; // 收信地址
17   private String enroll_receiver; // 接收人
18   private String enroll_photo; // 图片
19   private int enroll_confirm; // 确认状态
20   private String admin_username; // 确认用户
21   private String enroll_exam_number; // 准考证号
22   private String enroll_room_number; // 考场编号
23   private String enroll_room_location; // 考场位置
24   private String enroll_seat_number; // 座位号
25   private long enroll_sign_timestamp; // 考试签到时间
26 }
```

7. 创建并定义实体类Grade

在“cn.bmxt.entity”包中创建实体类Grade，用于映射数据库关系表grade。实体类Grade继承于Entity类，其中定义了与关系表grade相对应的属性（id属性除外）。实体类Grade的完整实现代码如4.2.4-07所示。

【代码4.2.4-07】文件/src/cn.bmxt.entity/Grade.java，版本1.0。

```
01 package cn.bmxt.entity;
02 import cn.bmxt.entity.common.Entity;
03 import lombok.AllArgsConstructor;
04 import lombok.Data;
05 import lombok.NoArgsConstructor;
06 @Data
07 @NoArgsConstructor
08 @AllArgsConstructor
09 public class Grade extends Entity {
10   private String enroll_exam_number; // 准考证号
```

```
11   private String student_name; // 考生姓名
12   private String major_name; //  报考专业
13   private int grade_total; // 总成绩
14   private String grade_note; // 备注
15   private String enroll_note; // 录取信息
16 }
```

8. 创建并定义实体类Log

在“cn.bmxt.entity”包中创建实体类Log，用于映射数据库关系表log。实体类Log继承于Entity类，其中定义了与关系表log相对应的属性（id属性除外）。实体类Log的完整实现代码如4.2.4-08所示。

【代码4.2.4-08】文件/src/cn.bmxt.entity/Log.java，版本1.0。

```
01 package cn.bmxt.entity;
02 import cn.bmxt.entity.common.Entity;
03 import lombok.AllArgsConstructor;
04 import lombok.Data;
05 import lombok.NoArgsConstructor;
06 @Data
07 @NoArgsConstructor
08 @AllArgsConstructor
09 public class Log extends Entity {
10   private String log_username; // 用户登录名
11   private String log_group; // 用户组
12   private long log_timestamp; // 登录时间点
13   private String log_ip; // 登录 IP
14 }
```

9. 创建并定义实体类Doc

在“cn.bmxt.entity”包中创建实体类Doc，用于映射数据库关系表doc。实体类Doc继承于Entity类，其中定义了与关系表doc相对应的属性（id属性除外）。实体类Doc的完整实现代码如4.2.4-09所示。

【代码4.2.4-09】文件/src/cn.bmxt.entity/Doc.java，版本1.0。

```
01 package cn.bmxt.entity;
02 import cn.bmxt.entity.common.Entity;
03 import lombok.AllArgsConstructor;
04 import lombok.Data;
05 import lombok.NoArgsConstructor;
06 @Data
07 @NoArgsConstructor
08 @AllArgsConstructor
09 public class Doc extends Entity {
```

```
10   private String doc_name; // 文档名称
11   private String doc_uri; // 文档路径
12   private long doc_upload_timestamp; // 文档上传时间
13 }
```

4.3 封装操作数据库的基本方法

视频讲解

4.3.1 数据库操作的基本流程

系统在查询数据时需要将存储在数据库中的数据读取出来，并封装成Java中的实体类型对象或者Map类型的数据。系统用户对数据做出更新之后，还需要将它们再写回到数据库中，这就需要在系统底层封装操作数据库的相关方法，实现数据的读写功能。

Java语言中最基本的访问操作数据库的方式是通过JDBC（Java Database Connectivity）。JDBC是一个独立于特定数据库管理系统、通用的SQL数据库存取和操作的公共接口（一组API），定义了用于访问数据库的标准Java类库。JDBC的API主要位于JDK中的“java.sql”包中以及之后扩展的“javax.sql”包中。JDBC的目标是让Java程序员使用其API接口连接任何提供了JDBC驱动程序的数据库管理系统，这样就使得程序员无须对特定数据库管理系统的特点有过多的了解，从而大大简化和加快了开发过程。在实际开发时，只需要通过切换底层的数据库驱动程序就可以更换数据源，程序代码无须变动。

下面我们结合具体代码来讲解使用JDBC操作数据库的基本流程，具体操作步骤介绍如下。

1. 导入数据库驱动

本项目使用的是MySQL数据库，版本号为5.1，操作数据库时需要使用对应版本的数据库驱动程序包。直接将准备好的MySQL数据库驱动包“mysql-connector-java-5.1.57.jar”复制到项目的“/web/WEB-INF/lib/”目录下即可。

2. 创建用于存放工具类的包

在系统开发设计时，通常会将一些使用频率很高的功能方法进行提取封装，并分别组织到不同的工具类中，便于复用调用。所有的工具类可以组织在一个包中，在本项目中，创建一个包“cn.bmxt.util”，用于组织相关工具类。

3. 数据库操作示例

在封装操作数据库的基本方法之前，先以查询数据库表phase中的一条数据为例来学习使用JDBC操作数据库的基本流程步骤。在“cn.bmxt.util”包中创建一个用于书写单元测试方法的类JunitTest，在其中编写使用JDBC查询数据库表中一条数据的测试方法testQuery，代码如4.3.1-01所示，查询得到的结果被封装为实体类Phase的一个对象。

【代码4.3.1-01】查询数据库表中一条数据的测试方法，代码位置：/src/cn.bmxt.util/JunitTest.java。

```
01 @Test
02 public void testQuery() throws ClassNotFoundException, SQLException {
03   String driver = "com.mysql.jdbc.Driver";
04   String url = "jdbc:mysql://localhost:3306/bmxt?useUnicode=true&
 characterEncoding=utf8";
05   String username = "root";
06   String password = "root";
07   Class.forName(driver);
08   Connection conn = DriverManager.getConnection(url, username,
 password);
09   System.out.println("conn = " + conn); // 打印测试获取的数据库连接对象
10   PreparedStatement ps = conn.prepareStatement("select * from phase
 where phase_number=?");
11   ps.setInt(1, 1);
12   ResultSet rs = ps.executeQuery();
13   if (rs.next()){
14     Phase phase = new Phase();
15     phase.setId(rs.getLong("id"));
16     phase.setPhase_number(rs.getInt("phase_number"));
17     phase.setPhase_name(rs.getString("phase_name"));
18     phase.setPhase_description(rs.getString("phase_description"));
19     phase.setPhase_is_current(rs.getInt("phase_is_current"));
20     System.out.println("phase = " + phase); // 打印测试封装后的结果对象
21   }
22   rs.close();
23   ps.close();
24   conn.close();
25 }
```

代码4.3.1-01详细说明如下：

（1）第01行，@Test是用于单元测试的注解，被标注的方法可以执行单元测试。使用时需要将junit包添加到类库中，直接将“junit-4.12.jar”这个版本的jar包复制到“/web/WEB-INF/lib/”目录下即可。

（2）第03行~第06行，提供连接数据库的四个基本要素，即数据库驱动、连接字符串url、数据库用户名和密码。其中“com.mysql.jdbc.Driver”对应的就是mysql数据库的驱动类，它实现了“java.sql.Driver”接口。连接字符串url用于标识一个被注册的驱动程序，驱动程序管理器DriverManager通过这个url选择正确的驱动程序，从而建立到数据库的连接。连接字符串url通常由以下几个部分组成。

①协议：使用JDBC连接数据库，其协议名称就是“jdbc”。

②子协议：用于标识一个数据库驱动程序，不同厂商数据库的子协议不相同，MySQL数据库的子协议名称是“mysql”。

③主机名或IP地址：标识提供数据库服务的主机。

④端口号：MySQL数据库服务的默认端口号是3306。

⑤参数部分：配置数据库连接的其他参数信息，例如，第04行配置了数据库连接，使用的字符编码为utf8。

（3）第07行，加载注册JDBC驱动。当类“com.mysql.jdbc.Driver”被加载时，该类中声明的静态代码块会被执行，其中包含了注册驱动程序的一行代码“DriverManager.registerDriver(new Driver())”，驱动程序注册之后就可以使用驱动管理器DriverManager来获取一个数据库连接了。

（4）第08行，调用驱动管理器DriverManager的getConnection方法获取一个数据库连接对象，需要提供连接字符串、数据库用户名和密码三个参数。

（5）第09行，在控制台打印输出获取到的数据库连接对象。

（6）第10行，通过调用数据库连接对象的prepareStatement方法获取用于执行SQL语句的PreparedStatement对象。PreparedStatement类继承自Statement类，二者都封装了执行SQL语句的相关方法，都可以通过数据库连接对象获取。在实际应用中建议使用PreparedStatement，因为PreparedStatement可以接收带有占位符参数的预编译SQL语句。预编译SQL语句中的占位符使用“?”表示，在语句真正执行之前需要为每个占位符提供具体的参数值。使用预编译SQL语句既能够提高性能，又能够消除通过拼接字符串构建SQL语句带来的SQL注入隐患。

（7）第11行，为预编译SQL语句中的占位符提供具体的参数值。PreparedStatement类提供了很多方法，用于设置不同类型的参数值，例如，本例中的setInt方法设置的参数值是int类型的，当需要一个字符串参数时，替换为使用setString方法即可。此类方法的第1个参数代表占位符在预编译SQL语句中的位置，从1开始计数；第2个参数则是要替换占位符的具体值。在本例中，方法“setInt(1, 1)”表示将第10行的预编译SQL语句中的第1个占位符“?”替换为int类型的数值1，替换后就得到了一个完整的可执行的SQL语句。

（8）第12行，调用PreparedStatement对象的executeQuery方法执行SQL语句，其返回值是一个ResultSet对象，它封装了查询得到的结果集。ResultSet对象还提供了用于遍历结果集的方法。

（9）第13行~第21行，如果结果集中有数据，则取出结果集中的第一条记录，逐一读取记录中的每个字段值，并将其封装在一个Phase对象中。ResultSet对象在内部维护了一个游标，每调用一次next方法，游标就会定位到结果集中的下一条记录，第一次调用next方法，则会定位到结果集中的第一条记录。这个next方法的返回值是一个boolean类型的值，如果返回false则表示结果集中没有下一条记录了。第13行据此来判断结果集中是否有第一条记录，如果有第一条记录，才会执行第14行~第20行代码。第14行代码创建了一个Phase对象，用于接收并封装查询到的一条记录。第15行~第19行代码将记录中的每个字段值读取出来，并赋值给对应的实体类对象属性。ResultSet对象提供了许多以get开头的方法，用于在结果记录中取出不同类型的数据，例如，getInt方法用于取出int类型的数据，getString方法用于取出String类型的数据。此类方法的参数可以是一个int类型的值，也可以是一个字符串。当它是一个int类型的值时，表示取出当前结果记录中第几列的值；当它是一个字符串时，这个字符串就代表结果记录中某字段的列名，取出的就是该列的数据值。例如，第17行使用的“getString("phase_name")”方法，取出的就是当前结果记录中列名为“phase_name”的字段值，值的类型为String类型。通过上述代码，我们完成了一条结果记录到一个实体对象的映射转换。第20行代码在控制台打印转换后的实体对象，用于测试验证操作是否成功。

（10）第22行~第24行，资源的关闭操作。在完成了相关数据库操作之后，不要忘记释放资源。ResultSet、PreparedStatement和Connection都提供了close方法，用于释放资源。释放资源的顺序与创建获取时相反，先关闭ResultSet，再关闭PreparedStatement，最后关闭Connection。

在testQuery()方法体中右击鼠标，在弹出的菜单中选择“Run 'testQuery()'”菜单项来执行单元测试。执行完毕后，控制台打印出如下所示的结果，则说明数据库查询操作成功。

```
conn = com.mysql.jdbc.JDBC4Connection@65e579dc
phase = Phase(phase_number=1, phase_name=基础信息维护阶段, phase_
    description=（1）系统管理员：设置站点基础信息；（2）招生管理员：招考信息维护，
    phase_is_current=1)
```

4. 数据库操作的基本步骤

通过学习代码4.3.1-01，可以总结出如下所述的使用JDBC操作数据库的基本步骤。

（1）获取数据库连接对象，首先需要提供连接数据库的四个基本要素，即数据库驱动、连接字符串url、数据库用户名和密码；接着加载注册JDBC驱动；最后通过调用驱动管理器DriverManager的getConnection方法获取一个数据库连接对象。

（2）通过数据库连接对象的prepareStatement方法获取PreparedStatement对象，方法中可以同时传入带有占位符参数的预编译SQL语句。

（3）如果提供的预编译SQL语句中包含占位符，则需要逐一设置对应的实际参数值。

（4）执行SQL语句，如果是查询操作，可以调用PreparedStatement对象的executeQuery方法执行，并将返回的查询结果存入ResultSet对象中。如果是更新（插入、修改和删除）操作，可以调用PreparedStatement对象的executeUpdate方法执行，结果返回的是更新操作执行后影响的行数。

（5）如果是查询操作，还需要对结果集进行处理，将查询结果转换为实体类对象或者Map类型数据等。

（6）释放ResultSet、PreparedStatement、Connection等资源。

4.3.2 封装获取数据库连接的方法

按照4.3.1节中总结的数据库操作的基本步骤，系统运行时对数据库的操作都需要先获取数据库连接对象，因此有必要将获取数据库连接对象的代码进行抽取封装，便于代码复用。

1. 初始封装

4.3.1节中已经创建好了用于组织存放工具类的包“cn.bmxt.util”，我们在这个工具类包中创建类DbUtil，用于封装操作数据库的基本方法。首先在工具类DbUtil中定义用于获取数据库连接的方法getConnection，可以参照代码4.3.1-01中获取数据库连接的相关代码进行封装，封装后的方法代码如4.3.2-01所示。

视频讲解

【代码4.3.2-01】封装获取数据库连接代码的方法，代码位置：/src/cn.bmxt.util/DbUtil.java。

```
01 public static Connection getConnection() throws SQLException {
02   Connection conn = null;
03   try {
04     String driver = "com.mysql.jdbc.Driver";
05     String url = "jdbc:mysql://localhost:3306/bmxt?useUnicode=true
   &characterEncoding=utf8";
06   String username = "root";
07   String password = "root";
08   Class.forName(driver);
09   conn = DriverManager.getConnection(url, username, password);
10   } catch (ClassNotFoundException e) {
11   e.printStackTrace();
12   }
13   return conn;
14 }
```

代码4.3.2-01说明如下：

（1）第01行，封装的静态方法getConnection的声明，该方法会返回一个数据库连接对象Connection。

（2）第02行，声明一个Connection数据库连接对象，并初始化为null。

（3）第04行~第07行，提供创建数据库连接所需的数据库驱动名称、URL格式的连接字符串、数据库用户名和密码。

（4）第08行~第09行，加载注册JDBC驱动，使用驱动管理器类DriverManager的getConnection方法获取一个数据库连接对象。

（5）第13行，返回获取到的数据库连接对象。

2. 使用properties配置文件进行优化封装

视频讲解

使用上述封装好的getConnection方法可以获取数据库的连接，但是由于用于连接数据库的配置信息都写在了方法的代码中，一旦数据库的用户名或者密码等信息发生了变化，方法代码就需要修改，程序就必须重新进行编译，因此不便于程序的动态扩展和更新。一个好的解决方案是将有可能发生变化的配置信息保存在一个独立的properties属性文件中，使用时从properties属性文件中读取配置信息。properties属性文件在Java中常被用作配置文件，它以键值对的形式保存配置信息，基本格式为“字段名称=字段值”。

首先在项目的src目录下创建属性配置文件“jdbc.properties”，用于保存连接数据库的基本配置信息，包括数据库驱动名称、数据库连接字符串、数据库用户名和密码，配置信息如代码4.3.2-02所示。

【代码4.3.2-02】文件/src/jdbc.properties，版本1.0。

```
01 driver=com.mysql.jdbc.Driver
02 url=jdbc:mysql://localhost:3306/bmxt?useUnicode=true&
   characterEncoding=utf8
03 username=root
```

```
04 password=root
```

将数据库连接的基本配置信息保存到properties属性文件中之后，工具类DbUtil中封装的获取数据库连接对象的getConnection方法就需要从属性文件中读取配置信息，更新后的getConnection方法代码如4.3.2-03所示。

【代码4.3.2-03】优化后的获取数据库连接代码的方法，代码位置：/src/cn.bmxt.util/DbUtil.java。

```
01 public static Connection getConnection() throws SQLException {
02   Connection conn = null;
03   try {
04     InputStream ins = Thread.currentThread().
   getContextClassLoader().getResourceAsStream("jdbc.properties");
05     Properties props = new Properties();
06     props.load(ins);
07     String driver = props.getProperty("driver");
08     String url = props.getProperty("url");
09     String username = props.getProperty("username");
10     String password = props.getProperty("password");
11     Class.forName(driver);
12     conn = DriverManager.getConnection(url, username, password);
13   } catch (IOException | ClassNotFoundException e) {
14     e.printStackTrace();
15   }
16   return conn;
17 }
```

代码4.3.2-03说明如下：

（1）第04行，实例化输入流InputStream，获取当前线程的上下文类加载器，加载JDBC的属性配置文件“jdbc.properties”。

（2）第05行，创建并实例化Properties类，为读取文件做准备。

（3）第06行，读取获取的jdbc.properties文件输入流中的数据。

（4）第07行~第10行，基于Properties类的getProperty方法，依次读取配置文件中driver、url、username和password字段的值。

（5）第11行~第12行，加载注册JDBC驱动程序，然后调用驱动管理器类DriverManager的getConnection方法获取一个数据库连接对象。

（6）第16行，返回获取的数据库连接对象。

3. 使用数据库连接池技术进行优化封装

视频讲解

开发基于数据库的Web应用程序时，传统的模式是在主程序（如servlet、beans）中使用JDBC建立与数据库的连接，然后进行相应的数据库操作，操作执行完毕后断开数据库连接并释放数据库连接资源。每次建立数据库连接的时候都需要向数据库服务器发起创建请求并校验数据库用户名和密码是否正确，因此获取一个可用的Connection对象需要耗费一定的系统资源和时间。然而，系统中执行数据库操作的请求是相当频繁的，每当需要执行数据库操作时，就需要向数据库服务器请求建立一次连接，执行完成后则会断开并释放连接资源，这样的操作方式将会消耗大量的系统资源和时间，创建的数据库连接资源并没有得到很好的重复利用。倘若有几百人甚至几千人同时在线使用系统，底层就会频繁地进行数据库连接创建操作，这将会占用很多的系统资源，严重时甚至会造成服务器的崩溃。除此之外，传统开发模式不能控制被创建的数据库连接对象数，系统资源会被毫无顾忌地分配出去，过多的数据库连接还有可能导致内存泄漏。为解决传统开发模式下数据库连接资源的使用效率问题，可以采用数据库连接池技术进行优化。

数据库连接池技术就是为数据库连接建立一个缓冲池，预先在缓冲池中放入一定数量的数据库连接。当需要使用数据库连接时，只需从“缓冲池”中取出一个，使用完毕之后再放回去，放回去的数据库连接并没有被销毁释放，可以被重复使用。数据库连接池技术负责分配、管理和释放数据库连接。只有允许应用程序重复使用一个现有的数据库连接，而不是重新建立一个，才能够达到资源复用的目标，提升资源的利用率。对于一个业务请求而言，通过连接池技术就能够直接利用现有可用连接，节省了数据库连接初始化和释放过程的时间开销，从而缩短了系统的响应时间，可以大幅提高系统性能。

JDBC的数据库连接池使用“javax.sql.DataSource”来表示。DataSource只是一个接口，该接口通常由数据库服务器厂商提供具体实现。现在也有一些常见的开源组织提供数据库连接池的技术支持，目前常用的数据库连接池有DBCP、C3P0、Proxool、Druid等。

DBCP（Database Connection Pool）是Apache提供的数据库连接池，Tomcat服务器自带DBCP数据库连接池。

C3P0是一个开放源代码的JDBC连接池，它实现了数据源和JNDI的绑定，支持JDBC3规范和JDBC2的标准扩展。使用它的开源项目有Hibernate、Spring等。

Proxool是一种Java数据库连接池技术，它是由sourceforge下的开源项目提供的一个健壮、易用的数据库连接池，提供了监控的功能，方便易用。

Druid是阿里巴巴开源平台上的一个数据库连接池实现，它包含一个ProxyDriver、一系列内置的JDBC组件库和一个“SQL Parser”。Druid支持所有JDBC兼容的数据库，包括Oracle、MySQL、Derby、Postgresql、SQL Server、H2等。Druid连接池结合了C3P0、DBCP、Proxool等数据库连接池的优点，同时加入了日志监控，可以很好地监控数据库连接和SQL语句的执行情况。性能领先的Druid连接池技术是我国新一代信息技术创新发展的典型案例，在关系信息安全发展的领域补齐了一个短板。

本项目采用Druid连接池技术对数据库连接的获取方法进行优化封装，首先将准备好的jar包“druid-1.2.11.jar”复制到项目的“/web/WEB-INF/lib”目录下，然后在src目录下创建Druid连接池的配置文件“druid.properties”，在其中可以配置创建数据库连接所需要的配置信息以及用于管理维护连接池的配置信息。本项目使用Druid连接池时的基本配置信息参见代码4.3.2-04所示。

【代码4.3.2-04】文件/src/druid.properties，版本1.0。

```
01 driverClassName=com.mysql.jdbc.Driver
02 url=jdbc:mysql://localhost:3306/bmxt?useUnicode=true&
   characterEncoding=utf-8
```

```
03 username=root
04 password=root
05 druid.initialSize=10
06 druid.minIdle=10
07 druid.maxActive=30
08 druid.maxWait=60000
09 druid.timeBetweenEvictionRunsMillis=60000
10 druid.minEvictableIdleTimeMillis=300000
11 druid.validationQuery=SELECT 'x'
12 druid.testWhileIdle=true
13 druid.testOnBorrow=true
14 druid.testOnReturn=false
```

代码4.3.2-04说明如下：

（1）第01行~第04行，分别配置了数据库连接的四个基本要素，即数据库驱动、连接字符串、数据库用户名和密码。

（2）第05行，initialSize参数配置了数据库连接池初始时建立物理连接的个数。

（3）第06行，minIdle参数配置了数据库连接池中最小的空闲连接数。

（4）第07行，maxActive是最主要的参数，用于配置连接池同时能维持的最大连接数，这个数值越大，系统的并发性能越好，也会耗费更多的系统资源。

（5）第08行，maxWait参数配置了获取数据库连接时的最大等待时间，单位为毫秒。

（6）第09行，timeBetweenEvictionRunsMillis参数是Druid连接池中的Destroy线程检测连接的间隔时间，单位是毫秒，它也是testWhileIdle参数中的判断依据。

（7）第10行，minEvictableIdleTimeMillis参数配置了连接保持空闲而不被驱逐的最长存活时间，单位是毫秒。Druid连接池中的Destroy线程中如果检测到当前连接的最后活跃时间和当前时间的差值大于minEvictableIdleTimeMillis，就关闭当前连接。

（8）第11行，validationQuery参数配置用于检测连接是否有效的SQL语句，要求必须是一条查询语句。

（9）第12行，testWhileIdle参数建议配置为true，当申请数据库连接时进行检测，如果连接空闲时间大于timeBetweenEvictionRunsMillis，就执行validationQuery配置的SQL语句，检测连接是否有效。

（10）第13行，testOnBorrow参数配置为true，当申请数据库连接时执行validationQuery配置的SQL语句，检测连接是否有效。

（11）第14行，testOnReturn参数配置为false，当归还连接时不去检测连接是否有效。

项目最终封装的获取数据库连接的方法是从Druid连接池中取出一个数据库连接对象并返回。项目中只需要维护一个Druid连接池即可，因此可以在工具类DbUtil中声明一个静态的数据源DataSource对象，在类加载时通过静态代码块读取配置文件“druid.properties”中的配置信息，并以此来创建初始化数据源DataSource对象，然后在封装getConnection方法时直接调用DataSource对象的getConnection方法获取一个数据库连接即可。使用Druid连接池优化后的DbUtil类的实现代码如4.3.2-05所示。

【代码4.3.2-05】文件/src/cn.bmxt.util/DbUtil.java，版本0.01。

```
01 package cn.bmxt.util;
02 import com.alibaba.druid.pool.DruidDataSourceFactory;
03 import javax.sql.DataSource;
04 import java.io.InputStream;
05 import java.sql.*;
06 import java.util.Properties;
07 public class DbUtil {
08   private static DataSource ds;
09   static {
10     try {
11       Properties props = new Properties();
12       InputStream is = Thread.currentThread().
getContextClassLoader().getResourceAsStream("druid.properties");
13       props.load(is);
14       ds = DruidDataSourceFactory.createDataSource(props);
15     } catch (Exception e) {
16       e.printStackTrace();
17     }
18   }
19   public static Connection getConnection() {
20     Connection conn;
21     try {
22       conn = ds.getConnection();
23     } catch (SQLException e) {
24       System.out.println("数据库连接获取错误! ");
25       throw new RuntimeException(e);
26     }
27     return conn;
28   }
29 }
```

代码4.3.2-05说明如下：

（1）第08行，声明私有静态的数据源DataSource对象ds。

（2）第09行~第18行，声明静态代码块，当类DbUtil加载时执行，完成数据源对象ds的创建和初始化。第11行~第13行用于读取加载配置文件“druid.properties”中的配置信息；第14行创建并初始化了数据源对象ds，它是由工厂类DruidDataSourceFactory的createDataSource方法创建的。

（3）第19行~第28行，封装了获取数据库连接的方法getConnection，核心代码是第22行，调用数据源对象ds的getConnection方法从数据库连接池中获取一个数据库连接对象；第27行返回获取的数据库连接对象。

4.3.3 封装释放资源的方法

视频讲解

执行数据库操作时要使用数据库连接对象，数据库连接对象可以调用4.3.2节中封装的

getConnection方法获取。数据库操作执行完毕后，还需要释放相关资源，比如释放数据库连接Connection对象，释放Statement对象以及ResultSet结果集对象。在DbUtil工具类中对释放各类资源的代码进行封装，以便于不同类别的数据库操作方法调用。首先封装三个重载的释放单个资源的方法，分别用于关闭Connection对象、Statement对象和ResultSet结果集对象，方法代码如4.3.3-01所示。

【代码4.3.3-01】封装释放单个资源的方法，代码位置：/src/cn.bmxt.util/DbUtil.java。

```
01 public static void release(Connection conn) {
02   if (conn != null) {
03     try {
04       conn.close();
05     } catch (SQLException e) {
06       e.printStackTrace();
07     }
08   }
09 }
10 public static void release(Statement stmt) {
11   if (stmt != null) {
12     try {
13       stmt.close();
14     } catch (SQLException e) {
15       e.printStackTrace();
16     }
17   }
18 }
19 public static void release(ResultSet rs) {
20   if (rs != null) {
21     try {
22       rs.close();
23     } catch (SQLException e) {
24       e.printStackTrace();
25     }
26   }
27 }
```

代码4.3.3-01中封装了三个重载的释放资源的方法，第01行~第09行封装的是关闭Connection对象的方法，第10行~第18行封装的是关闭Statement对象的方法，第19行~第27行封装的是关闭ResultSet对象的方法。

执行数据库表的查询操作时会使用Connection、Statement和Resultset这三个对象，操作完毕后需要逐一释放。执行数据库表的更新操作时会使用Connection和Statement对象，操作完后也需要分别释放。我们可以再封装两个重载的释放多个资源的方法，一个用于关闭Connection、Statement和Resultset对象，一个用于关闭Connection和Statement对象，封装的方法代码如4.3.3-02所示。

【代码4.3.3-02】封装释放多个资源的方法，代码位置：/src/cn.bmxt.util/DbUtil.java。

```
01 public static void release(Connection conn, Statement stmt,
   ResultSet rs) {
02   release(rs);
03   release(stmt);
04   release(conn);
05 }
06 public static void release(Connection conn, Statement stmt) {
07   release(stmt);
08   release(conn);
09 }
```

代码4.3.3-02中第01行~第05行封装的是释放Connection、Statement和Resultset对象的方法。需要注意释放资源的顺序：应该先释放Resultset对象，接着释放Statement对象，最后释放Connection对象。同理，第06行~第09行封装的释放Connection和Statement对象的方法中，需要先释放Statement对象，然后再释放Connection对象。

在项目开发过程中，需要根据不同的数据库操作，调用合适的release方法，进行资源的释放。

4.3.4 封装通用的数据查询操作

当进行数据的查询操作时，为了便于方法的复用，可以将常用的数据查询方法进行封装，使用泛型技术使封装的方法更具通用性。按照封装的结果返回类型进行划分，可以划分为四类查询方法，分别为查询一个实体对象、查询一条Map类型数据、查询实体对象的列表集合以及查询Map类型数据的列表集合。下面分别介绍这四类通用的数据查询方法。

1. 封装查询一个实体对象的方法

视频讲解

在数据库表中查询一条记录，当该记录可以转换为一个实体类对象时，可以封装为一个查询实体对象的方法queryEntity，通过传入给定实体类的类型、预处理的SQL语句以及SQL语句的参数数组完成数据查询功能。queryEntity方法的实现代码如4.3.4-01所示，该方法适用于查询一条记录，封装为一个实体类对象后返回。

【代码4.3.4-01】封装查询一个实体对象的方法，代码位置：/src/cn.bmxt.util/DbUtil.java。

```
01 public static <T> T queryEntity(Class<T> clazz, String sql,
   Object... sqlParas) {
02   Connection conn = null;
03   PreparedStatement ps = null;
04   ResultSet rs = null;
05   try {
06     conn = getConnection();
07     ps = conn.prepareStatement(sql);
08     for (int i = 0; i < sqlParas.length; i++) {
09       ps.setObject(i + 1, sqlParas[i]);
```

```
10     }
11     rs = ps.executeQuery();
12     if (rs.next()) {
13       T entity = clazz.newInstance();
14       ResultSetMetaData rsMetaData = rs.getMetaData();
15       int columnCount = rsMetaData.getColumnCount();
16       for (int i = 0; i < columnCount; i++) {
17         String columnLabel = rsMetaData.getColumnLabel(i + 1);
18         Object columnValue = rs.getObject(i + 1);
19         Field field = !"id".equals(columnLabel) ? clazz.
   getDeclaredField(columnLabel) : clazz.getSuperclass().
   getDeclaredField(columnLabel);
20         field.setAccessible(true);
21         field.set(entity, columnValue);
22       }
23       return entity;
24     }
25   } catch (Exception e) {
26     e.printStackTrace();
27   } finally {
28     release(conn, ps, rs);
29   }
30   return null;
31 }
```

代码4.3.4-01说明如下：

（1）第01行，定义泛型方法queryEntity，返回泛型类T。该方法中包含三个参数，第一个参数clazz是查询结果要封装的实体类的类型，第二个参数sql是带占位符的查询语句，第三个参数sqlParas是查询语句中用于替换占位符的若干参数（可以是0个或多个）。

（2）第02行~第04行，分别创建数据库连接对象conn、PreparedStatement对象ps和ResultSet对象rs，全部初始化为null。

（3）第06行，通过封装的数据库连接方法getConnection获取一个数据库连接对象并将其引用赋值给conn。

（4）第07行，通过数据库连接对象conn的prepareStatement方法，传入带有占位符的预编译SQL语句，获取PreparedStatement对象并将其引用赋值给ps。

（5）第08行~第10行，遍历参数sqlParas，通过循环体第09行中的setObject方法将预编译SQL语句中的占位符进行有序替换，构成最终可执行的完整的SQL语句。需要注意的是，预编译SQL语句中的占位符的索引是从1开始的，而参数数组sqlParas的索引是从0开始的。

（6）第11行，调用PreparedStatement对象ps的executeQuery方法执行查询并将结果集对象的引用赋值给rs。

（7）第12行，判断结果集rs中是否有第一条数据，如果有第一条数据则继续执行第13行~第23行中的代码块，将第一条结果记录转换为给定实体类型对象并返回。如果没有，程序最终将执行第30行代码，返回null。

（8）第13行~第23行，将第一条结果记录转换为给定实体类型对象并返回。第13行调用传入的实体类类型的newInstance方法创建泛型对象并命名为entity，它是通过实体类的无参构造方法来创建获取的类实例。第14行通过getMetaData方法，获取ResultSetMetaData元数据对象rsMetaData。ResultSetMetaData对象是描述ResultSet结果集的元数据，包括结果集中的列数、每列的列名、列类型等。第15行通过ResultSetMetaData对象的getColumnCount方法获得当前结果集中列的个数。第16行~第22行，遍历第一条结果记录中的每一列的字段值，分别赋值给结果对象entity中的属性，其中第17行从rsMetaData中获取当前列的列名，第18行则从结果集rs中获取当前列对应的字段值，第19行获取实体类型clazz中与当前列对应的属性域对象（注意当列名为id时，获取的是实体类型的父类型Entity的id属性域对象），第20行设置允许访问entity的私有成员属性，第21行将当前列对应的字段值赋值给entity对象属性，遍历结束后就完成了结果记录到实体类型对象的转换。第23行将转换后的实体类对象entity返回。

（9）第25行~第26行，使用catch语句块进行异常捕获。

（10）第28行，在finally语句块中释放资源，调用已封装的release方法，关闭数据库连接对象conn、PreparedStatement对象ps和结果集对象rs。

（11）第30行，如果第12行中的条件不成立或者执行第13行~第23行的代码块时产生了异常，都会执行本行语句返回结果null。

2. 封装查询Map类型数据的方法

在数据库表中查询一条记录，可以封装为一个查询Map类型数据的方法queryMap，通过传入预处理的SQL语句以及SQL语句的参数数组完成数据查询功能。queryMap方法的实现代码如4.3.4-02所示，该方法适用于查询一条记录，封装为Map类型数据后返回。

视频讲解

【代码4.3.4-02】封装查询Map类型数据的方法，代码位置：/src/cn.bmxt.util/DbUtil.java。

```
01 public static Map<String, Object> queryMap(String sql, Object...
   sqlParas) {
02   Connection conn = null;
03   PreparedStatement ps = null;
04   ResultSet rs = null;
05   try {
06     conn = getConnection();
07     ps = conn.prepareStatement(sql);
08     for (int i = 0; i < sqlParas.length; i++) {
09       ps.setObject(i + 1, sqlParas[i]);
10     }
11     rs = ps.executeQuery();
12     if (rs.next()) {
13       Map<String, Object> mapResult = new HashMap<>();
14       ResultSetMetaData rsMetaData = rs.getMetaData();
15       int columnCount = rsMetaData.getColumnCount();
16       for (int i = 0; i < columnCount; i++) {
```

```
17         String columnLabel = rsMetaData.getColumnLabel(i + 1);
18         Object columnValue = rs.getObject(i + 1);
19         mapResult.put(columnLabel, columnValue);
20       }
21       return mapResult;
22     }
23   } catch (Exception e) {
24     e.printStackTrace();
25   } finally {
26     release(conn, ps, rs);
27   }
28   return null;
29 }
```

queryMap方法与queryEntity方法的处理流程基本一致，差别之处在于对结果集的处理方式不同。queryEntity方法将结果集中的第一条记录转换为给定的实体类型对象后返回，而queryMap方法则是将结果集中的第一条记录转换为Map类型数据后返回。

3. 封装查询实体类对象列表集合的方法

视频讲解

在数据库表中查询多条记录，当每条记录都可以转换为一个实体类对象时，可以封装为一个查询实体对象列表集合的方法queryEntityList，通过传入给定实体类的类型、预处理的SQL语句以及SQL语句的参数数组完成数据查询功能。queryEntityList方法的实现代码如4.3.4-03所示，该方法适用于查询多条记录，返回对应的实体类对象列表集合。

【代码4.3.4-03】查询实体类对象列表集合的方法，代码位置：/src/cn.bmxt.util/DbUtil.java。

```
01 public static <T> ArrayList<T> queryEntityList(Class<T> clazz,
   String sql, Object... sqlParas) {
02   Connection conn = null;
03   PreparedStatement ps = null;
04   ResultSet rs = null;
05   try {
06     conn = getConnection();
07     ps = conn.prepareStatement(sql);
08     for (int i = 0; i < sqlParas.length; i++) {
09       ps.setObject(i + 1, sqlParas[i]);
10     }
11     rs = ps.executeQuery();
12     ArrayList<T> entityList = new ArrayList<T>();
13     ResultSetMetaData rsMetaData = rs.getMetaData();
14     int columnCount = rsMetaData.getColumnCount();
15     while (rs.next()) {
16       T entity = clazz.newInstance();
17       for (int i = 0; i < columnCount; i++) {
18         String columnLabel = rsMetaData.getColumnLabel(i + 1);
```

```
19          Object columnValue = rs.getObject(i + 1);
20          Field field = !"id".equals(columnLabel) ? clazz.
    getDeclaredField(columnLabel) : clazz.getSuperclass().
    getDeclaredField(columnLabel);
21          field.setAccessible(true);
22          field.set(entity, columnValue);
23        }
24        entityList.add(entity);
25      }
26      return entityList;
27    } catch (Exception e) {
28      e.printStackTrace();
29    } finally {
30      release(conn, ps, rs);
31    }
32    return null;
33 }
```

queryEntityList方法与queryEntity方法的处理流程是基本相同的，区别在于queryEntity方法仅仅处理转换结果集中的第一条记录，而queryEntityList方法则需要遍历结果集中的所有记录，将每一条结果记录都转换为一个实体类对象，然后将这些实体类对象封装在一个ArrayList集合中返回。

4. 封装查询Map类型数据列表集合的方法

视频讲解

在数据库表中查询多条记录，可以封装为一个查询Map类型数据列表的方法queryMapList，通过传入预处理的SQL语句以及SQL语句的参数数组完成数据查询功能。queryMapList方法的实现代码如4.3.4-04所示，该方法适用于查询多条记录，封装为Map类型数据的列表集合后返回。

【代码4.3.4-04】封装用于查询Map类型数据列表集合的方法，代码位置：/src/cn.bmxt.util/DbUtil.java。

```
01 public static ArrayList<Map<String, Object>> queryMapList(String
    sql, Object... sqlParas) {
02   ArrayList<Map<String, Object>> mapResultList = new
    ArrayList<Map<String, Object>>();
03   Connection conn = null;
04   PreparedStatement ps = null;
05   ResultSet rs = null;
06   try {
07     conn = getConnection();
08     ps = conn.prepareStatement(sql);
09     for (int i = 0; i < sqlParas.length; i++) {
10       ps.setObject(i + 1, sqlParas[i]);
11     }
```

```
12      rs = ps.executeQuery();
13      while (rs.next()) {
14        Map<String, Object> mapResult = new HashMap<>();
15        ResultSetMetaData rsMetaData = rs.getMetaData();
16        int columnCount = rsMetaData.getColumnCount();
17        for (int i = 0; i < columnCount; i++) {
18          String columnLabel = rsMetaData.getColumnLabel(i + 1);
19          Object columnValue = rs.getObject(i + 1);
20          mapResult.put(columnLabel, columnValue);
21        }
22        mapResultList.add(mapResult);
23      }
24    } catch (Exception e) {
25      e.printStackTrace();
26    } finally {
27      release(conn, ps, rs);
28    }
29    return mapResultList;
30 }
```

queryMapList方法与queryMap方法的处理流程是基本相同的，queryMap方法仅仅将结果集中的第一条记录转换为Map类型数据，而queryMapList方法则需要遍历结果集中的所有记录，将每一条结果记录都转换为Map类型数据，然后将这些Map类型数据封装在一个ArrayList集合中返回。

4.3.5 封装基础的数据更新操作方法

视频讲解

数据的更新（插入、修改和删除）操作，都是通过调用PreparedStatement对象的executeUpdate方法来执行的，需要传入预处理的SQL语句以及SQL语句的参数数组。为了配合具体业务逻辑需求，有时多条数据更新操作在执行时需要使用同一个数据库连接对象，以便于应用数据库事务，保证数据的一致性。因此，有必要先封装一个底层的updateBySql方法，在方法中使用外部传递的数据库连接对象，执行数据更新操作后不去关闭这个数据库连接对象，以便于事务中的其他数据更新操作使用同一个数据库连接对象执行；事务中所有更新操作执行完成后，由上层的应用代码关闭数据库连接对象。使用外部数据库连接对象的数据更新操作方法updateBySql的实现代码如4.3.5-01所示。

【代码4.3.5-01】使用外部连接的数据更新操作方法，代码位置：/src/cn.bmxt.util/DbUtil.java。

```
01 public static int updateBySql(Connection conn, String sql,
   Object... sqlParas) {
02   int row = 0;
03   PreparedStatement ps = null;
04   try {
05     ps = conn.prepareStatement(sql);
```

```
06     for (int i = 0; i < sqlParas.length; i++) {
07       ps.setObject(i + 1, sqlParas[i]);
08     }
09     row = ps.executeUpdate();
10   } catch (SQLException e) {
11     e.printStackTrace();
12   } finally {
13     release(ps);
14   }
15   return row;
16 }
```

代码4.3.5-01说明如下：

（1）第01行，声明静态方法updateBySql，方法返回int类型，包含三个入参：第一个参数conn是外部传递的Connection对象，第二个参数sql是带占位符的更新语句，第三个参数sqlParas是更新语句中用于替换占位符的若干参数（可以是0个或多个）。

（2）第02行，声明返回的int类型变量row。

（3）第03行，声明PreparedStatement对象ps，并初始化为null。

（4）第05行，通过数据库连接对象conn的prepareStatement方法，传入带有占位符的预编译SQL语句，获取PreparedStatement对象并将其引用赋值给ps。

（5）第06行~第08行，遍历参数sqlParas，通过循环体第07行中的setObject方法将预编译SQL语句中的占位符进行有序替换，构成最终可执行的完整的SQL语句。

（6）第09行，调用ps对象的executeUpdate方法执行更新语句，返回结果为影响的行数，使用变量row接收。

（7）第10行~第11行，使用catch语句块进行异常捕获。

（8）第13行，在finally语句块中释放资源，调用已封装的release方法，不关闭Connection对象，仅关闭PreparedStatement对象。

（9）第15行，返回数据表的更新行数row。

在多数业务场景中仅需要执行一个更新操作，执行时不需要外部提供数据库连接对象。因此，可以再封装一个重载的updateBySql方法，在方法内部获取一个数据库连接对象，然后调用代码4.3.5-01中封装的updateBySql方法执行更新操作，更新操作执行完毕之后立即释放数据库连接对象。这个重载的updateBySql方法的实现代码如4.3.5-02所示。

【代码4.3.5-02】使用内部连接的数据更新操作方法，代码位置：/src/cn.bmxt.util/DbUtil.java。

```
01 public static int updateBySql(String sql, Object... sqlParas) {
02   int row = 0;
03   Connection conn = null;
04   try {
05     conn = getConnection();
06     row = updateBySql(conn, sql, sqlParas);
07   } finally {
```

```
08     release(conn);
09   }
10   return row;
11 }
```

4.3.6 封装通用的插入数据操作方法

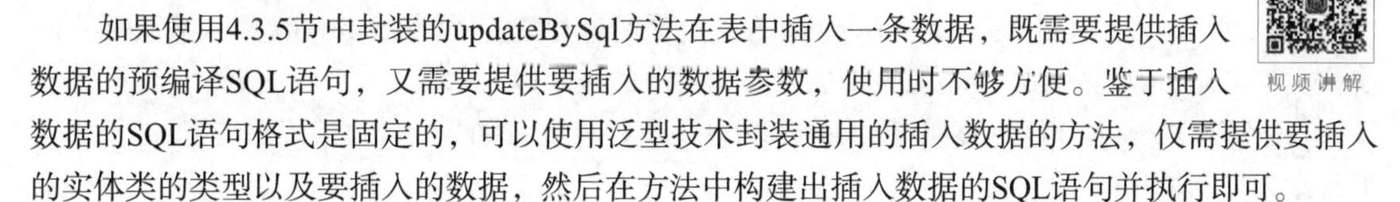

如果使用4.3.5节中封装的updateBySql方法在表中插入一条数据，既需要提供插入数据的预编译SQL语句，又需要提供要插入的数据参数，使用时不够方便。鉴于插入数据的SQL语句格式是固定的，可以使用泛型技术封装通用的插入数据的方法，仅需提供要插入的实体类的类型以及要插入的数据，然后在方法中构建出插入数据的SQL语句并执行即可。

在4.2节中进行实体类设计时，采用了让数据库表的表名与对应的Java实体类的类名保持一致（不区分大小写）的设计原则，因此，通过方法入参中提供的要插入的实体类的类型，就能够获取到对应的数据库表的表名。为便于复用调用，封装一个方法getTableName，用于从实体类的类型中获取与之对应的数据库表名，getTableName方法的代码如4.3.6-01所示。

【代码4.3.6-01】封装根据实体类型获取表名的方法，代码位置：/src/cn.bmxt.util/DbUtil.java。

```
01 public static String getTableName(Class<?> entityClass) {
02   return entityClass.getSimpleName().toLowerCase();
03 }
```

接下来，可以封装一个根据域字段映射Map参数来插入数据的泛型方法insertEntity，该方法基于传入的实体类型和封装为Map类型数据的域字段，构建包含占位符的SQL插入语句以及用于替换占位符的实参数组，然后调用updateBySql方法完成插入数据的操作。insertEntity方法的实现代码如4.3.6-02所示。

【代码4.3.6-02】封装根据域字段映射插入数据的方法，代码位置：/src/cn.bmxt.util/DbUtil.java。

```
01 public static <T> int insertEntity(Class<T> entityClass,
   Map<String, Object> fieldMap) {
02   if (fieldMap == null || fieldMap.isEmpty()) {
03     return 0;
04   }
05   String sql = "INSERT INTO " + getTableName(entityClass);
06   StringBuilder columns = new StringBuilder(" (");
07   StringBuilder values = new StringBuilder(" (");
08   for (String fieldName : fieldMap.keySet()) {
09     columns.append(fieldName).append(", ");
10     values.append("?, ");
11   }
12   columns.replace(columns.lastIndexOf(", "), columns.length(),") ");
```

```
13   values.replace(values.lastIndexOf(","), values.length(), ") ");
14   sql += columns + " VALUES " + values;
15   Object[] sqlParams = fieldMap.values().toArray();
16   return updateBySql(sql, sqlParams);
17 }
```

代码4.3.6-02说明如下：

（1）第01行，声明静态方法insertEntity，包括两个参数：泛型类entityClass代表要插入的实体类型，Map类型的fieldMap代表要插入实体对象的域字段映射。

（2）第02行~第04行，判断传入的fieldMap是否为空，如果为空，则没有需要更新的数据，结果返回0。

（3）第05行，开始构建含有占位符的预编译SQL语句，形如“INSERT INTO 表名(列名1,列名2, ...) VALUES (?,?, ...)”。本行构建的是语句的起始部分，其中表名可以调用getTableName方法获取。

（4）第06行~第07行，声明两个StringBuilder类型对象columns和values，均以“(”开始，其中columns用于构建插入语句中的列名字符串部分，形如“(列名1,列名2, ...)”；values用于构建插入语句中的占位符部分，形如“(?,?, ...)”。

（5）第08行~第11行，使用for循环遍历fieldMap中的所有key值，每次循环将key值命名为fieldName，追加到columns中，并在其后追加“,”，同时在values后追加一个占位符“?,”。完成循环后，columns字符串为“(key1,key2, ... ,keyn,”，values为对应个数的占位符字符串“(?, ?, ...,?,”。

（6）第12行~第14行，分别找到columns和values中最后一个“,”，将其替换为“)”，构建完毕的columns字符串为“(key1,key2,...,keyn)”，构建完毕的values为对应个数的占位符字符串“(?, ?, ...,?)”。最后将插入语句的起始部分、columns字符串、关键字“VALUES”以及values字符串进行拼接，得到最终的预编译SQL语句。

（7）第15行，调用values方法获取fieldMap的所有值，并将其转换为数组格式，得到Object数组sqlParams。

（8）第16行，调用之前封装的executeUpdate方法对数据表执行更新操作，传入构建好的预编译SQL语句和对应的sqlParams数组参数，执行完毕后直接返回结果即可。

在插入数据时，如果用户提供的是要插入的实体类对象，可以先将实体类对象转换为对应的域字段映射，然后再调用代码4.3.6-02中封装的insertEntity方法完成数据插入操作。为便于代码复用，需要封装一个泛型方法getFieldValueMap，用于将实体类对象转换为对应的域字段映射。getFieldValueMap方法的代码如4.3.6-03所示。

【代码4.3.6-03】实体类对象转换为域字段映射的方法，代码位置：/src/cn.bmxt.util/DbUtil.java。

```
01 public static <T> Map<String, Object> getFieldValueMap(T entity) {
02   Map<String, Object> fieldValueMap = new HashMap<String, Object>();
03   Field[] fields = ArrayUtils.addAll(entity.getClass().
   getDeclaredFields(),entity.getClass().getSuperclass().
```

```
        getDeclaredFields());
04    for (int i = 0; i < fields.length; i++) {
05      Field f = fields[i];
06      String name = f.getName();
07      if (!"serialVersionUID".equalsIgnoreCase(name)) {
08        f.setAccessible(true);
09        try {
10          Object value = f.get(entity);
11          fieldValueMap.put(name, value);
12        } catch (IllegalArgumentException e) {
13          e.printStackTrace();
14        } catch (IllegalAccessException e) {
15          e.printStackTrace();
16        }
17      }
18    }
19    return fieldValueMap;
20 }
```

代码4.3.6-03说明如下：

（1）第01行，声明静态方法getFieldValueMap，传入泛型实体类对象entity，返回转换后的域字段映射Map。

（2）第02行，声明域字段映射fieldValueMap，初始化为“HashMap<String，Object>”类型。

（3）第03行，获取泛型T所代表类型的所有域对象以及其父类中的所有域对象，然后将这些域对象合并为一个数组fields。

（4）第04行~第18行，使用for循环遍历fields中的各个域对象，获取每个域对象代表的属性名称，然后从实体类对象entity中获取对应的属性值，存入域字段映射fieldValueMap中。其中第06行获取的是属性名称name，第07行忽略序列化版本ID号这个域对象，第10行通过反射方法获得该域字段在实体类对象entity中的属性值value，第11行以name和value作为键值对，加入到域字段映射fieldValueMap中。

（5）第19行，返回构建好的fieldValueMap。

为方便用户调用，可以封装一个重载的插入数据的泛型方法insertEntity，方法入参仅需提供要插入的实体对象即可，方法的实现代码如4.3.6-04所示。

【代码4.3.6-04】封装根据实体对象插入数据的方法，代码位置：/src/cn.bmxt.util/DbUtil.java。

```
01 public static <T> int insertEntity(T entity) {
02   return insertEntity(entity.getClass(), getFieldValueMap(entity));
03 }
```

4.3.7 封装通用的修改数据操作方法

如果使用4.3.5节中封装的updateBySql方法在表中修改一条数据，既需要提供用于修改数据的预编译SQL语句，又需要提供要修改的数据参数，使用时不够方便。鉴于修改数据的SQL

视频讲解

语句格式是固定的，可以使用泛型技术封装通用的修改数据的方法updateEntity，该方法需要提供要修改的实体类的类型、要修改的记录id值以及要修改的数据，通过在方法中构建出含有占位符的预编译SQL语句以及用于替换占位符的实参数组，然后调用updateBySql方法完成修改数据的操作。updateEntity方法的实现代码如4.3.7-01所示。

【代码4.3.7-01】封装通用的修改数据操作方法，代码位置：/src/cn.bmxt.util/DbUtil.java。

```
01 public static <T> int updateEntity(Class<T> entityClass, long id,
   Map<String, Object> fieldMap) {
02   if (fieldMap == null || fieldMap.isEmpty()) {
03     return 0;
04   }
05   if (fieldMap.containsKey("id")) {
06     fieldMap.remove("id");
07   }
08   String sql = "UPDATE " + getTableName(entityClass) + " SET ";
09   StringBuilder columns = new StringBuilder();
10   for (String fieldName : fieldMap.keySet()) {
11     columns.append(fieldName).append("=?, ");
12   }
13   sql += columns.substring(0, columns.lastIndexOf(", ")) + " WHERE
   id=?";
14   ArrayList<Object> paramList = new ArrayList<Object>();
15   paramList.addAll(fieldMap.values());
16   paramList.add(id);
17   Object[] sqlParas = paramList.toArray();
18   return updateBySql(sql, sqlParas);
19 }
```

代码4.3.7-01说明如下：

（1）第01行，声明用于修改数据的泛型方法updateEntity，方法参数包含泛型类entityClass、要更新的记录id值以及需要修改的数据fieldMap，fieldMap是Map类型的数据。

（2）第02行~第04行，判断传入的fieldMap是否为空，如果为空，意味着没有提供需要修改的数据，直接返回0即可。

（3）第05行~第07行，判断传入的fieldMap中是否包含id属性，如果包含id属性，则需要删除fieldMap中键为id的键值对。这是因为在设计数据库表时，id字段均设置为了主键，并且具有自增的属性，不允许用户随意修改记录的id值，否则会导致难以预料的后果。

（4）第08行~第13行，构建预编译的SQL修改语句，形如“UPDATE 表名 SET 列名1=?, 列名2=?, ... WHERE id =?”。第08行构建的是语句的起始部分，其中表名可以调用getTableName方法获取。第09行声明一个StringBuilder类型的变量columns，用于构建SET关键字后的包含占位符的字段值设置部分。第10行~第12行使用for循环遍历fieldMap的keySet，依次在每个key值后追加“=?,”字符串进行拼接，得到预编译SQL语句的字段值设置部分。此方法构建的字段值设置部分columns的结尾多出一个“,”，因此在13行进行语句的整体拼接时，需要在columns中移除最后一个“,”，最后再拼接上条件子句“ WHERE id=?”，就完成了含有占位符的预编译SQL语句的构建。

（5）第14行~第17行，构建用于替换预编译SQL语句中占位符的实际参数数组。第14行声明一个ArrayList列表paramList，第15行将fieldMap中的所有value值加入paramList中，然后第16行将传入的参数id值也加入paramList中，对应替换条件子句“WHERE id=?”中的占位符，第17行将paramList转换成Object数组，命名为sqlParas。

（6）第18行，调用updateBySql方法，传入构建好的预处理SQL语句和sqlParas参数数组，完成修改数据操作，并将执行结果返回。

4.3.8 封装通用的删除数据操作方法

在DBUtil工具类中封装用于删除一条数据记录的泛型方法deleteEntity，方法入参为要删除的记录id值，方法的实现代码如4.3.8-01所示。

视频讲解

【代码4.3.8-01】根据记录的id值删除一条记录的方法，代码位置：/src/cn.bmxt.util/DbUtil.java。

```
01 public static <T> int deleteEntity(Class<T> entityClass, long id) {
02   String sql = "DELETE FROM " + getTableName(entityClass) + " WHERE
   id=?";
03   return updateBySql(sql, id);
04 }
```

代码4.3.8-01中的第01行声明了泛型方法deleteEntity，包含两个参数，分别为泛型实体类型entityClass和要删除的记录id值。第02行构建出预编译的SQL删除语句，其中表名是通过调用getTableName方法获取的。第03行直接调用updateBySql方法，传入构建好的SQL删除语句以及id参数值，完成删除一条记录的操作。

4.3.9 封装查询标量值的方法

在DbUtil工具类中封装用于查询标量值的泛型方法queryScalar，方法的实现代码如4.3.9-01所示，当需要查询的结果为一个标量值时可以调用该方法。

视频讲解

【代码4.3.9-01】封装查询标量值的方法，代码位置：/src/cn.bmxt.util/DbUtil.java。

```
01 public static <E> E queryScalar(String sql, Object... sqlParas) {
02   Connection conn = null;
03   PreparedStatement ps = null;
04   ResultSet rs = null;
05   try {
06     conn = getConnection();
07     ps = conn.prepareStatement(sql);
```

```
08     for (int i = 0; i < sqlParas.length; i++) {
09       ps.setObject(i + 1, sqlParas[i]);
10     }
11     rs = ps.executeQuery();
12     if (rs.next()) {
13       return (E) rs.getObject(1);
14     }
15   } catch (SQLException e) {
16     e.printStackTrace();
17   } finally {
18     release(conn, ps, rs);
19   }
20   return null;
21 }
```

queryScalar方法与4.3.4节中封装queryEntity方法的处理流程基本一致，差别之处在于对结果集的处理方式不同：queryScalar方法仅仅获取结果集中第一条记录中的第一列的值，并将其转换为泛型数据E返回。

4.3.10 封装查询结果记录条数的方法

视频讲解

在实际的项目开发时，有时需要展示某个查询结果集中的记录条数。为便于代码复用，我们封装两个用于查询结果记录条数的方法，分别介绍如下。

1. 封装统计结果记录条数的方法

封装统计结果记录条数的方法count，通过给定的SQL查询语句，构建查询结果记录条数的统计语句，然后调用4.3.9节中封装好的queryScalar方法，得到结果记录条数的标量值。count方法的实现代码如4.3.10-01所示。

【代码4.3.10-01】封装统计结果记录条数的方法，代码位置：/src/cn.bmxt.util/DbUtil.java。

```
01 public static long count(String sql, Object... sqlParas) {
02   String countSql = "select count(*) " + sql.toLowerCase().
   substring(sql.indexOf(" from "));
03   Long result = queryScalar(countSql, sqlParas);
04   return result == null ? 0 : result;
05 }
```

代码4.3.10-01说明如下：

（1）第01行，声明count方法，返回的统计结果为long型，参数有两个，分别是要统计结果记录条数的SQL查询语句以及语句的参数数组sqlParas。

（2）第02行，构建查询结果记录条数的统计语句。先将给定的SQL查询语句转为小写，然后截取从“ from ”处开始到语句结尾的子串，再将“select count(*) ”和该子串进行拼接，得到用于查询结果记录条数的统计语句countSql。

（3）第03行，调用queryScalar方法，将统计语句countSql和语句参数sqlParas作为方法参数传入，执行后得到统计结果result。

（4）第04行，判断result是否为null，如果为null则返回0，否则返回result。

2. 封装统计数据表中记录总数的方法

封装一个重载的泛型方法count，用于统计某个数据表中的记录总数，入参为实体类型，方法的实现代码如4.3.10-02所示。

【代码4.3.10-02】统计数据表中记录总数的方法，代码位置：/src/cn.bmxt.util/DbUtil.java。

```
01 public static <T> long count(Class<T> entityClass) {
02   Long result = queryScalar("select count(*) from " +
   getTableName(entityClass));
03   return result == null ? 0 : result;
04 }
```

代码4.3.10-02中的第02行构建了用于查询数据表中所有记录条数的统计语句，其中表名是通过调用getTableName方法获取的；然后通过调用queryScalar方法，将构建好的统计语句作为参数传入，执行后获取统计结果result。

4.3.11 DbUtil 工具类的完整代码

4.3.2节～4.3.10节按类别对操作数据库的基本方法进行了封装，实现了一个功能齐全的数据库操作工具类DbUtil，该类的完整代码如4.3.11-01所示。

【代码4.3.11-01】文件/src/cn.bmxt.util/DbUtil.java，版本1.0，上一个版本参见代码4.3.2-05。

```
01 package cn.bmxt.util;
02 import java.io.InputStream;
03 import java.lang.reflect.Field;
04 import java.sql.Connection;
05 import java.sql.PreparedStatement;
06 import java.sql.ResultSet;
07 import java.sql.ResultSetMetaData;
08 import java.sql.SQLException;
09 import java.sql.Statement;
10 import java.util.ArrayList;
11 import java.util.HashMap;
12 import java.util.Map;
13 import java.util.Properties;
14 import com.alibaba.druid.pool.DruidDataSourceFactory;
15 import org.apache.commons.lang3.ArrayUtils;
16 import javax.sql.DataSource;
17 public class DbUtil {
18   ... 此处为【代码 4.3.2-05】中的第 08 行 ~ 第 28 行代码
19   ... 此处为【代码 4.3.3-01】中的所有代码
20   ... 此处为【代码 4.3.3-02】中的所有代码
21   ... 此处为【代码 4.3.4-01】中的所有代码
```

```
22      ...此处为【代码4.3.4-02】中的所有代码
23      ...此处为【代码4.3.4-03】中的所有代码
24      ...此处为【代码4.3.4-04】中的所有代码
25      ...此处为【代码4.3.5-01】中的所有代码
26      ...此处为【代码4.3.5-02】中的所有代码
27      ...此处为【代码4.3.6-01】中的所有代码
28      ...此处为【代码4.3.6-02】中的所有代码
29      ...此处为【代码4.3.6-03】中的所有代码
30      ...此处为【代码4.3.6-04】中的所有代码
31      ...此处为【代码4.3.7-01】中的所有代码
32      ...此处为【代码4.3.8-01】中的所有代码
33      ...此处为【代码4.3.9-01】中的所有代码
34      ...此处为【代码4.3.10-01】中的所有代码
35      ...此处为【代码4.3.10-02】中的所有代码
36  }
```

第5章 DAO层组件的封装设计

DAO（Data Access Object）是数据访问对象。DAO层是业务逻辑层与数据库层之间的中间层，它进一步封装了数据库的底层操作，屏蔽了具体数据存取技术的实现细节。上层业务逻辑代码通过调用DAO层组件来实现与数据库的交互。

DAO层在设计时通常包含两个部分：DAO接口和DAO实现类。开发人员的业务代码面向DAO接口，当需要更新接口的具体实现时，可以定义一个新的实现类，现有的业务代码不会受到任何影响，便于系统的扩展。

本章介绍DAO层组件的封装设计与具体实现。

视频讲解

5.1 基于泛型的通用DAO接口设计

在实际的系统业务中，有很多业务逻辑都是通过对数据库表的增、删、改、查等操作来实现的，例如考生注册新用户时需要在数据库表student中插入一条记录，管理员登录系统时需要查询数据库表admin中的记录，考生用户修改报考信息时需要更新数据库表enroll中的记录。DAO接口作为中间层，要能够提供一些适用于操作不同数据库表的通用方法，从而简化上层业务逻辑代码的编写。基于泛型技术来设计DAO接口无疑是一个很好的选择。下面我们将基于泛型技术设计一个通用的DAO接口，并在这个通用DAO接口中提供比较全面的用于操作数据库的基本方法。

首先在src目录下创建java包“cn.bmxt.dao.common”，然后在该包中创建一个接口BaseDao，BaseDao的设计代码如5.1-01所示。

【代码5.1-01】文件/src/cn.bmxt.dao.common/BaseDao.java，版本0.01。

```
01 package cn.bmxt.dao.common;
02 import cn.bmxt.entity.common.Entity;
03 import java.util.List;
04 import java.util.Map;
05 public interface BaseDao<T extends Entity> {
06   public T findOneById(long id);
07   public T findOneByField(String fieldName, Object fieldValue);
08   public T findOneBySql(String sql, Object... sqlParas);
09   public Map<String, Object> findMapBySql(String sql, Object...
```

```
sqlParas);
10   public List<T> findAll();
11   public List<T> findAllByField(String fieldName, Object fieldValue);
12   public List<T> findAllBySql(String sql, Object... sqlParas);
13   public List<Map<String, Object>> findMapListBySql(String sql,
Object... sqlParams);
14   public int save(T entity);
15   public int save(Map<String, Object> entityFieldMap);
16   public int deleteById(long id);
17   public int deleteByField(String fieldName, Object fieldValue);
18   public int deleteBySql(String sql, Object... sqlParas);
19   public int updateById(long id, Map<String, Object>
entityFieldMap);
20   public int updateByField(String fieldName, Object fieldValue);
21   public int updateBySql(String sql, Object... sqlParas);
22   public long count();
23   public long count(String sql, Object... sqlParas);
24 }
```

代码5.1-01说明如下：

（1）第05行，BaseDao接口的声明行，其中定义的泛型T代表的是Entity类的子类型，Entity类的子类型就是4.2节中定义的10个实体类。

（2）第06行~第08行，定义了3个常用的查询实体的方法。第06行中定义的findOneById方法通过给定的id值查询得到一个实体。第07行中定义的findOneByField方法通过给定的字段名称和字段值查询得到一个实体。第08行中定义的findOneBySql方法通过给定一个预编译SQL语句及其参数数组查询得到一个实体。

（3）第09行，定义了findMapBySql方法，通过给定一个预编译SQL语句及其参数数组查询一条记录，将结果记录转换为Map类型的数据后返回。

（4）第10行~第12行，定义了3个常用的查询实体集合的方法。第10行中定义的findAll方法用于查询一个表中的所有记录，并封装为与之对应的实体集合。第11行中定义的findAllByField方法通过给定的字段名称和字段值查询得到一个实体列表集合。第12行中定义的findAllBySql方法则通过给定一个预编译SQL语句及其参数数组查询得到一个实体列表集合。

（5）第13行，定义了findMapListBySql方法。通过给定一个预编译SQL语句及其参数数组查询多条记录，将其中的记录转换为Map类型的数据，然后再将这些Map类型的数据组织在一个列表集合中返回。

（6）第14行~第15行，定义了重载的两个save方法，用于在数据库表中保存一条记录，方法入参可以是一个实体类，也可以是一个Map类型的数据。

（7）第16行~第18行，定义了3个常用的删除记录的方法。第16行中定义的deleteById方法删除某个id值对应的记录。第17行中定义的deleteByField方法用于删除某个字段（fieldName）等于某个值（fieldValue）的所有记录。第18行中定义的deleteBySql方法则通过给定一个预编译SQL语句及其参数数组来执行删除操作。

（8）第19行~第21行，定义了3个常用的更新数据的方法。第19行中定义的updateById方法用于更新某个id值对应的记录，记录中需要更新的字段和值则通过一个Map类型的数据提供。第20行中定义的updateByField方法用于对一个字段（fieldName）的值进行修改，将其修改为参数中给定的值（fieldValue）。第21行中定义的updateBySql方法则通过给定一个预编译SQL语句及其参数数组来执行更新操作。

（9）第22行~第23行，定义了重载的两个count方法，用于获取查询结果中的记录条数，其中，第22行中定义的无参的count方法获取的是某个表中记录的总条数，第23行中定义的count方法获取的是某个查询语句执行后的结果记录条数。

视频讲解

5.2 基于泛型的通用 DAO 接口实现类设计

在5.1节中，我们创建了一个基于泛型的通用DAO接口，在其中定义了一些常用的操作数据库的方法，接着就需要创建其实现类，在实现类中实现接口中定义的方法。

首先在src目录下创建java包“cn.bmxt.dao.common.impl”，然后在该包中创建一个类BaseDaoImpl，并实现接口BaseDao。实现类BaseDaoImpl的设计代码如5.2-01所示。

【代码5.2-01】文件/src/cn.bmxt.dao.common.impl/BaseDaoImpl.java，版本0.01。

```
01 package cn.bmxt.dao.common.impl;
02 import cn.bmxt.dao.common.BaseDao;
03 import cn.bmxt.entity.common.Entity;
04 import cn.bmxt.util.DbUtil;
05 import java.lang.reflect.ParameterizedType;
06 import java.util.List;
07 import java.util.Map;
08 public class BaseDaoImpl<T extends Entity> implements BaseDao<T> {
09   protected Class<T> clazz;
10   {
11     ParameterizedType parameterizedType = (ParameterizedType) this.
   getClass().getGenericSuperclass();
12     clazz = (Class<T>) parameterizedType.getActualTypeArguments()
   [0];
13   }
14   public T findOneById(long id) {
15     return DbUtil.queryEntity(clazz, "select * from " + DbUtil.
   getTableName(clazz) + " where id=?", id);
16   }
17   public T findOneByField(String fieldName, Object fieldValue) {
18     return DbUtil.queryEntity(clazz, "select * from " + DbUtil.
   getTableName(clazz) + " where " + fieldName + "=?", fieldValue);
19   }
20   public T findOneBySql(String sql, Object... sqlParas) {
21     return DbUtil.queryEntity(clazz, sql, sqlParas);
22   }
```

```
23  public List<T> findAll() {
24    return DbUtil.queryEntityList(clazz, "select * from " + DbUtil.
getTableName(clazz));
25  }
26  public List<T> findAllByField(String fieldName, Object fieldValue) {
27    return DbUtil.queryEntityList(clazz, "select * from " + DbUtil.
getTableName(clazz) + " where " + fieldName + "=?", fieldValue);
28  }
29  public List<T> findAllBySql(String sql, Object... sqlParas) {
30    return DbUtil.queryEntityList(clazz, sql, sqlParas);
31  }
32  public Map<String, Object> findMapBySql(String sql, Object...
sqlParas) {
33    return DbUtil.queryMap(sql, sqlParas);
34  }
35  public List<Map<String, Object>> findMapListBySql(String sql,
Object... sqlParams) {
36    return DbUtil.queryMapList(sql, sqlParams);
37  }
38  public int save(T entity) {
39    return DbUtil.insertEntity(entity);
40  }
41  public int save(Map<String, Object> entityFieldMap) {
42    return DbUtil.insertEntity(clazz, entityFieldMap);
43  }
44  public int deleteById(long id) {
45    return DbUtil.deleteEntity(clazz, id);
46  }
47  public int deleteByField(String fieldName, Object fieldValue) {
48    return DbUtil.updateBySql("delete from " + DbUtil.
getTableName(clazz) + " where " + fieldName + "=?", fieldValue);
49  }
50  public int deleteBySql(String sql, Object... sqlParas) {
51    return DbUtil.updateBySql(sql, sqlParas);
52  }
53  public int updateById(long id, Map<String, Object>
entityFieldMap) {
54    return DbUtil.updateEntity(clazz, id, entityFieldMap);
55  }
56  public int updateByField(String fieldName, Object fieldValue) {
57    return DbUtil.updateBySql("update " + DbUtil.
getTableName(clazz) + " set " + fieldName + "=?", fieldValue);
58  }
59  public int updateBySql(String sql, Object... sqlParas) {
60    return DbUtil.updateBySql(sql, sqlParas);
```

```
61    }
62    public long count() {
63      return DbUtil.count(clazz);
64    }
65    public long count(String sql, Object... sqlParas) {
66      return DbUtil.count(sql, sqlParas);
67    }
68 }
```

代码5.2-01说明如下：

（1）第08行，BaseDaoImpl类的声明行，其中定义的泛型T代表Entity类的子类型，Entity类的子类型就是4.2节中定义的10个实体类。BaseDaoImpl类实现了BaseDao接口，因此需要在BaseDaoImpl类中实现BaseDao接口中定义的所有方法。

（2）第09行，声明泛型参数的类型变量，用于保存BaseDaoImpl类的声明行中的泛型参数T所代表的实际类型。

（3）第10行~13行，当创建BaseDaoImpl类或者其子类的实例对象时，花括号中的代码块会被执行，其作用是获取被参数化了的泛型T所代表的实际类型。通常不会直接去创建BaseDaoImpl类的实例对象，而是创建其子类的实例对象来应用。子类在声明时会指定它所继承的父类“BaseDaoImpl<T extends Entity>”中的参数T具体代表的是哪个实体类。因此，在构造BaseDaoImpl类的子类的实例对象时，会执行第11行和第12行代码，此时第11行中的this关键字代表的是要构造的子类实例对象，“this.getClass()”获取的就是子类的类型信息；然后调用“getGenericSuperclass()”方法就可获取其带泛型的父类，而这个父类正是现在定义的“BaseDaoImpl<T extends Entity>”，它是具有参数化类型的类，可以转换为ParameterizedType类型。在第12行中调用ParameterizedType的getActualTypeArguments方法就可以获取实际的参数化类型数组，从这个数组中取出第一个（下标为0）参数化类型，就是T代表的实际类型，因为T正是BaseDaoImpl类定义时的第一个参数化类型。最终能够获取T代表的实际类型，它就是4.2节中定义的10个实体类中的某一个。知道了泛型参数T表示的是哪个实体类，就可以通过调用DbUtil工具类中封装好的通用的操作数据库的泛型方法，来实现BaseDao接口中定义的方法了。

（4）第14行~第67行，调用DbUtil工具类中的相关方法，逐一实现BaseDao接口中定义的所有方法。

5.3 对分页数据的封装处理

一般来说，当查询多条记录时可能出现较多的结果条数，此时成百上千条数据在一个页面中显示可能会过于冗长，不便于用户阅读。在这种情况下，通常的做法就是使用分页的形式显示数据，在每个数据页中仅显示少量的数据，然后给用户提供分页导航栏用于数据页的切换。在数据分页导航栏中，用户可以自行设定每页显示的数据条目数，也可以上下进行翻页，或者直接指定要跳转的数据页。实现数据分页导航首先需要设计一个分页模型对象，还需要封装按页次查询数据的方法。

1. 分页模型对象设计

视频讲解

分页模型对象是用于临时存储数据的一种特殊对象。在分页模型对象中，既要存储查询到的当前页的数据集合，也要保存分页的相关信息。数据集合可以使用列表进行存储，列表中存储的具体对象类型并非是确定的，查询考生列表时存储的是考生对象，查询报名信息列表时存储的是报名信息对象，还有一些查询结果得到的是Map类型数据，因此在设计分页模型对象时要使用泛型来描述不同类型的数据集合。分页的相关信息用于描述数据分页情况，包括当前页次、每页显示的条目数、数据的总条数、数据的总页数等。

在“cn.bmxt.entity.common”包中创建分页模型类Page，其设计代码如5.3-01所示。

【代码5.3-01】文件/src/cn.bmxt.entity.common/Page.java，版本1.0。

```
01 package cn.bmxt.entity.common;
02 import java.io.Serializable;
03 import java.util.ArrayList;
04 import java.util.List;
05 public class Page<T> implements Serializable {
06   private static final long serialVersionUID = 1L;
07   private int number = 1; // 当前页次
08   private int size = 10; // 每页显示的条目数
09   private long total = 0; // 数据的总条数
10   private int pages = 1; // 数据总页数
11   private int prev = 1; // 上一页
12   private int next = 1; // 下一页
13   private List<T> items = new ArrayList<T>(); // 存放当前页次的数据集合
14   public Page() { super(); }
15   public Page(int number, int size, long total) {
16     super();
17     this.number = number > 0 ? number : 1;
18     this.size = size > 0 ? size : 10;
19     this.total = total;
20     this.setPages();
21     this.setPrev();
22     this.setNext();
23   }
24   public int getNumber() { return number; }
25   public void setNumber(int number) { this.number = number; }
26   public int getSize() { return size; }
27   public void setSize(int size) { this.size = size; }
28   public long getTotal() { return total; }
29   public void setTotal(long total) { this.total = total; }
30   public int getPages() { return pages; }
31   public void setPages() {
32     if (total == 0) {
33       pages = 1;
```

```
34      } else {
35        pages = (int)((total % size == 0)? total/size : total/size +
   1);
36      }
37    }
38    public int getPrev() { return prev; }
39    public void setPrev() { prev = number > 1 ? number-1 : 1;}
40    public int getNext() { return next; }
41    public void setNext() { next = number < pages ? number+1 :
   pages;}
42    public List<T> getItems() { return items; }
43    public void setItems(List<T> items) { this.items = items; }
44 }
```

代码5.3-01说明如下：

（1）第07行，定义了私有成员变量number，用于存储当前页次，初始化为1。在第24行~第25行中定义了该成员的getter和setter方法。

（2）第08行，定义了私有成员变量size，用于存储每页显示的条目数，初始化为10。在第26行~第27行中定义了该成员的getter和setter方法。

（3）第09行，定义了私有成员变量total，用于存储数据的总条数，初始化为0。在第28行~第29行中定义了该成员的getter和setter方法。

（4）第10行，定义了私有成员变量pages，用于存储数据的总页数，初始化为1。在第30行~第37行中定义了该成员的getter和setter方法。在其setter方法中，pages的值是根据total（数据的总条数）和size（每页显示的条目数）计算出来的，如果数据的总条数total为0，就设置总页数pages为1；如果数据的总条数total不为0，则需要结合每页显示的条目数size进行简单计算，具体求解过程参见第35行代码。

（5）第11行，定义了私有成员变量prev，用于存储上一页的页次，初始化为1。在第38行~第39行中定义了该成员的getter和setter方法。在其setter方法中，prev的值是根据number（当前页次）计算出来的，如果number大于1，prev就等于“number-1”，否则prev就等于1。

（6）第12行，定义了私有成员变量next，用于存储下一页的页次，初始化为1。在第40行~第41行中定义了该成员的getter和setter方法。在其setter方法中，next的值是根据number（当前页次）和pages（数据的总页数）计算出来的，如果number小于pages，next就等于“number+1”，否则next就等于pages。

（7）第13行，定义了私有成员变量items，用于存储当前页的数据列表，其类型声明为基于泛型的列表集合“List<T>”，并初始化为“ArrayList<T>”类型。在第42行~第43行中定义了该成员的getter和setter方法。

2. 封装查询分页数据的方法

视频讲解

在BaseDao接口中新增3个用于查询分页数据的通用接口方法，更新后的BaseDao接口的完整代码如5.3-02所示。

【代码5.3-02】文件/src/cn.bmxt.dao.common/BaseDao.java，版本1.0，上一个版本参见代码5.1-01。

```
01 package cn.bmxt.dao.common;
02 import cn.bmxt.entity.common.Entity;
03 import cn.bmxt.entity.common.Page;
04 import java.util.List;
05 import java.util.Map;
06 public interface BaseDao<T extends Entity> {
07   ...此处为【代码5.1-01】中的第06行~第23行代码
08   public Page<T> findOnePageBySql(int number, int size, String sql, 
   Object... sqlParas);
09   public Page<T> findOnePage(int number, int size);
10   public Page<Map<String, Object>> findOnePageMapListBySql(int 
   number, int size, String sql, Object... sqlParas);
11 }
```

代码5.3-02中第08行~第10行为新增的3个查询分页数据的接口方法，方法中都需要传参number和size，其中number为分页的页次，size为每页显示的条目数。第08行中定义的findOnePageBySql方法通过给定一个预编译SQL语句及其参数数组查询得到一页实体列表集合，并将其封装在Page对象中返回。第09行中定义的findOnePage方法用于查询一个表中的某一页记录，并将得到的实体列表集合封装在Page对象中返回。第10行中定义的findOnePageMapListBySql通过给定一个预编译SQL语句及其参数数组查询得到一页Map类型数据的集合，并将其封装在Page对象中返回。

BaseDao接口中新增的3个用于查询分页数据的通用接口方法，需要在其实现类BaseDaoImpl中实现。实现这3个接口方法的BaseDaoImpl类的完整代码如5.3-03所示。

【代码5.3-03】文件/src/cn.bmxt.dao.common.impl/BaseDaoImpl.java，版本1.0，上一个版本参见代码5.2-01。

```
01 package cn.bmxt.dao.common.impl;
02 import cn.bmxt.dao.common.BaseDao;
03 import cn.bmxt.entity.common.Entity;
04 import cn.bmxt.util.DbUtil;
05 import cn.bmxt.entity.common.Page;
06 import org.apache.commons.lang3.ArrayUtils;
07 import java.lang.reflect.ParameterizedType;
08 import java.util.List;
09 import java.util.Map;
10 public class BaseDaoImpl<T extends Entity> implements BaseDao<T> {
11   ...此处为【代码5.2-01】中的第09行~第67行代码
12   public Page<T> findOnePageBySql(int number, int size, String sql, 
   Object... sqlParas) {
13     long total = count(sql, sqlParas);
14     Page<T> page = new Page<>(number, size, total);
15     if(total > 0){
```

```
16        String pageSql = sql + " limit ?,? ";
17        Object[] sqlParasLimit = { (number - 1) * size, size };
18        Object[] sqlParasAll = ArrayUtils.addAll(sqlParas,
  sqlParasLimit);
19        page.setItems(findAllBySql(pageSql, sqlParasAll));
20      }
21      return page;
22    }
23    public Page<T> findOnePage(int number, int size) {
24      return findOnePageBySql(number, size, "select * from " + DbUtil.
  getTableName(clazz));
25    }
26    public Page<Map<String, Object>> findOnePageMapListBySql(int
  number, int size, String sql, Object... sqlParas) {
27      long total = count(sql, sqlParas);
28      Page<Map<String, Object>> page = new Page<>(number, size,
  total);
29      if(total > 0){
30        String pageSql = sql + " limit ?,? ";
31        Object[] sqlParasLimit = { (number - 1) * size, size };
32        Object[] sqlParasAll = ArrayUtils.addAll(sqlParas,
  sqlParasLimit);
33        page.setItems(findMapListBySql(pageSql, sqlParasAll));
34      }
35      return page;
36    }
37  }
```

代码5.3-03中新增的3个实现方法分别说明如下：

（1）第12行~第22行，实现了findOnePageBySql方法。第13行首先调用count方法获取给定查询语句的结果记录总条数total。第14行根据用户传入的number（页次）、size（每页显示的条目数）以及第13行查询到的记录总条数total构造一个Page对象。第15行判断total是否大于0，如果total大于0，继续执行分页数据的查询。第16行使用limit关键字构建用于分页查询的预编译SQL语句。第17行根据number和size构建limit子句的参数。第18行将用户提供的预编译SQL语句的参数与limit子句的参数进行合并。第19行调用findAllBySql方法，传入用于分页查询的预编译SQL语句以及在第18行中合并后的语句参数，最后将查询得到的实体列表集合封装到page对象的items中。第21行返回page对象。

（2）第23行~第25行，实现了findOnePage方法。查询的是一个表中的某一页记录，因此其查询语句是固定的，通过调用findOnePageBySql方法传入这个固定的查询语句即可实现方法功能。

（3）第26行~第36行，实现了findOnePageMapListBySql方法。与findOnePageBySql方法的不同之处在于，该方法查询得到的是Map类型的数据集合。除此之外，该方法实现时的操作步骤与findOnePageBySql方法的实现步骤基本一致，其中第33行在查询分页数据时调用的方法需要替换为findMapListBySql方法。

5.4 实体类DAO接口及其实现类设计

实体类DAO接口需要继承通用的BaseDao接口，并提供BaseDao接口中泛型参数T代表的实际类型。实体类DAO接口的实现类需要继承BaseDao接口的实现类BaseDaoImpl，同时实现实体类DAO接口。通过上述继承和实现机制，实体类DAO组件就能够对通用DAO接口中定义的方法进行复用。下面分别对各个实体类DAO接口及其实现类进行设计。

1. 创建SiteDao接口及其实现类

SiteDao接口继承通用的BaseDao接口，并提供BaseDao接口中泛型参数T代表的实际类型Site。在包“cn.bmxt.dao”中创建SiteDao接口，接口的代码如5.4-01所示。

【代码5.4-01】文件/src/cn.bmxt.dao/SiteDao.java，版本1.0。

```
01 package cn.bmxt.dao;
02 import cn.bmxt.dao.common.BaseDao;
03 import cn.bmxt.entity.Site;
04 public interface SiteDao extends BaseDao<Site> {
05 }
```

SiteDao接口的实现类需要继承BaseDao接口的实现类BaseDaoImpl，提供BaseDaoImpl类中的泛型参数T代表的实际类型Site，同时实现SiteDao接口。

首先在src目录下创建包“cn.bmxt.dao.impl”，用于组织所有的实体类Dao接口的实现类。接着在包“cn.bmxt.dao.impl”中创建SiteDao接口的实现类SiteDaoImpl，其实现代码如5.4-02所示。

【代码5.4-02】文件/src/cn.bmxt.dao.impl/SiteDaoImpl.java，版本1.0。

```
01 package cn.bmxt.dao.impl;
02 import cn.bmxt.dao.SiteDao;
03 import cn.bmxt.dao.common.impl.BaseDaoImpl;
04 import cn.bmxt.entity.Site;
05 public class SiteDaoImpl extends BaseDaoImpl<Site> implements
    SiteDao {
06 }
```

我们看到，通过上述的继承和实现机制，在SiteDao接口中未定义任何新的接口方法，就可以复用那些在通用DAO接口BaseDao中定义的接口方法。同样地，在SiteDao接口的实现类SiteDaoImpl中也不需要实现新的接口方法，就可以复用那些在通用DAO接口实现类BaseDaoImpl中已经实现的接口方法。我们可以编写代码进行测试，在“cn.bmxt.util”包下的JunitTest类中新增一个单元测试方法testSiteDaoImpl，方法代码如5.4-03所示。

【代码5.4-03】测试SiteDaoImpl类继承的方法，代码位置：/src/cn.bmxt.util/JunitTest.java。

```
01 @Test
02 public void testSiteDaoImpl(){
03   SiteDao siteDao = new SiteDaoImpl();
04   System.out.println(siteDao.findOneById(1));
05   System.out.println(siteDao.findMapBySql("select site_school, site_
  name from site where id=?", 1));
06 }
```

代码5.4-03中测试了SiteDaoImpl继承的两个方法，分别是findOneById方法和findMapBySql方法。该单元测试方法执行后的结果如下所示，两个方法都能够成功地查询出site表中id值为1的记录。

```
01 Site(site_school=XXX大学, site_name=2023年高职升本报名系统,
   site_location=XXX市XXX路XXX号, site_zip_code=300000, site_
   contact=022-88888888, site_copy=版权所有 © 2023-2024 津ICP备XXXX号)
02 {site_name=2023年高职升本报名系统, site_school=XXX大学}
```

一般来说，如果在系统上层的某个功能中不涉及特殊的业务需求，通用DAO接口及其实现类中封装的数据操作方法就能够满足需要了。当然，对于系统上层中的一些特殊业务需求，仅通过调用通用DAO接口及其实现类中封装的方法可能无法实现其功能，此时我们可以在相关的实体类DAO接口中定义新的接口方法，然后在实体类DAO接口的实现类中去实现即可。

2. 创建AdminDao接口及其实现类

AdminDao接口继承通用的BaseDao接口，并提供BaseDao接口中泛型参数T代表的实际类型Admin。在包“cn.bmxt.dao”中创建AdminDao接口，接口的代码如5.4-04所示。

【代码5.4-04】文件/src/cn.bmxt.dao/AdminDao.java，版本0.01。

```
01 package cn.bmxt.dao;
02 import cn.bmxt.dao.common.BaseDao;
03 import cn.bmxt.entity.Admin;
04 public interface AdminDao extends BaseDao<Admin> {
05 }
```

AdminDao接口的实现类需要继承BaseDao接口的实现类BaseDaoImpl，提供BaseDaoImpl类中的泛型参数T代表的实际类型Admin，同时实现AdminDao接口。在包“cn.bmxt.dao.impl”中创建AdminDao接口的实现类AdminDaoImpl，其实现代码如5.4-05所示。

【代码5.4-05】文件/src/cn.bmxt.dao.impl/AdminDaoImpl.java，版本0.01。

```
01 package cn.bmxt.dao.impl;
02 import cn.bmxt.dao.AdminDao;
03 import cn.bmxt.dao.common.impl.BaseDaoImpl;
04 import cn.bmxt.entity.Admin;
```

```
05 public class AdminDaoImpl extends BaseDaoImpl<Admin> implements
   AdminDao {
06 }
```

3. 创建PhaseDao接口及其实现类

PhaseDao接口继承通用的BaseDao接口，并提供BaseDao接口中泛型参数T代表的实际类型Phase。在包“cn.bmxt.dao”中创建PhaseDao接口，接口的代码如5.4-06所示。

【代码5.4-06】文件/src/cn.bmxt.dao/PhaseDao.java，版本0.01。

```
01 package cn.bmxt.dao;
02 import cn.bmxt.dao.common.BaseDao;
03 import cn.bmxt.entity.Admin;
04 public interface PhaseDao extends BaseDao<Phase> {
05 }
```

PhaseDao接口的实现类需要继承BaseDao接口的实现类BaseDaoImpl，提供BaseDaoImpl类中的泛型参数T代表的实际类型Phase，同时实现PhaseDao接口。在包“cn.bmxt.dao.impl”中创建PhaseDao接口的实现类PhaseDaoImpl，其实现代码如5.4-07所示。

【代码5.4-07】文件/src/cn.bmxt.dao.impl/PhaseDaoImpl.java，版本0.01。

```
01 package cn.bmxt.dao.impl;
02 import cn.bmxt.dao.PhaseDao;
03 import cn.bmxt.dao.common.impl.BaseDaoImpl;
04 import cn.bmxt.entity.Phase;
05 public class PhaseDaoImpl extends BaseDaoImpl<Phase> implements
   PhaseDao {
06 }
```

4. 创建MajorDao接口及其实现类

MajorDao接口继承通用的BaseDao接口，并提供BaseDao接口中泛型参数T代表的实际类型Major。在包“cn.bmxt.dao”中创建MajorDao接口，接口的代码如5.4-08所示。

【代码5.4-08】文件/src/cn.bmxt.dao/MajorDao.java，版本1.0。

```
01 package cn.bmxt.dao;
02 import cn.bmxt.dao.common.BaseDao;
03 import cn.bmxt.entity.Major;
04 public interface MajorDao extends BaseDao<Major> {
05 }
```

MajorDao接口的实现类需要继承BaseDao接口的实现类BaseDaoImpl，提供BaseDaoImpl类中的泛型参数T代表的实际类型Major，同时实现MajorDao接口。在包“cn.bmxt.dao.impl”中创建MajorDao接口的实现类MajorDaoImpl，其实现代码如5.4-09所示。

【代码5.4-09】文件/src/cn.bmxt.dao.impl/MajorDaoImpl.java，版本1.0。

```
01 package cn.bmxt.dao.impl;
02 import cn.bmxt.dao.MajorDao;
03 import cn.bmxt.dao.common.impl.BaseDaoImpl;
04 import cn.bmxt.entity.Major;
05 public class MajorDaoImpl extends BaseDaoImpl<Major> implements
   MajorDao {
06 }
```

5. 创建CourseDao接口及其实现类

CourseDao接口继承通用的BaseDao接口，并提供BaseDao接口中泛型参数T代表的实际类型Course。在包“cn.bmxt.dao”中创建CourseDao接口，接口的代码如5.4-10所示。

【代码5.4-10】文件/src/cn.bmxt.dao/CourseDao.java，版本1.0。

```
01 package cn.bmxt.dao;
02 import cn.bmxt.dao.common.BaseDao;
03 import cn.bmxt.entity.Course;
04 public interface CourseDao extends BaseDao<Course> {
05 }
```

CourseDao接口的实现类需要继承BaseDao接口的实现类BaseDaoImpl，提供BaseDaoImpl类中的泛型参数T代表的实际类型Course，同时实现CourseDao接口。在包“cn.bmxt.dao.impl”中创建CourseDao接口的实现类CourseDaoImpl，其实现代码如5.4-11所示。

【代码5.4-11】文件/src/cn.bmxt.dao.impl/CourseDaoImpl.java，版本1.0。

```
01 package cn.bmxt.dao.impl;
02 import cn.bmxt.dao.CourseDao;
03 import cn.bmxt.dao.common.impl.BaseDaoImpl;
04 import cn.bmxt.entity.Course;
05 public class CourseDaoImpl extends BaseDaoImpl<Course> implements
   CourseDao {
06 }
```

6. 创建StudentDao接口及其实现类

StudentDao接口继承通用的BaseDao接口，并提供BaseDao接口中泛型参数T代表的实际类型Student。在包“cn.bmxt.dao”中创建StudentDao接口，接口的代码如5.4-12所示。

【代码5.4-12】文件/src/cn.bmxt.dao/StudentDao.java，版本0.01。

```
01 package cn.bmxt.dao;
02 import cn.bmxt.dao.common.BaseDao;
03 import cn.bmxt.entity.Student;
```

```
04 public interface StudentDao extends BaseDao<Student> {
05 }
```

StudentDao接口的实现类需要继承BaseDao接口的实现类BaseDaoImpl，提供BaseDaoImpl类中的泛型参数T代表的实际类型Student，同时实现StudentDao接口。在包“cn.bmxt.dao.impl”中创建StudentDao接口的实现类StudentDaoImpl，其实现代码如5.4-13所示。

【代码5.4-13】文件/src/cn.bmxt.dao.impl/StudentDaoImpl.java，版本0.01。

```
01 package cn.bmxt.dao.impl;
02 import cn.bmxt.dao.StudentDao;
03 import cn.bmxt.dao.common.impl.BaseDaoImpl;
04 import cn.bmxt.entity.Student;
05 public class StudentDaoImpl extends BaseDaoImpl<Student> implements
   StudentDao {
06 }
```

7. 创建EnrollDao接口及其实现类

EnrollDao接口继承通用的BaseDao接口，并提供BaseDao接口中泛型参数T代表的实际类型Enroll。在包“cn.bmxt.dao”中创建EnrollDao接口，接口的代码如5.4-14所示。

【代码5.4-14】文件/src/cn.bmxt.dao/EnrollDao.java，版本0.01。

```
01 package cn.bmxt.dao;
02 import cn.bmxt.dao.common.BaseDao;
03 import cn.bmxt.entity.Enroll;
04 public interface EnrollDao extends BaseDao<Enroll> {
05 }
```

EnrollDao接口的实现类需要继承BaseDao接口的实现类BaseDaoImpl，提供BaseDaoImpl类中的泛型参数T代表的实际类型Enroll，同时实现EnrollDao接口。在包“cn.bmxt.dao.impl”中创建EnrollDao接口的实现类EnrollDaoImpl，其实现代码如5.4-15所示。

【代码5.4-15】文件/src/cn.bmxt.dao.impl/EnrollDaoImpl.java，版本0.01。

```
01 package cn.bmxt.dao.impl;
02 import cn.bmxt.dao.EnrollDao;
03 import cn.bmxt.dao.common.impl.BaseDaoImpl;
04 import cn.bmxt.entity.Enroll;
05 public class EnrollDaoImpl extends BaseDaoImpl<Enroll> implements
   EnrollDao {
06 }
```

8. 创建GradeDao接口及其实现类

GradeDao接口继承通用的BaseDao接口，并提供BaseDao接口中泛型参数T代表的实际类型Grade。在包"cn.bmxt.dao"中创建GradeDao接口，接口的代码如5.4-16所示。

【代码5.4-16】文件/src/cn.bmxt.dao/GradeDao.java，版本0.01。

```
01 package cn.bmxt.dao;
02 import cn.bmxt.dao.common.BaseDao;
03 import cn.bmxt.entity.Grade;
04 public interface GradeDao extends BaseDao<Grade> {
05 }
```

GradeDao接口的实现类需要继承BaseDao接口的实现类BaseDaoImpl，提供BaseDaoImpl类中的泛型参数T代表的实际类型Grade，同时实现GradeDao接口。在包"cn.bmxt.dao.impl"中创建GradeDao接口的实现类GradeDaoImpl，其实现代码如5.4-17所示。

【代码5.4-17】文件/src/cn.bmxt.dao.impl/GradeDaoImpl.java，版本0.01。

```
01 package cn.bmxt.dao.impl;
02 import cn.bmxt.dao.GradeDao;
03 import cn.bmxt.dao.common.impl.BaseDaoImpl;
04 import cn.bmxt.entity.Grade;
05 public class GradeDaoImpl extends BaseDaoImpl<Grade> implements
   GradeDao {
06 }
```

9. 创建LogDao接口及其实现类

LogDao接口继承通用的BaseDao接口，并提供BaseDao接口中泛型参数T代表的实际类型Log。在包"cn.bmxt.dao"中创建LogDao接口，接口的代码如5.4-18所示。

【代码5.4-18】文件/src/cn.bmxt.dao/LogDao.java，版本0.01。

```
01 package cn.bmxt.dao;
02 import cn.bmxt.dao.common.BaseDao;
03 import cn.bmxt.entity.Log;
04 public interface LogDao extends BaseDao<Log> {
05 }
```

LogDao接口的实现类需要继承BaseDao接口的实现类BaseDaoImpl，提供BaseDaoImpl类中的泛型参数T代表的实际类型Log，同时实现LogDao接口。在包"cn.bmxt.dao.impl"中创建LogDao接口的实现类LogDaoImpl，其实现代码如5.4-19所示。

【代码5.4-19】文件/src/cn.bmxt.dao.impl/LogDaoImpl.java，版本0.01。

```
01 package cn.bmxt.dao.impl;
02 import cn.bmxt.dao.LogDao;
03 import cn.bmxt.dao.common.impl.BaseDaoImpl;
04 import cn.bmxt.entity.Log;
```

```
05 public class LogDaoImpl extends BaseDaoImpl<Log> implements LogDao {
06 }
```

10. 创建DocDao接口及其实现类

DocDao接口继承通用的BaseDao接口，并提供BaseDao接口中泛型参数T代表的实际类型Doc。在包“cn.bmxt.dao”中创建DocDao接口，接口的代码如5.4-20所示。

【代码5.4-20】文件/src/cn.bmxt.dao/DocDao.java，版本1.0。

```
01 package cn.bmxt.dao;
02 import cn.bmxt.dao.common.BaseDao;
03 import cn.bmxt.entity.Doc;
04 public interface DocDao extends BaseDao<Doc> {
05 }
```

DocDao接口的实现类需要继承BaseDao接口的实现类BaseDaoImpl，提供BaseDaoImpl类中的泛型参数T代表的实际类型Doc，同时实现DocDao接口。在包“cn.bmxt.dao.impl”中创建DocDao接口的实现类DocDaoImpl，其实现代码如5.4-21所示。

【代码5.4-21】文件/src/cn.bmxt.dao.impl/DocDaoImpl.java，版本1.0。

```
01 package cn.bmxt.dao.impl;
02 import cn.bmxt.dao.DocDao;
03 import cn.bmxt.dao.common.impl.BaseDaoImpl;
04 import cn.bmxt.entity.Doc;
05 public class DocDaoImpl extends BaseDaoImpl<Doc> implements DocDao {
06 }
```

5.5 DAO工厂类设计

视频讲解

在Java项目开发时，常常会涉及某个类型下的不同子类型的对象创建，如果在应用程序中直接使用new运算符创建这些对象，将不便于代码的修改与动态扩展。可以采用工厂方法模式来优化代码设计，通过将创建某个类的子类对象所需的类型信息存放在XML、properties等配置文件中，在程序中由某个被称为工厂的类根据相关配置信息来创建并管理对象。这种模式可以降低程序之间的耦合，当系统中需要增加新的子类进行动态扩展时，不必修改已有的程序代码，只需要修改配置文件即可。

本系统在设计开发时，上层业务逻辑是面向DAO层组件进行开发，也就是面向实体类DAO接口进行编程。实际上，程序中的实体类DAO接口引用的是其实现类对象，可以将实体类DAO接口的实现类对象的创建工作交由一个DAO工厂类来统一完成。创建这些对象所需的信息可以配置在一个properties属性文件中，由用户提供需要使用的实体类DAO接口名称，DAO工厂类就能够根据配置文件中的信息对应地创建出所需的DAO接口的实现类对象。因此，在属性文件中需要配置实体类DAO接口名称与实体类DAO接口的实现类之间的对应关系，其中实体类DAO接口的实现类可以使用类的全限定名称表示，便于DAO工厂类使用Java反射来创建实例对象。

1. 创建属性配置文件

首先创建一个属性配置文件，在src目录上右击，在弹出的菜单中选择“New”→“File”，然后将新创建的File命名为“dao.properties”，接着编辑这个属性文件，在其中配置实体类DAO接口名称与实体类DAO接口的实现类之间的对应关系，配置代码如5.5-01所示。

【代码5.5-01】文件/src/dao.properties，版本1.0。

```
01 SiteDao=cn.bmxt.dao.impl.SiteDaoImpl
02 AdminDao=cn.bmxt.dao.impl.AdminDaoImpl
03 PhaseDao=cn.bmxt.dao.impl.PhaseDaoImpl
04 MajorDao=cn.bmxt.dao.impl.MajorDaoImpl
05 CourseDao=cn.bmxt.dao.impl.CourseDaoImpl
06 StudentDao=cn.bmxt.dao.impl.StudentDaoImpl
07 EnrollDao=cn.bmxt.dao.impl.EnrollDaoImpl
08 GradeDao=cn.bmxt.dao.impl.GradeDaoImpl
09 LogDao=cn.bmxt.dao.impl.LogDaoImpl
10 DocDao=cn.bmxt.dao.impl.DocDaoImpl
```

2. DAO工厂类的代码实现

DAO工厂类用于生产管理实体类DAO接口的实现类对象，它通过读取“dao.properties”文件中的配置信息，然后利用Java反射技术来创建需要的对象实例。在包“cn.bmxt.dao.common”中创建工厂类DaoFactory，其设计代码如5.5-02所示。

【代码5.5-02】文件/src/cn.bmxt.dao.common/DaoFactory.java，版本1.0。

```
01 package cn.bmxt.dao.common;
02 import java.io.IOException;
03 import java.util.Collections;
04 import java.util.HashMap;
05 import java.util.Map;
06 import java.util.Properties;
07 public class DaoFactory {
08   private DaoFactory() {}
09   private static final Map<String, Object> cache = Collections.
   synchronizedMap(new HashMap<String, Object>());
10   private static final Properties props = new Properties();
11   static {
12     try {
13       props.load(Thread.currentThread().getContextClassLoader().
   getResourceAsStream("dao.properties"));
14     } catch (IOException e) {
```

```
15          System.err.println(" 在classpath下未找到dao.properties配置文
    件! ");
16          e.printStackTrace();
17        }
18      }
19      public static Object getInstance(String daoName) {
20        Object obj = cache.get(daoName);
21        if (obj == null) {
22          String className = props.getProperty(daoName);
23          if (className == null || "".equals(className)) {
24            throw new RuntimeException(" 指定的DAO实现类全限定名在dao.
    properties中未找到! ");
25          }
26          try {
27            obj = Class.forName(className).newInstance();
28            cache.put(daoName, obj);
29          } catch (Exception e) {
30            throw new RuntimeException(" 加载指定DAO实现类的字节出现异常! ",
    e);
31          }
32        }
33        return obj;
34      }
35    }
```

代码5.5-02说明如下：

（1）第08行，私有化构造方法，不允许用户创建DaoFactory类的实例对象。DaoFactory类仅对外提供一个静态的工厂方法，直接使用类名调用即可。

（2）第09行，通过调用Collections类的静态方法synchronizedMap获取一个支持同步（线程安全）的映射Map，作为DaoFactory类所维护的DAO实现类实例的缓存cache。

（3）第10行，声明一个静态的私有化常量props，用于保存从“dao.properties”文件中读取的配置信息。

（4）第11行~第18行是一个静态代码块，将“dao.properties”文件中的配置信息加载到静态常量props中。第13行代码首先获取当前线程上下文的类加载器ClassLoader，然后调用getResourceAsStream方法获取文件“dao.properties”的输入流，最后调用Properties类的load方法加载这个输入流，完成“dao.properties”文件的读取工作。第15行，当读取“dao.properties”文件产生异常时，输出对应的错误提示信息。

（5）第19行~第34行是一个静态的工厂方法getInstance，该方法根据传递的DAO接口名称返回一个与之对应的实现类的实例对象。第20行，首先根据用户传递的DAO接口名称在缓存cache中查找实例对象，紧接着在第21行进行判断，如果缓存中存在所需的实例对象，直接执行第33行代码返回该实例对象即可，否则执行第22行~第31行的代码块，这个代码块中的作用就是创建DAO实现类的实例对象并存入到缓存cache中。第22行代码会根据用户传递的DAO接口名称检索属性文件中是否配置了对应的DAO实现类，如果未配置，就在第24行中抛出异常，否则就会获取配置的DAO实现类的全限定名称，然后在第27行的代码中利用Java反射技术创建出DAO实现类的实例对象。接着第28行代码将这个实例对象添加到缓存cache中，程序最终会跳出代码块执行第33行代码返回新创建的实例对象。当用户第一次调用getInstance方法获取某个DAO实现类的实例时，程序会创建一个新的实例对象并存入缓存；当用户后续再调用getInstance方法请求获取同一个DAO实现类的实例时，将会返回缓存中的实例对象，从而保证了每一个DAO实现类的实例对象在系统运行时仅存在一个。这也是单例模式的一种实现方式，可以节约系统资源，提高系统的性能。

我们可以编写代码来对DaoFactory类中的工厂方法进行测试，在“cn.bmxt.util”包下的JunitTest类中新增一个单元测试方法testDaoFactory，测试代码如5.5-03所示。

【代码5.5-03】DaoFactory类中工厂方法的测试代码，代码位置：/src/cn.bmxt.util/JunitTest.java。

```
01 @Test
02 public void testDaoFactory(){
03   SiteDao siteDao = (SiteDaoImpl) DaoFactory.getInstance("SiteDao");
04   SiteDao siteDao2 = (SiteDaoImpl) DaoFactory.getInstance("SiteDao");
05   System.out.println(siteDao);
06   System.out.println(siteDao2);
07 }
```

代码5.5-03中，第03行和第04行先后两次调用DaoFactory类的工厂方法getInstance来获取SiteDao接口实现类的实例对象，并分别打印，结果如下所示，说明使用DaoFactory类的工厂方法获取的实例对象是同一个。

```
01 siteDao = cn.bmxt.dao.impl.SiteDaoImpl@3581c5f3
02 siteDao2 = cn.bmxt.dao.impl.SiteDaoImpl@3581c5f3
```

第6章 站点资源组织与页面视图设计

本章结合MVC分层设计思想，首先对模型层资源进行合理规划设计，其中的一些资源（如实体类、DAO层接口及实现类）已经在之前的章节中创建组织完毕。接着对控制层Servlet和视图层资源进行组织，根据不同用户角色的功能设计，将控制层Servlet的URL映射规则与视图层的资源目录组织进行统一规划，便于用户权限控制功能的设计实现。最后完成了功能页面视图的总体布局设计以及页面中局部要素的详细设计。

6.1 站点资源规划

按照用户对站点资源的可访问性来划分，可以将站点资源划分为可访问资源和不可访问资源两大类。其中，可访问资源指用户可以通过客户端浏览器输入URL或者通过提交表单请求访问的资源，这些资源包括控制层的Servlet程序和视图层的JSP页面及其相关资源。不可访问资源主要指DAO层、实体类、工具类、监听器类以及辅助实现业务逻辑的其他Java类，它们只能由控制层调用，不可以通过URL直接访问。下面结合MVC分层设计，对不同类型的资源组织进行说明。

1. 模型层

```
src
  cn.bmxt.controller
  cn.bmxt.dao
  cn.bmxt.dao.common
  cn.bmxt.dao.common.impl
  cn.bmxt.dao.impl
  cn.bmxt.db
  cn.bmxt.entity
  cn.bmxt.entity.common
  cn.bmxt.filter
  cn.bmxt.listener
  cn.bmxt.util
  cn.bmxt.validation
  dao.properties
  druid.properties
  jdbc.properties
```

图6.1 项目源码包的组织

视频讲解

作为处理应用程序数据逻辑的核心，模型层需要实现数据存取转换、业务逻辑、访问控制、数据校验、事件监听以及其他相关功能，实现这些功能的Java类需要分类组织到不同的Java包中。使用IDEA在项目的src目录下组织构建如图6.1所示的Java源码包。

图6.1中的每个Java源码包中都组织了一类Java源文件，分别说明如下：

（1）Java包“cn.bmxt.controller”用于组织控制层的Servlet类。

（2）Java包“cn.bmxt.dao”用于组织实体类DAO接口。在5.4节中已经完成了系统中10个实体类DAO接口的创建。

（3）Java包“cn.bmxt.dao.common”用于组织存放基于泛型

的通用DAO接口BaseDao。在5.1节中已经完成了BaseDao接口的设计。此外，在5.5节中设计的DAO工厂类也存放在此包中。

（4）Java包“cn.bmxt.dao.common.impl”用于组织存放基于泛型的通用DAO接口BaseDao的实现类BaseDaoImpl。在5.2节中已经完成了BaseDaoImpl类的设计。

（5）Java包“cn.bmxt.dao.impl”用于组织存放实体类DAO接口的实现类。对应“cn.bmxt.dao”包中的每一个实体类DAO接口，在“cn.bmxt.dao.impl”包中都有一个对应该实体类DAO接口的实现类。在5.4节中已经完成了系统中10个实体类DAO接口的实现类设计。

（6）Java包“cn.bmxt.db”用于组织存放SQL文件。在3.4.2节中创建了这个包，包中创建了一个名称为“init.sql”的文件，在该文件中书写了创建数据库表及初始化表中数据的SQL语句。

（7）Java包“cn.bmxt.entity”用于组织存放实体类。在4.2节中已经完成了系统中10个实体类的设计。

（8）Java包“cn.bmxt.entity.common”用于组织存放实体类的共同父类Entity以及用于封装分页数据的Page类。

（9）Java包“cn.bmxt.filter”用于组织存放过滤器类。过滤器类通过对请求进行拦截，实现编码过滤、权限管理等特殊功能。

（10）Java包“cn.bmxt.listener”用于组织存放监听器类。监听器类能够给Web应用增加事件处理机制，以便更好地监视和控制Web应用的状态变化。

（11）Java包“cn.bmxt.util”用于组织存放系统开发时封装的各种工具类。工具类中封装了一些使用频率很高的功能方法，便于复用调用。在4.3节中创建了这个包，并完成了数据库操作工具类DbUtil的设计。

（12）Java包“cn.bmxt.validation”用于组织存放校验器类。校验器类主要用于完成对请求参数值的合规性校验工作。

此外，在之前的章节中，我们在项目的src目录下还创建了3个属性文件，分别为“jdbc.properties”“dao.properties”和“druid.properties”，其功能不再赘述。

视频讲解

2. 控制层

控制层中组织的Servlet类用于处理来自用户的请求，它们属于可访问资源。每个Servlet类都配置了URL地址映射，用户可以通过配置的URL地址向Servlet类发送请求。对于同一个Servlet类而言，不同的用户角色可能存在不同的访问权限。为了便于使用过滤器类实现用户访问权限控制功能，在设计之初就要规划好Servlet类的命名规则以及Servlet类的URL地址映射规则。系统中共划分了考生、系统管理员、招生管理员和教务管理员这四类不同的用户角色，不同类别的用户通过请求不同的Servlet类来完成各自的功能。根据Servlet类所实现功能的授权用户的不同，分别对Servlet类的命名规则及其URL地址映射规则进行设计，具体规则描述如表6.1所示。

表6.1 Servlet类的命名规则及其URL地址映射规则

Servlet命名规则	URL映射规则	功 能	授 权 用 户
StuRegister	/register	学生注册	不限
StudentLogin	/login	学生登录	不限

续表

Servlet命名规则	URL映射规则	功　　能	授 权 用 户
StudentLogout	/student/logout	学生注销登录	已登录的学生用户
StudentXxx...	/student/xxx...	学生用户相关功能	已登录的学生用户
AdminLogin	/adminlogin	管理员登录	不限
AdminCommonLogout	/admin/common/logout	管理员注销登录	已登录的管理员用户
AdminCommonXxx...	/admin/common/xxx...	管理员共有的其他功能	已登录的管理员用户
AdminSysXxx...	/admin/sys/xxx...	系统管理员用户相关功能	已登录的系统管理员用户
AdminJwXxx...	/admin/jw/xxx...	教务管理员用户相关功能	已登录的教务管理员用户
AdminZsXxx...	/admin/zs/xxx...	招生管理员用户相关功能	已登录的招生管理员用户

视频讲解

3. 视图层

视图层的JSP页面文件、样式文件、脚本文件、图片文件等资源都属于用户可访问资源，用户可以通过URL直接访问，也可经由Servlet类将请求转发访问。对于同一个页面视图，不同类别的用户可能具有不同的访问权限，例如考生用户能够访问与考生报名相关的页面资源，但不能访问与系统管理功能相关的页面资源。同样地，为了便于使用过滤器实现用户访问权限控制功能，可按照用户角色来组织视图层相关资源，在项目的web目录下创建如图6.2所示的文件目录结构。

图6.2中创建的目录和文件的作用说明如下：

（1）目录“/web/admin/”用于组织管理员用户的功能页面。

（2）目录“/web/admin/common/”用于组织存放三类管理员共有的功能页面，例如当前系统状态、数据统计展示、综合报名信息、个人登录历史记录、修改密码等。所有管理员登录后都能够访问此文件夹中的资源，而学生用户和非登录用户无权访问。

图6.2　站点视图层资源组织

（3）目录“/web/admin/includes/”用于组织存放管理员用户页面中需要引入的代码片段等文件，非管理员用户无权访问。

（4）目录“/web/admin/jw/”用于组织教务管理员的功能页面，包括准考证号分配、考场安排、考试入场签到等，非教务管理员用户无权访问。

（5）目录“/web/admin/sys/”用于组织系统管理员的功能页面，包括站点信息管理、管理员维护、数据库维护等，非系统管理员用户无权访问。

（6）目录“/web/admin/zs/”用于组织招生管理员的功能页面，包括招考信息管理、招考阶段设置、现场确认、学生密码重置等，非招生管理员用户无权访问。

（7）目录“/web/assets/”用于组织存放页面引用的样式、图片、脚本等静态资源。其中包含四个子目录，“/web/assets/

css/”目录用于组织存放样式文件，“/web/assets/imgs/”目录用于组织存放图片资源文件，“/web/assets/js/”目录用于组织存放JavaScript脚本资源文件，“/web/assets/upload/”目录用于组织存放用户上传的可以公开的文件资源。

（8）目录“/web/exception/”用于组织存放特殊的提示页面，例如404提示页面、异常提示页面、未授权操作的提示页面等。

（9）目录“/web/includes/”用于组织存放站点页面需要引入的代码片段等文件，例如页面头部和页面底部的代码片段，用于增加代码的可重用性。

（10）目录“/web/layout/”用于组织存放在页面视图设计时进行测试的HTML文件，系统开发完毕后可以删除该目录。

（11）目录“/web/student/”用于组织学生用户的功能页面，包括查看招考信息、在线报名、准考证打印、成绩与录取信息查询、修改密码等，非学生用户无权访问。

（12）页面文件“/web/index.jsp”是网站系统的首页，也是学生用户的登录页面。

（13）页面文件“/web/manage.jsp”是网站系统后台管理的首页，也是所有管理员用户的登录页面。

（14）页面文件“/web/register.jsp”是学生注册新账户的页面。

系统的可访问资源中，既包括控制层的Servlet资源，又包含视图层的页面等相关资源。在系统实现时，需要根据用户角色的不同，对这些可访问资源进行严格的权限访问控制，可以使用过滤器技术来实现。为了便于在实现权限控制功能的过滤器中配置过滤资源，在控制层所做的URL地址映射规划与视图层的资源目录组织规划必须具有统一性。例如，实现学生用户相关功能的Servlet的URL映射地址是以“/student/”开头的，而在视图层中，学生用户的功能页面被组织在“/student/”目录下。这样，对学生用户资源的访问控制就可以通过拦截以“/student/”开头的URL请求来实现。

6.2 页面视图设计

页面是用户与系统进行交互的接口，在页面中既要向用户展示系统数据，又要提供表单让用户录入、修改、检索相关信息，还要合理部署用户功能的导航链接。良好的页面视图设计能够提高工作效率，提升用户体验，起到事半功倍的效果。本节将从页面的整体布局以及构成页面的各类局部要素的角度进行设计讲解，为后续的功能实现打好基础。

6.2.1 功能页面总体布局设计

用户功能页面应该按照简洁美观、布局合理并且整个站点协调统一的原则进行设计，让所有功能页面保持一致的布局结构和功能区域划分，便于用户快速掌握系统的使用方法。

1. 功能区域划分

视频讲解

用户功能页面的总体结构布局设计如图6.3所示，页面划分为页面头部、页面主体和页面底部三个区域。页面头部区域主要显示学校名称和站点系统名称信息。页面主体区域又划分为左右两个部分，其中左侧部分显示功能导航菜单，右侧部分则是当前功能的页面视图，已登录用户在右侧部分的顶部还包含一个快捷菜单栏。页面底部区域主要显示网站的版权备案、邮编、地址等相关信息。

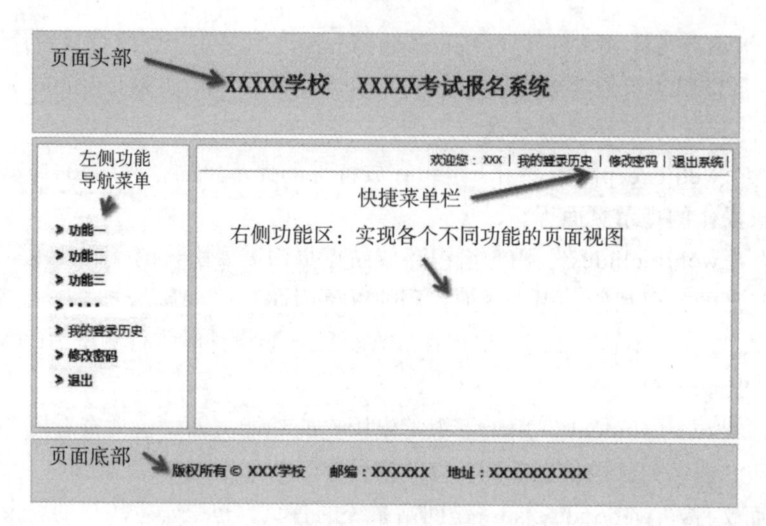

图6.3 用户功能页面的总体结构布局设计

2. 基础样式定义

视频讲解

在6.1节中，我们在项目的web目录下规划了一个layout目录，用于组织存放在页面视图设计时进行测试的HTML文件。在此，我们在layout目录下创建一个HTML文件，将其命名为“index.html”，用于设计并测试功能页面总体布局。除此之外，还需要创建页面引用的样式文件，在项目的“/web/assets/css/”文件夹中新建一个样式文件，将其命名为“app.css”，然后就可以在这个样式文件中定义样式了。首先定义一些基础样式，便于在页面中引用、复用。基础样式的代码设计如6.2.1-01所示。

【代码6.2.1-01】页面基础样式设置，代码位置：/web/assets/css/app.css。

```
01 @charset "UTF-8";
02 /* 页面基础样式设置 */
03 * { /* 选择页面所有元素 */
04   padding: 0px; /* 设置内边距为 0px */
05   margin: 0px; /* 设置外边距为 0px */
06 }
07 ul li { /* 选择所有列表项 */
08   list-style: none; /* 清除列表项默认样式 */
09 }
10 a { /* 选择所有的超链接 */
11   text-decoration: none; /* 清除超链接默认的文本装饰 */
12 }
13 img { /* 选择所有的图片 */
14   border: none; /* 设置无边框 */
15 }
16 body { /* 选择 body */
17   width: 1000px; /* 设置页面整体宽度为 1000px */
18   margin: 0 auto; /* 设置页面居中显示 */
19   font-size: 13px; /* 设置字体大小为 13px */
```

```
20   color: #333; /* 设置文本颜色 */
21   background: #F2EFFF; /* 设置背景颜色 */
22 }
23 .fgx { /* 定义分割线类 fgx */
24   border-bottom: 1px solid #CCC; /* 设置底部边框线 */
25 }
26 .text-red { /* 定义红色文本类 text-red */
27   color: red !important; /* 设置文本颜色为红色 */
28 }
29 .text-blue { /* 定义蓝色文本类 text-blue */
30   color: blue !important; /* 设置文本颜色为蓝色 */
31 }
32 .text-center { /* 定义文本居中类 text-center */
33   text-align: center !important; /* 设置文本居中对齐 */
34 }
35 .text-right { /* 定义文本居右类 text-right */
36   text-align: right !important; /* 设置文本居右对齐 */
37 }
38 .bold { /* 定义文本加粗类 bold */
39   font-weight: bold !important; /* 设置文本加粗显示 */
40 }
```

3. 页面布局的HTML代码设计

视频讲解

按照图6.3所示的功能页面总体结构布局，在文件“/web/layout/index.html”中编写相应的页面结构布局代码，如6.2.1-02所示。页面头部区域和页面底部区域展示的站点信息在实际的JSP页面中需要使用从数据库中读取的站点信息替代。

【代码6.2.1-02】文件/web/layout/index.html，版本1.0。

```
01 <!doctype html>
02 <html>
03   <head>
04     <meta charset="UTF-8">
05     <meta name="viewport" content="width=device-width, user-
  scalable=no, initial-scale=1.0, maximum-scale=1.0, minimum-
  scale=1.0">
06     <meta http-equiv="X-UA-Compatible" content="ie=edge">
07     <title>报名系统</title>
08     <link rel="stylesheet" type="text/css" href="../assets/css/
  app.css"/>
09   </head>
10   <body>
11     <section id="header">
12       <span>XXX大学</span>
13       <span>2023年高职升本报名系统</span>
```

```
14     </section>
15     <section id="main">
16       <div id="left">
17         <h1>功能导航</h1>
18         <div id="left-area">左侧导航菜单区</div>
19       </div>
20       <div id="right">
21         <h1 id="nav-title">页面功能区标题</h1>
22         <div id="right-area">右侧内容区</div>
23       </div>
24     </section>
25     <section id="footer">
26       <span>版权所有 © 2023-2024 津ICP备XXXX号</span> |
27       <span>邮编：300000</span> |
28       <span>地址：XXX市XXX路XXX号</span>
29     </section>
30   </body>
31 </html>
```

4. 页面布局的样式设计

视频讲解

根据代码6.2.1-02中设计的HTML页面布局代码，在“/web/assets/css/app.css”中追加设置对应的页面布局样式，页面布局的样式代码如6.2.1-03所示。

【代码6.2.1-03】功能页面总体布局样式设置，代码位置：/web/assets/css/app.css。

```
01 /* 页面总体布局样式设置 */
02 #header { /* 选择页面头部 */
03   height: 150px; /* 设置高度为150px */
04   line-height: 150px; /* 设置行高为150px */
05   background: url(../imgs/header.jpg) no-repeat; /* 设置背景图片 */
06   font-size: 36px; /* 设置字体大小为36px */
07   text-align: center; /* 设置文本对齐方式为居中对齐 */
08   color: #EEE; /* 设置文本颜色 */
09 }
10 #main { /* 选择页面主体 */
11   padding: 5px 0px; /* 设置上下内边距5px */
12   display: flex; /* 设置弹性布局 */
13 }
14 #main h1 { /* 选择页面主体中的一级标题 */
15   height: 34px; /* 设置高度为34px */
16   line-height: 34px; /* 设置行高为34px */
17   text-indent: 28px; /* 设置文本缩进28px */
18   font-size: 16px; /* 设置字体大小为16px */
19   color: #EEE; /*设置字体颜色*/
```

```
20   background: #2a91d3 url(../imgs/arrow.jpg) no-repeat 10px 7px;
   /* 设置背景颜色和图片 */
21   border-bottom: 1px solid #C0C0C0; /* 设置底部边框线 */
22 }
23 #left, #right { /* 选择页面主体左侧和右侧部分 */
24   min-height: 500px; /* 设置最小高度为 500px */
25   border: 1px solid #56ABD3; /* 设置边框 */
26   background: #FFF; /* 设置背景颜色 */
27 }
28 #left { /* 选择页面主体左侧部分 */
29   width: 200px; /* 设置宽度为 200px */
30   margin-right: 5px; /* 设置右侧外边距为 5px */
31 }
32 #right { /* 选择页面主体右侧部分 */
33   flex: 1; /* 设置其占满剩余空间 */
34 }
35 #left-area, #right-area { /* 选择页面主体左右两侧内容区域 */
36   padding: 8px; /* 设置内边距为 8px */
37 }
38 #footer { /* 选择页面底部 */
39   height: 76px; /* 设置高度为 76px */
40   line-height: 76px; /* 设置行高为 76px */
41   text-align: center; /* 设置文本对齐方式为居中对齐 */
42   color: #EEE; /* 设置文本颜色 */
43   background: url(../imgs/footer.jpg); /* 设置背景图片 */
44 }
```

在代码6.2.1-03中，页面总体布局样式设置时引用了三张背景图片，分别为“header.jpg”、“footer.jpg”和“arrow.jpg”，需要将它们提前复制到项目的“/web/assets/imgs/”目录下。

5. 页面布局效果测试

视频讲解

在IDEA中，程序员不需要手动将HTML页面部署到Web服务器，就可以在浏览器中打开HTML页面查看显示效果。打开“/web/layout/index.html”文件，将鼠标移动至文件的可编辑区域内，在右上角会呈现出一些常用浏览器的图标按钮，可以在不同的浏览器中查看页面效果。单击选择Chrome浏览器，页面就会在Chrome浏览器中打开，呈现的设计效果如图6.4所示。

系统中众多的功能页面都采用图6.4所示的结构布局，其中某些区域（例如页面头部区域、页面底部区域）在所有页面中都是完全相同的，因此可以将这些相同部分的代码提取出来封装在单独的文件中。实际的功能页面可以通过包含引入这些文件，达到代码复用的目的，减少功能页面中的重复代码量，避免冗余。例如，可以分别将页面头部区域和页面底部区域的代码抽取出来进行单独封装，系统中的所有功能页面都可以共享使用。对于某类用户的功能页面而言，页面主体部分左侧的功能导航区的代码也是相同的，因此也可以抽取出来进行单独封装，封装后的文件为该类用户的功能页面所共享。本章展示的静态页面仅用于设计和测试，不再对可共享区域的页面代码进行抽取封装。后续章节中，在实际功能页面设计实现时，需要考虑抽取封装可共享的代码。

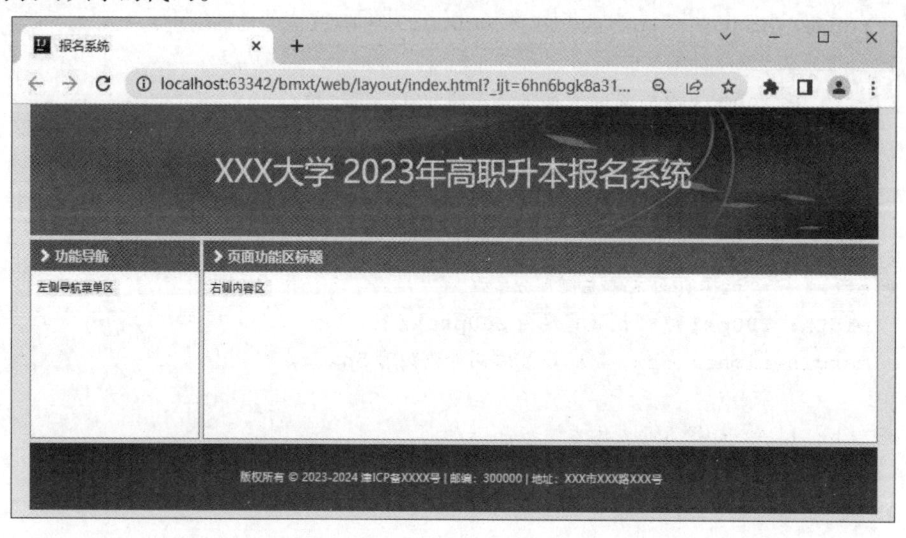

图6.4 功能页面总体布局效果

6.2.2 局部要素详细设计

完成了功能页面的整体布局设计之后，还需要对功能页面中的局部要素进行设计，例如页面主体左侧区域的导航菜单，页面主体右侧功能区中的快捷菜单、表单、数据表格、数据分页导航等。下面分别介绍这些局部要素的详细设计。

1. 左侧区域功能导航菜单设计

页面主体部分的左侧区域主要用于显示当前用户的功能导航菜单，可以使用无序列表来设计。在目录“/web/layout/”下复制一份“index.html”文件，并将其命名为“left-nav.html”，然后编辑该文件，将其中第18行的“div#left-area”元素中的内容替换为6.2.2-01所示的HTML代码。

【代码6.2.2-01】左侧区域导航菜单的HTML代码，代码位置：/web/layout/left-nav.html。

```
01 <div id="left-nav">
02  <ul>
03    <li><a href="#">功能菜单 1</a></li>
04    <li class="on"><a href="#">功能菜单 2</a></li>
05    <li><a href="#">功能菜单 3</a></li>
06    <li><a href="#">功能菜单 4</a></li>
07  </ul>
08 </div>
```

代码6.2.2-01中使用无序列表设计功能导航菜单，其中第2个列表项是当前页面对应的功能导航菜单项，在其li元素中使用class属性设置了一个样式类“on”，以便定义不同的样式。接下来设计左侧区域功能导航菜单的样式，在“/web/assets/css/app.css”文件中追加样式设置，代码如6.2.2-02所示。

【代码6.2.2-02】左侧区域功能导航菜单的样式设置，代码位置：/web/assets/css/app.css。

```
01 /* 左侧区域导航菜单样式设置 */
02 #left-nav ul li a { /* 选择列表项中的超链接 */
03   display: block; /* 转换为块级元素 */
04   height: 35px; /* 设置高度为35px */
05   line-height: 35px; /* 设置行高为35px */
06   color: #00C; /* 设置链接文本颜色 */
07   font-size: 14px; /* 设置链接文本字体大小 */
08   font-weight: bold; /* 设置链接文本加粗 */
09   border-bottom: 2px solid #DEE; /* 设置底部边框 */
10   text-indent: 32px; /* 设置链接文本缩进32px */
11   background:url(../imgs/smallarrow.png) no-repeat 8px 50%; /* 设置背景图片 */
12 }
13 #left-nav ul li.on a, #left-nav ul li a:hover { /* 选择当前菜单项链接，选择鼠标经过的菜单项链接 */
14   background: #2A91D3 url(../imgs/smallarrow_hover.png) no-repeat 8px 50%; /* 设置背景颜色和图片 */
15   color: #EEE; /* 设置链接文本颜色 */
16   border: 1px solid #F91; /* 设置超链接边框 */
17 }
```

在代码6.2.2-02中，左侧区域导航菜单样式设置时引用了两个背景图片，分别为“smallarrow.png”和“smallarrow_hover.png”，需要将它们提前复制到“/web/assets/imgs/”目录下。样式设置完毕后，在Chrome浏览器中打开页面“left-nav.html”，左侧呈现的功能导航菜单设计效果如图6.5所示。

图6.5 左侧区域功能导航菜单设计效果

2. 右侧区域快捷菜单设计

视频讲解

用户登录之后，在页面主体部分的右侧功能区最上方设计一个横向的快捷菜单栏，显示用户欢迎信息并部署若干常用的功能导航链接，方便用户快捷操作。在目录“/web/layout/”下复制一份“index.html”文件，将其命名为“right-nav.html”，然后编辑该文件，将其中第22行“div#right-area”元素中的内容替换为6.2.2-03所示的HTML代码。

【代码6.2.2-03】右侧区域快捷菜单的HTML代码，代码位置：/web/layout/right-nav.html。

```
01 <div id="right-nav">
02   <ul>
03     <li><a href="#">退出系统</a></li>
04     <li><a href="#">修改密码</a></li>
05     <li><a href="#">我的登录历史</a></li>
06     <li>欢迎您：用户名</li>
```

```
07   </ul>
08 </div>
```

代码6.2.2-03中的快捷菜单也是使用无序列表设计的。接下来设计右侧区域快捷菜单的样式，在“/web/assets/css/app.css”文件中追加样式设置，代码如6.2.2-04所示。

【代码6.2.2-04】右侧区域快捷菜单的样式设置，代码位置：/web/assets/css/app.css。

```
01 /* 右侧区域快捷菜单设置 */
02 #right-nav ul { /* 选择右侧区域快捷菜单ul列表 */
03   font-size: 12px; /* 设置字体大小为12px */
04   height: 32px; /* 设置高度为28px */
05   line-height: 32px; /* 设置行高为28px */
06   border-bottom: 1px solid #E0C21D; /* 设置底部边框 */
07 }
08 #right-nav ul li { /* 选择右侧快捷菜单列表项 */
09   float: right; /* 设置向右浮动 */
10   padding: 0px 12px; /* 设置内边距上下为0px，左右为12px */
11   background: url(../imgs/line.png) no-repeat center right; /* 设置
  垂直分割线背景图片 */
12 }
13 #right-nav li a:hover { /* 当鼠标经过快捷菜单链接时 */
14   color: #F4A; /* 设置链接颜色 */
15 }
```

在代码6.2.2-04中，右侧区域快捷菜单样式设置时引用了一张背景图片“line.png”，用于分隔快捷菜单链接，需要将这张图片提前复制到“/web/assets/imgs/”目录下。样式设置完毕后，在Chrome浏览器中打开页面“right-nav.html”，右侧区域快捷菜单的设计效果如图6.6所示。

欢迎您：用户名 | 我的登录历史 | 修改密码 | 退出系统 |

图6.6 右侧区域快捷菜单设计效果

3.功能操作标题设计

视频讲解

在页面主体部分的右侧功能区中展示相关功能视图时，首先应该显示对应功能的操作标题，接着还要能够显示操作结果的提示信息，最后才是具体功能视图的展示。以修改密码功能的操作说明设计为例，在目录“/web/layout/”下复制一份“index.html”文件，将其命名为“operation.html”，然后编辑该文件，将其中第22行“div#right-area”元素中的内容替换为6.2.2-05所示的HTML代码。

【代码6.2.2-05】功能操作标题的HTML代码设计，代码位置：/web/layout/operation.html。

```
01 <div class="operation">
02   <span class="text-blue">↓ 修改个人密码：</span>
```

```
03   <span class="text-red">* 提示：旧密码输入错误，请重输！ </span>
04 </div>
```

接下来设计功能操作标题的样式，在“/web/assets/css/app.css”文件中追加样式设置，代码如6.2.2-06所示。

【代码6.2.2-06】功能操作标题的样式设置，代码位置：/web/assets/css/app.css。

```
01 /* 功能操作标题样式设置 */
02 .operation { /* 选择功能操作标题 div */
03   padding: 10px 0px; /* 设置内边距上下为 10px，左右为 0px */
04   border-bottom: 1px dotted #EDE; /* 设置底部边框 */
05   font-weight: bold; /* 设置字体加粗显示 */
06 }
```

样式设置完毕后，在Chrome浏览器中打开页面“operation.html”，功能操作标题呈现的设计效果如图6.7所示。

↓修改个人密码： * 提示：旧密码输入错误，请重输！

图6.7 功能操作标题设计效果

4.说明性文本设计

视频讲解

某些功能需要展示说明性文本，例如用户登录时的说明、用户注册时的说明、上传照片时的提示说明等。以上传照片时的提示说明为例，在目录“/web/layout/”下复制一份“index.html”文件，将其命名为“info.html”，然后编辑该文件，将其中第22行“div#right-area”元素中的内容替换为6.2.2-07所示的HTML代码。

【代码6.2.2-07】说明性文本的HTML代码设计，代码位置：/web/layout/info.html。

```
01 <div class="info">
02   <p>1. 电子照片为近期免冠证件照，能够清晰反映本人特征，红底、蓝底均可。</p>
03   <p>2. 照片格式为 .jpg 格式，宽高比约为 13:16，大小约为 130×160 像素。</p>
04 </div>
```

接下来设计说明性文本的样式，在“/web/assets/css/app.css”文件中追加样式设置，代码如6.2.2-08所示。

【代码6.2.2-08】说明性文本的样式设置，代码位置：/web/assets/css/app.css。

```
01 /* 说明性文本样式设置 */
02 .info { /* 选择类 info */
03   padding: 10px 0px; /* 设置内边距 */
04 }
05 .info p { /* 选择段落 */
06   font-size: 12px; /* 设置字体大小 */
```

```
07   color: #444; /* 设置字体颜色 */
08   line-height: 180%; /* 设置行高 */
09   text-align: justify; /* 设置文本对齐方式为两端对齐 */
10 }
```

样式设置完毕后，在Chrome浏览器中打开页面“info.html”，说明性文本呈现的设计效果如图6.8所示。

1.电子照片为近期免冠证件照，能够清晰反映本人特征，红底、蓝底均可。
2.照片格式为.jpg格式，宽高比约为13:16，大小约为130×160像素。

图6.8 说明性文本设计效果

5. 表单设计

视频讲解

在页面主体部分的右侧功能区中，某个功能可能需要用户提交表单，例如站点信息设置、登录系统、用户注册、个人密码修改、在线报名等。以用户注册表单的设计为例，在目录“/web/layout/”下复制一份“index.html”文件，将其命名为“register.html”，然后编辑该文件，将其中第22行“div#right-area”元素中的内容替换为6.2.2-09所示的HTML代码。

【代码6.2.2-09】表单的HTML代码设计，代码位置：/web/layout/register.html。

```
01 <div class="form-area">
02   <form action="#">
03     <div class="row">
04       <div class="label">用户名: </div>
05       <div class="item"><input type="text"/></div>
06       <div class="item hint">* 用户名为英文字母、下画线或数字组合，长度为
6~20 位</div>
07     </div>
08     <div class="row">
09       <div class="label">密码: </div>
10       <div class="item"><input type="password"/></div>
11       <div class="item hint">* 密码为英文字母、下画线或数字组合，长度为
6~20 位</div>
12     </div>
13     <div class="row">
14       <div class="label">姓名: </div>
15       <div class="item"><input type="text"/></div>
16       <div class="item hint">*</div>
17     </div>
18     <div class="row">
19       <div class="label">性别: </div>
20       <div class="item">
21         <div class="row">
```

```
22          <input type="radio" value=" 男 " name="student_sex"
  checked><span> 男 </span>
23          <input type="radio" value=" 女 " name="student_sex"><span>
  女 </span>
24        </div>
25      </div>
26      <div class="item hint">*</div>
27    </div>
28    <div class="row">
29      <div class="label"> 身份证号: </div>
30      <div class="item"><input type="text"/></div>
31      <div class="item hint">*</div>
32    </div>
33    <div class="row">
34      <div class="label"> 民族: </div>
35      <div class="item">
36        <select>
37          <option value=" 汉 " selected> 汉 </option>
38          <option value=" 其他 "> 其他 </option>
39        </select>
40      </div>
41      <div class="item hint">*</div>
42    </div>
43    <div class="row">
44      <div class="label"> 验证码: </div>
45      <div class="item">
46        <div class="row">
47          <input type="text" class="width-half">
48          <img src="../assets/imgs/code.jpg">
49        </div>
50      </div>
51      <div class="item hint">* 看不清? 单击验证码图片可更换 </div>
52    </div>
53    <div class="row">
54      <div class="label"></div>
55      <div class="item">
56        <button type="submit"> 确认注册 </button>
57        <button type="reset"> 重置 </button>
58      </div>
59    </div>
60  </form>
61 </div>
```

代码6.2.2-09中第48行引用了一张图片“code.jpg”，用于显示验证码图片，需要将这张图片提前复制到“/web/assets/imgs/”目录下。

接下来设计注册表单的样式，在“/web/assets/css/app.css”文件中追加样式设置，代码如6.2.2-10所示。

【代码6.2.2-10】表单的样式设置，代码位置：/web/assets/css/app.css。

```
01 /* 表单样式设置 */
02 .form-area { /* 选择 form-area 类元素 */
03   padding: 10px 0px; /* 设置内边距上下为 10px，左右为 0px */
04   font-family: "微软雅黑"; /* 设置字体 */
05   font-size: 12px; /* 设置字体大小 */
06 }
07 .row { /* 选择 row 类元素 */
08   display: flex; /* 设置弹性布局 */
09   align-items: center; /* 元素垂直居中 */
10 }
11 .row > div.label { /* 选择 row 中 label 类的 div 元素 */
12   width: 100px; /* 设置宽度为 100px */
13   text-align: right; /* 设置文本对齐方式为居右对齐 */
14   font-weight: bold; /* 设置字体加粗显示 */
15 }
16 .row > .item { /* 选择 row 中 item 类元素 */
17   flex: 1; /* 宽度等分 */
18   padding: 5px 0px; /* 设置内边距 */
19 }
20 div.hint { /* 选择 hint 类的 div 元素 */
21   color: #ff8e06; /* 设置文本颜色 */
22   font-weight: bold; /* 设置字体加粗显示 */
23 }
24 .width-half { /* 选择 width-half 类元素 */
25   width: 50% !important; /* 设置宽度为 50% */
26 }
27 input, select{ /* 选择 input 元素和 select 元素 */
28   width: 95%; /* 设置宽度为 95% */
29   height: 18px; /* 设置高度为 18px */
30   line-height: 18px; /* 设置行高为 18px */
31   font-size: 12px; /* 设置字体大小为 12px */
32   padding: 2px; /* 设置内边距为 2px */
33   box-sizing: content-box; /* 设置为标准盒模型显示 */
34   border: 1px solid #767676; /* 设置边框 */
35 }
36 input[type='radio'] { /* 选择单选按钮 */
37   display: block; /* 转换为区块 */
38   width: auto; /* 宽度自动 */
39 }
40 .form-area input[type="radio"] { /* 选择 form-area 中的单选按钮 */
41   margin: 0px 6px; /* 设置左右外边距为 6px */
```

```
42 }
43 .btn-long, .btn-short { /* 选择按钮类 btn-long 或 btn-short */
44   display: inline-block; /* 转换为内联块 */
45   color: #242; /* 设置文本颜色 */
46   font-size: 12px; /* 设置字体大小为 12px */
47   border: none; /* 清除边框 */
48   height: 20px; /* 设置高度为 20px */
49   line-height: 20px; /* 设置行高为 20px */
50   font-weight: bold; /* 设置文本加粗 */
51   text-align: center; /* 设置文本对齐方式为居中 */
52 }
53 .btn-long { /* 选择按钮类 btn-long */
54   width: 100px; /* 设置宽度为 100px */
55   background: url(../imgs/btn_long.png); /* 设置背景图片 */
56 }
57 .btn-short { /* 选择按钮类 btn-short */
58   width: 70px; /* 设置宽度为 100px */
59   background: url(../imgs/btn_short.png); /* 设置背景图片 */
60 }
61 .btn-short:hover, .btn-long:hover { /* 鼠标经过 button 类的链接 */
62   cursor: pointer; /* 设置鼠标形状为手形 */
63   color: #282; /* 设置文本颜色 */
64 }
```

在代码6.2.2-10中，表单样式设置时引用了两张背景图片“btn_long.png”和“btn_short.png”，用于给按钮设置背景图片，分别用于两类不同长度的按钮，需要将这两张图片提前复制到“/web/assets/imgs/”目录下。样式设置完毕后，在Chrome浏览器中打开页面“register.html”，表单呈现的设计效果如图6.9所示。

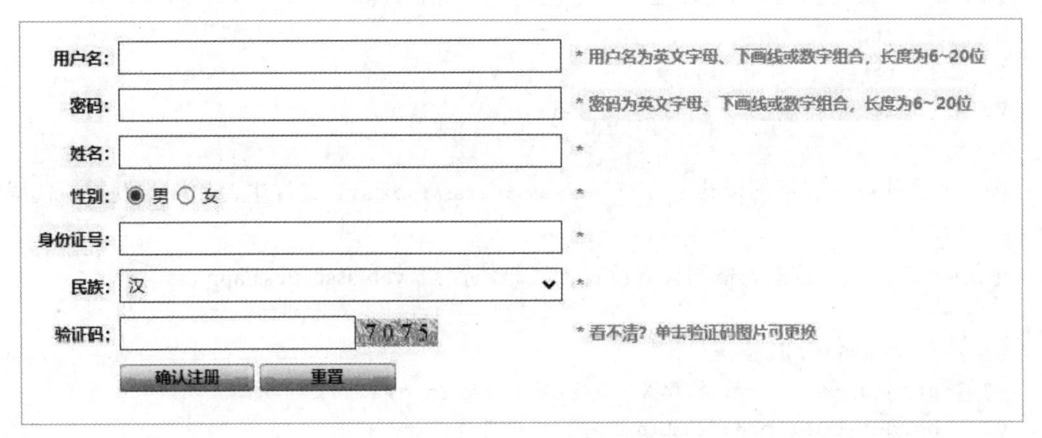

图6.9 表单设计效果

6. 数据表格设计

在页面主体部分的右侧功能区中，某个功能可能需要展示一批数据，批量的数

据通常被组织在表格中呈现。下面设计一个美观而简洁的数据表格，在目录“/web/layout/”下复制一份“index.html”文件，将其命名为“data-table.html”，然后编辑该文件，将其中第22行“div#right-area”元素中的内容替换为6.2.2-11所示的HTML代码。

【代码6.2.2-11】数据表格的HTML代码设计，代码位置：/web/layout/data-table.html。

```
01 <table class="data-table">
02   <tr>
03     <th>序号</th><th>姓名</th><th>用户名</th><th>用户组</th><th>操
  作</th>
04   </tr>
05   <tr>
06     <td>1</td>
07     <td>超管员</td>
08     <td>sys_admin</td>
09     <td>系统管理员</td>
10     <td>
11       <a class="btn-short" href="#">密码清零</a>
12       <a class="btn-short" href="#">删除</a>
13     </td>
14   </tr>
15   <tr>
16     <td>2</td>
17     <td>教务处01</td>
18     <td>jw_admin_01</td>
19     <td>教务管理员</td>
20     <td>
21       <a class="btn-short" href="#">密码清零</a>
22       <a class="btn-short" href="#">删除</a>
23     </td>
24   </tr>
25 </table>
```

接下来设计数据表格的样式，在“/web/assets/css/app.css”文件中追加样式设置，代码如6.2.2-12所示。

【代码6.2.2-12】数据表格的样式设置，代码位置：/web/assets/css/app.css。

```
01 /* 数据表格样式设置 */
02 .data-table { /* 选择数据表格类data-table */
03   border-collapse: collapse; /* 合并边框 */
04   margin: 8px 0px; /* 设置上下外边距为8px */
05   width: 100%; /* 设置宽度为100% */
06   border-top: 1px solid #DDD; /* 设置顶部边框 */
07 }
```

```
08 .data-table tr th, .data-table tr td { /* 选择表格中标题单元格和内容单
   元格 */
09   font-size: 12px; /* 设置单元格字体大小 */
10   height: 24px; /* 设置单元格高度为 24px */
11   padding: 3px 5px; /* 设置上下内边距为 3px，左右内边距为 5px */
12   line-height: 24px; /* 设置单元格行高为 24px */
13   text-align: left; /* 设置文本对齐方式为居左对齐 */
14   border-bottom: 1px solid #DDD; /* 设置单元格底部边框 */
15   vertical-align: middle; /* 设置单元格内容垂直居中 */
16 }
17 .data-table tr th { /* 选择标题单元格 */
18   color: #4A71BE; /* 设置标题单元格字体颜色 */
19   background: url(../imgs/th_bg.png) repeat-x; /* 设置标题单元格背景图片
   */
20   word-break: keep-all; /* 不允许文字跨行 */
21   white-space: nowrap; /* 设置文本不换行 */
22 }
23 .data-table tr:hover td { /* 鼠标经过表格行时，选择行中所有单元格 */
24   background: #FEFEEE; /* 设置背景颜色 */
25   cursor: pointer; /* 设置鼠标形状为手形 */
26 }
27 .table-bordered { /* 选择 table-bordered 类 */
28   border-left: 1px solid #DDD; /* 设置左侧边框 */
29 }
30 .table-bordered tr th, .table-bordered tr td { /* 选择 table-
   bordered 类中的单元格 */
31   border-right: 1px solid #DDD; /* 设置右侧边框 */
32 }
```

在代码6.2.2-12中，数据表格样式设置时引用了一张背景图片“th_bg.png”，用于给表格的标题单元格设置背景图片，需要将这张图片提前复制到“/web/assets/imgs/”目录下。此外，样式在应用时，如果table元素仅设置了class属性“data-table”（如代码6.2.2-11中第01行所示），那么表格中仅显示水平方向的边框线，呈现的效果如图6.10所示。

序号	姓名	用户名	用户组	操作
1	超管员	sys_admin	系统管理员	密码清零 删除
2	教务处01	jw_admin_01	教务管理员	密码清零 删除

图6.10 仅包含水平边框线的数据表格设计效果

如果将代码6.2.2-11中第01行table元素的class属性值修改为“data-table table-bordered”，即同时设置“data-table”和“table-bordered”两个样式类，那么代码6.2.2-12中第27行~第32行的样式也会生效，此时表格中的所有边框都会显示，呈现的效果如图6.11所示。

序号	姓名	用户名	用户组	操作
1	超管员	sys_admin	系统管理员	密码清零 删除
2	教务处01	jw_admin_01	教务管理员	密码清零 删除

图6.11 包含完整边框线的数据表格设计效果

7. 数据分页导航设计

视频讲解

当数据量较大时，从页面排版和美观方面考虑，最好采取分页的方式进行展示。为了便于用户切换不同的数据分页，需要提供便捷的数据分页导航。数据分页导航中主要显示数据总量、每页数据量、总页数以及导航至其他数据页的链接等元素。在目录“/web/layout/”下复制一份“index.html”文件，将其命名为“page-nav.html”，然后编辑该文件，将其中第22行“div#right-area”元素中的内容替换为6.2.2-13所示的HTML代码。

【代码6.2.2-13】数据分页导航的HTML代码设计，代码位置：/web/layout/page-nav.html。

```
01 <div class="page-nav">
02   <input type="text" value="10" class="text-center text-red"/> 条 / 页
03   共 <span>28</span> 条
04   当前第 <span>2</span> 页
05   <a href="#"> 首页 </a>
06   <a href="#"> 上一页 </a>
07   <a href="#"> 下一页 </a>
08   <a href="#"> 尾页 </a>
09   跳转到第
10   <select class="text-red">
11     <option value="1"> 1 / 3 </option>
12     <option value="2" selected> 2 / 3 </option>
13     <option value="3"> 3 / 3 </option>
14   </select>
15   页
16 </div>
```

接下来设计数据分页导航的样式，在“/web/assets/css/app.css”文件中追加样式设置，代码如6.2.2-14所示。

【代码6.2.2-14】数据分页导航的样式设置，代码位置：/web/assets/css/app.css。

```
01 /* 数据分页导航样式设置 */
02 .page-nav { /* 选择 page-nav 类 */
03   height: 28px; /* 设置高度为 28px */
04   line-height: 28px; /* 设置行高为 28px */
05   font-family: "黑体"; /* 设置字体 */
06   text-align: right; /* 设置文本对齐方式为居右对齐 */
07   font-size: 13px; /* 设置字体大小为 13px */
```

```
08 }
09 .page-nav span { /* 选择page-nav类中的span元素 */
10   color: red; /* 设置字体颜色 */
11 }
12 .page-nav a { /* 选择page-nav类中的链接元素 */
13   color: blue; /* 设置链接颜色 */
14 }
15 .page-nav a:hover { /* 当鼠标停留在page-nav类中的链接元素上时 */
16   color: #F711EA; /* 设置链接颜色 */
17 }
18 .page-nav select { /* 选中page-nav类中的select元素 */
19   width: auto; /* 宽度设置为自动 */
20 }
21 .page-nav input { /* 选中page-nav类中的input元素 */
22   width: 30px; /* 宽度设置为30px */
23 }
```

样式设置完毕后，在Chrome浏览器中打开页面“page-nav.html”，数据分页导航呈现的设计效果如图6.12所示。

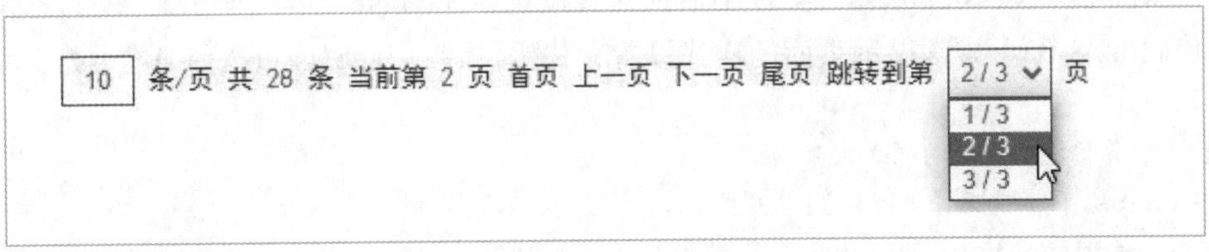

图6.12　数据分页导航的设计效果

6.2.3 异常提示页面设计

视频讲解

用户通过网络请求服务器资源时，难免会遇到一些意外的情况，例如用户请求的资源在服务器中根本不存在，服务器在处理请求时程序产生了异常，亦或是用户不具有对请求资源的访问权限等。出现类似的情况时，可以通过给用户响应异常提示页面，告知用户发生了什么意外，然后引导用户返回之前的页面。系统中的异常提示页面不必使用动态的JSP页面实现，可以直接使用HTML页面来实现。下面针对几种常见的意外情况设计提示页面。

1. 404提示页面的设计

当用户请求的资源不存在时，服务器将设置响应的状态码为404，因此这种意外情况的提示页面常被称为404页面。首先在项目的“/web/”目录下创建一个名为“exception”的文件夹，然后在其中创建一个HTML页面，将其命名为“404.html”，编写其实现代码如6.2.3-01所示。

【代码6.2.3-01】文件/web/exception/404.html，版本1.0。

```
01 <!doctype html>
02 <html>
03   <head>
```

```
04      <meta charset="utf-8">
05      <meta name="viewport" content="width=device-width, user-
    scalable=no, initial-scale=1.0, maximum-scale=1.0, minimum-
    scale=1.0">
06      <meta http-equiv="X-UA-Compatible" content="ie=edge">
07      <title>报名系统</title>
08      <link rel="stylesheet" type="text/css" href="/bmxt/assets/css/
    app.css"/>
09    </head>
10    <body>
11      <div class="tips">
12        <span class="text-red">* 提示：您访问的资源不存在...</span>
13        <a href="javascript:history.back();">点此返回</a>
14      </div>
15    </body>
16  </html>
```

代码6.2.3-01中第13行设置了一个超链接，其href属性值中设置了一段JavaScript脚本，作用是当用户单击该链接时，让页面退回到前一个访问的页面。接下来设计异常提示页面的样式，在“/web/assets/css/app.css”文件中追加样式设置，代码如6.2.3-02所示。

【代码6.2.3-02】异常提示页面的样式设置，代码位置：/web/assets/css/app.css。

```
01 /* 异常提示页面的样式设置 */
02 .tips { /* 选择tips类 */
03   padding-top: 200px; /* 设置上边距为200px */
04   font-size: 28px; /* 设置字体大小为28px */
05   font-weight: bold; /* 设置文本加粗显示 */
06   text-align: center; /* 设置文本对齐方式为居中对齐 */
07 }
```

样式设置完毕后，在Chrome浏览器中打开页面“404.html”，呈现的设计效果如图6.13所示。

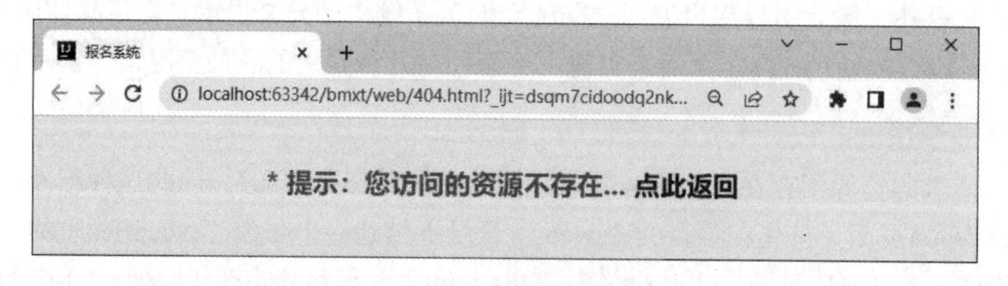

图6.13 404页面效果图

当项目被部署到Web服务器运行时，要让404页面能够生效，还需要在项目的部署描述符文件“web.xml”中配置错误提示页面。首先进入“/web/WEB-INF/”目录，找到其中的“web.xml”文件，然后在该文件中配置如6.2.3-03所示的代码，其中第06行~第09行的代码配置了当状态码为“404”时响应给用户的页面为“/exception/404.html”。

【代码6.2.3-03】文件/web/WEB-INF/web.xml，版本0.01。

```
01 <?xml version="1.0" encoding="UTF-8"?>
02 <web-app xmlns="http://xmlns.jcp.org/xml/ns/javaee"
03          xmlns:xsi="http://www.w3.org/2001/XMLSchema-instance"
04          xsi:schemaLocation="http://xmlns.jcp.org/xml/ns/javaee
   http://xmlns.jcp.org/xml/ns/javaee/web-app_4_0.xsd"
05          version="4.0">
06   <error-page>
07     <error-code>404</error-code>
08     <location>/exception/404.html</location>
09   </error-page>
10 </web-app>
```

2. 服务器内部错误的提示页面设计

服务器内部在处理用户请求时可能会产生一些无法处理的异常和错误，服务器会设置响应的状态码为500，通常也称为500错误。一般来说，正式上线运行的系统不希望直接将系统的内部错误或者异常信息暴露给用户。因此，当此类错误产生时，可以给用户响应一个更加友好的提示页面。本项目中，所有类型的提示页面都采用相同的页面结构设计。在目录"/web/exception/"下复制一份"404.html"文件，将其命名为"error.html"，然后编辑该文件，仅仅将其中第12行"span.text-red"元素中的内容修改为"* 提示：服务器内部错误..."即可。

同样地，服务器内部错误的提示页面也需要在项目的部署描述符文件"web.xml"中进行配置，配置代码参见6.2.3-04，其中第10行~第13行代码配置了当状态码为"500"时响应给用户的页面为"/exception/error.html"。

【代码6.2.3-04】文件/web/WEB-INF/web.xml，版本1.0，上一个版本参见代码6.2.3-03。

```
01 <?xml version="1.0" encoding="UTF-8"?>
02 <web-app xmlns="http://xmlns.jcp.org/xml/ns/javaee"
03          xmlns:xsi="http://www.w3.org/2001/XMLSchema-instance"
04          xsi:schemaLocation="http://xmlns.jcp.org/xml/ns/javaee
   http://xmlns.jcp.org/xml/ns/javaee/web-app_4_0.xsd"
05          version="4.0">
06   <error-page>
07     <error-code>404</error-code>
08     <location>/exception/404.html</location>
09   </error-page>
10   <error-page>
11     <error-code>500</error-code>
12     <location>/exception/error.html</location>
13   </error-page>
14 </web-app>
```

3. 未授权请求的提示页面设计

未授权请求分为两种情况，一种是未登录的用户（匿名用户）请求访问授权用户的资源，例如，匿名用户请求修改管理员的密码信息，就属于未授权的请求。另一种是登录用户请求其他角色授权用户的资源，例如，考生用户登录了系统，请求修改管理员的密码信息，也属于未授权的请求。对未授权请求的处理是在系统的权限控制模块中实现的，不需要在项目的部署描述符文件“web.xml”中配置。针对第一种情况——匿名用户请求某个授权用户的资源，程序只需要引导用户到登录页面。针对第二种情况，则需要一个提示页面来告知用户，访问的资源是未授权的，引导其返回。对于被判定为属于第二种情况的请求，通过请求转发或者页面重定向技术将未授权请求的提示页面响应给用户即可。同样地，在目录“/web/exception/”下复制一份“404.html”文件，将其命名为“unauthorized.html”，然后编辑该文件，仅仅将其中第12行“span.text-red”元素中的内容修改为“* 提示：您无权限请求当前资源...”即可。

第 7 章 系统基础功能的实现

本章介绍系统在初始时需要具备的一些基础功能，包括基础数据的全局监听、管理员用户登录与注销登录功能、系统状态展示功能、管理员用户信息维护功能、管理员用户修改密码功能、用户访问权限控制功能、招考阶段设置功能。这些功能都是阶段不受限的功能，实现时无需考虑系统当前所处的阶段。

7.1 基础数据的全局监听

视频讲解

招考报名系统中的一些基础数据是所有用户所共享的，例如站点基本信息、招考阶段信息、当前所处阶段信息、招考专业信息、考试科目信息等。这些共享的基础数据都存储在对应的数据库表中，系统运行过程中对它们的访问频度非常高，如果每次访问都从数据库中直接读取，就会显著影响系统性能。此外，这些基础数据的量少，在系统运行过程中的更新频度不高。鉴于以上特点，可以在应用程序载入时将这些共享的基础数据从数据库中读取出来存放在application作用域中，方便用户共享使用。当这些共享的基础数据被更新时，需要在对应数据库表中进行更新，同时也需要将保存在application作用域中的数据进行更新，才能够保证数据在系统中的一致性。

我们使用ServletContext事件监听器实现基础数据的全局监听。首先在包“cn.bmxt.listener”中创建一个类MyServletContextListener，让该类实现“javax.servlet”包中的ServletContextListener接口，并实现contextInitialized接口方法；在contextInitialized方法中编写代码，将基础数据从数据库表读取到application作用域中，具体代码如7.1-01所示。

【代码7.1-01】文件/src/cn.bmxt.listener/MyServletContextListener.java，版本1.0。

```
01 package cn.bmxt.listener;
02 // import ... 此处省略了导包语句
03 @WebListener
04 public class MyServletContextListener implements
   ServletContextListener {
```

```
05   public void contextInitialized(ServletContextEvent sce) {
06     SiteDao siteDao = (SiteDaoImpl) DaoFactory.
getInstance("SiteDao");
07     PhaseDao phaseDao = (PhaseDaoImpl) DaoFactory.
getInstance("PhaseDao");
08     MajorDao majorDao = (MajorDaoImpl) DaoFactory.
getInstance("MajorDao");
09     CourseDao courseDao = (CourseDaoImpl) DaoFactory.
getInstance("CourseDao");
10     ServletContext sc = sce.getServletContext();
11     sc.setAttribute("site", siteDao.findOneById(1));
12     sc.setAttribute("phases", phaseDao.findAll());
13     sc.setAttribute("currentPhase", phaseDao.findOneByField("phase_
is_current", 1));
14     sc.setAttribute("majors", majorDao.findAll());
15     sc.setAttribute("courses", courseDao.findAll());
16     sc.setAttribute("root", sc.getContextPath());
17   }
18 }
```

代码7.1-01说明如下：

（1）第03行，在类上使用“@WebListener”注解进行标注，Web容器会把被“@WebListener”标注的类当做一个监听器进行注册使用。

（2）第05行，在Web应用程序初始化过程启动时，会调用contextInitialized方法。

（3）第06行~第09行，通过DAO工厂类分别获取需要使用的实体类DAO接口的实现类。

（4）第10行，获取当前应用上下文环境对象ServletContext。

（5）第11行~第15行，读取需要共享的基础数据并分别存放至全局作用域中。这些共享的基础数据包括站点信息、阶段信息列表、当前阶段信息、招考专业信息列表和考试课程信息列表。

（6）第16行，将当前应用的路径信息存放至全局作用域中，以便于在程序中引用。

7.2 管理员登录功能的实现

管理员用户登录系统的处理流程如图7.1所示，流程中涉及的各项具体功能的代码按照MVC模式分层组织，功能实现逻辑更加清晰。

根据图7.1所示的管理员用户登录流程，在视图层需要设计实现管理员登录页面“manage.jsp”，在控制层需要通过一个Servlet类实现对应的业务逻辑，模型层中涉及的数据库操作则可以直接调用DAO层封装好的方法。下面分别对视图层和控制层的具体实现进行详细介绍。

7.2.1 管理员登录功能的页面视图设计

系统中所有功能的页面视图都采用JSP页面实现，功能页面的总体布局可以参照代码6.2.1-02进行设计，并考虑抽取封装可共享的代码部分。正如6.2.1节所述，可以将页面头部、页面底

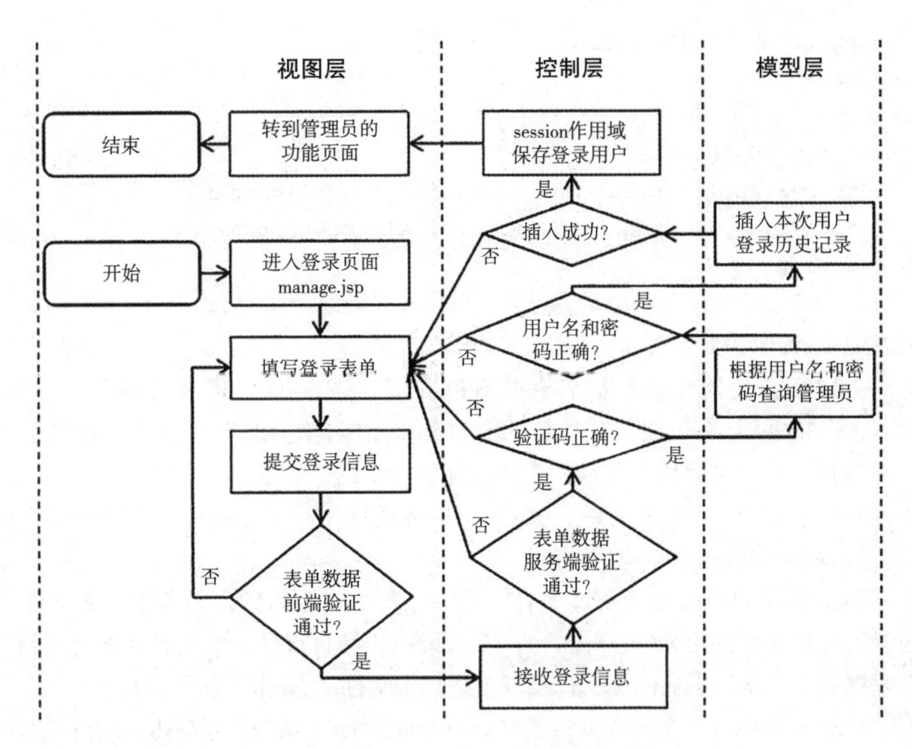

图7.1 管理员用户登录系统的处理流程

部进行抽取封装，以便于所有功能页面共享使用。

1. 封装页面头部代码

在“/web/includes/”目录下创建页面文件“page-head.jsp”，用于封装页面头部代码，包括HTML的开始标签“<html>”、HTML的“<head>”部分、body的开始标签“<body>”以及body中的“section#header”部分。页面“page-head.jsp”是系统中所有页面共享共用的部分，其代码如7.2.1-01所示。

【代码7.2.1-01】文件/web/includes/page-head.jsp，版本1.0。

```
01 <%@ page pageEncoding="UTF-8" language="java" %>
02 <%@ taglib uri="http://java.sun.com/jsp/jstl/core" prefix="c" %>
03 <!doctype html>
04 <html>
05 <head>
06   <meta charset="UTF-8">
07   <meta name="viewport" content="width=device-width, user-
   scalable=no, intial-scale=1.0, maximum-scale=1.0, minimum-
   scale=1.0">
08   <meta http-equiv="X-UA-Compatible" content="ie=edge">
09   <link rel="stylesheet" href="${root}/assets/css/app.css">
10   <script type="text/javascript" src="${root}/assets/js/jquery-
   3.6.0.min.js"></scipt>
11   <script type="text/javascript" src="${root}/assets/js/app.js">
   </script>
```

```
12   <title>报名系统</title>
13 </head>
14 <body>
15 <section id="header">
16   <span>${applicationScope.site.site_school}</span>
17   <span>${applicationScope.site.site_name}</span>
18 </section>
```

代码7.2.1-01说明如下：

（1）第02行，使用taglib指令导入JSTL的核心标签库。需要提前将“jstl.jar”和“standard.jar”这两个jar包复制到项目的“/web/WEB-INF/lib/”目录下。在页面中导入了JSTL核心标签库之后，就可以在页面中应用该标签库中的标签了。

（2）第09行，导入样式文件，其中样式路径中的“${root}”是使用EL表达式从application作用域中读取的站点应用路径。

（3）第10行~第11行，导入脚本文件。第10行导入jQuery库，需要提前将文件“jquery-3.6.0.min.js”复制到项目的“/web/assets/js/”目录中。第11行导入本项目页面引用的外部脚本文件，需要提前在“/web/assets/js/”目录下创建脚本文件“app.js”。

（4）第15行~第18行，是页面共享的“section#header”部分。在Web应用监听器中，已经将站点信息site从数据库中读取并存入到了application作用域中，因此学校名称和站点名称可以直接从application作用域中获取。

2. 封装页面底部代码

视频讲解

在“/web/includes/”目录下创建页面文件“page-bottom.jsp”，用于封装页面底部代码，包括“section#footer”部分、body的结束标签“</body>”和HTML的结束标签“</html>”。页面“page-bottom.jsp”是系统中所有页面共享共用的部分，其中展示的版权、邮编和地址信息也可以动态地从application作用域中获取，页面底部的实现代码如7.2.1-02所示。

【代码7.2.1-02】文件/web/includes/page-bottom.jsp，版本1.0。

```
01 <%@ page pageEncoding="UTF-8" language="java" %>
02 <section id="footer">
03   <span>${applicationScope.site.site_copy}</span> |
04   <span>邮编：${applicationScope.site.site_zip_code}</span> |
05   <span>地址：${applicationScope.site.site_location}</span>
06 </section>
07 </body>
08 </html>
```

3. 页面主体部分左侧区域代码设计

视频讲解

在设计功能页面时，页面主体部分左侧区域规划的是功能导航菜单，只有用户登录系统之后方可呈现用户的功能导航菜单。管理员登录页面的主体部分左侧区域并不需要展示功能菜单，可以利用左侧的空间展示系统登录说明。系统登录说明文本可以使用6.2.2节中讲述的说明性文本要素来设计。管理员登录页面主体部分左侧区域的实现代码如7.2.1-03所示。

【代码7.2.1-03】管理员登录页面主体部分左侧区域代码，代码位置：/web/manage.jsp。

```
01 <div id="left">
02   <h1>登录说明</h1>
03   <div id="left-area">
04     <div class="info">
05       <p>1.本页面用于管理员登录。</p>
06       <p>2.管理员账号由系统管理员添加。</p>
07       <p>3.如果忘记了用户名或者密码，请及时联系系统管理员。</p>
08     </div>
09   </div>
10 </div>
```

4. 验证码的原理与实现

视频讲解

验证码的英文名称叫CAPTCHA（Completely Automated Public Turing Test to Tell Computers and Humans Apart），全称是“全自动区分计算机和人类的图灵测试”，它是一种区分计算机和人类用户的公共全自动程序。

1）验证码的原理

一般来说，验证码就是包含附加码信息（一串数字、字符等）的图片，图片中加上一些干扰像素。验证码图片会在用户浏览网页时显示出来，经过终端用户人工识别后，将其中的附加码信息连同用户名和密码一起通过表单提交至Web系统服务端进行验证，验证通过后才能使用系统的某些功能。在Web应用系统中使用验证码的目的是区分用户是计算机还是人类，主要出于安全性考虑，防止一些恶意程序对网站的访问，有效阻止自动注册、论坛灌水、垃圾信息回复及发布、暴力破解密码等行为，避免Web服务器遭受此类非正常行为的攻击。读者学习验证码技术要用于维护网络空间安全，做网络安全的守护者，助力推动形成良好网络生态，而不是做网络安全的破坏者。

2）验证码的分类

验证码在设计时要考虑增加识别难度，同时也要掌握好度。太难识别的验证码，会影响用户体验；太容易识别的验证码，同样易于机器识别，容易被破解。目前，验证码技术仍然在不断地发展，目前常见的验证码的种类包括文本图片验证码、问题验证码、图像验证码、声音验证码、交互式验证码和视频验证码等。

（1）文本图片验证码。它实现简单、应用广泛，主要依靠图像变形、添加噪声等方式增加识别难度。文本图片验证码比较容易被OCR（Optical Character Recognition，光学字符识别）软件识别，因此有的网站提供GIF格式的动态验证码图片。

（2）问题验证码。它是以问答的形式来呈现的，例如，让系统随机生成诸如“2+3=？”的简单问题让用户进行回答。

（3）图像验证码。它通过在图像场景中设置目标，让用户识别并分类。图像验证码识别时涉及图像分类、目标识别、场景理解等技术，因此它比文本验证码更加难以破解。但是现有的图像验证码需要庞大的图像数据库，而且无法大规模产生，更糟糕的是，一旦数据库被公布，算法不攻自破。

（4）声音验证码。它是以随机的时间间隔播放随机选择的一人或多人播报的语音信息，让用户听音识别验证码信息。为了增加识别难度，播放语音时还可以添加背景噪声。

（5）交互式验证码。它是一种全新的验证码形态，通过让用户拖动“滑块”到指定位置进行验证。这种新的交互方式可以有效解决网站安全和用户体验两端的矛盾。

（6）视频验证码。它是验证码中的新秀，通过将随机的附加码信息动态嵌入MP4、FLV等格式的视频中让用户识别，增大了破解难度。视频验证码的安全度远高于普通的文本图片验证码。它既能够提高机器识别的难度，又不会增加用户识别的难度，而且使用这种验证码时用户也不会感到枯燥。

3）验证码的实现

在管理员用户的登录流程中，设计了验证码校验的环节，用于提升系统的安全性。本项目在设计验证码时选择更加易于实现的文本图片验证码。文本图片验证码在系统中的应用与校验流程如图7.2所示。

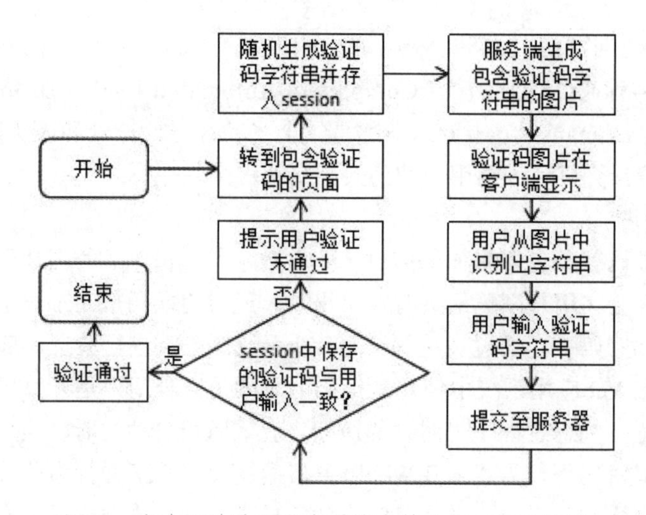

图7.2　文本图片验证码在系统中的应用与校验流程

根据验证码的原理，使用JSP程序生成一个包含4位随机数字的验证码图片，在需要验证码的页面中直接引用加载即可。在项目的“/web/includes/”目录下创建文件“code.jsp”，用于生成验证码图片，其实现代码如7.2.1-04所示。

【代码7.2.1-04】文件/web/includes/code.jsp，版本1.0。

```
01 <%@ page contentType="image/jpeg" import="java.awt.*, java.awt.
   image.*,java.util.*,javax.imageio.*" %>
02 <%!
03  Color getRandColor(int fc, int bc) {
04     Random random = new Random();
05     if (fc > 255) fc = 255;
06     if (bc > 255) bc = 255;
07     int r = fc + random.nextInt(bc - fc);
08     int g = fc + random.nextInt(bc - fc);
```

```
09     int b = fc + random.nextInt(bc - fc);
10     return new Color(r, g, b);
11   }
12 %>
13 <%
14   out.clear();
15   response.setHeader("Pragma", "No-cache");
16   response.setHeader("Cache-Control", "no-cache");
17   response.setDateHeader("Expires", 0);
18   int width = 64, height = 22;
19   BufferedImage image = new BufferedImage(width, height,
  BufferedImage.TYPE_INT_RGB);
20   Graphics g = image.getGraphics();
21   Random random = new Random();
22   g.setColor(getRandColor(200, 250));
23   g.fillRect(0, 0, width, height);
24   g.setFont(new Font("Times New Roman", Font.PLAIN, 18));
25   g.setColor(getRandColor(160, 200));
26   for (int i = 0; i < 200; i++) {
27     int x = random.nextInt(width);
28     int y = random.nextInt(height);
29     int xl = random.nextInt(12);
30     int yl = random.nextInt(12);
31     g.drawLine(x, y, x + xl, y + yl);
32   }
33   String code = "";
34   for (int i = 0; i < 4; i++) {
35     String rand = String.valueOf(random.nextInt(10));
36     code += rand;
37     g.setColor(new Color(20 + random.nextInt(110), 20 + random.
  nextInt(110), 20 + random.nextInt(110)));
38     g.drawString(rand, 14 * i + 7, 18);
39   }
40   session.setAttribute("code", code);
41   g.dispose();
42   ImageIO.write(image, "JPEG", response.getOutputStream());
43 %>
```

代码7.2.1-04说明如下：

（1）第01行，在page指令中使用contentType属性指定页面的内容类型为“jpeg”图片格式，并使用import属性导入绘图时需要使用的Java类。

（2）第03行~第11行，在JSP声明中定义一个函数getRandColor，其功能是生成一个随机的颜色值，并返回一个颜色对象。

（3）第15行~第17行，设置请求和响应遵循的缓存机制。不能对验证码图片进行缓存，否则将造成验证码图片不能实时刷新。

（4）第18行~第25行，在内存中创建图像，并设定图像的背景颜色、字体等属性。

（5）第26行~第32行，随机产生200条干扰线。

（6）第34行~第39行，随机生成4位数字，并依次将其显示到图像中。

（7）第40行，将随机生成的4位数字字符串保存至当前session中。

（8）第41行~第42行，生成图像并将图像以“jpeg”格式进行输出。

5. 页面主体部分右侧区域代码设计

视频讲解

管理员登录页面的主体部分右侧区域展示的是管理员用户的登录功能视图，包括功能操作标题和登录表单，可分别参照6.2.2节中的功能操作标题设计代码和表单设计代码来实现，实现代码如7.2.1-05所示。

【代码7.2.1-05】管理员登录页面主体部分右侧区域代码，代码位置：/web/manage.jsp。

```
01 <div id="right">
02   <h1 id="nav-title">管理员登录</h1>
03   <div id="right-area">
04     <div class="operation">
05       <span class="text-blue">↓管理员登录：</span>
06       <span id="mess" class="text-red">${requestScope.mess}</span>
07     </div>
08     <div class="form-area">
09       <form action="${root}/adminlogin" method="post">
10         <div class="row">
11           <div class="label">用户名：</div>
12           <div class="item"><input type="text" name="admin_
username" /></div>
13           <div class="item hint">* </div>
14         </div>
15         <div class="row">
16           <div class="label">密码：</div>
17           <div class="item"><input type="password" name="admin_
password"/></div>
18           <div class="item hint">* </div>
19         </div>
20         <div class="row">
21           <div class="label">验证码：</div>
22           <div class="item">
23             <div class="row">
24               <input type="text" name="code" class="width-half" />
25               <img src="${root}/includes/code.jsp" onclick="this.
src='${root}/includes/code.jsp?tm='+ Math.random();" />
26             </div>
27           </div>
```

```
28            <div class="item hint">* 看不清? 单击验证码图片可更换</div>
29          </div>
30          <div class="row">
31            <div class="label"></div>
32            <div class="item">
33              <button class="btn-long" type="submit">登录系统
   </button>
34              <button class="btn-long" type="reset">重置</button>
35            </div>
36          </div>
37        </form>
38      </div>
39    </div>
40  </div>
```

代码7.2.1-05说明如下：

（1）第04行~第07行，功能操作标题部分，其中第06行的“span#mess”元素用于展示操作结果提示消息。正如图7.1所示，在管理员登录流程中，存在前端数据校验、服务端数据校验、验证码校验、用户名和密码校验等若干判定步骤，当某个步骤中的判定结果为否时，登录失败，此时应该告知用户具体的失败原因，然后让用户重新填写登录表单，可以在“span#mess”元素中渲染出相应的提示消息。如果是前端数据校验失败，可以直接通过JavaScript脚本修改“span#mess”元素中的提示文本；如果是服务端数据校验失败，可以在request作用域中保存提示文本，请求转发至页面后直接在“span#mess”元素中使用EL表达式读取提示文本并展示出来。

（2）第09行，form表单元素中的action属性指定了请求发送的URL地址为“/adminlogin”，这个地址正是表6.1中规划好的用于处理管理员登录请求的Servlet映射地址。

（3）第25行，使用img元素引用了验证码图片，在其onclick属性中定义了图片的单击事件。当单击验证码图片时，将会通过修改img元素的src属性值来更改图片引用。引用的图片仍然是验证码图片，但是会在其URL后附加一个请求参数tm。请求参数tm的值是随机生成的一个数值，确保每次执行时请求参数值都不同，这样就可以解决因浏览器缓存策略造成的验证码图片不能实时刷新的问题。

6. 表单数据的前端校验

视频讲解

为避免用户频繁地将不合规的表单数据发送到服务端，有必要在页面中加入对表单数据的合规性校验代码。通常使用JavaScript脚本对用户输入的表单数据进行前端校验，也可以在项目中使用jQuery框架来进一步简化脚本代码。在已封装好的页面头部代码文件“page-head.jsp”中已经导入了jQuery库，因此，在所有引用了页面头部代码文件的页面中都可以直接使用jQuery库。在“/web/manage.jsp”页面的“section#main”元素之后插入对管理员登录表单数据进行校验的脚本代码，如7.2.1-06所示。

【代码7.2.1-06】管理员用户登录表单数据的前端校验代码，代码位置：/web/manage.jsp。

```
01 <script type="text/javascript">
02   $(function () {
03     let form = document.forms[0];
04     $(form).submit(function (e) {
05       if (!/^\w{6,20}$/.test(form.admin_username.value.trim())) {
06         $("#mess").text(" * 用户名输入错误，应为 6~20 位数字、字母或下画线
的组合！ ");
07         form.admin_username.focus();
08         return false;
09       }
10       if (!/^\w{6,20}$/.test(form.admin_password.value.trim())) {
11         $("#mess").text(" * 密码输入错误，应为 6~20 位数字、字母或下画线的
组合！ ");
12         form.admin_password.focus();
13         return false;
14       }
15       if (!/^\d{4}$/.test(form.code.value.trim())) {
16         $("#mess").text(" * 验证码输入错误，应为 4 位数字！ ");
17         form.code.focus();
18         return false;
19       }
20       return true;
21     });
22   });
23 </script>
```

代码7.2.1-06说明如下：

（1）第02行~第22行，“$(function () {...});”表示当DOM文档加载完成后再执行花括号中的脚本代码。

（2）第03行，获取页面中第一个form表单元素。

（3）第04行~第21行，注册form表单的提交事件，当用户单击form表单中的“提交”按钮时触发执行定义的事件脚本。

（4）第05行~第19行，分别使用正则表达式校验用户名、密码和验证码这三个表单元素的输入值是否合规。设计时规定用户名和密码的位数均为6~20位，并且由数字、字母和下画线组成，规定验证码必须是4位数字。如果某个表单元素的输入值验证未通过，则在“span#mess”元素中写入相应的提示文本，然后将光标聚焦至该表单元素，提醒用户重新输入。当三个表单元素的输入值全部通过校验后，数据才会被发送到服务端。

7. 管理员登录页面代码

视频讲解

管理员登录页面的代码依次由封装的页面头部代码、页面主体部分左侧区域代码、页面主体部分右侧区域代码、表单数据的前端校验代码、封装的页面底部代码组成。代码的各个组成部分已经介绍完毕，下面给出管理员登录页面的完整代码构

成，如7.2.1-07所示。

【代码7.2.1-07】文件/web/manage.jsp，版本0.01。

```
01 <%@ page language="java" contentType="text/html; charset=UTF-8"
   pageEncoding="UTF-8" %>
02 <%@ include file="/includes/page-head.jsp" %>
03 <section id="main">
04   ... 此处为【代码 7.2.1-03】中的所有代码
05   ... 此处为【代码 7.2.1-05】中的所有代码
06 </section>
07   ... 此处为【代码 7.2.1-06】中的所有代码
08 <%@ include file="/includes/page-bottom.jsp" %>
```

参照1.5.2节中的步骤，为Web应用配置一个Tomcat服务器，并为项目配置依赖的tomcat类库。将项目bmxt部署至配置好的Tomcat服务器下，然后启动Tomcat服务器，在浏览器中访问"http://localhost:8080/bmxt/manage.jsp"这个地址，就可以看到管理员登录功能页面的实现效果了。可以在页面中对前端校验代码进行测试，在表单中输入合规的用户名和密码，再输入一个不合规的验证码。例如，在验证码文本框中输入字符串"adcd"，然后单击"登录系统"按钮，此时验证码字符串的前端校验未通过，呈现的页面效果如图7.3所示。在功能操作标题之后的span元素内展示出了验证码输入错误的提示消息，同时光标也聚焦在了验证码文本框中，便于用户直接修改验证码的输入。

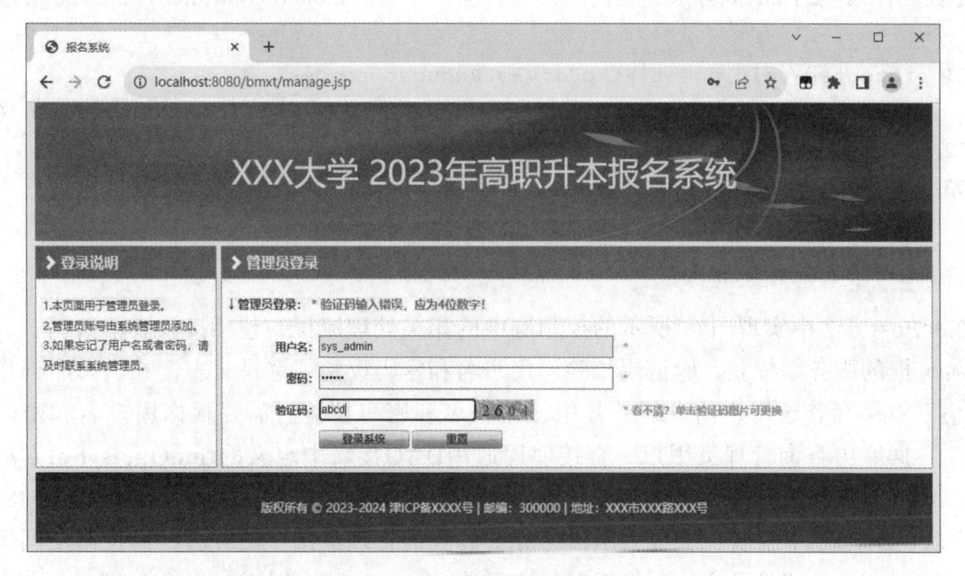

图7.3 管理员登录页面效果图

7.2.2 管理员登录功能的初步实现

按照图7.1所示的管理员登录流程，用户通过管理员登录页面向服务端发送登录请求，服务端要按照流程处理用户请求，并做出正确的响应。控制层采用Servlet类实现，在包"cn.bmxt.controller"上右击，然后在弹出的菜单中选择"New"→"Create New Servlet"，弹出“New Servlet”面板，在其中的Name一栏输入“AdminLogin”，然后单击“OK”按钮即可。下面详细讲解用户处理管理员登录请求的代码实现。

1.配置Servlet映射

视频讲解

在AdminLogin的类声明前使用“@WebServlet”注解配置URL映射地址，如代码7.2.2-01中的第01行所示。

【代码7.2.2-01】使用“@WebServlet”注解配置控制层Servlet的URL映射地址，代码位置：/src/cn.bmxt.controller/AdminLogin.java。

```
01 @WebServlet("/adminlogin")
02 public class AdminLogin extends HttpServlet {
03   // ...
04 }
```

2. doGet方法实现

视频讲解

创建好的Servlet类AdminLogin继承了HttpServlet类，重写了doPost和doGet两个方法，一个用于响应使用get方法传输的请求，一个用于响应使用post方法传输的请求。客户端可以使用get方法发送请求，也可以使用post方法发送请求，如果服务端对请求的处理流程是一致的，那么就可以仅在doPost方法中编写处理请求的具体实现代码，而在doGet方法中调用doPost方法即可。doGet方法的实现代码如7.2.2-02所示。

【代码7.2.2-02】doGet方法实现代码，代码位置：/src/cn.bmxt.controller/AdminLogin.java。

```
01 protected void doGet(HttpServletRequest request,
   HttpServletResponse response) throws ServletException, IOException {
02   this.doPost(request, response);
03 }
```

3. doPost方法初步实现

视频讲解

在doPost方法中实现图7.1所示的控制层中的相关处理流程，包括接收表单数据、表单数据的服务端校验、验证码校验、用户名和密码校验、登录日志记录、session作用域中保存登录用户信息等。其中，用户名和密码校验时需要根据用户名和密码从数据库中查询管理员用户，直接使用通用DAO接口中定义的findOneBySql方法就可以实现，但是需要提供具体的SQL查询语句。为了避免在控制层出现底层的SQL语句，可以在DAO层中封装一个根据用户名和密码查询管理员用户的方法，供控制层调用，在AdminDao接口中定义这个方法，然后在其实现类AdminDaoImpl中实现该方法即可。首先编辑文件“/src/cn.bmxt.dao/AdminDao.java”，在其中定义接口方法，代码如7.2.2-03所示。

【代码7.2.2-03】文件/src/cn.bmxt.dao/AdminDao.java，版本0.02，上一个版本参见代码5.4-04。

```
01 package cn.bmxt.dao;
02 import cn.bmxt.dao.common.BaseDao;
03 import cn.bmxt.entity.Admin;
```

```
04 public interface AdminDao extends BaseDao<Admin> {
05   public Admin findByUsernameAndPassword(String admin_username,
   String admin_password);
06 }
```

接着编辑文件“/src/cn.bmxt.dao.impl/AdminDaoImpl.java”，实现AdminDao接口中定义的方法，实现代码如7.2.2-04所示。

【代码7.2.2-04】文件/src/cn.bmxt.dao.impl/AdminDaoImpl.java，版本0.02，上一个版本参见代码5.4-05。

```
01 package cn.bmxt.dao.impl;
02 import cn.bmxt.dao.AdminDao;
03 import cn.bmxt.dao.common.impl.BaseDaoImpl;
04 import cn.bmxt.entity.Admin;
05 public class AdminDaoImpl extends BaseDaoImpl<Admin> implements
   AdminDao {
06   public Admin findByUsernameAndPassword(String admin_username,
   String admin_password) {
07     return findOneBySql("select * from admin where admin_username=?
   and admin_password=?", admin_username, admin_password);
08   }
09 }
```

用于处理管理员登录请求的控制层代码是在AdminLogin这个Servlet类的doPost方法中实现的，具体实现代码如7.2.2-05所示。

视频讲解

【代码7.2.2-05】doPost方法的初步实现，代码位置：/src/cn.bmxt.controller/AdminLogin.java。

```
01 protected void doPost(HttpServletRequest request,
   HttpServletResponse response) throws ServletException, IOException {
02   request.setCharacterEncoding("UTF-8");
03   response.setCharacterEncoding("UTF-8");
04   String admin_username = request.getParameter("admin_username");
05   String admin_password = request.getParameter("admin_password");
06   String code = request.getParameter("code");
07   String mess = "";
08   if (!admin_username.matches("\\w{6,20}")) {
09     mess = "* 提示：用户名输入错误，应为 6~20 位数字、字母或下画线的组合！ ";
10   } else if (!admin_password.matches("\\w{6,20}")) {
11     mess = "* 提示：密码输入错误，应为 6~20 位数字、字母或下画线的组合！ ";
12   } else if (!code.matches("\\d{4}")) {
13     mess = "* 提示：验证码输入错误，应为 4 位数字！ ";
14   }
15   if (mess.isEmpty()) { // 数据校验通过
```

```
16     HttpSession session = request.getSession();
17     String session_code = (String) session.getAttribute("code");
18     if (code.equals(session_code)) {
19       AdminDao adminDao = (AdminDaoImpl) DaoFactory.
getInstance("AdminDao");
20       Admin admin = adminDao.findByUsernameAndPassword(admin_
username, admin_password);
21       if (admin != null) {
22         Log log = new Log();
23         log.setLog_username(admin.getAdmin_username());
24         log.setLog_group(admin.getAdmin_group());
25         log.setLog_ip(request.getRemoteAddr());
26         log.setLog_timestamp(System.currentTimeMillis() / 1000);
27         LogDao logDao = (LogDaoImpl) DaoFactory.
getInstance("LogDao");
28         if (logDao.save(log) > 0) { // 记录登录日志成功
29           session.setAttribute("admin", admin);
30           response.sendRedirect(request.getContextPath() + "/admin/
common/status/show");
31           return;
32         } else {
33           mess = "* 提示：登录失败！ ";
34         }
35       } else {
36         mess = "* 提示：用户名或密码输入错误！";
37       }
38     } else {
39       mess = "* 提示：验证码不正确！ ";
40     }
41   }
42   request.setAttribute("mess", mess);
43   request.getRequestDispatcher("/manage.jsp").forward(request,
response);
44 }
```

代码7.2.2-05说明如下：

（1）第02行~第03行，设置请求和响应传输时使用的字符编码，分别设置为“UTF-8”。

（2）第04行~第06行，调用request请求对象的getParameter方法分别获取前端传输过来的请求参数值。

（3）第07行，定义一个字符串变量mess，用于保存操作不成功时的提示消息。

（4）第08行~第14行，表单数据的服务端校验，校验不通过时设置相应的提示消息。

（5）第15行，判断表单数据的服务端校验是否通过，如果通过则继续执行后续的处理流程，否则执行第42行和第43行代码，将未通过的提示消息mess保存至request作用域中，然后将请求转发到管理员登录页面“manage.jsp”。

（6）第16行~第17行，第16行获取当前会话session对象，第17行获取验证码图片生成时保存在session作用域中的4位数字字符串。

（7）第18行，校验用户输入的验证码，判断用户输入的验证码字符串和session作用域中存储的4位数字字符串是否相同，如果相同则说明用户输入的验证码是正确的，可以继续执行后续的处理流程；否则执行第39行代码，设置提示消息。

（8）第19行~第20行，第19行通过DAO工厂类获取AdminDao接口的实例对象，第20行则根据用户输入的用户名和密码查询管理员。

（9）第21行，判断第20行查询得到的管理员是否为null。如果不为null，说明用户提供的用户名和密码信息成功匹配到了一个管理员用户；否则执行第36行代码，设置提示消息。

（10）第22行~第26行，创建日志对象并完成日志记录的初始化，日志中要记录登录用户的用户名、用户组、登录时的IP地址以及登录的时间点信息。其中，登录的时间点信息使用当前系统时间的秒级时间戳来表示。

（11）第27行，通过DAO工厂类获取LogDao接口的实例对象。

（12）第28行，插入本次登录的日志信息，并判断操作是否成功。如果插入成功，可以继续执行后续的处理流程，否则执行第33行代码，设置提示消息。

（13）第29行，将查询匹配到的管理员信息保存在session作用域中，作为当前会话中该用户发起其他业务请求时的鉴权凭证，同时也便于相关业务处理时获取到当前用户信息。

（14）第30行，程序能够执行到本行，说明管理员用户登录成功。登录成功后就可以跳转到管理员用户的功能页面了，可以采用重定向的方式将请求重定向至“/admin/common/status/show”这个地址，它是实现系统状态展示功能的Servlet对应的URL映射地址。系统状态展示功能的实现将在第7.5节中详细介绍。

（15）第31行，return语句用于中止后续代码的执行。在Servlet中，请求转发或者页面重定向之后就意味着该Servlet中的业务处理逻辑已结束，如果在请求转发语句或页面重定向语句之后还有代码，那么这些代码仍然会被执行，可能会造成严重的错误，因此需要使用return语句来中止后续代码的执行。

（16）第42行~第43行，如果程序未能成功进入第29行~第31行的代码块中，则说明之前的某个校验步骤或者操作步骤未能通过，未通过的校验或者操作都会在mess中存入相应的提示消息。第42行将提示消息mess保存至request作用域中，接着第43行将请求转发至管理员登录页面视图。在管理员登录页面视图中，功能操作标题之后的“span#mess”元素中使用EL表达式读取展示了保存在request作用域中的这个提示消息mess（参见代码7.2.1-05的第06行）。

4. AdminLogin的初始版本

按照上述步骤操作完成之后，就实现了AdminLogin这个Servlet类的初始版本设计，其完整代码如7.2.2-06所示。

【代码7.2.2-06】文件/src/cn.bmxt.controller/AdminLogin.java，版本0.01。

```
01 package cn.bmxt.controller;
02 // import ... 此处省略了导包语句
03 @WebServlet("/adminlogin")
04 public class AdminLogin extends HttpServlet {
05   ... 此处为【代码 7.2.2-02】中的所有代码
```

```
06    ...此处为【代码 7.2.2-05】中的所有代码
07 }
```

7.2.3 管理员登录功能的代码优化

在7.2.2节中，我们在控制层使用Servlet实现了对管理员用户登录请求的处理和响应，其处理流程步骤也适用于其他功能。一般来说，处理用户请求都要经过请求和响应编码的设置、请求参数的获取、数据类型转换、参数字段的校验、业务逻辑的实现、请求转发或者页面重定向等若干步骤，其中一些步骤中的代码具有通用性，可以考虑进行抽取封装，便于后续功能开发时进行复用。下面结合管理员登录请求的处理代码来讲解如何实现通用性代码的优化封装。

1. 在过滤器中设置请求和响应的传输编码

视频讲解

系统中所有请求和响应数据在传输时都要使用相同的编码格式，避免出现因编码不一致带来的乱码问题，使用过滤器技术可以实现传输编码的统一设置。在包“cn.bmxt.filter”上右击，在弹出的菜单中选择“New”→“Create New Filter”，弹出“New Filter”面板，在其中的Name一栏输入“EncodeFilter”，然后单击“OK”按钮，就创建好了一个过滤器类。过滤器类都实现了“javax.servlet.Filter”接口，其中的接口方法doFilter是请求被拦截时要调用的方法，我们需要实现这个方法，并在其中设置请求和响应的编码格式。此外，还需要配置对哪些请求进行拦截，可以在类EncodeFilter的声明前使用“@WebFilter”注解来配置该过滤器拦截的URL请求地址。编码过滤器类EncodeFilter的完整实现代码如7.2.3-01所示。

【代码7.2.3-01】文件/src/cn.bmxt.filter/EncodeFilter.java，版本1.0。

```
01 package cn.bmxt.filter;
02 import javax.servlet.*;
03 import javax.servlet.Filter;
04 import javax.servlet.annotation.WebFilter;
05 import java.io.IOException;
06 @WebFilter("/*")
07 public class EncodeFilter implements Filter {
08   public void doFilter(ServletRequest req, ServletResponse resp,
   FilterChain chain) throws ServletException, IOException {
09     req.setCharacterEncoding("utf-8");
10     resp.setCharacterEncoding("utf-8");
11     chain.doFilter(req, resp);
12   }
13 }
```

代码7.2.3-01中第06行配置的URL地址“/*”表示匹配网站的所有资源，也就是说对本站所有资源的请求和响应都要经由这个编码过滤器执行过滤操作，而具体实现的过滤操作就是代码中的第09行和第10行，分别设置了请求和响应的传输编码。使用过滤器实现了传输编码的统一设置之后，就不需要在Servlet的请求处理方法中设置了，意味着代码7.2.2-05中的第02行和第03行代码可以删除了。

2. 封装获取请求参数的方法

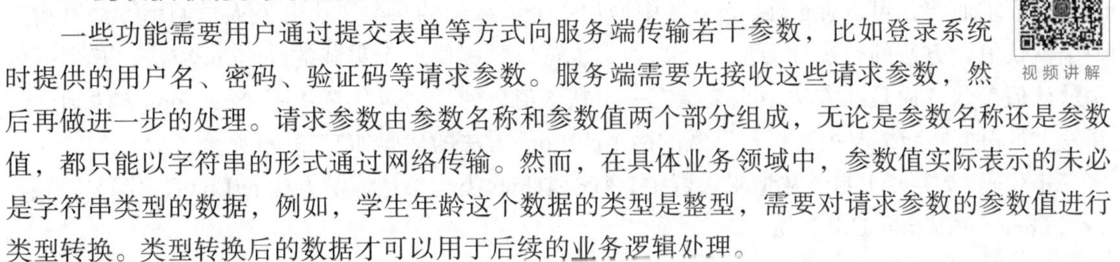

视频讲解

一些功能需要用户通过提交表单等方式向服务端传输若干参数，比如登录系统时提供的用户名、密码、验证码等请求参数。服务端需要先接收这些请求参数，然后再做进一步的处理。请求参数由参数名称和参数值两个部分组成，无论是参数名称还是参数值，都只能以字符串的形式通过网络传输。然而，在具体业务领域中，参数值实际表示的未必是字符串类型的数据，例如，学生年龄这个数据的类型是整型，需要对请求参数的参数值进行类型转换。类型转换后的数据才可以用于后续的业务逻辑处理。

在request对象中封装了getParameter方法和getParameterMap方法，二者都是用于获取请求参数的方法。getParameter方法获取一个请求参数，结果返回的是字符串类型表示的请求参数值。getParameterMap方法获取请求中的所有请求参数，返回的是“Map<String, String[]>”类型的结果，Map的键就是请求参数名称。Map的值则被封装为了String类型的数组，这是因为前端在传参时，一个参数名称对应可能需要传输多个值，例如前端使用复选框控件就可以传输多个值。

基于上述分析，先对获取一个参数值的方法进行封装，在getParameter方法获取字符串类型参数值的基础上进行代码优化，并根据不同的目标类型进行类型转换，从而得到可以直接参与业务逻辑处理的数据。在包“cn.bmxt.util”中创建工具类“TransUtil.java”，在该类中封装与请求响应相关的方法。

（1）封装从请求参数中直接获取字符串类型参数值的方法getString，代码如7.2.3-02所示。

【代码7.2.3-02】封装从请求参数中直接获取字符串类型参数值的方法getString，代码位置：/src/cn.bmxt.util/TransUtil.java。

```
01 public static String getString(String param, HttpServletRequest
   req) {
02   String result = req.getParameter(param);
03   return result == null ? "" : result.trim();
04 }
```

在代码7.2.3-02中，首先调用request对象的getParameter方法获取参数值结果，然后使用问号表达式判断获取到的值是否为null，如果为null，直接返回一个空字符串；否则调用字符串的trim方法去除结果两边的空格后再返回。封装后的getString方法增强了程序的健壮性，在于它能够保证得到一个字符串类型的结果值，避免在后续的处理程序中出现空指针相关异常。而且，用户可能在表单输入时无意间在字符串前后输入了多余的空格，得不到预期的响应结果，多余空格的问题较难被排查发现，会给用户带来困惑。因此，有必要在服务端接收数据值时去除这些多余的空格。

（2）封装从请求参数中直接获取long类型参数值的方法getLong。该方法中需要将字符串类型的请求参数值转换为long型，类型转换时可能产生异常。对于产生异常的情况，如果能够在不影响后续程序处理逻辑的前提下，提供一个long类型的默认返回值，那么就可以毫无顾虑地使用该方法，而不用担心会造成错误的后果。例如，当程序中需要一个long类型的id值数据时，前端却传来了一个非数字的字符串，类型转换时必然会产生异常，此时就可以通过提供一个默认的返回值0来处理掉这个转换异常，保持程序的可靠性。提供什么样的默认值才能够不影响后续的程序处理逻辑呢？这显然并不能一概而论，需要结合请求参数的具体含义以及相关的业务需求而定，可以在getLong方法中增加一个默认值的参数，由开发人员调用方法时指定一个默认值，方法的普适性会更好。当然，也可以再提供一个重载的getLong方法，其中不包含默认值参数，而是在方法中直接指定一个默认值，使用时具体调用哪个getLong方法则交由开发人员根据实际情况去选择。重载的两个getLong方法的代码如7.2.3-03所示。

【代码7.2.3-03】封装从请求参数中直接获取long类型参数值的方法getLong，代码位置：/src/cn.bmxt.util/TransUtil.java。

```
01 public static long getLong(String param, long defaultValue,
   HttpServletRequest req) {
02   long result = defaultValue;
03   try {
04     result = Long.parseLong(getString(param, req));
05   } catch (NumberFormatException e) {
06   }
07   return result;
08 }
09 public static long getLong(String param, HttpServletRequest req) {
10   return getLong(param, 0, req);
11 }
```

代码7.2.3-03中第02行代码将结果值设置为用户提供的默认值参数。第04行先调用已封装好的getString方法从请求参数中获取字符串类型的参数值，然后将这个字符串值转为long型。如果转换时出现了异常，将异常捕获后不需要做任何处理，此时返回的结果值就是用户提供的默认值。第09行~第11行代码是一个重载的getLong方法，它直接调用了具有默认值参数的getLong方法，并提供默认值参数0。

（3）封装从请求参数中直接获取int类型参数值的方法getInt。该方法的实现原理与封装的getLong方法相同，此处不再赘述，getInt的两个重载方法的代码如7.2.3-04所示。

【代码7.2.3-04】封装从请求参数中直接获取int类型参数值的方法getInt，代码位置：/src/cn.bmxt.util/TransUtil.java。

```
01 public static int getInt(String param, int defaultValue,
   HttpServletRequest req) {
02   int result = defaultValue;
03   try {
04     result = Integer.parseInt(getString(param, req));
05   } catch (NumberFormatException e) {
06   }
07   return result;
08 }
09 public static int getInt(String param, HttpServletRequest req) {
```

```
10   return getInt(param, 0, req);
11 }
```

（4）封装从请求参数中直接获取某实体类的域字段映射Map的方法getEntityFieldMap。使用getParameterMap方法从请求对象中获取所有请求参数的Map，然后找到其中与给定实体类中属性名称相同的参数，将其封装为域字段映射Map，返回类型为“Map<String, Object>”。在DAO层封装的updateById方法和save方法需要提供实体类的域字段映射Map，其类型也是“Map<String, Object>”，用于在底层构建完整的SQL更新语句。如果可以从请求对象中直接提取到给定实体类的域字段映射Map，相较于在请求处理代码中逐一获取请求参数来构建域字段映射而言，将会显著减少代码量。实现从请求参数中直接获取某实体类的域字段映射Map的方法可以分为两步：第一步先将request对象的getParameterMap方法返回的“Map<String, String[]>”类型数据转换为“Map<String, String>”类型数据；第二步再从“Map<String, String>”类型数据中查找那些key值是给定实体类的属性名称的元素，将这些元素重新构建为“Map<String, Object>”类型的数据。具体实现代码如7.2.3-05所示。

【代码7.2.3-05】封装从请求参数中获取某实体类的域字段映射Map的方法getEntityFieldMap，代码位置：/src/cn.bmxt.util/TransUtil.java。

```
01 public static Map<String, String> getParameterMap(HttpServletRequest
   req) {
02   Map<String, String[]> requestParameterMap = req.
   getParameterMap();
03   Map<String, String> parameterMap = new HashMap<>();
04   for (Map.Entry<String, String[]> entry : requestParameterMap.
   entrySet()) {
05     if (entry.getValue().length == 1) {
06       parameterMap.put(entry.getKey(), entry.getValue()[0].trim());
07     } else {
08       parameterMap.put(entry.getKey(), StringUtils.join(entry.
   getValue(), ";"));
09     }
10   }
11   return parameterMap;
12 }
13 public static <T extends Entity> Map<String, Object>
   getEntityFieldMap(Class<T> type, Map<String, String> parameterMap) {
14   Map<String, Object> entityFieldMap = new HashMap<String,
   Object>();
15   Field[] fields = type.getDeclaredFields();
16   String[] fieldNames = new String[fields.length];
17   for (int i = 0; i < fields.length; i++) {
18     fieldNames[i] = fields[i].getName();
19   }
20   for (Map.Entry<String, String> entry : parameterMap.entrySet()) {
```

```
21       if (ArrayUtils.contains(fieldNames, entry.getKey())) {
22         entityFieldMap.put(entry.getKey(), entry.getValue());
23       }
24     }
25     return entityFieldMap;
26   }
27 public static <T extends Entity> Map<String, Object>
   getEntityFieldMap(Class<T> type, HttpServletRequest req) {
28     return getEntityFieldMap(type, getParameterMap(req));
29 }
```

代码7.2.3-05中封装了三个方法，其中getParameterMap方法完成了第一步的转换操作。绝大多数的请求参数仅传输一个值，此时执行第06行代码，将这个值取出并去除两边的空格，然后转存至“Map<String, String>”类型的映射中。如果某个请求参数传输了多个值，则执行第08行代码：首先对包含多个值的数组进行拼接，将多个值拼接成以“;”分隔的一个字符串，然后再将其转存至“Map<String, String>”类型的映射中。

getEntityFieldMap方法进行了方法重载，其中第13行~第26行封装的getEntityFieldMap方法完成了第二步的转换操作。第14行创建了要提取的域字段映射entityFieldMap；第15行根据参数中传递的实体类型T，获取该实体类型中的所有属性域对象数组；第16行~第19行代码进一步获取实体类型中所有的属性名称，并封装在一个字符串数组fieldNames中；接下来，第20行~第24行代码遍历包含所有请求参数的parameterMap，找出其中那些key值存在于数组fieldNames中的元素，并以此构建出“Map<String, Object>”类型的域字段映射entityFieldMap；最后，第25行将构建好的实体类域字段映射entityFieldMap返回。

有时可能在程序中不需要第一步转换操作的结果，而是从请求对象中直接获取两步操作的最终转换结果，此时可以封装一个重载的getEntityFieldMap方法，方法入参为实体类的类型和当前请求对象，实现代码参见第27行~第29行。

需要注意的是，代码中第08行使用的StringUtils类和第22行使用的ArrayUtils类都是“org.apache.commons.lang3”包中封装好的工具类，使用时需要提前将准备好的jar包文件“commons-lang3-3.9.jar”复制到项目的“/web/WEB-INF/lib/”目录中。

3. 封装统一的请求参数校验器

视频讲解

用户的各项功能操作请求的最终目的就是对数据库中的数据进行合法地查询或更新。请求时由用户提交的请求参数大多与数据库表中的字段存在着对应关系，因此，服务端对请求参数的合规性校验便成为一个不可或缺的重要环节。校验环节可以防止不合规的数据进入业务处理阶段，从而有效避免系统异常的产生，消除影响系统安全的因素。

程序中对请求参数的校验是一个比较烦琐的过程，类似于代码7.2.2-05中对请求参数的校验，需要逐一获取请求参数并编写校验代码，代码不仅冗长而且没有可复用性。试想，如果在另一个请求中也需要对用户名和密码字段进行校验，那么即便是相同的校验代码也必须重写一遍，浪费时间且容易出错，还会影响程序员对核心业务逻辑开发的专注度。因此，在系统设计时应该考虑如何将请求参数字段校验的代码进行封装和优化。下面介绍本项目采用的一种实现思路。

（1）在包“cn.bmxt.validation”中创建一个请求参数字段校验器类“FieldValidator.java”。在该类中为每一个需要校验的请求参数封装一个静态的校验方法，方法名称就是请求参数的参数名称，方法的入参就是请求参数的参数值，方法的返回值是校验的结果字符串；如果校验通过就返回空的字符串，否则返回一个校验失败的提示消息。在不同的请求中涉及对相同的请求参数字段校验时，就可以复用以该参数名称命名的校验方法。代码7.2.3-06中分别封装了管理员用户名、管理员密码和验证码这三个请求参数的校验方法。

【代码7.2.3-06】文件/src/cn.bmxt.validation/FieldValidator.java，版本0.01。

```
01 package cn.bmxt.validation;
02 public class FieldValidator {
03   public static String admin_username(String admin_username) {
04     return admin_username.matches("\\w{6,20}") ? "" : "* 提示：用户
   名输入错误，应为 6~20 位数字、字母或下画线的组合！";
05   }
06   public static String admin_password(String admin_password) {
07     return admin_password.matches("\\w{6,20}") ? "" : "* 提示：密码
   输入错误，应为 6~20 位数字、字母或下画线的组合！";
08   }
09   public static String code(String code) {
10     return code.matches("\\d{4}") ? "" : "* 提示：验证码输入错误，应为
   4 位数字！";
11   }
12 }
```

（2）在包“cn.bmxt.validation”中创建一个统一的校验器类“Validator.java”，在该类中封装一个静态的校验方法parasValidate，然后在这个方法中完成对一个请求中所有待验证参数的校验工作。parasValidate方法的入参设计为“Map<String, String>”类型，可以通过调用TransUtil工具类中封装的getParameterMap方法，传入某个具体请求中携带的所有请求参数。parasValidate方法的返回类型设计为“List<String>”类型，可用于保存多个提示消息字符串。在parasValidate方法中遍历传入的请求参数Map，每次遍历获取的key值就是一个请求参数的参数名称，如果这个请求参数需要校验，就需要在请求参数字段校验器类FieldValidator中提前定义一个以参数名称命名的校验方法。通过这个参数名称，可以反射调用相应的校验方法，传入此次遍历获取的value值，就得到了该参数的校验结果，如果校验未通过，则将返回的提示消息存入待返回的列表中。需要注意的是，并不是所有的请求参数都需要校验，当遍历到不需要校验的请求参数时，在请求参数字段校验器类FieldValidator中没有定义以该参数名称命名的校验方法，执行反射调用时就会因为找不到对应的校验方法而产生异常。此时只需要在方法中捕获可能产生的异常，然后调用continue语句执行下一次循环即可。parasValidate方法的具体实现代码如7.2.3-07所示。

【代码7.2.3-07】文件/src/cn.bmxt.validation/Validator.java，版本1.0。

```
01 public class Validator {
02   public static List<String> parasValidate(Map<String, String>
```

```
parameterMap) {
03     List<String> messList = new ArrayList<>();
04     for (Map.Entry<String, String> entry : parameterMap.entrySet()) {
05       String key = entry.getKey();
06       try {
07         Method validatorMethod = FieldValidator.class.
getDeclaredMethod(key, Class.forName("java.lang.String"));
08         String mess = (String) validatorMethod.invoke(null, entry.
getValue());
09         if (!"".equals(mess)) {
10           messList.add(mess);
11         }
12       } catch (Exception e) {
13         continue;
14       }
15     }
16     return messList;
17   }
18 }
```

4. 密码加密的实现

视频讲解

用户的密码信息采用明文存储存在极大的安全风险，一般都需要对密码字段进行加密处理。下面介绍两种常用的密码加密算法，一种是MD5（Message Digest Algorithm 5，消息摘要算法第5版）加密算法，另一种是SHA（Secure Hash Algorithm，安全散列算法）加密算法，它们都属于不可逆加密算法，也称为单向加密算法。单向加密算法在加密过程中不需要使用密钥，输入明文后由系统直接经过加密算法处理成密文。这种加密后的数据是无法被解密的，只有重新输入明文并再次经过同样的加密算法处理后才能得到相同的加密密文。MD5加密算法和SHA加密算法在计算机安全领域被广泛使用，具有长度固定、计算简单、抗修改性、强抗碰撞性等优点。

Java语言中为安全框架提供了类和接口，位于java.security包（及其子包）中，其中已经封装了MD5加密算法和SHA加密算法。本项目采用SHA算法对用户密码进行加密，在“cn.bmxt.util”包中创建一个工具类“EncryptUtil.java”，然后在该类中封装一个使用SHA加密算法对字符串进行加密的静态方法，实现代码如7.2.3-08所示。

【代码7.2.3-08】文件/src/cn.bmxt.util/EncryptUtil.java，版本1.0。

```
01 package cn.bmxt.util;
02 import java.security.MessageDigest;
03 public class EncryptUtil {
04   public final static String SHA(String s) {
05     MessageDigest sha = null;
06     StringBuffer hexValue = null;
07     try {
08       sha = MessageDigest.getInstance("SHA");
```

```
09      byte[] md5Bytes = sha.digest(s.getBytes("UTF-8"));
10      hexValue = new StringBuffer();
11      for (int i = 0; i < md5Bytes.length; i++) {
12        int val = ((int) md5Bytes[i]) & 0xff;
13        if (val < 16) {
14          hexValue.append("0");
15        }
16        hexValue.append(Integer.toHexString(val));
17      }
18    } catch (Exception e) {
19      e.printStackTrace();
20      return "";
21    }
22    return hexValue.toString();
23  }
24 }
```

接下来对EncryptUtil类中封装的加密方法进行测试，在“cn.bmxt.util”包中的JunitTest类中编写一个单元测试方法testEncrypt，代码如7.2.3-09所示。

【代码7.2.3-09】测试SHA加密方法，代码位置：/src/cn.bmxt.util/JunitTest.java。

```
01 @Test
02 public void testEncrypt(){
03   System.out.println(EncryptUtil.SHA("000000"));
04 }
```

代码7.2.3-09中的测试方法执行后的输出结果为“c984aed014aec7623a54f0591da07a85fd4b762d”，它就是对字符串“000000”使用SHA算法加密后得到的结果字符串。在3.4.3节中创建管理员用户表时，初始化了一个系统管理员的账号，其密码字段设置的是未加密的字符串“000000”，现在需要将其修改为使用SHA算法加密后的结果字符串，可以在文件“/src/cn.bmxt.db/init.sql”的末尾处书写一条更新语句，代码如7.2.3-10所示。

【代码7.2.3-10】文件/src/cn.bmxt.db/init.sql，版本1.0，上一个版本参见代码3.5.2-14。

```
01 ... 此处为【代码 3.5.2-14】中的所有代码
02 update `admin` set admin_password='c984aed014aec7623a54f0591da07a8
   5fd4b762d' where admin_username='sys_admin';
```

选中代码7.2.3-10中新增的更新语句并执行，完成对系统管理员用户的密码字段的加密存储。

5. 封装请求转发与页面重定向

执行请求转发操作首先要调用当前request对象的getRequestDispatcher方法获取请求转发器，然后再调用请求转发器的forward方法将请求进行转发。获取请求转发

视频讲解

器时，需要提供转发路径字符串作为方法参数，这个路径字符串就代表网站内部的一个资源（Servlet、JSP页面等）。请求转发是服务端内部的行为，不需要客户端参与，也不需要告知客户端，因此在转发的路径中不包含当前应用上下文的路径部分。页面重定向通过响应对象response的sendRedirect方法给客户端浏览器发送一个重定向指令，需要客户端浏览器根据这个指令重新发起一个请求，新的请求的URL路径则由sendRedirect方法的参数指定，这个URL路径需要包含当前应用上下文的路径部分。请求转发操作与页面重定向操作需要使用的路径参数并不统一，可能会给初学者造成困惑，导致在实践时写错路径。在此，对两个操作分别进行封装，封装后的方法既能够使路径参数一致，又能够简化代码。在“cn.bmxt.util”包中的TransUtil工具类中封装两个方法，方法名称分别为forward和redirect，方法的具体实现如代码7.2.3-11所示。

【代码7.2.3-11】在工具类TransUtil中封装请求转发方法与页面重定向方法，代码位置：/src/cn.bmxt.util/TransUtil.java。

```
01 public static void forward(String uri, HttpServletRequest req,
   HttpServletResponse resp) throws IOException, ServletException {
02   req.getRequestDispatcher(uri).forward(req, resp);
03 }
04 public static void redirect(String uri, HttpServletRequest req,
   HttpServletResponse resp) throws IOException {
05   resp.sendRedirect(req.getContextPath() + uri);
06 }
```

6. 封装处理时间的方法

视频讲解

在项目的数据库表设计中，所有的表示某个时间点的字段都存储的是秒级时间戳，在MySQL中使用的是int类型的数据，在对应的Java实体类中使用的是long类型的数据。使用时间戳存储的时间是世界通用的标准时间，不受服务器所在时区的影响，具有存储空间小、检索效率高、比较和计算操作方便等优点，但是在页面视图中呈现时需要转换为本地化的某种日期时间格式的字符串。我们将与处理时间相关的方法进行封装，便于在程序中使用。在“cn.bmxt.util”包中创建工具类“DatetimeUtil.java”，并在其中封装获取当前时间点的秒级时间戳的方法以及时间戳与日期时间字符串相互转换的若干方法，代码如7.2.3-12所示。

【代码7.2.3-12】文件/src/cn.bmxt.util/DatetimeUtil.java，版本1.0。

```
01 package cn.bmxt.util;
02 import java.text.ParseException;
03 import java.text.SimpleDateFormat;
04 import java.util.Date;
05 public class DatetimeUtil {
06   public static long nowStamp() {
07     return System.currentTimeMillis() / 1000;
08   }
```

```
09   public static String stamp2ds(long stamp, String pattern) {
10     return stamp <= 0 ? "" : (new SimpleDateFormat(pattern)).
  format(new Date(stamp * 1000));
11   }
12   public static String stamp2ds(long stamp) {
13     return stamp2ds(stamp, "yyyy/MM/dd HH:mm:ss");
14   }
15   public static long ds2stamp(String ds, String pattern) {
16     long result = 0;
17     if (!"".equals(ds)) {
18       try {
19         SimpleDateFormat sdf = new SimpleDateFormat(pattern);
20         result = sdf.parse(ds).getTime() / 1000;
21       } catch (ParseException e) {
22         e.printStackTrace();
23       }
24     }
25     return result;
26   }
27   public static long ds2stamp(String ds) {
28     return ds2stamp(ds, "yyyy/MM/dd HH:mm:ss");
29   }
30 }
```

代码7.2.3-12中的nowStamp方法用于获取系统当前时间点的秒级时间戳。stamp2ds方法用于将秒级时间戳转换为日期时间字符串，包含两个重载方法，其中一个需要调用者传入用于显示日期时间的格式字符串pattern，另外一个则默认使用了"yyyy/MM/dd HH:mm:ss"这种日期时间显示格式。ds2stamp方法则将具有给定格式的日期时间字符串转换为秒级时间戳，它也有一个使用默认显示格式字符串的重载方法。

7. 优化后的doPost方法实现

视频讲解

通过对获取请求参数、参数校验等一些环节的代码进行优化或封装处理，就可以在响应请求的处理方法中进行代码优化了。经过优化更新，处理请求的方法代码会更加简洁，冗余度更低，安全性更高，逻辑也更加清晰。Servlet类AdminLogin中的doPost方法经过优化后的实现代码如7.2.3-13所示。

【代码7.2.3-13】Servlet类AdminLogin中的doPost方法经过优化后的实现代码，代码位置：/src/cn.bmxt.controller/AdminLogin.java。

```
01 protected void doPost(HttpServletRequest request,
  HttpServletResponse response) throws ServletException, IOException {
02   Map<String, String> paras = TransUtil.getParameterMap(request);
03   List<String> messList = Validator.parasValidate(paras);
04   if (messList.size() == 0) { // 数据校验通过
05     HttpSession session = request.getSession();
```

```
06    String session_code = (String) session.getAttribute("code");
07    if (paras.get("code").equals(session_code)) {
08      AdminDao adminDao = (AdminDaoImpl) DaoFactory.
  getInstance("AdminDao");
09      Admin admin = adminDao.findByUsernameAndPassword(paras.
  get("admin_username"), EncryptUtil.SHA(paras.get("admin_
  password")));
10      if (admin != null) {
11        Log log = new Log();
12        log.setLog_username(admin.getAdmin_username());
13        log.setLog_group(admin.getAdmin_group());
14        log.setLog_ip(request.getRemoteAddr());
15        log.setLog_timestamp(DatetimeUtil.nowStamp());
16        LogDao logDao = (LogDaoImpl) DaoFactory.
  getInstance("LogDao");
17        if (logDao.save(log) > 0) { // 记录登录日志成功
18          session.setAttribute("admin", admin);
19          TransUtil.redirect("/admin/common/status/show", request,
  response);
20          return;
21        } else {
22          messList.add("* 提示：登录失败！ ");
23        }
24      } else {
25        messList.add("* 提示：用户名或密码输入错误！ ");
26      }
27    } else {
28      messList.add("* 提示：验证码不正确！ ");
29    }
30  }
31  request.setAttribute("mess", messList.get(0));
32  TransUtil.forward("/manage.jsp", request, response);
33 }
```

代码7.2.3-13说明如下：

（1）第02行，调用TransUtil类中封装的getParameterMap方法获取请求参数映射paras。

（2）第03行，调用在Validator类中封装的统一的请求参数校验方法parasValidate，传入从当前请求中获取的请求参数映射paras，返回校验结果提示消息列表messList。

（3）第04行，判断校验结果提示消息列表messList中是否有提示消息。如果没有，说明请求参数的合规性校验全部通过，此时可以继续执行第05行~第29行的代码块来完成后续的处理流程；如果messList中有提示消息，说明请求参数的合规性校验未通过，此时直接跳过代码块继续执行后面的代码。

（4）第05行~第29行，同初始版本的代码类似，执行验证码的正确性校验操作、用户名和密码的正确性校验操作、记录登录日志操作、登录成功后在session作用域中保存登录用户等步骤。其中，第22行、第25行、第28行分别是各步校验未通过或者操作失败时执行的代码，都在提示消息列表messList中增加一条提示消息。第15行在获取当前登录时间点的时间戳时使用了DatetimeUtil类中封装的获取秒级时间戳格式的当前时间的方法nowStamp。第19行的页面重定向操作使用了在TransUtil类中封装的redirect方法。

（5）第31行，将消息列表messList中的第一条消息存入request作用域，并随着请求转发至页面中渲染展示。实际上，在第03行执行请求参数的校验时，列表messList中可能会出现多条提示消息，也可以将所有提示消息一次性传递到页面中向用户展示。只向用户显示第一条提示消息可以保持用户处理错误时的专注度，而一次性显示所有的提示消息可以减少用户因处理不合规的输入而发起的请求数。由于认真使用系统的用户不会随意在表单中输入不合规数据，而且系统还有前端校验的关口，因此，服务端执行请求参数字段校验时能够出现多条提示消息的概率并不高。经综合考虑，我们选择每次请求仅向用户显示一条提示消息的策略。

（6）第32行，请求转发操作使用了在TransUtil类中封装的forward方法。

处理管理员登录请求的代码经过优化之后，得到了Servlet类AdminLogin的最终版本，其完整代码如7.2.3-14所示。

【代码7.2.3-14】文件/src/cn.bmxt.controller/AdminLogin.java，版本1.0，上一个版本参见代码7.2.2-06。

```
01 package cn.bmxt.controller;
02 // import ... 此处省略了导包语句
03 @WebServlet("/adminlogin")
04 public class AdminLogin extends HttpServlet {
05    ...此处为【代码 7.2.2-02】中的所有代码
06    ...此处为【代码 7.2.3-13】中的所有代码
07 }
```

8. 管理员登录页面实现表单输入值的驻留

视频讲解

在Servlet类AdminLogin的初始版本中，当存在未通过的校验或者操作时，相应的提示消息会随着请求转发至管理员登录页面，通过页面视图的刷新，提示消息能够被正确地渲染填充到页面中。但是，用户在表单中输入的值则会随着页面的刷新而不复存在，用户只能重新填写所有表单值，这显然是不合理的。正确的逻辑应该是给用户响应的页面中既要渲染出提示消息，又要保留用户之前输入的表单值，让用户在原有填写值的基础上根据提示消息去做修改，而不是全部重填。因此，程序设计时要考虑表单输入值的页面驻留，也就是说，当服务端将请求再次转发至页面时，用户发起请求时在表单中填写的数据应该被保留。可以从请求作用域中取出用户传递的请求参数值作为对应表单元素的默认值，EL表达式中的内置对象param可以满足这个需求。param对象是“Map<String, String>”类型，其中封装的正是所有请求参数，使用EL表达式就可以获取其中的请求参数值，它与Servlet中使用“request.getParameter()”方法获取请求参数值等价。在页面中使用EL表达式获取请求参数值的写法更为简洁，形如“${param.xxx}”，其中“xxx”表示的是请求参数的名称。如果这个请求参数不存在，则会返回一个空字符串，不会影响页面的渲染。

服务端处理管理员登录的请求时，如果最终未能成功登录，就需要实现表单输入值的驻留功能。在管理员登录页面中，需要为每个表单元素设置默认值，对应填充的是EL表达式“${param.xxx}”，其中“xxx”要替换为表单元素的名称，也就是表单元素的name属性的值。按照上述方法更新管理员登录页面中的表单代码。打开文件“/web/manage.jsp”，修改页面主体部分右侧区域的表单设计代码。修改后的表单设计代码如7.2.3-15所示。

【代码7.2.3-15】优化后的管理员登录页面主体部分右侧区域的表单设计代码，代码位置：/web/manage.jsp。

```
01 <div id="right">
02   <h1 id="nav-title">管理员登录</h1>
03   <div id="right-area">
04     <div class="operation">
05       <span class="text-blue">↓ 管理员登录：</span>
06       <span id="mess" class="text-red">${requestScope.mess}</span>
07     </div>
08     <div class="form-area">
09       <form action="${root}/adminlogin" method="post">
10         <div class="row">
11           <div class="label">用户名：</div>
12           <div class="item"><input type="text" name="admin_
username" value="${param.admin_username}" /></div>
13           <div class="item hint">*</div>
14         </div>
15         <div class="row">
16           <div class="label">密码：</div>
17           <div class="item"><input type="password" name="admin_
password"  value="${param.admin_password}"/></div>
18           <div class="item hint">*</div>
19         </div>
20         <div class="row">
21           <div class="label">验证码：</div>
22           <div class="item">
23             <div class="row">
24               <input type="text" name="code" class="width-half"
value="${param.code}"/>
25               <img src="${root}/includes/code.jsp" onclick="this.
src='${root}/includes/code.jsp?tm='+ Math.random();"/>
26             </div>
27           </div>
28           <div class="item hint">* 看不清？单击验证码图片可更换</div>
29         </div>
30         <div class="row">
31           <div class="label"></div>
32           <div class="item">
33             <button class="btn-long" type="submit">登录系统
</button>
34             <button class="btn-long" type="reset">重置</button>
```

```
35          </div>
36        </div>
37      </form>
38    </div>
39  </div>
40 </div>
```

代码7.2.3-15中更新的是第12行、第17行和第24行代码，分别给对应的input表单元素设置了默认值value属性。value属性的取值就是用户上次输入的值，实现了表单输入值的驻留功能。

至此，管理员登录页面“/web/manage.jsp”的最终版本就设计完成了，代码如7.2.3-16所示。

【代码7.2.3-16】文件/web/manage.jsp，版本1.0，上一个版本参见代码7.2.1-07。

```
01 <%@ page language="java" contentType="text/html; charset=UTF-8"
   pageEncoding="UTF-8" %>
02 <%@ include file="/includes/page-head.jsp" %>
03 <section id="main">
04   ...此处为【代码 7.2.1-03】中的所有代码
05   ...此处为【代码 7.2.3-15】中的所有代码
06 </section>
07   ...此处为【代码 7.2.1-06】中的所有代码
08 <%@ include file="/includes/page-bottom.jsp" %>
```

9. 功能模块开发步骤总结

视频讲解

7.2.2节和7.2.3节中按照代码演进的方式详细讲解了管理员登录功能的初步实现、封装和优化过程。系统中其他功能操作大体上也都具有相似的实现流程与步骤，实现时也可以直接使用7.2.3节中封装的工具类方法。下面对系统中的模块功能开发步骤进行总结，用于指导后续功能的开发实践。

（1）设计功能操作的页面视图。在页面视图设计时，不仅要考虑初始的页面状态，也需要考虑请求执行后的页面状态，例如提示消息的展示、表单输入值的驻留等。

（2）创建用于处理功能操作请求的控制器Servlet。根据表6.1中描述的Servlet命名及其URL映射规则对Servlet进行命名，并配置好Servlet的URL映射。

（3）在DAO层封装数据库操作方法。如果功能操作实现时需要调用查询或者更新数据库表的方法，那么首先判断第5章中设计的通用DAO接口方法是否能够满足功能实现之需。如果不能，就在相关的实体类DAO接口中定义能够满足功能需要的新的接口方法，然后在实体类DAO接口的实现类中实现新的接口方法。

（4）实现Servlet中处理get请求的方法doGet。一般情况下，get请求和post请求的处理代码是相同的，在doGet方法中调用doPost方法即可，参见代码7.2.2-02。后续讲解Servlet代码时将会省略doGet方法的书写。

（5）在Servlet的doPost方法中编写具体的请求处理代码。处理请求的基本步骤大致相同，具体参见第（6）步~第（8）步的描述。

（6）请求参数的接收与校验。如果功能实现时需要传递参数，那么接收请求参数可以使用工具类TransUtil中封装的获取请求参数的相关方法。必须先进行一些请求参数的合规性校验，然后才能进入业务处理环节。对请求参数的合规性校验方法都统一封装在包“cn.bmxt.validation”下的请求参数字段校验器类FieldValidator中，校验方法的名称就是请求参数的参数名称。如果一个请求参数需要校验，而在请求参数字段校验器类FieldValidator中还不存在以这个参数名称命名的校验方法，那么就需要编写一个以这个参数名称命名的校验方法。完成了所有请求参数字段校验方法的编写之后，在请求处理程序中调用“cn.bmxt.validation.Validator”类中封装的parasValidate方法完成所有请求参数的校验工作。如果参数校验无误，进入第（7）步进行业务处理。如果参数校验有误，进入第（8）步，通过页面转发向用户反馈校验未通过的提示消息。

（7）实现功能业务逻辑代码的编写。在具体业务执行之前也有可能需要进行其他条件的校验。如果校验未通过或者业务操作执行失败，都需要进入第（8）步向用户反馈提示消息。如果业务操作执行成功，根据具体业务需求设计后续处理步骤，可能是将请求进行转发或者重定向到另外一个页面，也可能是经由第（8）步向用户反馈业务操作成功的提示消息。

（8）响应提示消息。首先将操作提示消息保存至request作用域，然后将请求转发至功能页面视图，回到第（1）步，通过页面设计将提示消息、需要驻留的表单输入值或者请求查询的数据渲染、展示出来。

7.3 用户权限控制

招考报名系统共有四类不同的用户角色，分别为考生、系统管理员、招生管理员和教务管理员。不同角色的用户可以执行的系统功能操作不同，可以访问的站点资源也不尽相同。6.1节中对站点可访问资源进行了合理的组织规划，这样就能够非常方便地使用过滤器实现对系统资源的访问权限控制。

过滤器可以在请求到达Servlet或JSP页面等资源之前对其进行拦截，然后鉴别发起请求的用户是否具有当前请求资源的访问权限，如果发起请求的用户拥有当前请求资源的访问权限，就将请求放行；否则就将请求转发至提示页面或者系统登录页面。用于控制用户访问权限的过滤器须能获取发起请求的用户信息，还需要知道当前用户角色能够访问哪些资源，只有获知了这两个要素才可以判定是否能够放行当前请求。发起请求的用户信息可以在当前会话作用域中查找，因为在用户登录功能的实现流程中，成功登录系统后会将用户信息保存至session作用域中。以7.2节中讲解的管理员登录功能为例，管理员登录成功后，会将登录的管理员用户对象以admin这个属性名命名并存储到session作用域中（参见代码7.2.3-13的第18行）。用户能够访问哪些资源，在资源组织时就已经规划好了，例如系统管理员用户可以访问以“/admin/sys/” “/admin/includes/”或“/admin/common/”开头的系统资源。

1. 管理员用户权限控制

视频讲解

可以使用一个过滤器实现三类管理员用户的权限控制功能。在包“cn.bmxt.filter”中创建一个新的过滤器类AdminFilter，其实现代码如7.3-01所示。

【代码7.3-01】文件/src/cn.bmxt.filter/AdminFilter.java，版本1.0。

```
01 package cn.bmxt.filter;
02 import cn.bmxt.entity.Admin;
03 import cn.bmxt.util.TransUtil;
04 import javax.servlet.*;
05 import javax.servlet.annotation.WebFilter;
06 import javax.servlet.http.HttpServletRequest;
07 import javax.servlet.http.HttpServletResponse;
08 import javax.servlet.http.HttpSession;
09 import java.io.IOException;
10 @WebFilter("/admin/*")
11 public class AdminFilter implements Filter {
12   public void doFilter(ServletRequest req, ServletResponse resp,
 FilterChain chain) throws ServletException, IOException {
13     HttpServletRequest request = (HttpServletRequest) req;
14     HttpServletResponse response = (HttpServletResponse) resp;
15     HttpSession session = request.getSession();
16     Admin admin = (Admin) session.getAttribute("admin");
17     if (admin != null) { // 登录的用户
18       String uri = request.getRequestURI();
19       String root = request.getContextPath();
20       String group = admin.getAdmin_group();
21       if (
22         uri.startsWith(root + "/admin/includes/") ||
23         uri.startsWith(root + "/admin/common/") ||
24         (uri.startsWith(root + "/admin/sys/") && "系统管理员
".equals(group)) ||
25         (uri.startsWith(root + "/admin/zs/") && "招生管理员
".equals(group)) ||
26         (uri.startsWith(root + "/admin/jw/") && "教务管理员
".equals(group))
27       ) {
28         chain.doFilter(req, resp);
29       } else { // 未授权的操作
30         TransUtil.redirect("/exception/unauthorized.html", request,
 response);
31       }
32     } else { // 未登录用户
33       request.setAttribute("mess", "* 提示：您尚未登录，请先登录！ ");
34       TransUtil.forward("/manage.jsp", request, response);
35     }
36   }
37 }
```

代码7.3-01说明如下：

（1）第10行，配置过滤器拦截的请求URI，其中“*”号是通配符，代码中配置的功能是拦截所有以“/admin/”开头的资源。

（2）第12行，doFilter方法封装的是拦截请求后要执行的过滤操作。

（3）第13行和第14行，分别获取请求对象和响应对象。以第13行为例，因为doFilter方法中的入参提供的是ServletRequest引用，它是HttpServletRequest的父接口，所以程序中要通过请求对象调用HttpServletRequest子接口中的相关方法，就必须将引用类型强转为HttpServletRequest。第14行中获取响应对象时也需要类似的操作。

（4）第15行，获取当前session对象。

（5）第16行，从当前session作用域中获取登录用户对象admin。

（6）第17行，判断从session作用域中获取的登录用户对象admin是否为null。如果为null，说明用户之前没有成功登录过系统，程序转至第33行和第34行，在request作用域中存入提示消息，然后将请求转发至管理员登录页面，引导用户去登录系统。如果admin不为null，说明用户已经成功登录了系统，此时执行第18行~第31行代码，继续鉴别用户是否拥有当前请求资源的访问权限。

（7）第18行，调用请求对象request的getRequestURI方法获取当前请求的URI路径，这个路径包含当前应用上下文路径，它是以当前应用上下文路径起始的。

（8）第19行，获取当前应用上下文路径root。

（9）第20行，获取当前登录用户所属的用户组，用于区分三类管理员的用户角色。

（10）第21行~第27行，鉴别当前登录用户是否拥有当前请求资源的访问权限。第22行，如果当前请求的资源是“/admin/includes/”目录下的内容，那么三类管理员用户都具有访问权限。第23行，如果当前请求的资源是“/admin/common/”目录下的内容，那么三类管理员用户也都具有访问权限。第24行，如果当前请求的资源是“/admin/sys/”目录下的内容，那么只有系统管理员用户具有访问权限。第25行，如果当前请求的资源是“/admin/zs/”目录下的内容，那么只有招生管理员用户具有访问权限。第26行，如果当前请求的资源是“/admin/jw/”目录下的内容，那么只有教务管理员用户具有访问权限。

（11）第28行，满足第22行~第26行的判定条件，用户有权访问当前请求资源，请求可以被放行。

（12）第30行，不满足第22行~第26行的判定条件，用户无权访问当前请求资源，页面重定向至未授权请求的提示页面。

2. 考生用户权限控制

视频讲解

考生用户权限控制功能可以参照管理员用户权限控制功能的实现步骤来设计。同样地，在包“cn.bmxt.filter”中新建过滤器类StudentFilter，编写过滤器代码如7.3-02所示。

【代码7.3-02】文件/src/cn.bmxt.filter/StudentFilter.java，版本1.0。

```
01 package cn.bmxt.filter;
02 import cn.bmxt.entity.Student;
03 import cn.bmxt.util.TransUtil;
04 import javax.servlet.*;
05 import javax.servlet.annotation.WebFilter;
```

```
06 import javax.servlet.http.HttpServletRequest;
07 import javax.servlet.http.HttpServletResponse;
08 import javax.servlet.http.HttpSession;
09 import java.io.IOException;
10 @WebFilter("/student/*")
11 public class StudentFilter implements Filter {
12   public void doFilter(ServletRequest req, ServletResponse resp,
  FilterChain chain) throws ServletException, IOException {
13     HttpServletRequest request = (HttpServletRequest) req;
14     HttpServletResponse response = (HttpServletResponse) resp;
15     HttpSession session = request.getSession();
16     Student student = (Student) session.getAttribute("student");
17     if (student != null) { // 登录的用户
18       chain.doFilter(req, resp);
19     } else { // 未登录用户
20       request.setAttribute("mess", "* 提示：您尚未登录，请先登录！ ");
21       TransUtil.forward("/index.jsp", request, response);
22     }
23   }
24 }
```

代码7.3-02中第16行代码从当前session作用域中获取学生对象，这就要求后续在实现考生用户登录功能时，考生成功登录系统后需要将考生对象以“student”这个属性名称存入session作用域中。第21行，引导未登录的考生用户先去登录，考生用户的登录页面就是系统的首页“/index.jsp”。

7.4 管理员注销登录功能的实现

视频讲解

管理员用户成功登录系统后，会在当前会话中保存登录的管理员对象，管理员用户权限控制功能实现时则通过判断当前会话中是否存在该对象来鉴别用户是否登录。因此，注销登录时，只需要将当前会话中保存的管理员对象移除即可。在包“cn.bmxt.controller”中创建一个用于实现管理员注销登录请求的Servlet类AdminCommonLogout，其实现代码如7.4-01所示。

【代码7.4-01】文件/src/cn.bmxt.controller/AdminCommonLogout.java，版本1.0。

```
01 package cn.bmxt.controller;
02 // import ... 此处省略了导包语句
03 @WebServlet("/admin/common/logout")
04 public class AdminCommonLogout extends HttpServlet {
05   // ... 此处省略了 doGet 方法，参见代码 7.2.2-02
06   protected void doPost(HttpServletRequest request,
  HttpServletResponse response) throws ServletException, IOException {
07     HttpSession session = request.getSession();
```

```
08     session.removeAttribute("admin");
09     request.setAttribute("mess", "* 提示：您已成功注销登录！");
10     TransUtil.forward("/manage.jsp", request, response);
11   }
12 }
```

代码7.4-01说明如下：

（1）第03行，配置AdminCommonLogout的URL映射为“/admin/common/logout”。

（2）第07行，获取当前会话对象session。

（3）第08行，将属性名称为admin的属性从session对象中移除。

（4）第09行，在request作用域中存入成功注销登录的提示消息。

（5）第10行，将请求转发至管理员登录页面，request作用域的提示消息会被渲染、展示出来。

7.5 系统状态展示功能的实现

系统状态展示功能是三类管理员用户共有的功能，它所在的页面也是管理员用户登录系统之后看到的第一个功能页面。在管理员登录功能的实现代码中，管理员用户登录成功后，请求就被重定向至“/admin/common/status/show”这个地址（参见代码7.2.3-13中第19行），它正是实现系统状态展示功能的Servlet要配置的URL映射地址。系统状态展示功能主要用于向管理员用户展示系统当前的状态以及一些统计数据，包括当前在线人数、系统当前所处的阶段、各类用户的人数等。下面按照7.2.3节中总结的功能模块开发步骤来讲解系统状态展示功能的具体实现。

7.5.1 页面视图的设计与实现

系统中所有功能页面共用的页面头部、页面底部已经在7.2.1节中封装完成，直接引用即可。除此之外，管理员用户的功能页面也有很多，其中页面主体部分左侧区域的功能导航和页面主体部分右侧区域的快捷导航也可以进行抽取封装，以便管理员用户复用功能页面。

1. 封装管理员用户功能页面左侧区域的功能导航代码

视频讲解

在“/web/admin/includes/”目录下创建页面文件“left-nav.jsp”，用于封装管理员用户共用的功能导航代码。三类管理员用户既有共用的功能模块，又存在各自专用的功能模块，在设计功能导航菜单时需要根据用户角色进行区分。参照6.2.2节左侧区域导航菜单的HTML代码进行设计，管理员用户页面左侧功能导航的实现代码如7.5.1-01所示。

【代码7.5.1-01】文件/web/admin/includes/left-nav.jsp，版本1.0。

```
01 <%@ page language="java" pageEncoding="UTF-8" %>
02 <div id="left">
03   <h1> 功能导航 </h1>
```

```
04   <div id="left-area">
05     <div id="left-nav">
06       <ul>
07         <li><a href="${root}/admin/common/status/show">系统状态
  </a></li>
08         <c:if test="${admin.admin_group eq '系统管理员'}">
09           <li><a href="${root}/admin/sys/user/list">管理员维护
  </a></li>
10           <li><a href="${root}/admin/sys/site.jsp">站点信息管理
  </a></li>
11           <li><a href="${root}/admin/sys/db.jsp">数据库维护</a>
  </li>
12         </c:if>
13         <c:if test="${admin.admin_group eq '招生管理员'}">
14           <li><a href="${root}/admin/zs/phase.jsp">招考阶段设置
  </a></li>
15           <li><a href="${root}/admin/zs/doc/list">招考文件管理</a>
  </li>
16           <li><a href="${root}/admin/zs/major.jsp">招考专业管理
  </a></li>
17           <li><a href="${root}/admin/zs/course.jsp">考试课程管理
  </a></li>
18           <li><a href="${root}/admin/zs/student.jsp">考生密码重置
  </a></li>
19         </c:if>
20         <li><a href="${root}/admin/common/enroll/page">报名信息
  </a></li>
21         <c:if test="${admin.admin_group eq '招生管理员'}">
22           <li><a href="${root}/admin/zs/confirm.jsp">现场确认</a>
  </li>
23           <li><a href="${root}/admin/zs/import.jsp">成绩及录取维护
  </a></li>
24         </c:if>
25         <c:if test="${admin.admin_group eq '教务管理员'}">
26           <li><a href="${root}/admin/jw/card/show">准考证号分配
  </a></li>
27           <li><a href="${root}/admin/jw/room/show">考场安排</a>
  </li>
28           <li><a href="${root}/admin/jw/sign.jsp">入场签到</a></li>
29         </c:if>
30         <li><a href="${root}/admin/common/grade/page">成绩及录取查询
  </a></li>
31         <li><a href="${root}/admin/common/log/list">我的登录历史
  </a></li>
32         <li><a href="${root}/admin/common/password.jsp">修改密码
```

```
   </a></li>
33         </ul>
34       </div>
35   </div>
36 </div>
```

代码7.5.1-01中第07行~第32行，在ul列表中列出了管理员的除登录系统和注销登录功能菜单之外的所有功能菜单，其中某类管理员独有的功能菜单需要根据当前用户角色来确定是否显示。在数据库表admin中，字段“admin_group”用于区分三类管理员用户角色。各个功能导航菜单分别对应不同的链接地址，在后续章节中会陆续实现各个功能。

2. 实现导航菜单的样式切换

视频讲解

根据6.2.2节中对左侧区域导航菜单的设计，当导航菜单列表项元素设置了class属性“on”时，该导航菜单列表项便会通过样式设置呈现出不同的显示效果，用于标识当前所处的功能页面。如果程序能够正确识别当前所处的功能页面对应的是哪一个导航菜单列表项，就可以通过在该列表项元素中设置class属性“on”来标识出当前页面对应的导航菜单。采用JavaScript脚本来实现导航菜单样式切换的功能，可以将脚本代码组织到“/web/assets/js/app.js”文件中，这个文件在所有页面共用的头部文件“/web/includes/page-head.jsp”中进行了导入操作（参见代码7.2.1-01中第11行），因此，它是所有页面共用的外部脚本文件。实现导航菜单样式切换的代码如7.5.1-02所示。

【代码7.5.1-02】文件/web/assets/js/app.js，版本1.0。

```
01 $(function () {
02   $("#left-nav ul li").each(function () {
03     $(this).attr("class", $(this).text() == $("#nav-title").text()
   ? "on" : "");
04   });
05 });
```

代码7.5.1-02中，第02行代码获取了导航菜单中的所有列表项li，并对其进行遍历。第03行，在遍历时给每个列表项li设置class属性值，这个属性值要么是“on”，要么为空。如果当前遍历到的列表项li中的导航文本与页面中id属性值为“nav-title”的元素中的文本相同，就设置列表项li的class属性值为“on”，否则设置class属性值为空。导航菜单列表在功能页面的左侧区域中，而页面中的id属性值为“nav-title”的元素是页面右侧区域的功能区标题（参见6.2.1节总体布局设计代码6.2.1-02）。脚本通过遍历导航菜单判断哪个导航菜单列表项li中的导航文本与右侧区域的页面功能区标题“h1#nav-title”中的文本相同，并将这个列表项li的class属性设置为“on”。然后，代码6.2.2-02中第13行~第17行定义的样式就会对这个列表项生效，最终实现对代表当前功能页面的菜单项进行标识的效果。这段脚本代码能够实现导航菜单样式切换有一个前提条件，那就是在开发对应的功能页面时，页面右侧功能区标题“h1#nav-title”中的文本一定要与页面左侧区域中导航至该功能的菜单项链接的链接文本保持一致。例如，左侧区域中一条导航菜单项链接的文本是“招考阶段设置”，那么在招考阶段设置功能页面的右侧区域中，页面功能区标题“h1#nav-title”中的文本也必须设置为“招考阶段设置”，这样二者才能够匹配。还需要注意的是，脚本是由客户端浏览器执行的，代码在真正执行时，服务端已经将完整的功能页面响应给客户端了，页面左侧导航菜单项li元素和右侧功能区标题“h1#nav-title”都是存在的。此外，代码7.5.1-02不仅适用于管理员用户功能页面中的导航菜单样式切换，在考生用户功能页面中也会生效。

3. 封装管理员用户功能页面右侧区域的快捷导航代码

视频讲解

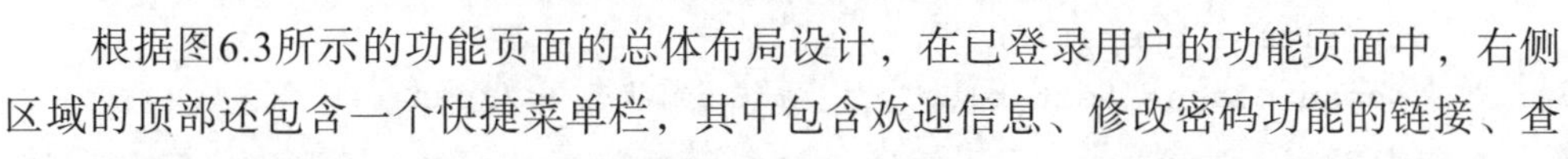

根据图6.3所示的功能页面的总体布局设计，在已登录用户的功能页面中，右侧区域的顶部还包含一个快捷菜单栏，其中包含欢迎信息、修改密码功能的链接、查看个人登录历史记录的链接以及注销登录功能的链接。下面对管理员用户功能页面右侧区域中共享的快捷导航代码进行封装，封装时可以参考代码6.2.2-03。在“/web/admin/includes/”目录下创建页面文件“right-nav.jsp”，在其中实现管理员用户功能页面右侧区域的快捷导航代码，如代码7.5.1-03所示。

【代码7.5.1-03】文件/web/admin/includes/right-nav.jsp，版本1.0。

```
01 <%@ page language="java" pageEncoding="UTF-8"%>
02 <div id="right-nav">
03   <ul>
04     <li><a href="${root}/admin/common/logout">注销登录</a></li>
05     <li><a href="${root}/admin/common/password.jsp">修改密码</a>
</li>
06     <li><a href="${root}/admin/common/log/list">我的登录历史</a>
</li>
07     <li>欢迎您：${admin.admin_name}</li>
08   </ul>
09 </div>
```

4. 右侧功能区页面实现

视频讲解

系统状态展示功能页面的右侧功能区仅需要展示来自服务端的相关统计数据。这些数据包括当前在线人数、系统所处的阶段、管理员人数、注册考生用户人数、已报名人数和确认缴费人数。使用HttpSession监听器技术可以实现对当前在线人数的粗略统计，可以将统计结果变量onlineCount保存至ServletContext上下文中。系统当前所处阶段是全局共享的基础数据之一，在7.1节实现基础数据的全局监听时就已经将其保存至ServletContext上下文中了。其他需要展示的各类人数可从数据库表中统计得到，并将统计结果存储在一个Map类型的数据变量status中，然后将其保存在request作用域中，当请求转发至页面视图后，统计结果就可以被逐一取出并在页面中展示出来。在“/web/admin/common/”目录下创建页面“status.jsp”，作为系统状态展示的功能页面，可以使用数据表格（参考代码6.2.2-11）展示系统状态数据。具体实现代码如7.5.1-04所示。

【代码7.5.1-04】文件/web/admin/common/status.jsp，版本1.0。

```
01 <%@ page language="java" contentType="text/html; charset=UTF-8"
   pageEncoding="UTF-8" %>
02 <%@ include file="/includes/page-head.jsp" %>
```

```
03 <section id="main">
04   <%@ include file="/admin/includes/left-nav.jsp" %>
05   <div id="right">
06     <h1 id="nav-title">系统状态</h1>
07     <div id="right-area">
08       <%@ include file="/admin/includes/right-nav.jsp" %>
09       <div class="operation">
10         <span class="text-blue">↓ 系统当前状态: </span>
11       </div>
12       <table class="data-table">
13         <tr><th>状态</th><th>值</th></tr>
14         <tr><td>在线人数</td><td>${onlineCount}</td></tr>
15         <tr><td>当前阶段</td><td>${currentPhase.phase_number} :
    ${currentPhase.phase_name}</td></tr>
16         <tr><td>管理员数</td><td>${status.adminCount}</td></tr>
17         <tr><td>注册用户数</td><td>${status.studentCount}</td></tr>
18         <tr><td>报名人数</td><td>${status.enrollCount}</td></tr>
19         <tr><td>确认缴费人数</td><td>${status.confirmCount}</td></tr>
20       </table>
21     </div>
22   </div>
23 </section>
24 <%@ include file="/includes/page-bottom.jsp" %>
```

7.5.2 服务端功能实现

在线人数统计使用HttpSession监听器技术实现。当前阶段信息可以直接从ServletContext上下文中获取，其他各类人数则可以从数据库表中统计得到。

1. 在线人数统计

视频讲解

网站在线人数统计的作用不言而喻，它可以动态呈现当前正在使用系统的用户数量，让网站管理员随时知晓系统使用情况，从而便于选择修改系统状态数据的时机。例如，在更改当前招考阶段信息时就要选择在线人数少的时间段。本项目采用一个粗略统计在线用户数量的方法，该方法使用HttpSession监听器的生命周期事件对会话的创建和销毁进行监听处理。当有新的会话创建时，在线人数加1；当会话超时失效被销毁时，在线人数减1。在“cn.bmxt.listener”包中创建一个新的监听器类CountListener，这个监听器类需要实现HttpSessionListener接口，通过实现接口中的sessionCreated方法和sessionDestroyed方法完成在线人数统计的功能，并将当前在线人数onlineCount保存至ServletContext上下文中。实现在线人数统计功能的监听器类的代码如7.5.2-01所示。

【代码7.5.2-01】文件/src/cn.bmxt.listener/CountListener.java，版本1.0。

```
01 package cn.bmxt.listener;
02 import javax.servlet.ServletContext;
```

```
03 import javax.servlet.annotation.WebListener;
04 import javax.servlet.http.HttpSessionEvent;
05 import javax.servlet.http.HttpSessionListener;
06 @WebListener
07 public class CountListener implements HttpSessionListener {
08   public void sessionCreated(HttpSessionEvent se) {
09     ServletContext context = se.getSession().getServletContext();
10     if (context.getAttribute("onlineCount") == null) {
11       Integer onlineCount = new Integer(1);
12       context.setAttribute("onlineCount", onlineCount);
13     } else {
14       Integer onlineCount = (Integer) context.
getAttribute("onlineCount");
15       context.setAttribute("onlineCount", onlineCount + 1);
16     }
17   }
18   public void sessionDestroyed(HttpSessionEvent se) {
19     ServletContext context = se.getSession().getServletContext();
20     Integer onlineCount = (Integer) context.
getAttribute("onlineCount");
21     context.setAttribute("onlineCount", onlineCount - 1);
22   }
23 }
```

2. DAO层数据统计方法的封装

视频讲解

管理员人数对应的是数据库表admin中的记录总条数，注册用户数对应的是数据库表student中的记录总条数，报名人数对应的是数据库表enroll中的记录总条数，它们都可以通过对应实体类DAO接口所继承的通用DAO接口方法count查询得到。确认缴费人数的统计则需要提供具体的SQL统计语句，为了避免在控制层出现底层的SQL语句，可以在DAO层中封装一个统计确认缴费人数的方法，供控制层调用。在EnrollDao接口中定义用于统计确认缴费人数的方法confirmCount，然后在其实现类EnrollDaoImpl中实现confirmCount方法即可。首先编辑文件“/src/cn.bmxt.dao/EnrollDao.java”，在其中定义接口方法confirmCount，代码如7.5.2-02所示。

【代码7.5.2-02】文件/src/cn.bmxt.dao/EnrollDao.java，版本0.02，上一个版本参见代码5.4-14。

```
01 package cn.bmxt.dao;
02 import cn.bmxt.dao.common.BaseDao;
03 import cn.bmxt.entity.Enroll;
04 public interface EnrollDao extends BaseDao<Enroll> {
05   public long confirmCount();
06 }
```

接着编辑文件“/src/cn.bmxt.dao.impl/EnrollDaoImpl.java”，实现EnrollDao接口中新增的方法，实现代码如7.5.2-03所示。

【代码7.5.2-03】文件/src/cn.bmxt.dao.impl/EnrollDaoImpl.java，版本0.02，上一个版本参见代码5.4-15。

```
01 package cn.bmxt.dao.impl;
02 import cn.bmxt.dao.EnrollDao;
03 import cn.bmxt.dao.common.impl.BaseDaoImpl;
04 import cn.bmxt.entity.Enroll;
05 public class EnrollDaoImpl extends BaseDaoImpl<Enroll> implements
   EnrollDao {
06   public long confirmCount() {
07     return count("select * from enroll where enroll_confirm=1");
08   }
09 }
```

3. 控制层Servlet的实现

视频讲解

在“cn.bmxt.controller”包中创建一个新的Servlet类，命名为AdminCommonStatus，然后编辑该文件，在其中实现处理请求的方法，代码如7.5.2-04所示。

【代码7.5.2-04】文件/src/cn.bmxt.controller/AdminCommonStatus.java，版本1.0。

```
01 package cn.bmxt.controller;
02 // import ... 此处省略了导包语句
03 @WebServlet("/admin/common/status/show")
04 public class AdminCommonStatus extends HttpServlet {
05   // ... 此处省略了 doGet 方法，参见代码 7.2.2-02
06   protected void doPost(HttpServletRequest request,
   HttpServletResponse response) throws ServletException, IOException {
07     AdminDao adminDao = (AdminDao) DaoFactory.
   getInstance("AdminDao");
08     StudentDao studentDao = (StudentDao) DaoFactory.
   getInstance("StudentDao");
09     EnrollDao enrollDao = (EnrollDao) DaoFactory.
   getInstance("EnrollDao");
10     Map<String, Long> status = new HashMap<>();
11     status.put("adminCount", adminDao.count());
12     status.put("studentCount", studentDao.count());
13     status.put("enrollCount", enrollDao.count());
14     status.put("confirmCount", enrollDao.confirmCount());
15     request.setAttribute("status", status);
16     TransUtil.forward("/admin/common/status.jsp", request,
   response);
```

```
17    }
18 }
```

代码7.5.2-04中第03行配置Servlet的URL映射地址为“/admin/common/status/show”，这个地址正是管理员用户登录成功后重定向的地址（参见代码7.2.3-13中第19行）。第10行声明一个Map类型数据status，用于存储各个统计结果。第15行将status存入request作用域，第16行将请求转发至页面“/admin/common/status.jsp”，然后在页面中读取并显示各个统计结果。系统状态展示功能的页面实现效果如图7.4所示。

图7.4中显示的在线人数为1，读者可以再打开 个不同的浏览器去访问网站的任意 个页面，然后再回来刷新系统状态展示功能页面，测试在线人数是否变成了2。数据库中的阶段信息表在初始化时设置的系统当前所处阶段就是第1个阶段。数据库中的管理员信息表在初始化时仅添加了一个系统管理员账号，因此管理员数为1。注册用户数、报名人数和确认缴费人数对应的数据库表初始时是没有数据的，因此目前的统计结果都是0。

↓系统当前状态：

状态	值
在线人数	1
当前阶段	1：基础信息维护阶段
管理员数	1
注册用户数	0
报名人数	0
确认缴费人数	0

图7.4　系统状态展示功能页面

7.6 管理员信息维护功能的实现

系统数据库在初始化时仅添加了一个系统管理员账号“sys_admin”，其他管理员用户账号则是由系统管理员维护的，包括管理员信息的展示、添加、删除和密码重置操作，这四个操作共用一个功能页面视图。下面对管理员用户信息维护功能中的四个基本操作的实现进行介绍。

1. 页面视图的设计与实现

管理员信息维护功能页面中要部署管理员信息的展示、添加、删除和密码重置这四个操作的视图。可以将添加管理员的操作表单放在最上面，接下来使用数据表格展示所有的管理员信息，然后在表格每行的最后一个单元格中放置两个链接，分别用于实现删除管理员和密码重置的操作。

视频讲解

（1）添加管理员操作的表单视图设计。在“/web/admin/sys/”目录下创建管理员信息维护功能页面“user.jsp”，然后在页面的右侧功能区内实现添加管理员操作的表单视图，代码如7.6-01所示。

【代码7.6-01】添加管理员操作的表单视图代码，代码位置：/web/admin/sys/user.jsp。

```
01 <div class="operation">
02   <span class="text-blue">↓ 添加管理员：</span>
03   <span id="add_mess" class="text-red">${addMess}</span>
04 </div>
05 <div class="form-area">
06   <form action="${root}/admin/sys/user/add" method="post">
07     <div class="row">
08       <div class="label">用户名：</div>
09       <div class="item"><input type="text" name="admin_username"
value="${param.admin_username}" /></div>
10       <div class="item hint">* 6~20 位数字、字母或下画线的组合 </div>
11     </div>
12     <div class="row">
13       <div class="label">姓名：</div>
14       <div class="item"><input type="text" name="admin_name"
value="${param.admin_name}" /></div>
15       <div class="item hint">* 1~20 位 </div>
16     </div>
17     <div class="row">
18       <div class="label">初始密码：</div>
19       <div class="item"><input type="password" name="admin_
password"  value="${param.admin_password}"/></div>
20       <div class="item hint">* 6~20 位数字、字母或下画线的组合 </div>
21     </div>
22     <div class="row">
23       <div class="label">用户组：</div>
24       <div class="item">
25         <select name="admin_group">
26           <option value="招生管理员">招生管理员 </option>
27           <option value="教务管理员" ${param.admin_group eq '教务管
理员' ? 'selected' : ''}>教务管理员 </option>
28         </select>
29       </div>
30       <div class="item hint">*</div>
31     </div>
32     <div class="row">
33       <div class="label"></div>
34       <div class="item">
35         <button class="btn-long" type="submit">添加 </button>
36         <button class="btn-long" type="reset">重置 </button>
37       </div>
38     </div>
```

```
39    </form>
40 </div>
```

代码7.6-01中第03行代码用于渲染执行添加操作之后服务端响应的提示消息。第06行中form表单的action属性定义了表单数据提交的URL地址，这个地址映射的是实现添加管理员功能的Servlet。用户名、姓名和初始密码表单分别设置了value属性，其中渲染的是当执行添加操作失败时所保存的上次输入的参数值。第25行~第28行的select下拉列表元素中也实现了同样的功能，在第二个选项中根据驻留的值是否等于“教务管理员”来设置该选项是否处于选中状态。系统中仅有一个系统管理员，不允许再添加新的系统管理员，因此下拉列表中没有“系统管理员”这个选项。

（2）添加管理员操作的表单数据在提交前需要在前端使用JavaScript脚本进行合规性校验，以减轻服务端压力。参照管理员登录页面中表单数据的校验代码，添加管理员操作的表单数据校验代码的实现如7.6-02所示。

【代码7.6-02】添加管理员操作的表单数据前端校验代码，代码位置：/web/admin/sys/user.jsp。

```
01 <script type="text/javascript">
02   $(function () {
03     let form = document.forms[0];
04     $(form).submit(function (e) {
05       if (!/^\w{6,20}$/.test(form.admin_username.value.trim())) {
06         $("#add_mess").text(" * 用户名输入错误，应为 6~20 位数字、字母或下
  画线的组合！ ");
07         form.admin_username.focus();
08         return false;
09       }
10       if (form.admin_name.value.trim().length < 1 || form.admin_
  name.value.trim().length > 20) {
11         $("#add_mess").text(" * 姓名不正确，应为 1~20 位！ ");
12         form.admin_name.focus();
13         return false;
14       }
15       if (!/^\w{6,20}$/.test(form.admin_password.value.trim())) {
16         $("#add_mess").text(" * 初始密码输入错误，应为 6~20 位数字、字母或
  下画线的组合！ ");
17         form.admin_password.focus();
18         return false;
19       }
20       return true;
21     });
22   });
23 </script>
```

（3）使用数据表格展示所有的管理员信息，表格每行的最后一个单元格中放置两个链接，分别用于实现删除管理员和密码重置的操作，代码如7.6-03所示。

【代码7.6-03】管理员信息列表及维护操作的页面视图代码，代码位置：/web/admin/sys/user.jsp。

```
01 <div class="operation">
02   <span class="text-blue">↓ 管理员列表：</span>
03   <span id="mess" class="text-red">${mess}</span>
04 </div>
05 <table class="data-table">
06   <tr>
07     <th>序号</th>
08     <th>用户名</th>
09     <th>姓名</th>
10     <th>用户组</th>
11     <th>操作</th>
12   </tr>
13   <c:forEach var="admin" items="${users}" varStatus="status">
14     <tr>
15       <td>${status.count}</td>
16       <td>${admin.admin_username}</td>
17       <td>${admin.admin_name}</td>
18       <td>${admin.admin_group}</td>
19       <td>
20         <c:if test="${admin.admin_group ne '系统管理员'}">
21           <a class="btn btn-short" href="${root}/admin/sys/user/
delete?id=${admin.id}">删除</a>
22           <a class="btn btn-short" href="${root}/admin/sys/user/
password/reset?id=${admin.id}">密码重置</a>
23         </c:if>
24       </td>
25     </tr>
26   </c:forEach>
27 </table>
```

代码7.6-03中，第03行代码用于渲染执行删除或者密码重置操作之后服务端响应的提示消息。第13行~第26行使用循环遍历输出所有管理员的信息，其中，最后一列单元格中的两个操作链接仅出现在非系统管理员用户的数据行中，这是因为不允许对唯一的系统管理员用户执行删除操作，也就不需要在系统管理员用户所在的数据行中部署删除操作的链接。此外，系统管理员的密码重置操作可以通过修改个人密码功能来实现，因此也不需要在系统管理员用户所在的数据行中部署密码重置操作的链接。删除和密码重置操作的链接地址分别是实现各自功能的Servlet中配置的URL映射地址，二者都在地址后附加了请求参数id，用于标识操作的是哪个管理员用户。

（4）管理员信息维护功能的完整页面需要包含页面头部文件、页面底部文件、页面左侧区域的功能导航文件以及页面右侧区域的快捷导航文件。在页面主体部分右侧功能区中包含各个功能操作的具体视图以及嵌入的脚本文件。页面的完整构成如代码7.6-04所示，其中第10行使用“div.fgx”元素设置了一条分隔线。

【代码7.6-04】文件/web/admin/sys/user.jsp，版本1.0。

```
01 <%@ page language="java" contentType="text/html; charset=UTF-8"
   pageEncoding="UTF-8" %>
02 <%@ include file="/includes/page-head.jsp" %>
03 <section id="main">
04   <%@ include file="/admin/includes/left-nav.jsp" %>
05   <div id="right">
06     <h1 id="nav-title">管理员维护</h1>
07     <div id="right-area">
08       <%@ include file="/admin/includes/right-nav.jsp" %>
09       ...此处为【代码7.6-01】中的所有代码
10       <div class="fgx"></div>
11       ...此处为【代码7.6-03】中的所有代码
12     </div>
13   </div>
14 </section>
15 ...此处为【代码7.6-02】中的所有代码
16 <%@ include file="/includes/page-bottom.jsp" %>
```

2. DAO层方法的应用

视频讲解

管理员信息的展示、添加、删除和密码重置操作，可以分别通过实体类DAO接口所继承的通用DAO接口中的findAll方法、save方法、deleteById方法和updateById方法实现，无须在实体类DAO接口中定义新的方法。此外，在添加新的管理员时，要注意管理员用户名字段的唯一性约束，添加管理员之前需要进行检索校验，避免因插入相同的管理员用户名而造成插入数据操作执行失败。检索数据库表admin中是否已经存在某个用户名，可以通过通用DAO接口中的findOneByField方法实现。综上所述，实现管理员信息维护功能时不需要在DAO层定义新的数据操作方法。

3. 控制层Servlet的实现

视频讲解

对应管理员信息的展示、添加、删除和密码重置四个操作，需要创建四个Servlet，分别用于响应这四个不同的操作请求。在“cn.bmxt.controller”包中创建四个Servlet类，分别命名为AdminSysUserList、AdminSysUserAdd、AdminSysUserDelete和AdminSysUserPasswordRest。接下来逐一讲解这四个Servlet的具体实现。

（1）Servlet类AdminSysUserList用于处理管理员信息列表展示的请求。这个类通过直接调用DAO层方法查询所有管理员用户，将结果列表随请求转发至页面视图。实现代码如7.6-05所示。

【代码7.6-05】文件/src/cn.bmxt.controller/AdminSysUserList.java，版本1.0。

```
01 package cn.bmxt.controller;
02 // import ... 此处省略了导包语句
03 @WebServlet("/admin/sys/user/list")
04 public class AdminSysUserList extends HttpServlet {
05   // ... 此处省略了 doGet 方法，参见代码 7.2.2-02
06   protected void doPost(HttpServletRequest request,
HttpServletResponse response) throws ServletException, IOException {
07     AdminDao adminDao = (AdminDao) DaoFactory.
getInstance("AdminDao");
08     request.setAttribute("users", adminDao.findAll());
09     TransUtil.forward("/admin/sys/user.jsp", request, response);
10   }
11 }
```

（2）Servlet类AdminSysUserAdd用于处理添加管理员的请求。由于功能实现需要传递参数，涉及请求参数的服务端校验，因此需要在请求参数字段校验器中添加字段校验的方法。添加管理员时需要校验的参数字段有“admin_username”“admin_password”和“admin_name”，其中“admin_username”和“admin_password”这两个字段的校验方法在管理员登录功能开发时已经封装好了，可以直接复用。此时只需要在“cn.bmxt.validation”包下的请求参数字段校验器类FieldValidator中添加“admin_name”字段的校验方法，方法的实现代码如7.6-06所示。

【代码7.6-06】在请求参数字段校验器类中封装管理员姓名字段的服务端校验方法，代码位置：/src/cn.bmxt.validation/FieldValidator.java。

```
01 public static String admin_name(String admin_name) {
02   return (admin_name.length() < 1 || admin_name.length() > 20) ?
  "* 提示：姓名不正确，应为 1~20 位！" : "";
03 }
```

接下来在Servlet类AdminSysUserAdd中编写代码处理添加管理员的请求，代码如7.6-07所示。

【代码7.6-07】文件/src/cn.bmxt.controller/AdminSysUserAdd.java，版本1.0。

```
01 package cn.bmxt.controller;
02 // import ... 此处省略了导包语句
03 @WebServlet("/admin/sys/user/add")
04 public class AdminSysUserAdd extends HttpServlet {
05   // ... 此处省略了 doGet 方法，参见代码 7.2.2-02
06   protected void doPost(HttpServletRequest request,
HttpServletResponse response) throws ServletException, IOException {
07     Map<String, String> paras = TransUtil.getParameterMap(request);
08     List<String> messList = Validator.parasValidate(paras);
```

```
09      if (messList.size() == 0) { // 数据校验通过
10        AdminDao adminDao = (AdminDao) DaoFactory.
  getInstance("AdminDao");
11        Admin admin = adminDao.findOneByField("admin_username", paras.
  get("admin_username"));
12        if (admin == null) {
13          if (adminDao.save(TransUtil.getEntityFieldMap(Admin.class,
  paras)) > 0) {
14            messList.add("* 提示：用户添加成功！ ");
15          } else {
16            messList.add("* 提示：用户添加失败！ ");
17          }
18        } else {
19          messList.add("* 提示：用户名 " + paras.get("admin_username")
  + " 已存在！ ");
20        }
21      }
22      request.setAttribute("addMess", messList.get(0));
23      TransUtil.forward("/admin/sys/user/list", request, response);
24    }
25 }
```

代码7.6-07中第08行使用7.2.3节中设计的请求参数校验框架完成了所有请求参数的校验。第11行用于在数据库表中检索新用户的用户名是否已经存在，经第12行判断，如果存在，则直接执行第19行，将用户名已存在的提示消息存入消息列表messList中；否则执行第13行~第17行的代码块，完成管理员信息入库的操作，也需要判断操作是否执行成功，并给出相应的提示消息。总之，无论各环节执行结果如何，消息列表messList中都会至少存在一条提示消息。第22行将消息列表中的第一条提示消息存入request作用域。第23行将请求转发，注意，并不是将请求直接转发到功能页面视图，而是将请求转发到Servlet类AdminSysUserList继续处理，其目的是更新管理员信息列表视图，而AdminSysUserList这个Servlet实现的正是查询管理员列表的功能。最终，携带着新的管理员列表数据的请求会被转发至管理员维护功能页面（参见代码7.6-05中第09行）。

（3）Servlet类AdminSysUserDelete用于响应删除管理员操作的请求，实现代码如7.6-08所示。

【代码7.6-08】文件/src/cn.bmxt.controller/AdminSysUserDelete.java，版本1.0。

```
01 package cn.bmxt.controller;
02 // import ... 此处省略了导包语句
03 @WebServlet("/admin/sys/user/delete")
04 public class AdminSysUserDelete extends HttpServlet {
05   // ... 此处省略了 doGet 方法，参见代码 7.2.2-02
06   protected void doPost(HttpServletRequest request,
  HttpServletResponse response) throws ServletException, IOException {
07     long id = TransUtil.getLong("id", request);
```

```
08      AdminDao adminDao = (AdminDao) DaoFactory.
  getInstance("AdminDao");
09      String mess = (adminDao.deleteById(id) > 0) ? "* 提示：删除成功！ "
  : "* 提示：删除失败！ ";
10      request.setAttribute("mess", mess);
11      TransUtil.forward("/admin/sys/user/list", request, response);
12    }
13  }
```

同样地，执行完删除操作后也需要更新管理员信息列表视图，将请求转发到Servlet类AdminSysUserList继续处理，而不是将请求直接转发到管理员信息维护功能页面。

（4）Servlet类AdminSysUserPasswordRest用于处理重置管理员密码的请求。当其他管理员用户忘记了登录密码时，可以联系系统管理员进行密码重置操作，重置操作会将管理员的密码更改为“000000”，实现代码如7.6-09所示。

【代码7.6-09】文件/src/cn.bmxt.controller/AdminSysUserPasswordReset.java，版本1.0。

```
01 package cn.bmxt.controller;
02 // import ... 此处省略了导包语句
03 @WebServlet("/admin/sys/user/password/reset")
04 public class AdminSysUserPasswordReset extends HttpServlet {
05   // ...此处省略了 doGet 方法，参见代码 7.2.2-02
06   protected void doPost(HttpServletRequest request,
  HttpServletResponse response) throws ServletException, IOException {
07     long id = TransUtil.getLong("id", request);
08     Map<String, Object> fieldMap = new HashMap<>();
09     fieldMap.put("admin_password", EncryptUtil.SHA("000000"));
10     AdminDao adminDao = (AdminDao) DaoFactory.
  getInstance("AdminDao");
11     String mess = (adminDao.updateById(id, fieldMap) > 0) ? "* 提示：
  密码已重置为‘000000’！ " : "* 提示：密码重置失败！ ";
12     request.setAttribute("mess", mess);
13     TransUtil.forward("/admin/sys/user/list", request, response);
14   }
15 }
```

4. 功能测试

按照上述步骤完成了管理员维护功能的开发之后，读者可以针对每个功能操作进行逐一测试，确保代码无误。图7.5展示的是添加了两个新的管理员用户之后的页面效果。

↓添加管理员：＊提示：用户添加成功！

用户名：jw_admin_01 ＊6~20位数字、字母或下画线的组合

姓名：教务01 ＊1~20位

初始密码：•••••• ＊6~20位数字、字母或下画线的组合

用户组：教务管理员 ＊

添加 重置

↓管理员列表：

序号	用户名	姓名	用户组	操作
1	sys_admin	超管员	系统管理员	
2	zs_admin_01	招生01	招生管理员	删除 密码重置
3	jw_admin_01	教务01	教务管理员	删除 密码重置

图7.5　管理员维护功能页面效果

视频讲解

7.7 管理员查看个人登录历史功能的实现

管理员用户查看登录历史功能仅用于当前登录的管理员用户查看本人的登录历史记录信息。管理员用户每次成功登录系统后都会记录一条登录信息，当用户登录的次数非常多时，对应存储在数据库表中的登录记录条数也会非常多。用户查看过于久远的登录历史记录没有太大意义，因此，在显示个人的登录历史记录时，可以仅展示最近的20条登录历史记录信息。

1. 页面视图的设计与实现

页面视图中可以采用数据表格展示用户的登录历史记录信息，只需要将服务端传递过来的日志记录列表逐条填充至数据表格行中即可。在“/web/admin/common/”目录下创建页面“log.jsp”，页面的实现代码如7.7-01所示。

【代码7.7-01】文件/web/admin/common/log.jsp，版本1.0。

```
01 <%@ page language="java" contentType="text/html; charset=UTF-8"
   pageEncoding="UTF-8" import="cn.bmxt.util.DatetimeUtil" %>
02 <%@ include file="/includes/page-head.jsp" %>
03 <section id="main">
04   <%@ include file="/admin/includes/left-nav.jsp" %>
05   <div id="right">
06     <h1 id="nav-title">我的登录历史</h1>
07     <div id="right-area">
08       <%@ include file="/admin/includes/right-nav.jsp" %>
09       <div class="operation">
10         <span class="text-blue">↓ 查看登录历史记录：</span>
11         <span class="text-red">（注：仅显示最近的 20 条记录）</span>
```

```
12        </div>
13        <table class="data-table">
14          <tr>
15            <th>序号</th>
16            <th>用户名</th>
17            <th>用户组</th>
18            <th>登录时间</th>
19            <th>登录ip</th>
20          </tr>
21          <c:forEach var="log" items="${logs}" varStatus="status">
22            <tr>
23              <td>${status.count}</td>
24              <td>${log.log_username}</td>
25              <td>${log.log_group}</td>
26              <td>${DatetimeUtil.stamp2ds(log.log_timestamp)}</td>
27              <td>${log.log_ip}</td>
28            </tr>
29          </c:forEach>
30        </table>
31      </div>
32    </div>
33 </section>
34 <%@ include file="/includes/page-bottom.jsp" %>
```

代码7.7-01的第01行在page指令中导入了“cn.bmxt.util.DatetimeUtil”这个工具类，这是因为在数据库设计时，日志表中的登录时间字段存储的是秒级时间戳格式表示的时间点信息，而在页面显示时需要将其转换为易于阅读的日期时间字符串格式。在“cn.bmxt.util”包下的DatetimeUtil类中封装了时间戳与日期时间字符串相互转换的方法（参见代码7.2.3-12），页面中若需要使用DatetimeUtil类中的方法就必须导入该类。在第26行代码中展示日期时间信息时，要展示用户易于理解的日期时间字符串，需要调用DatetimeUtil类的stamp2ds方法将时间戳格式的时间点信息转换为日期时间字符串。

2. DAO层方法的封装

查看个人登录历史记录功能在实现时需要根据当前登录用户的用户名、用户组信息查询最新的20条登录日志，可以通过通用DAO接口中封装的findAll方法实现，但是需要提供具体的SQL查询语句。为了避免在控制层出现底层的SQL语句，我们可以在DAO层中封装一个新的查询方法，供控制层调用。需要在LogDao接口中定义该方法，然后在其实现类LogDaoImpl中实现该方法。首先编辑文件“/src/cn.bmxt.dao/LogDao.java”，在其中定义接口方法findRecent，代码如7.7-02所示。findRecent方法的入参有三个，分别为用户名、用户组和要查询的结果记录条数。

【代码7.7-02】文件/src/cn.bmxt.dao/LogDao.java，版本1.0，上一个版本参见代码5.4-18。

```
01 package cn.bmxt.dao;
02 // import ... 此处省略了导包语句
```

```
03 public interface LogDao extends BaseDao<Log> {
04   public List<Log> findRecent(String username, String group, int
   count);
05 }
```

接着编辑文件“/src/cn.bmxt.dao.impl/LogDaoImpl.java”，实现LogDao接口中新增的方法，实现代码如7.7-03所示。

【代码7.7-03】文件/src/cn.bmxt.dao.impl/LogDaoImpl.java，版本1.0，上一个版本参见代码5.4-19。

```
01 package cn.bmxt.dao.impl;
02 // import ... 此处省略了导包语句
03 public class LogDaoImpl extends BaseDaoImpl<Log> implements LogDao {
04   public List<Log> findRecent(String username, String group, int
   count) {
05     return findAllBySql("select * from log where log_username=? and
   log_group=? order by id desc limit ?", username, group, count);
06   }
07 }
```

代码7.7-03中提供的SQL查询语句中使用了“order by id desc”子句，查询结果将以id值降序排列，因此结果中排在前面的记录是后添加的记录，也就是最近的记录。最后还需要使用limit关键字截取一定数量的记录返回。

3. 控制层Servlet的实现

在“cn.bmxt.controller”包中创建一个新的Servlet类，命名为AdminCommonLogList，然后编辑该文件，在其中实现用于处理管理员查看个人登录历史操作请求的方法，实现代码如7.7-04所示。

【代码7.7-04】文件/src/cn.bmxt.controller/AdminCommonLogList.java，版本1.0。

```
01 package cn.bmxt.controller;
02 // import ... 此处省略了导包语句
03 @WebServlet("/admin/common/log/list")
04 public class AdminCommonLogList extends HttpServlet {
05   // ... 此处省略了 doGet 方法，参见代码 7.2.2-02
06   protected void doPost(HttpServletRequest request,
   HttpServletResponse response) throws ServletException, IOException {
07     HttpSession session = request.getSession();
08     Admin admin = (Admin) session.getAttribute("admin");
09     String username = admin.getAdmin_username();
10     String group = admin.getAdmin_group();
11     LogDao logDao = (LogDao) DaoFactory.getInstance("LogDao");
12     List<Log> logs = logDao.findRecent(username, group, 20);
```

```
13     request.setAttribute("logs", logs);
14     TransUtil.forward("/admin/common/log.jsp", request, response);
15   }
16 }
```

代码7.7-04中第12行调用了DAO层新增的findRecnet方法，用户名和用户组两个参数是从当前会话作用域中保存的当前管理员用户对象中获取的，第三个参数则是需要展示的结果记录条数，仅查询20条记录。

4. 功能测试

按照上述步骤完成了管理员查看个人登录历史功能的设计开发之后，就可以重启Tomcat服务器进行访问测试了。功能实现后的页面效果如图7.6所示，展示的登录历史记录列表中，排在前面的是最近的登录记录。

序号	用户名	用户组	登录时间	登录ip
1	sys_admin	系统管理员	2022/12/02 09:51:01	0:0:0:0:0:0:0:1
2	sys_admin	系统管理员	2022/12/02 09:50:44	127.0.0.1
3	sys_admin	系统管理员	2022/12/02 09:50:20	192.168.1.2

图7.6　管理员查看个人登录历史的页面效果

7.8 管理员修改个人密码功能的实现

管理员用户登录系统后可以修改个人密码，在管理员用户功能页面左侧区域的功能菜单中以及右侧区域顶部的快捷菜单中都提供了修改密码的链接。下面对管理员修改个人密码功能的设计与实现进行介绍。

1. 页面视图的设计与实现

视频讲解

管理员用户修改个人密码时需要首先输入当前密码进行验证，然后再设置新的密码。用户设置新密码时需要进行确认，也就是说，需要用户输入两次新密码，只有两次输入的新密码一致时才发送修改密码的请求，进一步确保用户记住了新设置的密码。在“/web/admin/common/”目录下创建页面“password.jsp”，页面中修改个人密码的表单设计代码如7.8-01所示。

【代码7.8-01】管理员修改个人密码的表单代码，代码位置：/web/admin/common/password.jsp。

```
01 <div class="operation">
02   <span class="text-blue">↓ 修改个人密码：</span>
03   <span id="mess" class="text-red">${mess}</span>
04 </div>
05 <div class="form-area">
```

```
06  <form action="${root}/admin/common/password/modify"
  method="post">
07     <div class="row">
08       <div class="label">旧密码：</div>
09       <div class="item"><input type="password" name="admin_
  password" value="${param.admin_password}" /></div>
10       <div class="item hint">*</div>
11     </div>
12     <div class="row">
13       <div class="label">新密码：</div>
14       <div class="item"><input type="password" name="new_password"
  value="${param.new_password}" /></div>
15       <div class="item hint">*</div>
16     </div>
17     <div class="row">
18       <div class="label">确认新密码：</div>
19       <div class="item"><input type="password" name="confirm_
  password"  value="${param.confirm_password}"/></div>
20       <div class="item hint">*</div>
21     </div>
22     <div class="row">
23       <div class="label"></div>
24       <div class="item">
25         <button class="btn-long" type="submit">修改</button>
26         <button class="btn-long" type="reset">重置</button>
27       </div>
28     </div>
29   </form>
30 </div>
```

代码7.8-01中第03行代码用于渲染执行修改密码操作之后服务端响应的提示消息。第06行中form表单的action属性定义了表单数据提交的URL地址，这个URL地址映射的是实现管理员修改个人密码功能的Servlet。

管理员修改个人密码操作的表单数据在提交前需要进行前端校验，以减轻服务端压力。参照管理员登录功能页面中对表单数据进行前端校验的代码，管理员修改个人密码功能页面中对表单数据进行前端校验的实现代码如7.8-02所示。

【代码7.8-02】管理员修改个人密码功能页面中的表单数据前端校验代码，代码位置：/web/admin/common/password.jsp。

```
01 <script type="text/javascript">
02   $(function () {
03     let form = document.forms[0];
04     $(form).submit(function (e) {
05       if (!/^\w{6,20}$/.test(form.admin_password.value.trim())) {
```

```
06          $("#mess").text(" * 旧密码输入错误，应为 6~20 位数字、字母或下画线
的组合！ ");
07          form.admin_password.focus();
08          return false;
09        }
10        if (!/^\w{6,20}$/.test(form.new_password.value.trim())) {
11          $("#mess").text(" * 新密码输入错误，应为 6~20 位数字、字母或下画线
的组合！ ");
12          form.new_password.focus();
13          return false;
14        }
15        if(form.new_password.value.trim() != form.confirm_password.
value.trim()) {
16          $("#mess").text(" * 两次输入的密码不一致，请重输！ ");
17          form.confirm_password.focus();
18          return false;
19        }
20        return true;
21      });
22    });
23 </script>
```

管理员修改个人密码功能的完整页面视图还包括页面头部、页面底部、左侧导航和右侧顶部的快捷导航，这些部分的代码在之前的章节中已经完成了封装，在此直接使用include指令分别导入对应的文件即可。管理员修改个人密码功能的页面代码如7.8-03所示。

【代码7.8-03】文件/web/admin/common/password.jsp，版本1.0。

```
01 <%@ page language="java" contentType="text/html; charset=UTF-8"
   pageEncoding="UTF-8" %>
02 <%@ include file="/includes/page-head.jsp" %>
03 <section id="main">
04   <%@ include file="/admin/includes/left-nav.jsp" %>
05   <div id="right">
06     <h1 id="nav-title">修改密码</h1>
07     <div id="right-area">
08       <%@ include file="/admin/includes/right-nav.jsp" %>
09       ...此处为【代码 7.8-01】中的所有代码
10     </div>
11   </div>
12 </section>
13 ...此处为【代码 7.8-02】中的所有代码
14 <%@ include file="/includes/page-bottom.jsp" %>
```

2. DAO层方法的封装

在执行修改个人密码操作之前，需要验证用户输入的旧密码是否正确。可以根据用户输入的旧密码以及session作用域中存储的当前用户的用户名从数据库表admin中查询管理员，如果查询结果不为null，就说明用户输入的旧密码是正确的。这和管理员用户登录系统时执行的查询操作是一样的，直接使用7.2.2节中在DAO层封装实现的findByUsernameAndPassword方法即可。

修改个人密码操作需要根据当前登录用户的用户名信息和用户提供的新密码来构建具体的更新语句，然后调用实体类DAO接口所继承的通用DAO接口中的updateBySql方法来执行。为了避免在控制层出现底层的SQL语句，我们可以在DAO层中封装一个新的方法供控制层调用。需要在AdminDao接口中定义该方法，然后在其实现类AdminDaoImpl中实现该方法。编辑文件“/src/cn.bmxt.dao/AdminDao.java”，在其中定义接口方法updatePassword，代码如7.8-04所示，方法的入参为用户名和新密码。

【代码7.8-04】文件/src/cn.bmxt.dao/AdminDao.java，版本1.0，上一个版本参见代码7.2.2-03。

```
01 package cn.bmxt.dao;
02 import cn.bmxt.dao.common.BaseDao;
03 import cn.bmxt.entity.Admin;
04 public interface AdminDao extends BaseDao<Admin> {
05   public Admin findByUsernameAndPassword(String admin_username,
   String admin_password);
06   public int updatePassword(String admin_username, String new_
   password);
07 }
```

接着编辑文件“/src/cn.bmxt.dao.impl/AdminDaoImpl.java”，实现AdminDao接口中新增的方法，实现代码如7.8-05所示。

【代码7.8-05】文件/src/cn.bmxt.dao.impl/AdminDaoImpl.java，版本1.0，上一个版本参见代码7.2.2-04。

```
01 package cn.bmxt.dao.impl;
02 import cn.bmxt.dao.AdminDao;
03 import cn.bmxt.dao.common.impl.BaseDaoImpl;
04 import cn.bmxt.entity.Admin;
05 public class AdminDaoImpl extends BaseDaoImpl<Admin> implements
   AdminDao {
06   public Admin findByUsernameAndPassword(String admin_username,
   String admin_password) {
07     return findOneBySql("select * from admin where admin_username=?
   and admin_password=?", admin_username, admin_password);
08   }
09   public int updatePassword(String admin_username, String new_
   password) {
```

```
10     return updateBySql("update admin set admin_password=? where
   admin_username=?", new_password, admin_username);
11   }
12 }
```

3. 控制层Servlet的实现

视频讲解

由于修改个人密码功能的实现需要传递参数，涉及请求参数字段的服务端校验环节，需要在请求参数字段校验器类FieldValidator中添加字段的合规性校验方法。管理员修改个人密码时需要校验的请求参数字段有“admin_password”和“new_password”，其中“admin_password”这个请求参数字段的校验方法在管理员登录功能开发时已经封装好了，可以直接复用。而“confirm_password”这个请求参数字段不需要封装字段校验方法，因为在请求处理过程中需要判断它是否与“new_password”字段相等。只需要在“cn.bmxt.validation”包下的请求参数字段校验器类FieldValidator中添加“new_password”字段的合规性校验方法即可，方法的实现代码如7.8-06所示。

【代码7.8-06】管理员修改个人密码表单中新密码字段的服务端校验方法，代码位置：/src/cn.bmxt.validation/FieldValidator.java。

```
01 public static String new_password(String new_password) {
02   return new_password.matches("\\w{6,20}") ? "" : "* 提示：新密码输入
   错误，应为 6~20 位数字、字母或下画线的组合！ ";
03 }
```

在“cn.bmxt.controller”包中创建一个新的Servlet类，命名为AdminCommonPasswordModify，然后编辑该文件，在其中实现用于处理管理员修改个人密码操作请求的方法，代码如7.8-07所示。

【代码7.8-07】文件/src/cn.bmxt.controller/AdminCommonPasswordModify.java，版本1.0。

```
01 package cn.bmxt.controller;
02 // import ... 此处省略了导包语句
03 @WebServlet("/admin/common/password/modify")
04 public class AdminCommonPasswordModify extends HttpServlet {
05   // ...此处省略了 doGet 方法，参见代码 7.2.2-02
06   protected void doPost(HttpServletRequest request,
   HttpServletResponse response) throws ServletException, IOException {
07     HttpSession session = request.getSession();
08     Admin admin = (Admin) session.getAttribute("admin");
09     Map<String, String> paras = TransUtil.getParameterMap(request);
10     List<String> messList = Validator.parasValidate(paras);
11     if (messList.size() == 0) {
12       if (paras.get("new_password").equals(paras.get("confirm_
   password"))) {
13         AdminDao adminDao = (AdminDao) DaoFactory.
```

```
getInstance("AdminDao");
14          if (adminDao.findByUsernameAndPassword(admin.getAdmin_
username(), EncryptUtil.SHA(paras.get("admin_password"))) != null) {
15            if (adminDao.updatePassword(admin.getAdmin_username(),
EncryptUtil.SHA(paras.get("new_password"))) > 0) {
16              request.setAttribute("mess", "* 提示：密码修改成功，请您重
新登录！ ");
17              TransUtil.forward("/manage.jsp", request, response);
18              return;
19            } else {
20              messList.add("* 提示：密码修改失败！ ");
21            }
22          } else {
23            messList.add("* 提示：旧密码输入错误！ ");
24          }
25        } else {
26          messList.add("* 提示：两次输入的密码不一致，请重输！ ");
27        }
28      }
29      request.setAttribute("mess", messList.get(0));
30      TransUtil.forward("/admin/common/password.jsp", request,
response);
31    }
32 }
```

代码7.8-07说明如下：

（1）第03行，配置了Servlet的URL映射地址，这个URL地址要与页面中修改密码操作表单的请求地址一致。

（2）第07行~第08行，从当前会话作用域中获取当前登录的管理员用户对象。

（3）第09行~第10行，使用校验框架对需要校验的请求参数字段进行统一校验。

（4）第12行，对用户两次输入的新密码进行一致性校验。

（5）第14行，校验用户输入的旧密码是否正确，在检索时需要对旧密码进行加密。

（6）第15行，执行修改密码的操作，新的密码经加密后方可传入修改密码操作的方法中。

（7）第16行~第18行，密码修改成功后，需要用户使用新密码重新登录系统。在request作用域中存入密码修改成功的提示消息，并将请求转发至管理员登录页面“/manage.jsp”，注意，第18行的rcturn语句不可省略。

（8）第29行~第30行，密码修改操作未成功时，首先在request作用域中保存提示消息列表中的第一条消息，然后将请求转发至管理员用户修改个人密码的功能页面。

4. 功能测试

按照上述步骤完成了管理员修改个人密码功能的设计开发之后，就可以重启Tomcat服务器进行访问测试了。图7.7展示的是用户旧密码输入错误时的页面显示效果。

↓修改个人密码： * 提示：旧密码输入错误！

旧密码： ****** *

新密码： ******* *

确认新密码： ******* *

修改 重置

图7.7 管理员修改个人密码功能页面效果

7.9 招考阶段设置功能的实现

招考阶段设置是招生管理员具有的基本功能，可以根据报名考试进程来设置系统当前所处的阶段，用于控制阶段受限功能的开放和关闭，例如，在排考阶段是不允许学生报名和修改报名信息的。根据项目需求以及业务流程的分析，招考报名系统的阶段划分是固定的，不需要用户自行设计和定义，在数据库表初始化时就已经将划分的阶段信息添加到阶段信息表phase中了。系统中涉及阶段信息表的操作主要是共享读取以及对当前所处阶段的设置。在7.1节中已经完成了对阶段信息的全局共享读取操作，本节将实现对当前所处阶段的设置修改功能。

1. 页面视图的设计与实现

视频讲解

在招考阶段设置页面中，首先使用数据表格将所有的阶段信息展示出来，并标识出当前所处阶段。在每行阶段信息之前设置一个单选按钮，让当前阶段所在行之前的单选按钮处于选中状态，此外，还可以将当前阶段所在行的文本颜色进行单独设置。当用户单击了其他阶段所在行之前的单选按钮时，触发修改当前所处阶段的请求；等服务端完成了对请求的处理之后，再重新渲染页面，完成当前所处阶段的设置修改操作。在“/web/admin/zs/”目录下创建页面“phase.jsp”，页面实现代码如7.9-01所示。

【代码7.9-01】文件/web/admin/zs/phase.jsp，版本1.0。

```
01 <%@ page language="java" contentType="text/html; charset=UTF-8"
   pageEncoding="UTF-8" import="cn.bmxt.util.DatetimeUtil" %>
02 <%@ include file="/includes/page-head.jsp" %>
03 <section id="main">
04   <%@ include file="/admin/includes/left-nav.jsp" %>
05   <div id="right">
06     <h1 id="nav-title"> 招考阶段设置 </h1>
07     <div id="right-area">
08       <%@ include file="/admin/includes/right-nav.jsp" %>
09       <div class="operation">
10         <span class="text-blue"> ↓ 设置当前阶段：</span>
11         <span class="text-red">${mess}</span>
12       </div>
13       <table class="data-table">
```

```
14        <tr>
15          <th>当前阶段</th>
16          <th>阶段编号</th>
17          <th>阶段名称</th>
18          <th>阶段描述</th>
19        </tr>
20        <c:forEach var="phase" items="${phases}"
    varStatus="status">
21          <tr class="${phase.phase is current eq 1 ? 'text-blue' :
    ''}">
22            <td>
23              <input type="radio" name="current" ${phase.phase_is_
    current eq 1 ? 'checked' : ''} value="${phase.phase_number}"/>
24            </td>
25            <td>${phase.phase_number}</td>
26            <td>${phase.phase_name}</td>
27            <td>${phase.phase_description}</td>
28          </tr>
29        </c:forEach>
30      </table>
31    </div>
32  </div>
33 </section>
34 <script>
35   $(function () {
36     $("input[name='current']:not(:checked)").click(function (e) {
37       location.href = "${root}/admin/zs/phase/set?phase_number=" +
    $(this).val();
38     });
39   });
40 </script>
41 <%@ include file="/includes/page-bottom.jsp" %>
```

代码7.9-01说明如下：

（1）第21行，在遍历所有阶段信息时，判断当前循环得到的阶段是否为当前所处阶段，如果是，则给tr元素设置class属性值“text-blue”，用于调用样式类设置该行文本的显示颜色为蓝色，更加醒目地标识出系统当前所处阶段。

（2）第22行~第24行，表格第一列中呈现的是单选按钮，按钮的选中状态也是依据当前循环得到的阶段是否为当前所处阶段来设置的，如果是当前所处阶段，则给单选按钮元素设置checked属性，让其处于选中状态。按钮的value属性值则设置为当前循环得到的阶段的编号。

（3）第34行~第40行，使用JavaScript脚本程序来触发阶段设置请求操作。第36行选取所有处于非选中状态的单选按钮，给它们绑定单击事件。当用户单击非选中状态的单选按钮时，触发事件处理程序，执行第37行代码，将当前页面地址更改为用于处理阶段设置请求的Servlet类的映射地址，并在这个请求地址后附加请求参数“phase_number”。请求参数值则是从单选按钮的value属性值中获取的要设置修改的阶段编号。

2. DAO层方法的封装

视频讲解

阶段设置功能实现时需要执行两步操作，第一步是将当前所处阶段的“phase_is_current”字段设置为0，第二步再将新的阶段的“phase_is_current”字段设置为1。这两步操作要么都执行成功，要么都执行失败。如果一步操作执行成功，另一步操作执行失败，则会造成业务数据的逻辑错误：假设第一步操作执行成功，第二步操作执行失败，那么用于标识当前阶段的“phase_is_current”这个字段的值就全部为0了，会丢失当前所处阶段的信息，造成灾难性后果；反过来，假设第一步操作执行失败，第二步操作执行成功，则会出现两个当前所处阶段，会产生逻辑上的错误，影响系统的正常运行。要避免上述情况的产生，需要将两步操作封装在一个数据库事务中，当有异常发生时要能够回滚事务，保持数据状态的一致性。涉及事务处理的多个数据库操作在实现时需要使用一个共同的数据库连接对象，也就是说，未执行完事务中的所有数据库操作就不能释放数据库连接资源，因为资源一旦释放，数据库事务就会被提交，导致操作无法撤销回滚。DbUtil工具类中封装好了两个重载的updateBySql方法，其中一个需要在外部传入一个数据库连接对象，执行完更新操作之后也不去释放连接资源，这就便于我们去实现需要使用事务的业务方法，给程序设计带来灵活性。下面我们在DAO层封装一个用于实现阶段设置这个业务操作的方法，方法在PhaseDao接口中定义，在PhaseDaoImpl中实现。首先编辑文件“/src/cn.bmxt.dao/PhaseDao.java”，在其中定义接口方法phaseSet，代码如7.9-02所示。

【代码7.9-02】文件/src/cn.bmxt.dao/PhaseDao.java，版本1.0，上一个版本参见代码5.4-06。

```
01 package cn.bmxt.dao;
02 import cn.bmxt.dao.common.BaseDao;
03 import cn.bmxt.entity.Phase;
04 public interface PhaseDao extends BaseDao<Phase> {
05   public boolean phaseSet(int phase_number);
06 }
```

接着编辑文件“/src/cn.bmxt.dao.impl/PhaseDaoImpl.java”，实现PhaseDao接口中新增的方法，实现代码如7.9-03所示。

【代码7.9-03】文件/src/cn.bmxt.dao.impl/PhaseDaoImpl.java，版本1.0，上一个版本参见代码5.4-07。

```
01 package cn.bmxt.dao.impl;
02 import cn.bmxt.dao.PhaseDao;
03 import cn.bmxt.dao.common.impl.BaseDaoImpl;
04 import cn.bmxt.entity.Phase;
05 import cn.bmxt.util.DbUtil;
06 import java.sql.Connection;
07 import java.sql.SQLException;
08 public class PhaseDaoImpl extends BaseDaoImpl<Phase> implements
   PhaseDao {
```

```
09  public boolean phaseSet(int phase_number) {
10    boolean result = false;
11    Connection conn = null;
12    try {
13      conn = DbUtil.getConnection();
14      conn.setAutoCommit(false);
15      DbUtil.updateBySql(conn, "update phase set phase_is_current=0
  where phase_is_current=1");
16      DbUtil.updateBySql(conn, "update phase set phase_is_current=1
  where phase_number=?", phase_number);
17      conn.commit();
18      result = true;
19    } catch (SQLException e) {
20      try {
21        conn.rollback();
22      } catch (SQLException ex) {
23        ex.printStackTrace();
24      }
25    } finally {
26      DbUtil.release(conn);
27    }
28    return result;
29  }
30 }
```

代码7.9-03说明如下：

（1）第10行，创建布尔类型的结果变量result，并初始化为false。

（2）第13行，获取一个新的数据库连接对象。

（3）第14行，设置数据库事务自动提交状态为false。此状态下执行数据库操作后需要通过代码手动提交事务操作，否则所做的更新操作不会同步到数据库中。

（4）第15行~第16行，实现阶段设置业务的两步数据库操作。第15行先将系统当前所处阶段的“phase_is_current”字段的值设置为0，第16行再将新的阶段的“phase_is_current”字段的值设置为1。

（5）第17行，调用数据库连接对象的commit方法提交事务。

（6）第18行，将结果result设置为true。

（7）第21行，如果事务中的数据库操作产生了异常，就需要对数据库操作进行回滚，调用数据库连接对象的rollback方法即可。

（8）第26行，释放数据库连接资源。

（9）第28行，返回结果result。

3. 控制层Servlet的实现

视频讲解

招考阶段设置功能实现时，需要用户发送请求参数，请求参数是要设置的新阶段的阶段编号。在页面设计时，阶段设置请求的发送是由前端脚本实现的，通过更改当前页面文档的地址并附加请求参数实现。服务端处理完请求后会再将请求转发至页面，此时浏览器地址栏中显示的地址仍然是带有阶段编号这个请求参数的请求地址。虽然阶段编号这个请求参数不是由用户手动输入的，但是用户可以在地址栏中修改请求参数值并发起新的请求。一旦请求参数值被修改为非法数值或者不存在的阶段编号，也会造成阶段设置错误，因此在服务端有必要对表示阶段编号的请求参数进行合规性校验。在包“cn.bmxt.validation”的请求参数字段校验器类FieldValidator中添加阶段编号字段的校验方法，确保其取值只能为1~6的数字，字段校验方法的代码如7.9-04所示。

【代码7.9-04】阶段编号字段的校验方法。代码位置：/src/cn.bmxt.validation/FieldValidator.java。

```
01 public static String phase_number(String phase_number) {
02   return phase_number.matches("[1-6]") ? "" : "* 提示: 阶段编号错误! ";
03 }
```

接下来在“cn.bmxt.controller”包中创建一个新的Servlet类，命名为AdminZsPhaseSet，然后编辑该文件，在其中实现用于处理阶段设置请求的方法。AdminZsPhaseSet这个Servlet类的完整实现代码如7.9-05所示。

【代码7.9-05】文件/src/cn.bmxt.controller/AdminZsPhaseSet.java，版本1.0。

```
01 package cn.bmxt.controller;
02 // import ... 此处省略了导包语句
03 @WebServlet("/admin/zs/phase/set")
04 public class AdminZsPhaseSet extends HttpServlet {
05   // ...此处省略了 doGet 方法，参见代码 7.2.2-02
06   protected void doPost(HttpServletRequest request,
   HttpServletResponse response) throws ServletException, IOException {
07     Map<String, String> paras = TransUtil.getParameterMap(request);
08     List<String> messList = Validator.parasValidate(paras);
09     if (messList.size() == 0) {
10       PhaseDao phaseDao = (PhaseDao) DaoFactory.
   getInstance("PhaseDao");
11       if (phaseDao.phaseSet(TransUtil.getInt("phase_number",
   request))) {
12         messList.add("* 提示: 阶段设置成功! ");
13         ServletContext sc = request.getServletContext();
14         sc.setAttribute("phases", phaseDao.findAll());
15         sc.setAttribute("currentPhase", phaseDao.
   findOneByField("phase_is_current", 1));
16       }else{
17         messList.add("* 提示: 阶段设置失败! ");
18       }
19     }
20     request.setAttribute("mess", messList.get(0));
```

```
21        TransUtil.forward("/admin/zs/phase.jsp", request, response);
22    }
23 }
```

代码7.9-05中，第11行调用DAO层新封装的phaseSet方法完成新阶段的设置。方法接收的参数为int类型，因此需要将请求参数转换为int类型的数据，可以使用TransUtil工具类中封装好的getInt方法直接获取转换后的数据。第13行~第15行代码用于更新存放于全局作用域中的阶段信息，包括所有阶段信息列表和系统当前所处阶段对象。

4. 功能测试

按照上述步骤完成了招考阶段设置功能的设计开发之后，就可以重启Tomcat服务器进行访问测试了，测试时需要使用招生管理员账号登录系统。7.6节中对管理员信息维护功能进行测试时，我们分别添加了一个招生管理员账号“zs_admin_01”和一个教务管理员账号“jw_admin_01”（参见图7.5）。招考阶段设置功能实现后的页面效果如图7.8所示，图中展示的是用户将当前阶段设置为开放报名阶段时的效果。

当前阶段	阶段编号	阶段名称	阶段描述
○	1	基础信息维护阶段	(1) 系统管理员：站点信息管理；(2) 招生管理员：招考文件管理。
◉	2	开放报名阶段	(1) 考生：用户注册、在线报名、修改报名信息。
○	3	现场确认阶段	(1) 招生管理员：现场确认；(2) 尚未确认考生：用户注册、在线报名、修改报名信息。
○	4	排考阶段	(1) 教务管理员：准考证号分配、考场安排。
○	5	准考证打印与考试阶段	(1) 考生：准考证打印、考试签到。
○	6	成绩及录取查询阶段	(1) 招生管理员：成绩及录取信息维护；(2) 考生：成绩及录取信息查询。

图7.8 招考阶段设置功能页面效果

第 8 章 基础信息维护阶段的业务功能实现

从本章起开始讲解招生考试报名系统中的业务功能，按照实际的业务流程顺序分阶段推进。本章讲解基础信息维护阶段的业务功能，包括系统管理员的站点信息管理功能和招生管理员的招考信息管理功能，招考信息管理功能又分为招考文件管理、招考专业管理和考试课程管理三个子功能。这些功能都是阶段受限的功能，只能在基础信息维护阶段开放，一旦进入开放报名阶段，这些功能就必须关闭，功能维护的数据不能再发生变化，否则会导致数据不一致的情况。

8.1 站点信息管理功能的实现

站点信息管理功能是系统管理员的功能，用于在基础信息维护阶段管理维护站点信息。站点信息包括页面头部展示的学校名称和站点名称信息，还包括页面底部展示的版权、地址和联系方式等信息。系统中有且仅有一条站点信息数据，在数据库表site中已经初始化了这条站点信息数据。系统管理员只能在基础信息维护阶段对站点信息做修改操作，不能添加新的站点信息，也不能删除这条唯一的站点信息。下面介绍站点信息管理功能的设计与实现。

1. 页面视图的设计与实现

视频讲解

站点信息管理功能是阶段受限的功能，处于不同系统阶段时，页面中呈现的内容是不一样的，因此页面视图在设计、实现、测试时都需要考虑当前所处的系统阶段。当系统处于基础信息维护阶段时，系统管理员能够对站点信息做出修改，页面视图中需要部署修改站点信息的表单。当系统处于其他阶段时，页面视图中需要使用数据表格展示出站点信息。在“/web/admin/sys/”目录下创建页面“site.jsp”，当系统处于基础信息维护阶段时，页面视图的实现代码如8.1-01所示。

【代码8.1-01】系统管理员修改站点信息的页面视图代码，代码位置：/web/admin/sys/site.jsp。

```
01 <div class="operation">
02   <span class="text-blue"> ↓ 修改站点信息：</span>
```

```
03   <span id="mess" class="text-red">${mess}</span>
04 </div>
05 <div class="form-area">
06   <form action="${root}/admin/sys/site/modify" method="post">
07     <div class="row">
08       <div class="label">学校名称：</div>
09       <div class="item"><input class="text-100" type="text"
  name="site_school" value="${site.site_school}" /></div>
10       <div class="item hint">*</div>
11     </div>
12     <div class="row">
13       <div class="label">站点名称：</div>
14       <div class="item"><input class="text-100"  type="text"
  name="site_name" value="${site.site_name}" /></div>
15       <div class="item hint">*</div>
16     </div>
17     <div class="row">
18       <div class="label">考试名称：</div>
19       <div class="item"><input class="text-100" type="text"
  name="site_test_name" value="${site.site_test_name}"/></div>
20       <div class="item hint">*</div>
21     </div>
22     <div class="row">
23       <div class="label">地址：</div>
24       <div class="item"><input class="text-100"  type="text"
  name="site_location"  value="${site.site_location}"/></div>
25       <div class="item hint">*</div>
26     </div>
27     <div class="row">
28       <div class="label">邮编：</div>
29       <div class="item"><input type="text" name="site_zip_code"
  value="${site.site_zip_code}"/></div>
30       <div class="item hint">*</div>
31     </div>
32     <div class="row">
33       <div class="label">联系电话：</div>
34       <div class="item"><input type="text" name="site_contact"
  value="${site.site_contact}"/></div>
35       <div class="item hint">*</div>
36     </div>
37     <div class="row">
38       <div class="label">版权信息：</div>
39       <div class="item"><input class="text-100" type="text"
  name="site_copy"  value="${site.site_copy}"/></div>
40       <div class="item hint">*</div>
```

```
41     </div>
42     <div class="row">
43       <div class="label"></div>
44       <div class="item">
45         <button class="btn-long" type="submit">修改</button>
46         <button class="btn-long" type="reset">重置</button>
47       </div>
48     </div>
49   </form>
50 </div>
```

代码8.1-01中的表单字段既可以显示出当前的站点信息，又可以供系统管理员用户编辑修改。在系统启动时，站点信息就已经通过监听器程序读取并保存到了全局作用域中（参见代码7.1-01），因此，表单各字段的默认值可以直接从全局作用域中读取并展示。此外，学校名称、站点名称、地址、版权信息这四个字段在数据库表中定义的数据类型都是"varchar(100)"，表单输入时具有相同的校验规则。为便于统一编写实现这四个字段的前端校验代码，给这四个字段对应的表单元素设置同样的样式类"text-100"。邮编和联系电话这两个字段的前端校验代码需要单独编写。系统管理员修改站点信息功能页面中对表单数据进行前端校验的实现代码如8.1-02所示。

【代码8.1-02】系统管理员修改站点信息功能页面中的表单数据前端校验代码，代码位置：/web/admin/sys/site.jsp。

```
01 <script type="text/javascript">
02   $(function () {
03     let form = document.forms[0];
04     $(form).submit(function (e) {
05       $("#mess").empty();
06       $("input.text-100").each(function (index, element) {
07         if ($(element).val().trim().length < 1 || $(element).val().
trim().length > 100) {
08           $("#mess").text(" * " + $(element).parent("div.item").
prev("div.label").text() + "错误，应为1~100位！ ");
09           $(element).focus();
10           return false;
11         }
12       });
13       if ($("#mess").text() != "") {
14         return false;
15       }
16       if (!/^\d{6}$/.test(form.site_zip_code.value.trim())) {
17         $("#mess").text(" * 邮编错误，应为6位数字！ ");
18         form.site_zip_code.focus();
19         return false;
20       }
```

```
21     if (form.site_contact.value.trim().length < 1 || form.site_
  contact.value.trim().length > 40) {
22         $("#mess").text(" * 联系方式应为1~40位! ");
23         form.site_contact.focus();
24         return false;
25     }
26     return true;
27   });
28 });
29 </script>
```

代码8.1-02中，第05行代码用于清空“span#mess”元素中的提示文本。第06行~第12行实现了类名为“text-100”的所有表单元素值的校验。第06行获取类名为“text-100”的所有表单元素并进行循环遍历。第07行判断当前遍历的表单元素的值是否为1和100之间的字符串，如果是，则继续下一次循环；如果不是，则执行第08行~第10行代码。第08行代码设置提示消息文本，提示消息文本内容设置时，提取了当前表单元素的父元素“div.item”之前的一个节点元素“div.label”中的文本，它就是当前表单文本框前的字段名称提示文本。然后，第09行将光标聚焦到该表单，第10行跳出循环。第13行~第15行，根据“span#mess”元素中是否有提示消息来判断是否有校验未通过的字段，如果有则返回false，表单请求就不会被发送出去。

如果系统当前所处阶段不是基础信息维护阶段，系统管理员就不能修改站点信息。此时的页面视图仅显示出已经设置好的站点信息，可以使用数据表格来呈现站点信息数据，实现代码如8.1-03所示。

【代码8.1-03】系统当前所处阶段不是基础信息维护阶段时的站点信息管理页面视图代码，代码位置：/web/admin/sys/site.jsp。

```
01 <div class="operation">
02   <span class="text-blue"> ↓ 站点信息: </span>
03 </div>
04 <table class="data-table">
05   <tr><th>字段</th><th>值</th></tr>
06   <tr><td>学校名称</td><td>${site.site_school}</td></tr>
07   <tr><td>站点名称</td><td>${site.site_name}</td></tr>
08   <tr><td>考试名称</td><td>${site.site_test_name}</td></tr>
09   <tr><td>地址</td><td>${site.site_location}</td></tr>
10   <tr><td>邮编</td><td>${site.site_zip_code}</td></tr>
11   <tr><td>联系电话</td><td>${site.site_contact}</td></tr>
12   <tr><td>版权信息</td><td>${site.site_copy}</td></tr>
13 </table>
14 </div>
```

代码8.1-03中功能操作标题内容是“↓站点信息：”，与处于基础信息维护阶段时的功能操作标题内容不同。

阶段受限功能在不同系统阶段中呈现出不同的页面视图，需要在页面中获取当前所处阶段信息，根据当前阶段信息来展示不同的视图部分。系统当前所处阶段信息可以直接从存储在全局作用域的基础数据中获取。站点信息管理功能的完整页面视图代码如8.1-04所示。

【代码8.1-04】文件/web/admin/sys/site.jsp，版本1.0。

```
01 <%@ page language="java" contentType="text/html; charset=UTF-8"
   pageEncoding="UTF-8" %>
02 <%@ include file="/includes/page-head.jsp" %>
03 <section id="main">
04   <%@ include file="/admin/includes/left-nav.jsp" %>
05   <div id="right">
06     <h1 id="nav-title">站点信息管理</h1>
07     <div id="right-area">
08       <%@ include file="/admin/includes/right-nav.jsp" %>
09       <c:if test="${currentPhase.phase_number eq 1}">
10         ...此处为【代码8.1-01】中的所有代码
11       </c:if>
12       <c:if test="${currentPhase.phase_number ne 1}">
13         ...此处为【代码8.1-03】中的所有代码
14       </c:if>
15     </div>
16   </div>
17 </section>
18 <c:if test="${currentPhase.phase_number eq 1}">
19   ...此处为【代码8.1-02】中的所有代码
20 </c:if>
21 <%@ include file="/includes/page-bottom.jsp" %>
```

2. DAO层方法的应用

视频讲解

当系统处于基础信息维护阶段时，系统管理员可以执行修改站点信息的操作。站点信息表中有且仅有一条站点信息数据，其id值始终为1，调用通用DAO接口中封装的updateById方法就可以实现修改站点信息的操作，不需要在DAO层定义新的数据库操作方法。

3. 控制层Servlet的实现

视频讲解

站点信息管理功能中需要实现修改站点信息的操作，需要用户传递参数，涉及请求参数字段的合规性校验，可以在字段校验器中添加相关请求参数字段的校验方法。修改站点信息时需要校验站点信息的所有字段，在包“cn.bmxt.validation”下的请求参数字段校验器类FieldValidator中添加这些字段的校验方法，实现代码如8.1-05所示。

【代码8.1-05】站点信息管理功能操作实现时需要在服务端封装的站点信息相关字段的合规性校验方法，代码位置：/src/cn.bmxt.validation/FieldValidator.java。

```
01 public static String site_school(String site_school) {
```

```
02   return (site_school.length() < 1 || site_school.length() > 100)
  ? "* 提示：学校名称应为 1~100 位！" : "";
03 }
04 public static String site_name(String site_name) {
05   return (site_name.length() < 1 || site_name.length() > 100) ? "*
  提示：站点名称应为 1~100 位！" : "";
06 }
07 public static String site_test_name(String site_test_name) {
08   return (site_test_name.length() < 1 || site_test_name.length() >
  100) ? "* 提示：考试名称应为 1~100 位！" : "";
09 }
10 public static String site_location(String site_location) {
11   return (site_location.length() < 1 || site_location.length() >
  100) ? "* 提示：地址应为 1~100 位！" : "";
12 }
13 public static String site_zip_code(String site_zip_code) {
14   return site_zip_code.matches("\\d{6}") ? "" : "* 提示：邮编错误，应
  为 6 位数字！";
15 }
16 public static String site_contact(String site_contact) {
17   return (site_contact.length() < 1 || site_contact.length() > 40)
  ? "* 提示：联系方式应为 1~40 位！" : "";
18 }
19 public static String site_copy(String site_copy) {
20   return (site_copy.length() < 1 || site_copy.length() > 100) ? "*
  提示：版权信息应为 1~100 位！" : "";
21 }
```

接下来在“cn.bmxt.controller”包中创建一个新的Servlet类，命名为AdminSysSiteModify，然后编辑该文件，在其中实现用于处理修改站点信息请求的方法，代码如8.1-06所示。

【代码8.1-06】文件/src/cn.bmxt.controller/AdminSysSiteModify.java，版本1.0。

```
01 package cn.bmxt.controller;
02 // import ... 此处省略了导包语句
03 @WebServlet("/admin/sys/site/modify")
04 public class AdminSysSiteModify extends HttpServlet {
05   // ... 此处省略了 doGet 方法，参见代码 7.2.2-02
06   protected void doPost(HttpServletRequest request,
  HttpServletResponse response) throws ServletException, IOException {
07     ServletContext sc = request.getServletContext();
08     Phase currentPhase = (Phase) sc.getAttribute("currentPhase");
09     if (currentPhase.getPhase_number() == 1) {
10       Map<String, String> paras = TransUtil.
  getParameterMap(request);
```

```
11        List<String> messList = Validator.parasValidate(paras);
12        if (messList.size() == 0) { // 数据校验通过
13          SiteDao siteDao = (SiteDao) DaoFactory.
   getInstance("SiteDao");
14          if (siteDao.updateById(1, TransUtil.getEntityFieldMap(Site.
   class, request)) > 0) {
15            sc.setAttribute("site", siteDao.findOneById(1));
16            messList.add("* 提示：站点信息修改成功！ ");
17          } else {
18            messList.add("* 提示：站点信息修改失败！ ");
19          }
20        }
21        request.setAttribute("mess", messList.get(0));
22        TransUtil.forward("/admin/sys/site.jsp", request, response);
23      } else {
24        TransUtil.forward("/exception/unauthorized.html", request,
   response);
25      }
26    }
27 }
```

代码8.1-06说明如下：

（1）第07行~第08行，从当前ServletContext对象中获取系统当前所处阶段。

（2）第09行，判断系统当前所处阶段的阶段编号是否为1，即系统当前所处阶段是否为基础信息维护阶段，如果是，则可以执行修改站点信息的操作，程序进入第10行~第22行完成修改站点信息的操作；否则，执行第24行代码，直接将请求转发至未授权操作的异常提示页面“/exception/unauthorized.html”，提示用户正在请求的操作是未授权的操作，因为系统管理员在这些阶段内不具有修改站点信息的权限。

（3）第10行~第22行，依次执行请求参数的统一校验、更新站点信息等步骤，完成站点信息修改的操作，并将操作的提示消息存入request作用域中，然后将请求转发至站点信息管理功能的页面视图。需要注意的是，如果站点信息修改成功，需要更新全局作用域中存储的站点信息（参见代码第15行）。

4. 功能测试

按照上述步骤完成了站点信息管理功能的设计开发之后，就可以重启Tomcat服务器进行访问测试了，需要测试系统处于不同阶段时的功能实现情况。首先使用招生管理员账号“zs_admin_01”登录系统，将系统当前所处阶段设置为第1阶段（基础信息维护阶段），然后再使用系统管理员账号“sys_admin”登录系统，此时系统管理员是可以修改站点信息的。图8.1展示的是系统管理员成功修改了站点信息之后的页面视图，将学校名称由原来的“XXX大学”修改为了“YYY大学”，此时页面头部显示的学校名称也会立即同步更新。

接下来测试当系统所处阶段不是基础信息维护阶段时的功能实现。使用招生管理员账号“zs_admin_01”登录系统，将系统当前所处阶段设置为2，然后再使用系统管理员账号“sys_admin”登录系统，切换到站点信息管理功能页面。此时系统管理员不可以修改站点信息，只能查看站点信息，页面显示效果如图8.2所示。

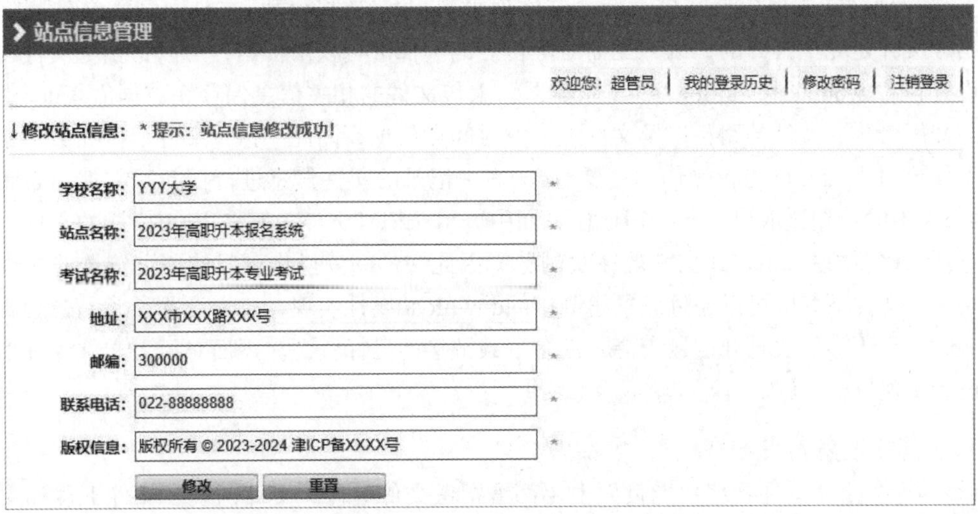

> 站点信息管理

欢迎您：超管员 | 我的登录历史 | 修改密码 | 注销登录 |

↓修改站点信息： * 提示：站点信息修改成功！

学校名称：YYY大学 *

站点名称：2023年高职升本报名系统 *

考试名称：2023年高职升本专业考试 *

地址：XXX市XXX路XXX号 *

邮编：300000 *

联系电话：022-88888888 *

版权信息：版权所有 © 2023-2024 津ICP备XXXX号 *

修改 重置

图8.1　修改站点信息功能的页面效果

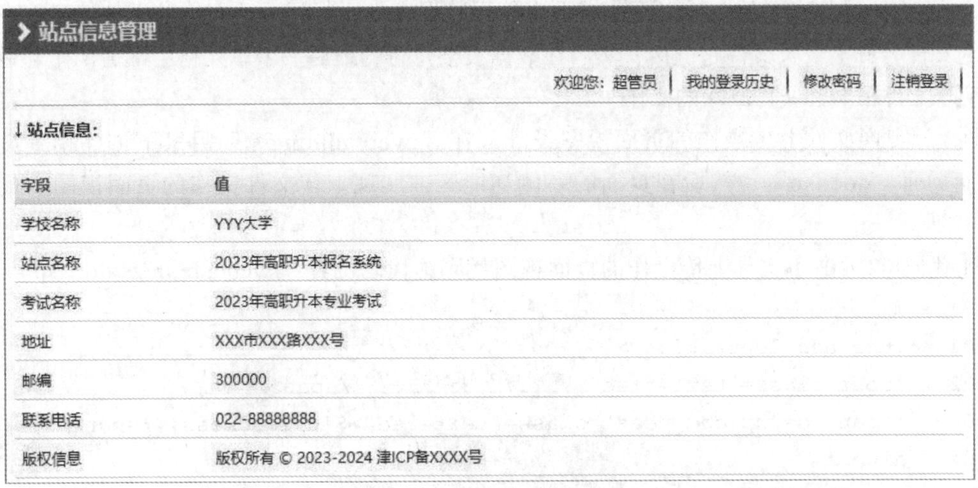

> 站点信息管理

欢迎您：超管员 | 我的登录历史 | 修改密码 | 注销登录 |

↓站点信息：

字段	值
学校名称	YYY大学
站点名称	2023年高职升本报名系统
考试名称	2023年高职升本专业考试
地址	XXX市XXX路XXX号
邮编	300000
联系电话	022-88888888
版权信息	版权所有 © 2023-2024 津ICP备XXXX号

图 8.2　非基础信息维护阶段的站点信息管理功能页面

8.2 招考信息管理功能的实现

招考信息管理功能是招生管理员的功能，用于在基础信息维护阶段发布、维护与招生考试相关的信息，既包括招生简章、考试大纲等相关文件的发布、维护，又包括招考专业和考试课程数据的发布、维护。可以将招考信息管理功能划分为招考文件管理、招考专业管理和考试课程管理三个子功能，对应地，在招生管理员功能页面的左侧导航区设置三个导航菜单链接。下面分别介绍这三个子功能的设计实现。

8.2.1 招考文件管理功能的实现

招生管理员需要在基础信息维护阶段完成招生简章、考试大纲等相关招考文件的发布，一旦进入开放报名等后续阶段，考生就能够去查阅这些文件，此时这些文件就不可以再修改了。招考文件管理功能主要包括文件上传、文件列表展示、文件阅读、文件下载和文件删除等操作。招考文件是完全公开的，因此无需对上传后的文件进行权限控制，可以将招考文件的上传路径设置为“/web/asstes/upload/common/”。上传文件的相关信息保存在数据库表doc中，主要记录文件名称、文件的路径以及文件上传的时间点信息，因此，执行文件上传和文件删除操作时不仅要对上传文件进行操作，还要对doc表中记录的文件信息进行更新。文件列表展示功能将doc表中的数据读取出来并合理地在页面中展示。招考文件一般采用pdf格式的文件，而现代浏览器大多都支持pdf格式文件的在线浏览，因此文件阅读操作可以使用浏览器的在线浏览功能实现。文件下载则可以通过设置超链接的download属性实现，单击设置了download属性的超链接时，将不会在线打开链接资源，而是下载链接的目标资源。下面对招考文件管理功能的具体设计实现进行讲解。

1. 页面视图的设计与实现

视频讲解

招考文件管理功能页面中要部署招考文件上传、文件列表、文件下载和文件删除这四个操作的视图，文件阅读操作则可以通过单击文件列表视图中的文件超链接实现，链接的文件会在新的浏览器窗户中打开以便用户阅读。页面设计时可以将文件上传的操作表单放在最上面，接下来使用数据表格逐行展示已上传的文件信息，在每行展示的文件名称上设置文件超链接，然后在数据表格每行的最后一个单元格中部署两个超链接，用于实现文件下载和文件删除的操作。

（1）实现文件上传操作的页面视图设计。在“/web/admin/zs/”目录下创建招考文件管理功能页面“doc.jsp”，然后在页面的右侧功能区内实现上传文件操作的页面视图，代码如8.2.1-01所示。

【代码8.2.1-01】文件上传操作的页面视图代码，代码位置：/web/admin/zs/doc.jsp。

```
01 <div class="operation">
02   <span class="text-blue">↓ 上传招考文件：</span>
03   <span id="upload_mess" class="text-red">${uploadMess}</span>
04 </div>
05 <div class="form-area">
06   <form action="${root}/admin/zs/doc/upload" method="post"
   ENCTYPE="multipart/form-data">
07     <div class="row">
08       <div class="label">文件：</div>
09       <div class="item"><input type="file" name="file"/></div>
10       <div class="item hint">* 仅支持上传 pdf 格式文件 </div>
11     </div>
12     <div class="row">
13       <div class="label"></div>
14       <div class="item">
15         <button class="btn-long" type="submit">上传 </button>
16       </div>
17     </div>
18   </form>
```

```
19 </div>
```

代码8.2.1-01中，第06行中form表单元素添加了属性enctype，值为“multipart/form-data”，用于设置表单的MIME编码。默认的编码格式是“application/x-www-form-urlencoded”，不能用于上传文件，只有将其设置为“multipart/form-data”，才能支持传递文件数据。

（2）实现文件上传表单数据的前端校验。上传文件操作的表单数据在提交前需要进行前端校验，判断用户是否在本地文件系统中选择了要上传的文件，如果没有选择文件，则提示用户需要先选择要上传的文件。对文件上传表单进行校验的实现代码如8.2.1-02所示。

【代码8.2.1-02】上传文件操作的表单校验代码，代码位置：/web/admin/zs/doc.jsp。

```
01 <script>
02   $(function () {
03     let form = document.forms[0];
04     $(form).submit(function (e) {
05       if (form.file.value.trim() == "") {
06         $("#upload_mess").text(" * 请先选择要上传的文件！ ");
07         form.file.focus();
08         return false;
09       }
10       return true;
11     });
12   });
13 </script>
```

（3）实现已上传文件的列表展示视图设计。使用数据表格展示已上传的文件信息，并在每行的最后一个单元格中部署两个超链接，用于实现下载文件和删除文件的操作，具体代码如8.2.1-03所示。

【代码8.2.1-03】招考文件列表展示的页面视图代码，代码位置：/web/admin/zs/doc.jsp。

```
01 <div class="operation">
02   <span class="text-blue">↓ 文件列表：</span>
03   <span id="mess" class="text-red">${mess}</span>
04 </div>
05 <table class="data-table">
06   <tr>
07     <th>序号</th>
08     <th>文件</th>
09     <th>上传时间</th>
10     <c:if test="${currentPhase.phase_number eq 1}">
11       <th>操作</th>
12     </c:if>
13   </tr>
14   <c:forEach var="doc" items="${docs}" varStatus="status">
```

```
15      <tr>
16        <td>${status.count}</td>
17        <td><a href="${root}/${doc.doc_uri}" target="_blank">${doc.
doc_name}</a></td>
18        <td>${DatetimeUtil.stamp2ds(doc.doc_upload_timestamp)}</td>
19        <c:if test="${currentPhase.phase_number eq 1}">
20          <td>
21            <a class="btn btn-short" href="${root}/${doc.doc_uri}"
download="${doc.doc_name}">下载</a>
22            <a class="btn btn-short" href="${root}/admin/zs/doc/
delete?id=${doc.id}">删除</a>
23          </td>
24        </c:if>
25      </tr>
26    </c:forEach>
27 </table>
```

代码8.2.1-03中，第17行和第21行的链接都指向了某个已上传的文件。不同的是，第17行中的超链接元素中没有设置download属性，而是设置了target属性为“_blank”，用户单击这个链接时会在一个新的浏览器窗口中打开链接的文件，实现了文件的在线阅读功能。而第21行中的超链接元素设置了download属性，属性值就是文件名称，用户单击这个超链接时会将链接的文件直接下载到本地，实现了文件下载的功能。此外，若当前阶段不处于基础信息维护阶段，数据表格的最后一列操作列（包括标题单元格和内容单元格）不需要显示，因此在第11行和第19行分别设置了当前所处阶段是否为第1阶段的条件判断，只有当系统当前所处阶段的阶段编号为1时，才会显示最后一列。

（4）招考文件管理功能的完整页面需要包含封装好的页面头部文件、页面底部文件、管理员功能页面左侧的导航文件以及管理员功能页面右侧的快捷导航文件，然后在页面右侧功能区中包含各个具体操作的视图并嵌入相关脚本文件。此外，还需要考虑在不同系统阶段下的各个操作视图的展示情况。招考文件管理功能页面的完整构成如代码8.2.1-04所示，其中第11行使用“div.fgx”元素设置了一条分隔线，当系统处于基础信息维护阶段时，它将随着文件上传操作部分的视图一并呈现出来，用于分隔不同的功能操作区域。

【代码8.2.1-04】文件/web/admin/zs/doc.jsp，版本1.0。

```
01 <%@ page language="java" contentType="text/html; charset=UTF-8"
   pageEncoding="UTF-8" import="cn.bmxt.util.DatetimeUtil" %>
02 <%@ include file="/includes/page-head.jsp" %>
03 <section id="main">
04   <%@ include file="/admin/includes/left-nav.jsp" %>
05   <div id="right">
06     <h1 id="nav-title">招考文件管理</h1>
07     <div id="right-area">
08       <%@ include file="/admin/includes/right-nav.jsp" %>
09       <c:if test="${currentPhase.phase_number eq 1}">
```

```
10          ... 此处为【代码 8.2.1-01】中的所有代码
11          <div class="fgx"></div>
12        </c:if>
13        ... 此处为【代码 8.2.1-03】中的所有代码
14      </div>
15    </div>
16 </section>
17 ... 此处为【代码 8.2.1-02】中的所有代码
18 <%@ include file="/includes/page_bottom.jsp" %>
```

2. 文件上传操作方法的封装

在Servlet 3.0中提供了对文件上传的原生支持，不需要借助任何第三方上传组件，直接使用Servlet 3.0提供的API就能够实现文件上传功能了。Servlet 3.0在HttpServletRequest类中新增了getParts和getPart方法，用于获取使用“multipart/form-data”格式传递的HTTP请求的请求体，进而获取通过表单上传的文件。在接收上传文件的过程中，需要获取文件名称、文件扩展名、文件保存的物理路径等相关信息，可以将获取这些信息的方法以及保存上传文件的方法都封装在“cn.bmxt.util”包下的工具类TransUtil中，封装的方法代码如8.2.1-05所示。

视频讲解

【代码8.2.1-05】封装获取上传文件相关信息以及保存上传文件方法的实现代码，代码位置：/src/cn.bmxt.util/TransUtil.java。

```
01 public static String getFileName(String param, HttpServletRequest
   req) throws IOException, ServletException {
02   String fileInfo = req.getPart(param).getHeader("content-
   disposition");
03   return StringUtils.substringBetween(fileInfo, "filename=\"", "\"");
04 }
05 public static String getFileExt(String fileName) {
06   return StringUtils.substringAfterLast(fileName, ".");
07 }
08 public static String getFileExt(String param, HttpServletRequest
   req) throws IOException, ServletException {
09   return getFileExt(getFileName(param, req));
10 }
11 public static String getRealPath(String relativePath,
   HttpServletRequest req) {
12   return req.getServletContext().getRealPath(relativePath);
13 }
14 public static void saveFile(String param, String relativePath,
   String savedFileName, HttpServletRequest req) throws IOException,
   ServletException {
15   File folder = new File(getRealPath(relativePath, req));
16   File file = new File(folder + "/" + savedFileName);
```

```
17   if (!folder.exists()) {
18     folder.mkdirs();
19   } else if (file.exists()) {
20     file.delete();
21   }
22   req.getPart(param).write(folder +"/" + savedFileName);
23 }
24 public static void saveFile(String param, String relativePath,
   HttpServletRequest req) throws IOException, ServletException {
25   saveFile(param, relativePath, getFileName(param, req), req);
26 }
```

代码8.2.1-05中共封装了6个方法，第01行~第04行定义的getFileName方法可以从请求参数中获取上传文件的名称（含扩展名）。第05行~第07行定义的getFileExt方法可以直接从文件名称字符串中获取文件的扩展名。第08行~第10行重载了一个getFileExt方法，用于直接从请求参数中获取上传文件的扩展名。第11行~第13行定义的getRealPath方法用于将站点下的相对路径转换为操作系统的绝对路径。第14行~第23行定义了保存上传文件的方法saveFile，其中参数param是上传文件表单的请求参数名称，参数relativePath是文件保存时的相对路径（从站点根目录起始的路径部分），参数savedFileName指定文件保存时使用的文件名称（含扩展名），参数req是当前请求对象。文件在保存之前首先要判断文件存放的目录是否存在：如果不存在就逐级创建出目录；如果上传目录已经存在，还需要判断上传目录中是否存在同名文件（有可能是用户之前上传过的文件），如果存在同名文件就先执行删除操作，再由第22行执行写入操作，将文件保存到指定的目录下。第24行~第26行重载了一个saveFile方法，去掉了文件保存名称这个参数，文件保存时直接使用客户端传过来的文件的名称。

3. DAO层方法的应用

视频讲解

招考文件管理功能中，文件上传时涉及在数据库表doc中添加一条文件信息的操作，可以通过通用DAO接口中的save方法实现。读取文件列表的操作可以通过通用DAO接口中的findAll方法实现。删除文件的操作则可以通过通用DAO接口中的deleteById方法实现。因此，实现招考文件管理功能时不需要在DAO层定义新的数据操作方法。

4. 控制层Servlet的实现

对应招考文件的上传、列表展示和删除三个操作，需要创建三个Servlet，分别用于响应这三个不同的操作请求。在“cn.bmxt.controller”包中创建三个Servlet，分别命名为AdminZsDocList、AdminZsDocUpload和AdminZsDocDelete，接下来逐一讲解这三个Servlet的具体实现代码。

（1）Servlet类AdminZsDocList用于处理招考文件列表展示的请求。直接调用DAO层方法查询所有已上传的文件信息，将结果列表随请求转发至页面视图即可，实现代码如8.2.1-06所示。

【代码8.2.1-06】文件/src/cn.bmxt.controller/AdminZsDocList.java，版本1.0。

```
01 package cn.bmxt.controller;
```

```
02 // import ... 此处省略了导包语句
03 @WebServlet("/admin/zs/doc/list")
04 public class AdminZsDocList extends HttpServlet {
05   // ...此处省略了 doGet 方法，参见代码 7.2.2-02
06   protected void doPost(HttpServletRequest request,
   HttpServletResponse response) throws ServletException, IOException {
07     DocDao docDao = (DocDao) DaoFactory.getInstance("DocDao");
08     request.setAttribute("docs", docDao.findAll());
09     TransUtil.forward("/admin/zs/doc.jsp", request, response);
10   }
11 }
```

（2）Servlet类AdminZsDocUpload用于处理招考文件上传的请求，请求处理时需要判断系统当前所处阶段。如果系统当前所处阶段为基础信息维护阶段，既要将用户上传的文件保存至指定的目录，还要在数据库表中新增一条上传文件的信息。上传文件操作可以直接调用TransUtil.java类中封装的相关工具方法来实现。Servlet类AdminZsDocUpload的实现代码如8.2.1-07所示。

【代码8.2.1-07】文件/cn.bmxt.controller/AdminZsDocUpload.java，版本1.0。

```
01 package cn.bmxt.controller;
02 // import ... 此处省略了导包语句
03 @WebServlet("/admin/zs/doc/upload")
04 @MultipartConfig
05 public class AdminZsDocUpload extends HttpServlet {
06   // ...此处省略了 doGet 方法，参见代码 7.2.2-02
07   protected void doPost(HttpServletRequest request,
   HttpServletResponse response) throws ServletException, IOException {
08     ServletContext sc = request.getServletContext();
09     Phase currentPhase = (Phase) sc.getAttribute("currentPhase");
10     if (currentPhase.getPhase_number() == 1) {
11       String uploadMess = "";
12       String fileName = TransUtil.getFileName("file", request);
13       if ("pdf".equalsIgnoreCase(TransUtil.getFileExt(fileName))){
14         int result = 0;
15         try {
16           TransUtil.saveFile("file", "/assets/upload/common/",
   request);
17           Doc doc = new Doc(fileName, "/assets/upload/common/" +
   fileName, DatetimeUtil.nowStamp());
18           DocDao docDao = (DocDao) DaoFactory.
   getInstance("DocDao");
19           result = docDao.save(doc);
20         } catch (IOException | ServletException e) {
21           e.printStackTrace();
```

```
22          }
23          uploadMess = (result == 0) ? "* 提示：文件上传失败！" : "* 提示：
  文件上传成功！";
24        } else {
25          uploadMess = "* 提示：上传的文件格式不正确！";
26        }
27        request.setAttribute("uploadMess", uploadMess);
28        TransUtil.forward("/admin/zs/doc/list", request, response);
29      } else {
30        TransUtil.forward("/exception/unauthorized.html", request,
  response);
31      }
32    }
33 }
```

代码8.2.1-07中，第04行在Servlet类声明之前使用注解“@MultipartConfig”进行标注，用于支持文件的上传与接收。第10行判断当前系统所处阶段的阶段编号是否为1，也就是判断系统当前所处阶段是否为基础信息维护阶段。如果是，则可以执行文件上传的操作，程序进入第11行~第28行，完成上传文件的业务操作；否则，执行第30行代码，直接将请求转发至异常提示页面“/exception/unauthorized.html”，提示用户正在请求的操作是未授权的操作，因为招生管理员在非基础信息维护阶段内不能够执行上传招考文件的操作。第11行~第28行完成接收文件、保存文件、文件信息入库的核心操作，其中第12行从请求参数中获取上传的文件名称（含扩展名）；第13行判断上传文件的扩展名是否为pdf，只有pdf类型的文件才会被接收；第16行保存文件到服务器，文件被保存至目录“/assets/upload/common/”中，保存时的文件名称使用的是客户端上传时的文件名称；第17行创建一个Doc对象；第19行将这个Doc对象持久化到数据库表中；第23行根据操作结果给出相应的提示消息。第27行将程序运行时产生的提示消息存入request作用域。第28行将请求转发，注意，请求并不是直接被转发到功能页面视图，而是转发到Servlet类AdminZsDocList中继续处理，其目的是更新文件列表视图，而AdminZsDocList实现的正是查询文件列表的功能，请求最终会被转发至招考文件管理功能页面（参见代码8.2.1-06中第09行）。

（3）Servlet类AdminZsDocDelete用于处理删除文件的请求，删除文件时既要删除数据库表中的文件记录，又要删除保存在服务器中的文件，实现代码如8.2.1-08所示。

【代码8.2.1-08】文件/src/cn.bmxt.controller/AdminZsDocDelete.java，版本1.0。

```
01 package cn.bmxt.controller;
02 // import ... 此处省略了导包语句
03 @WebServlet("/admin/zs/doc/delete")
04 public class AdminZsDocDelete extends HttpServlet {
05   // ... 此处省略了 doGet 方法，参见代码 7.2.2-02
06   protected void doPost(HttpServletRequest request,
  HttpServletResponse response) throws ServletException, IOException {
07     ServletContext sc = request.getServletContext();
```

```
08     Phase currentPhase = (Phase) sc.getAttribute("currentPhase");
09     if (currentPhase.getPhase_number() == 1) {
10       String mess = "";
11       DocDao docDao = (DocDao) DaoFactory.getInstance("DocDao");
12       long id = TransUtil.getLong("id", request);
13       Doc doc = docDao.findOneById(id);
14       mess = docDao.deleteById(id) > 0 ? "* 提示：文件删除成功！ " :
"* 提示：文件删除失败！ ";
15       new File(TransUtil.getRealPath(doc.getDoc_uri(),request)).
delete();
16       request.setAttribute("mess", mess);
17       TransUtil.forward("/admin/zs/doc/list", request, response);
18     } else {
19       TransUtil.forward("/exception/unauthorized.html", request,
response);
20     }
21   }
22 }
```

代码8.2.1-08中也需要首先判断系统当前所处阶段，只有处于基础信息维护阶段时才能执行删除文件操作。第12行接收请求参数id，第13行查询得到对应id值的文件信息，第14行删除数据库表中的文件信息，第15行删除上传的文件。同样地，执行完删除操作后也需要更新文件列表视图，第17行将请求转发到Servlet类AdminZsDocList中继续处理，而不是将请求直接转发到功能页面视图。

5. 功能测试

按照上述步骤完成了招考文件管理功能的设计开发之后，就可以重启Tomcat服务器进行访问测试了，需要测试系统处于不同阶段时的功能实现情况。首先使用招生管理员账号“zs_admin_01”登录系统，将系统当前所处阶段设置为第1阶段（基础信息维护阶段），然后进入招考文件管理功能页面，上传一个pdf格式的报考须知文件，页面效果如图8.3所示。

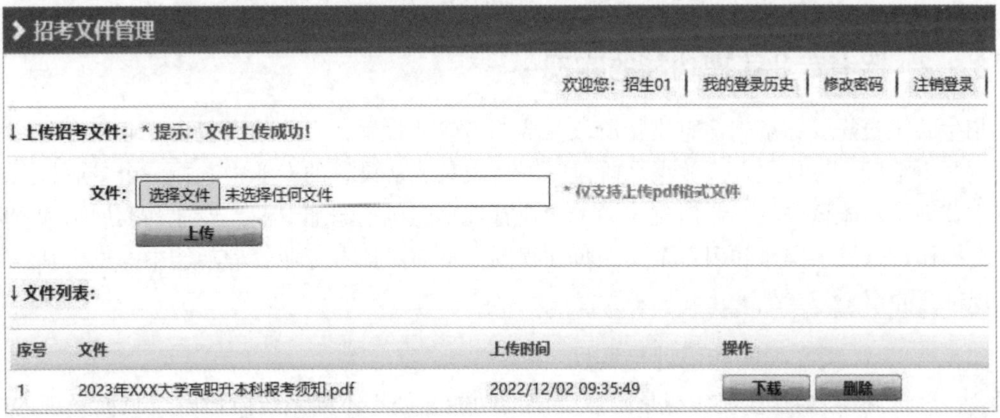

图8.3　上传招考文件操作的页面效果

在图8.3所示的页面中单击文件列表中的报考须知文件，浏览器会打开一个新的窗口，在新的窗口中打开这个pdf文件，效果如图8.4所示。

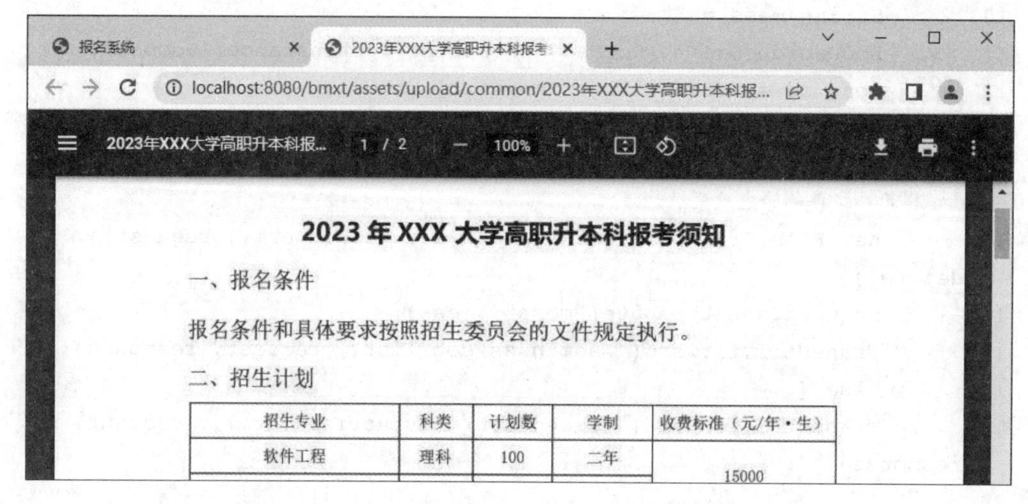

图8.4 招考文件的在线预览效果

在基础信息维护阶段，读者可以再上传几门考试课程的大纲文件，然后对文件删除和文件下载操作进行测试。将系统当前所处阶段设置为其他阶段时，招生管理员就不能再上传或者删除文件，此时招考文件管理功能页面仅显示已上传的招考文件列表，效果如图8.5所示。

> 招考文件管理

欢迎您：招生01 | 我的登录历史 | 修改密码 | 注销登录

↓文件列表：

序号	文件	上传时间
1	2023年XXX大学高职升本科报考须知.pdf	2022/11/28 22:56:53
2	《C语言程序设计》课程考试大纲.pdf	2022/11/28 23:03:34
3	《Java语言程序设计》课程考试大纲.pdf	2022/11/28 23:03:57

图 8.5 非基础维护阶段时的招考文件管理页面效果

8.2.2 招考专业管理功能的实现

招生管理员需要在基础信息维护阶段完成招考专业设置，专业信息包含专业名称和计划招生人数两个字段。一旦进入开放报名阶段，考生就只能从设置的专业中选择一个专业报名，此时招生管理员不能再修改专业信息。招考专业管理功能包括添加专业、专业列表展示和删除专业三个操作，这三个操作共用一个功能页面视图。下面对招考专业管理功能中的三个基本操作的实现进行介绍。

视频讲解

1. 页面视图的设计与实现

招考专业管理功能是阶段受限的功能，处于不同系统阶段时，页面呈现内容是不同的，因此页面在设计实现时需要考虑系统当前所处阶段。当系统处于基础信息维护阶段时，招考专业管理功能页面中要部署添加专业、专业列表展示和删除专业这三个操作的视图，可将添加专业的操作表单放在最上面，接着使用数据表格展示所有专业信息，然后在表格每行的最后一个单元格中部署一个超链接，实现删除专业的操作。当系统处于其他阶段时，页面视图中仅需要显示专业信息列表。

（1）实现添加专业操作的页面视图设计。在“/web/admin/zs/”目录下创建招考专业管理功能页面“major.jsp”，然后在页面右侧功能区内实现添加专业操作的页面视图，代码如8.2.2-01所示。

【代码8.2.2-01】添加专业操作的页面视图代码，代码位置：/web/admin/zs/major.jsp。

```
01 <div class="operation">
02   <span class="text-blue">↓ 添加专业：</span>
03   <span id="add_mess" class="text-red">${addMess}</span>
04 </div>
05 <div class="form-area">
06   <form action="${root}/admin/zs/major/add" method="post">
07     <div class="row">
08       <div class="label">专业名称：</div>
09       <div class="item"><input type="text" name="major_name"
 value="${param.major_name}"/></div>
10       <div class="item hint">*</div>
11     </div>
12     <div class="row">
13       <div class="label">计划招生数：</div>
14       <div class="item"><input type="text" name="major_plan_number"
 value="${param.major_plan_number}"/></div>
15       <div class="item hint">*</div>
16     </div>
17     <div class="row">
18       <div class="label"></div>
19       <div class="item">
20         <button class="btn-long" type="submit">添加</button>
21       </div>
22     </div>
23   </form>
24 </div>
```

代码8.2.2-01中第03行代码用于渲染执行添加专业操作之后服务端响应的提示消息。第06行中form表单的action属性定义了表单数据提交的URL地址，这个URL地址映射的是用于处理添加专业操作请求的Servlet。专业名称、计划招生数表单中都设置了value属性值，其中渲染的是当执行添加专业操作失败时所保存的用户上次输入的值。

（2）实现添加专业表单数据的前端校验。添加专业操作的表单数据在提交前需要在前端使用JavaScript脚本来进行合规性校验，以减轻服务端压力。参照管理员登录页面中表单数据的校验代码，添加专业操作的表单数据校验代码的实现如8.2.2-02所示。

【代码8.2.2-02】添加专业表单数据的前端校验代码，代码位置：/web/admin/zs/major.jsp。

```
01 <script>
02   $(function () {
03     let form = document.forms[0];
04     $(form).submit(function (e) {
05       let major_name = form.major_name.value.trim();
06       if (major_name.length < 1 || major_name.length > 50) {
07         $("#add_mess").text(" * 专业名称为 1~50 位! ");
08         form.major_name.focus();
09         return false;
10       }
11       if (!/^[1-9]\d{0,3}$/.test(form.major_plan_number.value.
trim())){
12         $("#add_mess").text(" * 计划招生数为 1~9999 ! ");
13         form.major_plan_number.focus();
14         return false;
15       }
16       return true;
17     });
18   });
19 </script>
```

（3）实现已添加招考专业的列表展示视图设计。专业信息属于全局共享的基础数据，可以从全局作用域中取出。在页面中使用数据表格展示所有的专业信息，并在每行的最后一个单元格中部署一个超链接，用于实现删除专业的操作，具体代码如8.2.2-03所示。

【代码8.2.2-03】专业信息列表展示的页面视图代码，代码位置：/web/admin/zs/major.jsp。

```
01 <div class="operation">
02   <span class="text-blue"> ↓ 专业列表: </span>
03   <span id="mess" class="text-red">${mess}</span>
04 </div>
05 <table class="data-table">
06   <tr>
07     <th> 序号 </th>
08     <th> 专业名称 </th>
09     <th> 计划招生数 </th>
10     <c:if test="${currentPhase.phase_number eq 1}">
11       <th> 操作 </th>
12     </c:if>
13   </tr>
14   <c:forEach var="major" items="${majors}" varStatus="status">
15     <tr>
16       <td>${status.count}</td>
17       <td>${major.major_name}</td>
```

```
18        <td>${major.major_plan_number}</td>
19        <c:if test="${currentPhase.phase_number eq 1}">
20          <td>
21            <a class="btn btn-short" href="${root}/admin/zs/major/
   delete?id=${major.id}"> 删除 </a>
22          </td>
23        </c:if>
24      </tr>
25    </c:forEach>
26 </table>
```

代码8.2.2-03中，第14行从全局作用域applicationScope中读取专业信息列表majors进行遍历。第10行和第19行增加了对系统当前所处阶段是否为第1阶段的判断，保证只有当系统阶段处于基础信息维护阶段时，数据表格的最后一列操作列（包括标题单元格和内容单元格）才能够显示出来。第21行实现的是删除操作的链接，其链接地址URL映射的是用于处理删除专业请求的Servlet，地址中附加的请求参数id就是要删除的专业的id值。

（4）招考专业管理功能的完整页面需要包含封装好的页面头部文件、页面底部文件、管理员功能页面左侧的导航文件以及管理员功能页面右侧的快捷导航文件，然后在页面右侧功能区包含各个具体操作的视图并嵌入相关脚本文件。招考专业管理功能页面的完整构成如代码8.2.2-04所示，其中第11行使用“div.fgx”元素设置了一条分隔线，当系统处于基础信息维护阶段时，它将随着添加专业操作的视图一并呈现出来，用于分隔不同的功能操作区域。

【代码8.2.2-04】文件/web/admin/zs/major.jsp，版本1.0。

```
01 <%@ page language="java" contentType="text/html; charset=UTF-8"
   pageEncoding="UTF-8" %>
02 <%@ include file="/includes/page-head.jsp" %>
03 <section id="main">
04   <%@ include file="/admin/includes/left-nav.jsp" %>
05   <div id="right">
06     <h1 id="nav-title"> 招考专业管理 </h1>
07     <div id="right-area">
08       <%@ include file="/admin/includes/right-nav.jsp" %>
09       <c:if test="${currentPhase.phase_number eq 1}">
10         ... 此处为【代码 8.2.2-01】中的所有代码
11         <div class="fgx"></div>
12       </c:if>
13       ... 此处为【代码 8.2.2-03】中的所有代码
14     </div>
15   </div>
16 </section>
17 ... 此处为【代码 8.2.2-02】中的所有代码
18 <%@ include file="/includes/page-bottom.jsp" %>
```

2. DAO层方法的应用

视频讲解

专业信息的展示、添加和删除操作，可以分别通过通用DAO接口中的findAll方法、save方法和deleteById方法实现，无需在实体类DAO接口中定义新的方法。此外，在添加新的专业时，要注意专业名称字段的唯一性约束，可以在添加专业之前进行检索校验，避免因插入相同的专业名称造成数据插入操作失败。检索数据库表中是否已经存在某个专业名称，可以通过通用DAO接口中的findOneByField方法实现。因此，实现招考专业管理功能时不需要在DAO层定义新的数据操作方法。

3. 控制层Servlet的实现

实现专业信息的展示不需要创建新的Servlet，因为专业信息是全局共享的基础数据，可以直接从全局作用域applicationScope中读取。实现添加专业和删除专业操作时，需要创建两个Servlet，分别用于响应这两个不同的操作请求。在“cn.bmxt.controller”包中创建两个Servlet，分别命名为AdminZsMajorAdd和AdminZsMajorDelete。接下来逐一讲解这两个Servlet的具体实现代码。

（1）Servlet类AdminZsMajorAdd用于处理添加专业的请求。功能实现时需要传递参数，涉及请求参数的服务端校验。添加专业时需要校验的请求参数字段有两个，分别为“major_name”和“major_plan_number”。在包“cn.bmxt.validation”下的请求参数字段校验器类FieldValidator中添加这两个字段的校验方法，方法的实现代码如8.2.2-05所示。

【代码8.2.2-05】添加招考专业操作时需要在服务端封装的专业信息相关字段的合规性校验方法，代码位置：/src/cn.bmxt.validation/FieldValidator.java。

```
01 public static String major_name(String major_name) {
02   return (major_name.length() < 1 || major_name.length() > 50) ?
   "* 提示：专业名称应为 1~50 位！ " : "";
03 }
04 public static String major_plan_number(String major_plan_number) {
05   return major_plan_number.matches("[1-9]\\d{0,3}") ? "" : "* 提示：
   计划招生数为 1~9999！ ";
06 }
```

接下来在Servlet类AdminZsMajorAdd中编写代码，实现用于处理添加专业请求的方法，实现代码如8.2.2-06所示。

【代码8.2.2-06】文件/src/cn.bmxt.controller/AdminZsMajorAdd.java，版本1.0。

```
01 package cn.bmxt.controller;
02 // import ... 此处省略了导包语句
03 @WebServlet("/admin/zs/major/add")
04 public class AdminZsMajorAdd extends HttpServlet {
05   // ...此处省略了 doGet 方法，参见代码 7.2.2-02
06   protected void doPost(HttpServletRequest request,
   HttpServletResponse response) throws ServletException, IOException {
07     ServletContext sc = request.getServletContext();
08     Phase currentPhase = (Phase) sc.getAttribute("currentPhase");
```

```
09    if (currentPhase.getPhase_number() == 1) {
10      Map<String, String> paras = TransUtil.
  getParameterMap(request);
11      List<String> messList = Validator.parasValidate(paras);
12      if (messList.size() == 0) { // 数据校验通过
13        MajorDao majorDao = (MajorDao) DaoFactory.
  getInstance("MajorDao");
14        Major major = majorDao.findOneByField("major_name", paras.
  get("major_name"));
15        if (major == null) {
16          if(majorDao.save(TransUtil.getEntityFieldMap(Major.
  class,paras))>0){
17            sc.setAttribute("majors", majorDao.findAll());
18             messList.add("* 提示：专业添加成功！ ");
19          } else {
20            messList.add("* 提示：专业添加失败！ ");
21          }
22        } else {
23          messList.add("* 提示：专业名称 " + paras.get("major_name")
  + " 已存在！ ");
24        }
25      }
26      request.setAttribute("addMess", messList.get(0));
27      TransUtil.forward("/admin/zs/major.jsp", request, response);
28    } else {
29      TransUtil.forward("/exception/unauthorized.html", request,
  response);
30    }
31  }
32 }
```

代码8.2.2-06中处理了添加专业请求时可能出现的各种情况，并给出相应的提示消息。第09行判断系统当前所处阶段是否为基础信息维护阶段，第11行使用统一的请求参数校验器校验请求参数是否合规，第15行检索确认数据库表中是否已经存在要添加的专业名称，第16行判断添加专业的操作是否执行成功。添加专业操作执行成功后不要忘记更新全局作用域中的专业列表信息，如第17行所示。请求处理完毕后，第27行直接将请求转发至招考专业管理功能页面。

（2）Servlet类AdminZsMajorDelete用于处理删除专业的请求，实现代码如8.2.2-07所示。

【代码8.2.2-07】文件/src/cn.bmxt.controller/AdminZsMajorDelete.java，版本1.0。

```
01 package cn.bmxt.controller;
02 // import ... 此处省略了导包语句
03 @WebServlet("/admin/zs/major/delete")
04 public class AdminZsMajorDelete extends HttpServlet {
05   // ... 此处省略了 doGet 方法，参见代码 7.2.2-02
```

```
06   protected void doPost(HttpServletRequest request,
  HttpServletResponse response) throws ServletException, IOException {
07      ServletContext sc = request.getServletContext();
08      Phase currentPhase = (Phase) sc.getAttribute("currentPhase");
09      if (currentPhase.getPhase_number() == 1) {
10        String mess = "";
11        long id = TransUtil.getLong("id", request);
12        MajorDao majorDao = (MajorDao) DaoFactory.
  getInstance("MajorDao");
13        if (majorDao.deleteById(id) > 0) {
14          sc.setAttribute("majors", majorDao.findAll());
15          mess   = "* 提示：删除成功！ ";
16        } else {
17          mess   = "* 提示：删除失败！ ";
18        }
19        request.setAttribute("mess", mess);
20        TransUtil.forward("/admin/zs/major.jsp", request, response);
21      }else {
22        TransUtil.forward("/exception/unauthorized.html", request,
  response);
23      }
24   }
25 }
```

代码8.2.2-07中，删除专业之后，也要更新全局作用域中的专业信息列表，如第14行所示。

4. 功能测试

按照上述步骤完成了招考专业管理功能的设计开发之后，就可以重启Tomcat服务器进行访问测试了，需要测试系统处于不同阶段时的功能实现情况。使用招生管理员账号“zs_admin_01”登录系统，将系统当前所处阶段设置为第1阶段（基础信息维护阶段），然后进入招考专业管理功能页面，添加两个招考专业，页面效果如图8.6所示。

在基础信息维护阶段，读者可以自行测试删除专业的功能操作。如果将系统当前所处阶段设置为其他阶段，招生管理员就不能够再执行添加专业或者删除专业的操作了。此时招考专业管理功能页面仅显示专业信息列表，页面效果如图8.7所示。

8.2.3 考试课程管理功能的实现

招生管理员需要在基础信息维护阶段完成考试课程信息的管理维护。考试课程信息包含课程名称、隶属专业的专业名称、课程考试的开始时间和课程考试的结束时间四个字段。一旦进入开放报名等后续阶段，考试课程信息就不可以再做修改了。考试课程信息的管理维护包括添加考试课程、考试课程列表展示和删除考试课程三个操作，这三个操作共用一个功能页面视图。下面对考试课程管理功能中的三个基本操作的实现进行介绍。

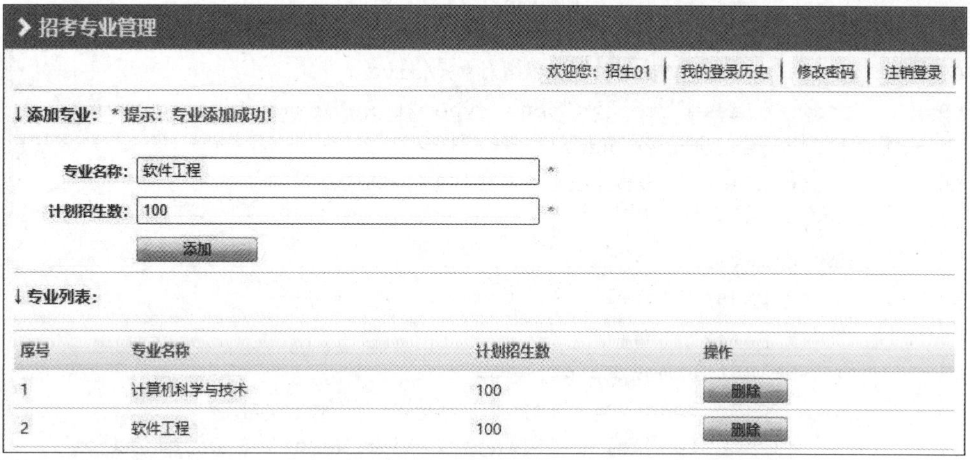

图 8.6 添加招考专业操作的页面效果

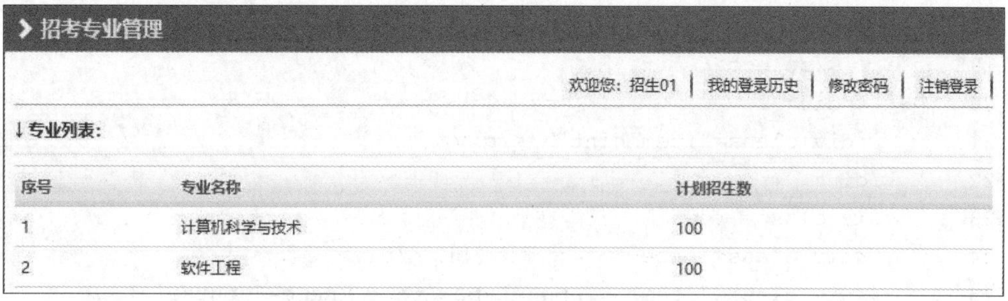

图8.7 非基础信息维护阶段时的招考专业管理页面效果

1. 页面视图的设计与实现

视频讲解

考试课程管理功能是阶段受限的功能，处于不同系统阶段时，页面中呈现的内容是不同的，因此页面视图在设计、实现、测试时都需要考虑当前所处阶段。当系统处于基础信息维护阶段时，考试课程管理功能页面中要部署添加考试课程、考试课程列表展示和删除考试课程这三个操作的视图，可以将添加考试课程的操作表单放在最上面，接着使用数据表格展示所有的考试课程信息，然后在表格每行的最后一个单元格中放置一个超链接，实现删除考试课程的操作。当系统处于其他阶段时，页面视图中仅需要显示考试课程信息列表。

（1）添加考试课程操作的页面视图代码。在“/web/admin/zs/”目录下创建考试课程管理功能页面“course.jsp”，然后在页面的右侧功能区内实现添加考试课程操作的页面视图，代码如8.2.3-01所示。

【代码8.2.3-01】添加考试课程操作的页面视图代码，代码位置：/web/admin/zs/course.jsp。

```
01 <div class="operation">
02   <span class="text-blue">↓ 添加考试课程：</span>
03   <span id="add_mess" class="text-red">${addMess}</span>
04 </div>
05 <div class="form-area">
06   <form action="${root}/admin/zs/course/add" method="post">
```

```
07     <div class="row">
08       <div class="label">课程名称：</div>
09       <div class="item"><input type="text" name="course_name"
   value="${param.course_name}"/></div>
10       <div class="item hint">* 1~50位</div>
11     </div>
12     <div class="row">
13       <div class="label">隶属专业：</div>
14       <div class="item">
15         <select name="major_name">
16           <c:forEach var="major" items="${majors}">
17             <option value="${major.major_name}" ${param.major_
   name eq major.major_name ? 'selected' : ''} >${major.major_
   name}</option>
18           </c:forEach>
19         </select>
20       </div>
21       <div class="item hint">*</div>
22     </div>
23     <div class="row">
24       <div class="label">考试开始时间：</div>
25       <div class="item"><input type="text" name="course_start_
   timestamp" value="${param.course_start_timestamp}"/></div>
26       <div class="item hint">* 时间格式示例：2023/12/24 09:00:00
   </div>
27     </div>
28     <div class="row">
29       <div class="label">考试结束时间：</div>
30       <div class="item"><input type="text" name="course_end_
   timestamp" value="${param.course_end_timestamp}"/></div>
31       <div class="item hint">* 时间格式示例：2023/12/24 10:30:00
   </div>
32     </div>
33     <div class="row">
34       <div class="label"></div>
35       <div class="item">
36         <button class="btn-long" type="submit">添加</button>
37       </div>
38     </div>
39   </form>
40 </div>
```

代码8.2.3-01中第03行代码用于渲染执行添加课程操作之后服务端响应的提示消息。第06行中form表单的action属性定义了表单数据提交的URL地址，这个URL地址映射的是用于实现添加课程功能的Servlet。课程名称、考试开始时间和考试结束时间表单都设置了value属性，其中渲染的是当执行添加课程操作失败时所保存的用户上次输入的值。隶属专业这个下拉列表中的专业数据是从全局作用域中读取出来的，在遍历渲染时可以将用户上次选择的选项设置为默认选中的选项，通过给option元素设置selected属性实现，参见第17行代码。

（2）实现添加课程表单数据的前端校验。添加课程操作的表单数据在提交前需要在前端使用JavaScript脚本来进行合规性校验，以减轻服务端压力。参照管理员登录页面表单数据的校验代码，添加课程操作的表单数据校验代码的实现如8.2.3-02所示。

【代码8.2.3-02】添加课程操作的表单数据前端校验代码，代码位置：/web/admin/zs/course.jsp。

```
01 <script>
02   $(function () {
03     let form = document.forms[0];
04     $(form).submit(function (e) {
05       let course_name = form.course_name.value.trim();
06       if (course_name.length < 1 || course_name.length > 50) {
07         $("#add_mess").text(" * 课程名称为 1~50 位! ");
08         form.course_name.focus();
09         return false;
10       }
11       let course_start_timestamp = form.course_start_timestamp.
value.trim();
12       if (!/^\d{4}\/\d{2}\/\d{2} \d{2}:\d{2}:\d{2}$/.test(course_
start_timestamp)){
13         $("#add_mess").text(" * 考试开始时间格式不正确! ");
14         form.course_start_timestamp.focus();
15         return false;
16       }
17       let course_end_timestamp = form.course_end_timestamp.value.
trim();
18       if (!/^\d{4}\/\d{2}\/\d{2} \d{2}:\d{2}:\d{2}$/.test(course_
end_timestamp)){
19         $("#add_mess").text(" * 考试结束时间格式不正确! ");
20         form.course_end_timestamp.focus();
21         return false;
22       }
23       return true;
24     });
25   });
26 </script>
```

（3）实现已添加考试课程的列表展示视图设计。考试课程信息属于全局共享的基础数据，可以从全局作用域中取出。在页面中使用数据表格展示所有的考试课程信息，并在每行的最后一个单元格中部署一个超链接，用于实现删除课程的操作，具体代码如8.2.3-03所示。

【代码8.2.3-03】课程信息列表展示的页面视图代码，代码位置：/web/admin/zs/course.jsp。

```
01 <div class="operation">
02   <span class="text-blue">↓ 考试课程列表：</span>
03   <span id="mess" class="text-red">${mess}</span>
04 </div>
05 <table class="data-table">
06   <tr>
07     <th>序号</th>
08     <th>专业名称</th>
09     <th>课程名称</th>
10     <th>考试开始时间</th>
11     <th>考试结束时间</th>
12     <c:if test="${currentPhase.phase_number eq 1}">
13       <th>操作</th>
14     </c:if>
15   </tr>
16   <c:forEach var="course" items="${courses}" varStatus="status">
17     <tr>
18       <td>${status.count}</td>
19       <td>${course.major_name}</td>
20       <td>${course.course_name}</td>
21       <td>${DatetimeUtil.stamp2ds(course.course_start_timestamp)}
</td>
22       <td>${DatetimeUtil.stamp2ds(course.course_end_timestamp)}</
         </td>
23       <c:if test="${currentPhase.phase_number eq 1}">
24         <td><a class="btn btn-short" href="${root}/admin/zs/course/
delete?id=${course.id}">删除</a></td>
25       </c:if>
26     </tr>
27   </c:forEach>
28 </table>
```

代码8.2.3-03中，第16行从全局作用域applicationScope中读取课程信息列表courses进行遍历。第12行和第23行增加了对系统当前所处阶段是否为第1阶段的判断，保证只有当系统阶段处于基础信息维护阶段时，数据表格的最后一列操作列（包括标题单元格和内容单元格）才能够显示出来。第24行实现的是删除操作的链接，其链接地址URL映射的是用于处理删除课程请求的Servlet，地址中附加的请求参数id就是要删除的课程的id值。

（4）考试课程管理功能的完整页面需要包含封装好的页面头部文件、页面底部文件、管理员功能页面左侧的导航文件以及管理员功能页面右侧的快捷导航文件，然后在页面右侧功能区包含各个具体操作的视图并嵌入相关脚本文件。考试课程管理功能页面的完整构成如代码8.2.3-04所示，其中第11行使用“div.fgx”元素设置了一条分隔线，当系统处于基础信息维护阶段时，它将随着添加课程操作的视图一并呈现出来，用于分隔不同的功能操作区域。

【代码8.2.3-04】文件/web/admin/zs/course.jsp，版本1.0。

```
01 <%@ page language="java" contentType="text/html; charset=UTF-8"
   pageEncoding="UTF-8" import="cn.bmxt.util.DatetimeUtil" %>
02 <%@ include file="/includes/page-head.jsp" %>
03 <section id="main">
04   <%@ include file="/admin/includes/left-nav.jsp" %>
05   <div id="right">
06     <h1 id="nav-title">考试课程管理</h1>
07     <div id="right-area">
08       <%@ include file="/admin/includes/right-nav.jsp" %>
09       <c:if test="${currentPhase.phase_number eq 1}">
10         ... 此处为【代码 8.2.3-01】中的所有代码
11         <div class="fgx"></div>
12       </c:if>
13       ... 此处为【代码 8.2.3-03】中的所有代码
14     </div>
15   </div>
16 </section>
17 ... 此处为【代码 8.2.3-02】中的所有代码
18 <%@ include file="/includes/page-bottom.jsp" %>
```

2. DAO层方法的应用

视频讲解

课程信息的展示、添加和删除操作，可以分别通过通用DAO接口中的findAll方法、save方法和deleteById方法实现，无须在实体类DAO接口中定义新的数据操作方法。

3. 控制层Servlet的实现

实现课程信息的展示不需要创建新的Servlet，因为课程信息是全局共享的基础数据，可以直接从全局作用域applicationScope中读取。实现添加课程和删除课程操作时，需要创建两个Servlet，分别用于响应这两个不同的操作请求。在“cn.bmxt.controller”包中创建两个Servlet，分别命名为AdminZsCourseAdd和AdminZsCourseDelete，接下来逐一讲解这两个Servlet的具体实现代码。

（1）Servlet类AdminZsCourseAdd用于处理添加课程的请求。功能实现时需要传递参数，涉及请求参数的服务端校验，添加课程时需要校验的字段是“course_name”。在包“cn.bmxt.validation”下的请求参数字段校验器类FieldValidator中添加这个字段的校验方法，方法的实现代码如8.2.3-05所示。

【代码8.2.3-05】添加课程操作时需要在服务端封装的课程名称字段的合规性校验方法，代码位置：/src/cn.bmxt.validation/FieldValidator.java。

```
01 public static String course_name(String course_name) {
02   return (course_name.length() < 1 || course_name.length() > 50) ?
   "* 提示：课程名称应为 1~50 位！" : "";
03 }
```

接下来在Servlet类AdminZsCourseAdd中编写代码实现用于处理添加课程请求的方法，实现代码如8.2.3-06所示。

【代码8.2.3-06】文件/src/cn.bmxt.controller/AdminZsCourseAdd.java，版本1.0。

```
01 package cn.bmxt.controller;
02 // import ... 此处省略了导包语句
03 @WebServlet("/admin/zs/course/add")
04 public class AdminZsCourseAdd extends HttpServlet {
05   // ...此处省略了 doGet 方法，参见代码 7.2.2-02
06   protected void doPost(HttpServletRequest request,
HttpServletResponse response) throws ServletException, IOException {
07     ServletContext sc = request.getServletContext();
08     Phase currentPhase = (Phase) sc.getAttribute("currentPhase");
09     if (currentPhase.getPhase_number() == 1) {
10       Map<String, String> paras = TransUtil.
getParameterMap(request);
11       List<String> messList = Validator.parasValidate(paras);
12       if (messList.size() == 0) { // 数据校验通过
13         CourseDao courseDao = (CourseDao) DaoFactory.
getInstance("CourseDao");
14         Map<String, Object> courseFieldMap = TransUtil.
getEntityFieldMap(Course.class, paras);
15         courseFieldMap.put("course_start_timestamp", DatetimeUtil.
ds2stamp(paras.get("course_start_timestamp")));
16         courseFieldMap.put("course_end_timestamp", DatetimeUtil.
ds2stamp(paras.get("course_end_timestamp")));
17         if (courseDao.save(courseFieldMap) > 0){
18           sc.setAttribute("courses", courseDao.findAll());
19           messList.add("* 提示：课程添加成功！ ");
20         } else {
21           messList.add("* 提示：课程添加失败！ ");
22         }
23       }
24       request.setAttribute("addMess", messList.get(0));
25       TransUtil.forward("/admin/zs/course.jsp", request, response);
26     } else {
27       TransUtil.forward("/exception/unauthorized.html", request,
response);
28     }
29   }
30 }
```

代码8.2.3-06中处理了添加课程请求时可能出现的各种情况，并给出相应的提示信息。第09行判断系统当前所处阶段是否为基础信息维护阶段，第11行使用统一的请求参数校验器校验请求参数是否合规，第17行判断添加课程的操作是否执行成功。在保存课程信息时，需要将接收到的日期时间字符串转换为秒级时间戳，参见第15行代码和第16行代码。添加课程操作执行成功后不要忘记更新全局作用域中的课程列表信息，如第18行代码所示。请求处理完毕后，第25行将请求直接转发至考试课程管理功能页面。

（2）Servlet类AdminZsCourseDelete用于处理删除专业的请求，实现代码如8.2.3-07所示。

【代码8.2.3-07】文件/src/cn.bmxt.controller/AdminZsCourseDelete.java，版本1.0。

```
01 package cn.bmxt.controller;
02 // import ... 此处省略了导包语句
03 @WebServlet("/admin/zs/course/delete")
04 public class AdminZsCourseDelete extends HttpServlet {
05   // ... 此处省略了 doGet 方法，参见代码 7.2.2-02
06   protected void doPost(HttpServletRequest request,
  HttpServletResponse response) throws ServletException, IOException {
07     ServletContext sc = request.getServletContext();
08     Phase currentPhase = (Phase) sc.getAttribute("currentPhase");
09     if (currentPhase.getPhase_number() == 1) {
10       String mess = "";
11       long id = TransUtil.getLong("id", request);
12       CourseDao courseDao = (CourseDao) DaoFactory.
  getInstance("CourseDao");
13       if (courseDao.deleteById(id) > 0) {
14         sc.setAttribute("courses", courseDao.findAll());
15         mess  = "* 提示：删除成功！ ";
16       } else {
17         mess  = "* 提示：删除失败！ ";
18       }
19       request.setAttribute("mess", mess);
20       TransUtil.forward("/admin/zs/course.jsp", request, response);
21     }else {
22       TransUtil.forward("/exception/unauthorized.html", request,
  response);
23     }
24   }
25 }
```

代码8.2.3-07中，删除课程之后，也要更新全局作用域中的课程列表信息，如第14行所示。

4. 功能测试

按照上述步骤完成了考试课程管理功能的设计开发之后，就可以重启Tomcat服务器进行访问测试了，需要测试系统处于不同阶段时的功能实现情况。使用招生管理员账号“zs_admin_01”登录系统，将系统当前所处阶段设置为第1阶段（基础信息维护阶段），然后进入考试课程管理功能页面，添加四门考试课程，页面效果如图8.8所示。

考试课程管理
欢迎您：招生01 | 我的登录历史 | 修改密码 | 注销登录
↓添加考试课程：* 提示：课程添加成功！
课程名称：Java语言程序设计 * 1~50位
隶属专业：软件工程 *
考试开始时间：2023/12/24 15:00:00 * 时间格式示例：2023/12/24 09:00:00
考试结束时间：2023/12/24 16:30:00 * 时间格式示例：2023/12/24 10:30:00
添加
↓考试课程列表：
序号 专业名称 课程名称 考试开始时间 考试结束时间 操作
1 计算机科学与技术 计算机科学导论 2023/12/24 09:00:00 2023/12/24 10:30:00 删除
2 计算机科学与技术 C语言程序设计 2023/12/24 15:00:00 2023/12/24 16:30:00 删除
3 软件工程 计算机文化基础 2023/12/24 09:00:00 2023/12/24 10:30:00 删除
4 软件工程 Java语言程序设计 2023/12/24 15:00:00 2023/12/24 16:30:00 删除

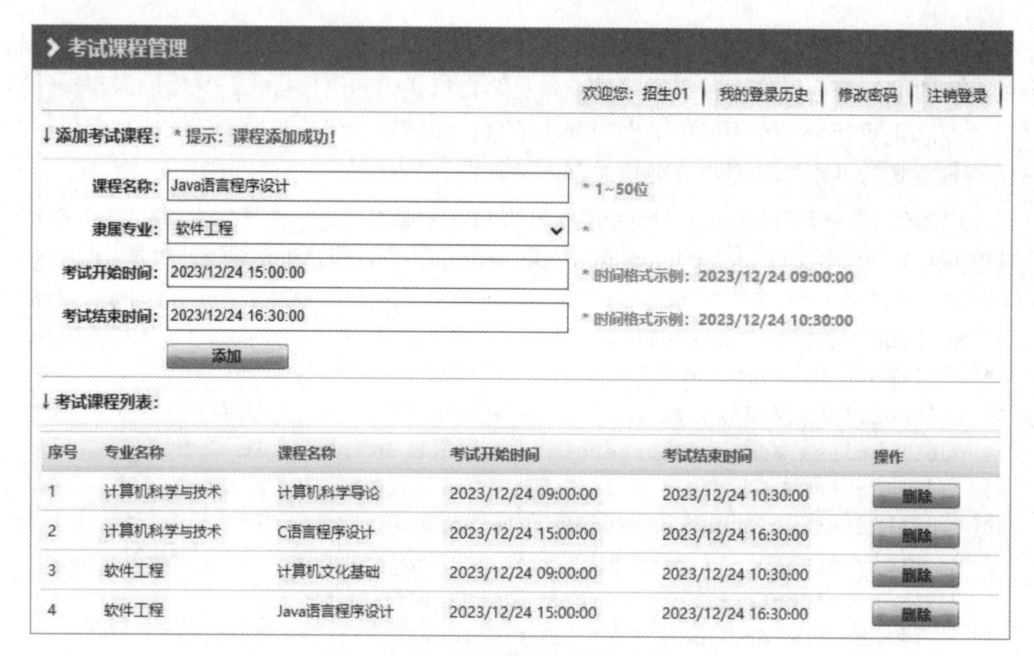

图8.8　添加考试课程操作的页面效果

在基础信息维护阶段，读者可以自行测试删除课程的功能操作。如果将系统当前所处阶段设置为其他阶段，招生管理员就不能再执行添加课程或者删除课程的操作了。此时考试课程管理功能页面仅显示考试课程列表，页面效果如图8.9所示。

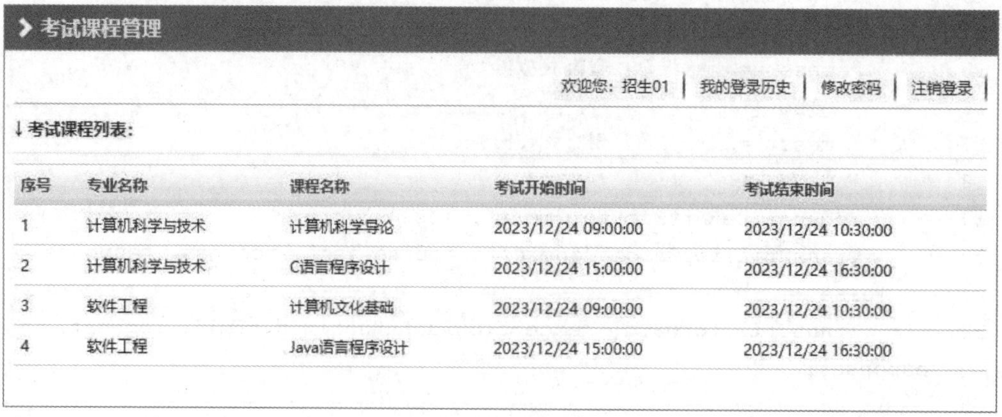

考试课程管理
欢迎您：招生01 | 我的登录历史 | 修改密码 | 注销登录
↓考试课程列表：
序号 专业名称 课程名称 考试开始时间 考试结束时间
1 计算机科学与技术 计算机科学导论 2023/12/24 09:00:00 2023/12/24 10:30:00
2 计算机科学与技术 C语言程序设计 2023/12/24 15:00:00 2023/12/24 16:30:00
3 软件工程 计算机文化基础 2023/12/24 09:00:00 2023/12/24 10:30:00
4 软件工程 Java语言程序设计 2023/12/24 15:00:00 2023/12/24 16:30:00

图8.9　非基础维护阶段时的考试课程管理页面效果

第9章 开放报名阶段的业务功能实现

在基础信息维护阶段，系统管理员完成了站点信息的管理维护，招生管理员完成了招考信息的管理维护，包括招考文件的发布、招考专业的设置和考试课程的设置。完成了考试报名前的数据准备工作之后，招考报名的业务流程就进入了下一个阶段，即开放报名阶段。开放报名阶段的核心业务功能包括考生用户的注册、个人信息维护、招考信息查阅、在线报名等。其中，考生用户的注册、个人信息维护和在线报名功能是阶段受限的功能。考生用户注册功能在开放报名阶段和现场确认阶段都处于开放的状态，在其他阶段是关闭的状态。考生个人信息维护、考生在线报名这两个功能在开放报名阶段处于开放的状态，当系统处于现场确认阶段时，在考生确认缴费之前这两个功能也是开放可用的；一旦经过现场确认，考生便不能够再修改个人信息和报名信息了。

本章还会讲解考生用户的基础功能，包括登录系统、修改个人密码、查看个人登录历史记录、注销登录这四个功能，它们都是不受阶段限制的功能，成功注册了考生账号之后才能使用这些功能。此外，招生管理员的考生密码重置功能是阶段不受限的功能，但由于在考生注册功能实现之前，数据库表中没有考生数据，不便于该功能的开发测试，因此将其放在本章讲述。

9.1 考生用户注册功能的实现

网站系统的首页是考生用户的登录页面，新的考生首次进入系统首页时并没有账号，需要在登录页中引导考生跳转到注册页面，从而进入考生用户注册流程。考生用户注册的处理流程如图9.1所示，流程中涉及的各项功能按照MVC模式分层组织，便于代码的实现。

考生用户注册的处理流程说明如下：

（1）用户首先进入系统首页“index.jsp”。如果用户已注册考生用户账号，直接进入考

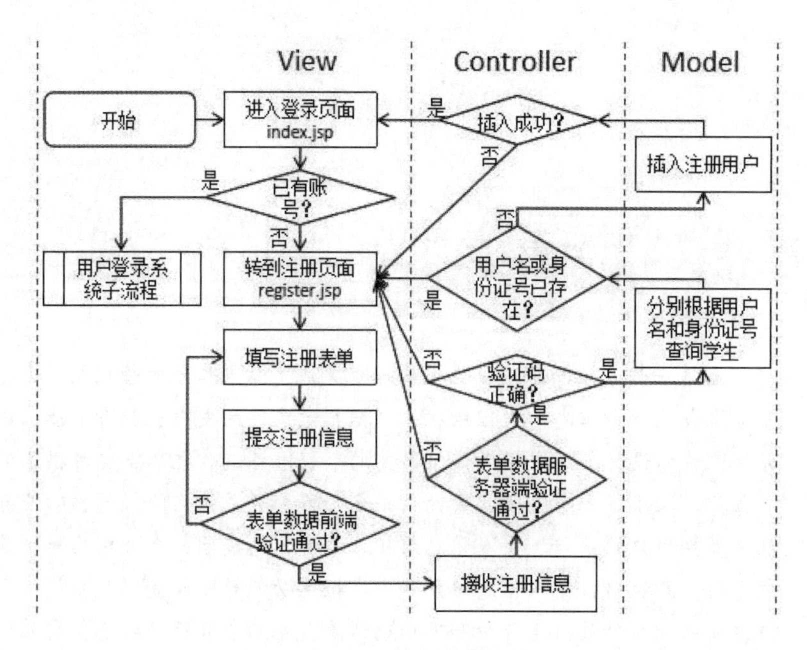

图 9.1 用户注册流程图

生用户登录系统的流程，否则需要用户单击首页中部署的新用户注册的链接，跳转到考生用户的注册页面“register.jsp”。

（2）在考生用户注册页面按要求填写用户名、密码、姓名、性别、民族、身份证号和验证码，然后单击“提交”按钮提交注册信息。

（3）在注册信息真正提交至服务器之前，先对注册信息的填写规范性进行前端校验，避免将不规范的数据发送到服务端。如果注册信息的规范性校验全部通过，再将注册信息发送到服务端，否则提示用户修改注册表单信息。

（4）服务端控制层中用于处理考生用户注册请求的Servlet接收注册信息，然后对接收到的注册信息再次进行规范性验证，避免用户绕过前端校验环节提交不规范的数据。如果对表单数据的服务端校验没有通过，就将请求转发至用户注册页面并渲染出提示信息；如果服务端校验通过，则进入下一步对验证码进行校验的处理流程。

（5）验证码校验时需要将用户根据验证码图片识别的文本与服务端生成验证码图片时保存的原始文本进行比较。如果二者完全一致则验证通过，用户可以进行下一步操作；否则，将请求转发至用户注册页面并渲染出提示信息。

（6）根据用户注册时填写的用户名和身份证号信息，分别在考生用户表中进行查找，确认表中是否已经存在相同的用户名或者身份证号。如果考生用户表中已经存在相同的用户名或者身份证号，就将请求转发至用户注册页面并渲染出提示信息，否则进行下一步操作。

（7）将用户提交的注册信息插入考生用户表中。如果插入操作失败，则将请求转发至用户注册页面并渲染出提示信息，否则就将请求转发至考生用户登录页面“index.jsp”，提示用户注册成功并引导考生登录系统。

根据图9.1所示的考生用户注册流程，在视图层需要设计实现考生用户注册页面“register.jsp”，在控制层需要通过一个Servlet实现考生用户注册功能的业务逻辑，模型层涉及的相关数据操作则可以直接调用DAO层封装好的方法来实现。下面对考生用户注册功能的设计实现进行详细介绍。

1.页面视图的设计与实现

视频讲解

考生用户注册是阶段受限的功能，处于不同系统阶段时，页面中呈现的内容是不一样的，因此页面视图在设计、实现、测试时都需要考虑当前所处的系统阶段。当系统处于开放报名阶段和现场确认阶段时，允许考生注册新用户，页面视图中要部署考生用户的注册表单。当系统处于基础信息维护阶段时，页面视图中仅需展示“考生注册功能暂未开放”的提示消息即可。当系统处于现场确认阶段之后的阶段时，页面视图中仅需展示“考生注册功能已关闭”的提示消息即可。

（1）页面左侧区域的注册说明设计。用户功能页面主体部分左侧区域规划的是功能导航菜单，但是在用户尚未登录系统之前，左侧区域并不需要展示功能菜单，此时可以利用左侧的空间展示用户注册说明，使用6.2.2节中讲述的说明性文本要素来设计。在“/web/”目录下创建考生用户注册功能页面“register.jsp”，页面主体部分左侧区域的代码实现如9.1-01所示。

【代码9.1-01】用户注册页面主体部分左侧区域的设计代码，代码位置：/web/register.jsp。

```
01 <div id="left">
02   <h1> 注册说明 </h1>
03   <div id="left-area">
04     <div class="info">
05       <p>1. 本页面用于考生注册。</p>
06       <p>2. 请牢记您注册时填写的用户名和密码。</p>
07       <p>3. 如果忘记了用户名或者密码，请及时联系招生单位。</p>
08     </div>
09   </div>
10 </div>
```

（2）页面右侧功能区的注册表单设计。在用户注册页面的右侧功能区添加注册表单，代码如9.1-02所示。

【代码9.1-02】用户注册页面右侧功能区的注册表单设计代码，代码位置：/web/register.jsp。

```
01 <div class="operation">
02   <span class="text-blue"> ↓ 新用户注册：</span>
03   <span id="mess" class="text-red">${mess}</span>
04 </div>
05 <div class="form-area">
06   <form action="${root}/register" method="post">
07     <div class="row">
08       <div class="label"> 用户名：</div>
09       <div class="item"><input type="text" name="student_username"
  value="${param.student_username}"/>
10       </div>
11       <div class="item hint">* 用户名为 6~20 位数字、字母或下画线的组合
  </div>
12     </div>
13     <div class="row">
```

```
14        <div class="label"> 密码: </div>
15        <div class="item"><input type="password" name="student_
   password" value="${param.student_password}"/>
16        </div>
17        <div class="item hint">* 密码为 6~20 位数字、字母或下画线的组合
   </div>
18      </div>
19      <div class="row">
20        <div class="label"> 姓名: </div>
21        <div class="item"><input type="text" name="student_name"
   value="${param.student_name}"/></div>
22        <div class="item hint">* 姓名为 1~20 位 </div>
23      </div>
24      <div class="row">
25        <div class="label"> 性别: </div>
26        <div class="item">
27          <div class="row">
28            <input type="radio" value=" 男 " name="student_sex" ${empty
   param.student_sex or param.student_sex eq ' 男 ' ? 'checked':
   ''}><span> 男 </span>
29            <input type="radio" value=" 女 " name="student_sex"
   ${param.student_sex eq ' 女 ' ? 'checked':''}><span> 女 </span>
30          </div>
31        </div>
32      </div>
33      <div class="row">
34        <div class="label"> 身份证号: </div>
35        <div class="item"><input type="text" name="student_id_code"
   value="${param.student_id_code}"/></div>
36        <div class="item hint">* 身份证号为 18 位 </div>
37      </div>
38      <div class="row">
39        <div class="label"> 民族: </div>
40        <div class="item">
41          <div class="row">
42            <select name="student_nation">
43              <option value=" 汉 "> 汉 </option>
44              <option value=" 其他 " ${param.student_nation eq ' 其他 '
   ? 'selected':''}> 其他 </option>
45            </select>
46          </div>
47        </div>
48        <div class="item hint">*</div>
49      </div>
50      <div class="row">
```

```
51        <div class="label">验证码：</div>
52        <div class="item">
53          <div class="row">
54            <input type="text" name="code" class="width-half"
value="${param.code}"/>
55            <img src="${root}/includes/code.jsp" onclick="this.
src='${root}/includes/code.jsp?tm='+ Math.random();"/>
56          </div>
57        </div>
58        <div class="item hint">* 看不清？单击验证码图片可更换</div>
59      </div>
60      <div class="row">
61        <div class="label"></div>
62        <div class="item">
63          <button class="btn-long" type="submit">注册</button>
64          <button class="btn-long" type="reset">重置</button>
65        </div>
66        <div class="item hint">* 已有账号，<a href="${root}/index.
jsp">点此登录</a></div>
67      </div>
68    </form>
69  </div>
```

代码9.1-02中需要对各个表单的默认值进行设置。在用户名、密码、身份证号和验证码表单中分别设置了默认值value属性，当注册未成功时，请求会再次转发至注册页面，此时上述表单的value属性取值就是用户上次输入的值，实现了表单输入值的驻留。性别字段使用的是单选按钮，当首次加载注册页面时，默认选中“男”。当注册未成功时，请求会再次转发至注册页面，此时页面中要能够记住上次用户的选择，在第28行和第29行代码中对用户上次请求时选择的选项分别进行判断，通过给用户上次请求时选择的选项设置checked属性来实现表单输入值的驻留。民族字段使用的是下拉列表，当首次加载注册页面时，默认选中的选项就是第一个选项“汉”。当注册未成功时，通过第44行判断驻留的“student_nation”这个请求参数的值是否为“其他”，如果是，则设置该选项为选中状态；否则，默认选中的选项仍然是第一个选项。

（3）实现考生用户注册表单数据的前端校验。考生用户注册操作的表单数据在提交前需要在前端使用JavaScript脚本来进行合规性校验，以减轻服务端压力。参照管理员登录页面中表单数据的校验代码，设计考生用户注册表单数据的校验代码，具体实现如代码9.1-03所示。

【代码9.1-03】用户注册表单数据的前端校验代码，代码位置：/web/register.jsp。

```
01 <script type="text/javascript">
02   $(function () {
03     let form = document.forms[0];
04     $(form).submit(function (e) {
05       if (!/^\w{6,20}$/.test(form.student_username.value.trim())) {
06         $("#mess").text(" * 用户名输入错误，应为6~20位数字、字母或下画线
```

```
的组合! ");
07          form.student_username.focus();
08          return false;
09        }
10        if (!/^\w{6,20}$/.test(form.student_password.value.trim())) {
11          $("#mess").text(" * 密码输入错误, 应为6~20位数字、字母或下画线的
组合! ");
12          form.student_password.focus();
13          return false;
14        }
15        let student_name = form.student_name.value.trim();
16        if (student_name.length < 1 || student_name.length > 20) {
17          $("#mess").text(" * 姓名输入错误, 应为1~20位! ");
18          form.student_name.focus();
19          return false;
20        }
21        if (!/^\d{17}[0-9xX]$/.test(form.student_id_code.value.
trim())) {
22          $("#mess").text(" * 身份证号格式输入错误! ");
23          form.student_id_code.focus();
24          return false;
25        }
26        if (!/^\d{4}$/.test(form.code.value.trim())) {
27          $("#mess").text(" * 验证码输入错误, 应为4位数字! ");
28          form.code.focus();
29          return false;
30        }
31        return true;
32      });
33    });
34 </script>
```

（4）用户注册功能的完整页面需要包含封装好的页面头部文件和页面底部文件，系统处于不同阶段时，还需要选择不同的视图呈现。当系统处于基础信息维护阶段时，仅提示用户暂未开放考生注册即可；当系统处于开放报名阶段和现场确认阶段时，需要展示注册表单并嵌入前端校验脚本；当系统处于现场确认阶段之后的阶段时，需要提示用户考生注册功能已关闭，并引导已有账号的用户去考生登录页面登录系统。用户注册功能页面的完整构成如代码9.1-04所示。

【代码9.1-04】文件/web/register.jsp，版本1.0。

```
01 <%@ page language="java" contentType="text/html; charset=UTF-8"
   pageEncoding="UTF-8" %>
02 <%@ include file="/includes/page-head.jsp" %>
03 <section id="main">
```

```
04   ... 此处为【代码 9.1-01】中的所有代码
05   <div id="right">
06     <h1 id="nav-title">用户注册</h1>
07     <div id="right-area">
08       <c:if test="${currentPhase.phase_number eq 1}">
09         <div class="info text-red">* 提示：暂未开放考生注册，请耐心等待！
</div>
10       </c:if>
11       <c:if test="${currentPhase.phase_number eq 2 or currentPhase.
phase_number eq 3}">
12         ... 此处为【代码 9.1-02】中的所有代码
13       </c:if>
14       <c:if test="${currentPhase.phase_number gt 3}">
15         <div class="info">
16           <span class="text-red">* 提示：考试注册功能已关闭，如果您已有账
号，请去登录！</span>
17           <a href="${root}/index.jsp">点此登录</a>
18         </div>
19       </c:if>
20     </div>
21   </div>
22 </section>
23 <c:if test="${currentPhase.phase_number eq 2 or currentPhase.phase_
number eq 3}">
24   ... 此处为【代码 9.1-03】中的所有代码
25 </c:if>
26 <%@ include file="/includes/page-bottom.jsp" %>
```

2. DAO层方法的应用

视频讲解

用户注册操作可以通过实体类DAO接口所继承的通用DAO接口中的save方法实现。此外，在添加新的注册用户时，要注意用户名字段和身份证号字段的唯一性约束，添加注册用户之前需要进行检索校验，避免因插入相同的用户名或者相同的身份证号造成插入数据操作失败。检索数据库表中是否已经存在某个用户名或者身份证号可以通过通用DAO接口中的findOneByField方法实现。因此，实现用户注册功能时不需要在DAO层定义新的数据操作方法。

3. 控制层Servlet的实现

用户注册功能的实现需要传递参数，涉及请求参数的服务端校验。考生用户注册时需要校验的请求参数字段一共有五个，分别为“student_username”“student_password”“student_name”“student_sex”和“student_id_code”。在包“cn.bmxt.validation”下的请求字段校验器类FieldValidator中添加这些字段的校验方法，实现代码如9.1-05所示。

【代码9.1-05】考生用户注册操作时需要在服务端封装的相关字段的合规性校验方法，代码位置：/src/cn.bmxt.validation/FieldValidator.java。

```
01 public static String student_username(String student_username) {
02   return student_username.matches("\\w{6,20}") ? "":"* 提示：用户名输
  入错误，应为 6~20 位数字、字母或下画线的组合！ ";
03 }
04 public static String student_password(String student_password) {
05   return student_password.matches("\\w{6,20}") ? "":"* 提示：密码输入
  错误，应为 6~20 位数字、字母或下画线的组合！ ";
06 }
07 public static String student_name(String student_name) {
08   return (student_name.length() < 1 || student_name.length() > 20)
  ? "* 提示：姓名不正确，应为 1~20 位！ ":"";
09 }
10 public static String student_sex(String student_sex) {
11   return ("男".equals(student_sex) || "女".equals(student_sex)) ?
  "" : "* 提示：性别不正确，应为‘男’或‘女’！ ";
12 }
13 public static String student_id_code(String student_id_code) {
14   return student_id_code.matches("\\d{17}[0-9xX]") ? "":"* 提示：身
  份证号格式错误！ ";
15 }
```

接下来在“cn.bmxt.controller”包中创建一个新的Servlet类，命名为StudentRegister，然后编辑该文件，在其中实现用于处理考生用户注册请求的方法，代码如9.1-06所示。

【代码9.1-06】文件/src/cn.bmxt.controller/StudentRegister.java，版本1.0。

```
01 package cn.bmxt.controller;
02 // import ... 此处省略了导包语句
03 @WebServlet("/register")
04 public class StudentRegister extends HttpServlet {
05   // ...此处省略了 doGet 方法，参见代码 7.2.2-02
06   protected void doPost(HttpServletRequest request,
  HttpServletResponse response) throws ServletException, IOException {
07     ServletContext sc = request.getServletContext();
08     Phase currentPhase = (Phase) sc.getAttribute("currentPhase");
09     if (currentPhase.getPhase_number() == 2 || currentPhase.
  getPhase_number() == 3) {
10       Map<String, String> paras = TransUtil.
  getParameterMap(request);
11       List<String> messList = Validator.parasValidate(paras);
12       if (messList.size() == 0) { // 数据校验通过
13         HttpSession session = request.getSession();
14         String session_code = (String) session.
  getAttribute("code");
```

```
15          if (paras.get("code").equals(session_code)) { // 验证码正确
16            StudentDao studentDao = (StudentDao) DaoFactory.
getInstance("StudentDao");
17            if (studentDao.findOneByField("student_username", paras.
get("student_username")) == null) { // 不存在相同的用户名
18              if (studentDao.findOneByField("student_id_code", paras.
get("student_id_code")) == null) { // 不存在相同的身份证号
19                paras.put("student_password", EncryptUtil.SHA(paras.
get("student_password")));
20                if (studentDao.save(TransUtil.
getEntityFieldMap(Student.class, paras)) > 0) { // 保存用户成功
21                  request.setAttribute("mess", "* 提示：注册成功，请登录！ ");
22                  TransUtil.forward("/index.jsp", request, response);
23                  return;
24                } else {
25                  messList.add("* 提示：注册失败！ ");
26                }
27              } else {
28                messList.add("* 提示：身份证号已存在！ ");
29              }
30            } else {
31              messList.add("* 提示：用户名已存在！ ");
32            }
33          } else {
34            messList.add("* 提示：验证码不正确！ ");
35          }
36        }
37        request.setAttribute("mess", messList.get(0));
38        TransUtil.forward("/register.jsp", request, response);
39      } else {
40        TransUtil.forward("/exception/unauthorized.html", request,
response);
41      }
42    }
43 }
```

代码9.1-06中处理了用户注册时可能出现的各种情况，并给出相应的提示消息。第09行判断系统当前所处阶段是否为第2阶段（在线报名阶段）或者第3阶段（现场确认阶段），第12行使用统一的请求参数校验器校验请求参数是否合规，第15行核对用户输入的验证码是否正确，第17行判断数据库表中是否已存在相同的用户名，第18行判断数据库表中是否已存在相同的身份证号，第20行执行添加新用户的操作并判断操作是否成功。

4. 功能测试

按照上述步骤完成了考生用户注册功能的设计开发之后，就可以重启Tomcat服务器进行

访问测试了，需要测试系统处于不同阶段时的功能实现情况。首先使用招生管理员账号“zs_admin_01”登录系统，将系统当前所处阶段设置为基础信息维护阶段，然后进入考生用户注册页面，此阶段用户注册功能暂未开放，呈现的页面效果如图9.2所示。

图 9.2 基础信息维护阶段的用户注册页面效果

接着将系统当前所处阶段设置为开放报名阶段或者现场确认阶段，此时考生可以正常注册新用户，用户注册页面效果如图9.3所示。为了便于后续的开发测试，可以在图9.3所示的页面中注册30个考生用户，用户名分别设置为“student_01”“student_02”等。

用户注册

↓新用户注册：

用户名：student_01 * 用户名为6~20位数字、字母或下画线的组合

密码：•••••• * 密码为6~20位数字、字母或下画线的组合

姓名：张小三 * 姓名为1~20位

性别：◉男 ○女

身份证号：999999201606060001 * 身份证号为18位

民族：汉 *

验证码：8090 8098 * 看不清？单击验证码图片可更换

注册 重置 * 已有账号，点此登录

图 9.3 开放报名阶段或现场确认阶段的用户注册页面效果

将系统当前所处阶段设置为排考阶段或者之后的阶段，考生用户注册功能处于关闭状态，此时，考生用户注册页面的效果如图9.4所示。

用户注册
* 提示：考试注册功能已关闭，如果您已有账号，请去登录！ 点此登录

图 9.4 排考阶段及之后阶段的用户注册页面效果

9.2 考生用户登录功能的实现

考生用户登录功能与管理员用户登录功能的实现逻辑是相同的，考生注册成为网站系统用户之后，就可以随时登录系统使用系统提供的各项服务。下面参照管理员用户登录功能的代码讲解考生用户登录功能的实现。

1. 页面视图的设计与实现

视频讲解

考生用户登录功能是阶段不受限的功能，页面视图可以参照管理员登录功能页面来设计。

（1）在“/web/”目录下创建考生用户登录页面“index.jsp”，页面主体部分左侧区域不需要展示功能菜单，同样地，可以利用左侧的空间展示系统登录说明，代码实现如9.2-01所示。

【代码9.2-01】考生用户登录页面主体部分左侧区域代码，代码位置：/web/index.jsp。

```
01 <div id="left">
02   <h1>登录说明</h1>
03   <div id="left-area">
04     <div class="info">
05       <p>1.本页面用于考生登录。</p>
06       <p>2.如无账号，请先注册。</p>
07       <p>3.如果忘记了用户名或者密码，请及时联系学校。</p>
08     </div>
09   </div>
10 </div>
```

（2）在考生用户登录页面主体部分右侧区域部署登录表单，代码如9.2-02所示。

【代码9.2-02】考生用户登录表单代码，代码位置：/web/index.jsp。

```
01 <div class="operation">
02   <span class="text-blue">↓考生登录：</span>
03   <span id="mess" class="text-red">${mess}</span>
04 </div>
05 <div class="form-area">
06   <form action="${root}/login" method="post">
07     <div class="row">
08       <div class="label">用户名：</div>
09       <div class="item"><input type="text" name="student_username"
  value="${param.student_username}" /></div>
10       <div class="item hint">*</div>
11     </div>
12     <div class="row">
13       <div class="label">密码：</div>
14       <div class="item"><input type="password" name="student_
  password" value="${param.student_password}"/></div>
15       <div class="item hint">*</div>
16     </div>
17     <div class="row">
18       <div class="label">验证码：</div>
19       <div class="item">
20         <div class="row">
21           <input type="text" name="code" class="width-half"
  value="${param.code}"/>
```

```
22          <img src="${root}/includes/code.jsp" onclick="this.
src='${root}/includes/code.jsp?tm='+ Math.random();"/>
23        </div>
24      </div>
25      <div class="item hint">* 看不清？单击验证码图片可更换 </div>
26    </div>
27    <div class="row">
28      <div class="label"></div>
29      <div class="item">
30        <button class="btn-long" type="submit">登录系统 </button>
31        <button class="btn-long" type="reset">重置 </button>
32      </div>
33    </div>
34    <div class="item hint">* 没有账号？ <a href="${root}/register.
jsp">点此注册 </a></div>
35  </form>
36 </div>
```

（3）考生用户登录的表单数据在提交前需要进行前端校验，以减轻服务端压力。参照管理员登录页面中表单数据的校验代码，设计考生用户登录表单数据的校验代码，具体实现如9.2-03所示。

【代码9.2-03】考生用户登录表单数据的前端校验代码，代码位置：/web/index.jsp。

```
01 <script type="text/javascript">
02   $(function () {
03     let form = document.forms[0];
04     $(form).submit(function (e) {
05       if (!/^\w{6,20}$/.test(form.student_username.value.trim())) {
06         $("#mess").text(" * 用户名输入错误，应为 6~20 位数字、字母或下画线
的组合！");
07         form.student_username.focus();
08         return false;
09       }
10       if (!/^\w{6,20}$/.test(form.student_password.value.trim())) {
11         $("#mess").text(" * 密码输入错误，应为 6~20 位数字、字母或下画线的
组合！");
12         form.student_password.focus();
13         return false;
14       }
15       if (!/^\d{4}$/.test(form.code.value.trim())) {
16         $("#mess").text(" * 验证码输入错误，应为 4 位数字！ ");
17         form.code.focus();
18         return false;
19       }
```

```
20       return true;
21     });
22   });
23 </script>
```

（4）考生用户登录功能的完整页面需要包含封装好的页面头部文件和页面底部文件，并嵌入考生用户登录表单数据的前端校验脚本。考生用户登录功能页面的完整构成如代码9.2-04所示。

【代码9.2-04】文件/web/index.jsp，版本1.0。

```
01 <%@ page language="java" contentType="text/html; charset=UTF-8"
   pageEncoding="UTF-8" %>
02 <%@ include file="/includes/page-head.jsp" %>
03 <section id="main">
04   ... 此处为【代码 9.2-01】中的所有代码
05   <div id="right">
06     <h1 id="nav-title">考生登录</h1>
07     <div id="right-area">
08       ... 此处为【代码 9.2-02】中的所有代码
09     </div>
10   </div>
11 </section>
12 ... 此处为【代码 9.2-03】中的所有代码
13 <%@ include file="/includes/page-bottom.jsp" %>
```

2. DAO层方法的封装

视频讲解

考生用户登录操作时，系统需要根据用户提供的用户名和密码从数据库中查询考生用户。虽然直接使用通用DAO接口中定义的findOneBySql方法就可以实现，但是需要提供SQL查询语句。为了避免在控制层出现底层的SQL语句，可以在DAO层中封装一个新的数据查询方法，供控制层调用。在StudentDao接口中定义根据用户名和密码查询考生用户的数据查询方法，然后在其实现类StudentDaoImpl中实现该方法。首先编辑文件“/src/cn.bmxt.dao/StudentDao.java”，在其中定义新的接口方法，代码如9.2-05所示。

【代码9.2-05】文件/src/cn.bmxt.dao/StudentDao.java，版本0.02，上一个版本参见代码5.4-12。

```
01 package cn.bmxt.dao;
02 import cn.bmxt.dao.common.BaseDao;
03 import cn.bmxt.entity.Student;
04 public interface StudentDao extends BaseDao<Student> {
05   public Student findByUsernameAndPassword(String student_username,
   String student_password);
06 }
```

接着编辑文件“/src/cn.bmxt.dao.impl/StudentDaoImpl.java”，实现StudentDao接口中新增的方法，实现代码如9.2-06所示。

【代码9.2-06】文件/src/cn.bmxt.dao.impl/StudentDaoImpl.java，版本0.02，上一个版本参见代码5.4-13。

```
01 package cn.bmxt.dao.impl;
02 import cn.bmxt.dao.StudentDao;
03 import cn.bmxt.dao.common.impl.BaseDaoImpl;
04 import cn.bmxt.entity.Student;
05 public class StudentDaoImpl extends BaseDaoImpl<Student> implements
   StudentDao {
06   public Student findByUsernameAndPassword(String student_username,
   String student_password) {
07     return findOneBySql("select * from student where student_
   username=? and student_password=?", student_username, student_
   password);
08   }
09 }
```

3. 控制层Servlet的实现

考生用户登录功能的实现需要传递参数，涉及请求参数的服务端校验，需要在字段校验器中添加字段校验的方法。考生用户登录时需要校验的请求参数字段共有三个，其中“student_username”和“student_password”这两个字段的校验方法在考生用户注册功能开发时已经封装好了，可以直接复用，而对验证码字段的服务端校验在管理员登录功能的优化实现时也已经封装好了，可以直接复用。接下来在“cn.bmxt.controller”包中创建一个新的Servlet类，命名为StudentLogin，然后编辑该文件，在其中实现处理考生用户登录请求的方法，处理流程与管理员用户登录系统的处理流程基本相同，实现代码如9.2-07所示。

【代码9.2-07】文件/src/cn.bmxt.controller/StudentLogin.java，版本1.0。

```
01 package cn.bmxt.controller;
02 // import ... 此处省略了导包语句
03 @WebServlet("/login")
04 public class StudentLogin extends HttpServlet {
05   // ...此处省略了doGet方法，参见代码7.2.2-02
06   protected void doPost(HttpServletRequest request,
   HttpServletResponse response) throws ServletException, IOException {
07     Map<String, String> paras = TransUtil.getParameterMap(request);
08     List<String> messList = Validator.parasValidate(paras);
09     if (messList.size() == 0) { // 数据校验通过
10       HttpSession session = request.getSession();
11       String session_code = (String) session.getAttribute("code");
12       if (TransUtil.getString("code", request).equals(session_
   code)) {
```

```
13          StudentDao StudentDao = (StudentDao) DaoFactory.
  getInstance("StudentDao");
14          Student student = StudentDao.
  findByUsernameAndPassword(paras.get("student_username"),
  EncryptUtil.SHA(paras.get("student_password")));
15          if (student != null) {
16            Log log = new Log();
17            log.setLog_username(student.getStudent_username());
18            log.setLog_group(" 考生 ");
19            log.setLog_ip(request.getRemoteAddr());
20            log.setLog_timestamp(DatetimeUtil.nowStamp());
21            LogDao logDao = (LogDaoImpl) DaoFactory.
  getInstance("LogDao");
22            if (logDao.save(log) > 0) { // 记录登录日志成功
23              session.setAttribute("student", student);
24              TransUtil.forward("/student/doc/list", request,
  response);
25              return;
26            } else {
27              messList.add("* 提示：登录失败！ ");
28            }
29          } else {
30            messList.add("* 提示：用户名或密码输入错误！ ");
31          }
32        } else {
33          messList.add("* 提示：验证码不正确！ ");
34        }
35      }
36      request.setAttribute("mess", messList.get(0));
37      TransUtil.forward("/index.jsp", request, response);
38    }
39  }
```

代码9.2-07中，考生用户登录时也需要记录登录日志，此时在日志表中记录的用户组为“考生”。考生用户登录成功后，需要在session作用域中保存登录的考生用户对象，用于实现权限控制。登录成功后请求转发的地址是“/student/doc/list”，这个地址映射的是实现招考信息查阅功能的Servlet；通过这个Servlet查询招考信息并将请求转发至招考信息查阅的功能页面，这个功能页面就是考生用户登录系统之后看到的第一个功能页面。

4. 功能测试

按照上述步骤完成了考生用户登录功能的设计开发之后，就可以重启Tomcat服务器进行访问测试了。图9.5展示的是考生用户输入了错误的密码之后的页面效果。

图 9.5 考生用户登录页面效果

视频讲解

9.3 考生用户注销登录功能的实现

考生用户成功登录系统后，系统会在当前会话中保存登录的考生对象。在7.3节中实现考生用户权限控制时，就是通过判断当前会话中是否存在考生对象来鉴别考生用户是否已登录系统的。因此，考生用户注销登录时，只需要将当前会话中保存的考生对象移除即可。在包“cn.bmxt.controller”中创建一个用于处理考生注销登录请求的Servlet控制器类studentLogout，其实现代码如9.3-01所示。

【代码9.3-01】文件/src/cn.bmxt.controller/studentLogout.java，版本1.0。

```
01 package cn.bmxt.controller;
02 // import ... 此处省略了导包语句
03 @WebServlet("/student/logout")
04 public class StudentLogout extends HttpServlet {
05   // ...此处省略了 doGet 方法，参见代码 7.2.2-02
06   protected void doPost(HttpServletRequest request,
  HttpServletResponse response) throws ServletException, IOException {
07     HttpSession session = request.getSession();
08     session.removeAttribute("student");
09     request.setAttribute("mess", "* 提示：您已成功注销登录！ ");
10     TransUtil.forward("/index.jsp", request, response);
11   }
12 }
```

9.4 招考信息查阅功能的实现

考生用户成功登录系统后，最先展示的功能页面就是招考信息查阅页面，这个页面用于向考生用户展示招考文件、招考专业和考试课程的列表，让考生了解招考政策及相关文件。招考文件列表需要通过请求获取，而招考专业和考试课程信息属于全局共享的数据，在页面中渲染时可以直接从application作用域中读取。下面对招考信息查阅功能的实现进行详细介绍。

考生用户的功能页面有很多，其中页面主体部分左侧区域的功能导航和页面主体部分右侧区域的快捷导航可以进行抽取封装，便于考生用户的所有功能页面进行复用。

1. 封装考生用户页面左侧区域的功能导航代码

视频讲解

在“/web/student/includes/”目录下创建页面文件“left-nav.jsp”，用于封装考生用户共用的功能导航代码。按照图2.1所示的功能模块结构，并参照6.2.2节左侧区域导航菜单的HTML代码进行设计，考生用户功能导航的实现代码如9.4-01所示。

【代码9.4-01】文件/web/student/includes/left-nav.jsp，版本1.0。

```
01 <%@ page language="java" pageEncoding="UTF-8" %>
02 <div id="left">
03   <h1>功能导航</h1>
04   <div id="left-area">
05     <div id="left-nav">
06       <ul>
07         <li><a href="${root}/student/doc/list">招考信息查阅</a></li>
08         <li><a href="${root}/student/enroll/show">在线报名</a></li>
09         <li><a href="${root}/student/card/show">准考证打印</a></li>
10         <li><a href="${root}/student/grade/show">成绩及录取查询 </
           a></li>
11         <li><a href="${root}/student/info/show">个人信息维护</a></
           li>
12         <li><a href="${root}/student/log/list">我的登录历史</a></li>
13         <li><a href="${root}/student/password.jsp">修改密码</a></
           li>
14       </ul>
15     </div>
16   </div>
17 </div>
```

考生用户功能页面中的导航菜单样式切换的代码在文件“/web/assets/js/app.js”中已经定义，参见代码7.5.1-02。

2. 封装考生用户页面右侧区域的快捷导航代码

视频讲解

根据图6.3所示的功能页面的总体布局设计，在已登录考生用户的功能页面中，右侧区域的顶部还包含一个快捷菜单栏，其中包含欢迎信息、修改密码功能的链接、查看个人登录历史记录的链接以及注销登录功能的链接。下面对考生用户功能页面右侧区域中共享的快捷导航代码进行封装，封装时可以参考代码6.2.2-03。在“/wcb/student/includes/”目录下创建页面文件“right-nav.jsp”，在其中实现考生用户功能页面右侧区域的快捷导航代码，代码如9.4-02所示。

【代码9.4-02】文件/web/student/includes/right-nav.jsp，版本1.0。

```
01 <%@ page language="java" pageEncoding="UTF-8"%>
02 <div id="right-nav">
03   <ul>
```

```
04      <li><a href="${root}/student/logout">注销登录</a></li>
05      <li><a href="${root}/student/password.jsp">修改密码</a></li>
06      <li><a href="${root}/student/log/list">我的登录历史</a></li>
07      <li>欢迎您：${student.student_name}</li>
08    </ul>
09 </div>
```

3. 招考信息查阅页面视图的完整实现

视频讲解

招考信息查阅功能的完整页面需要包含封装好的页面头部文件、页面底部文件、考生用户功能页面左侧的导航文件以及考生用户功能页面右侧的快捷导航文件，然后在右侧功能区中展示招考文件列表、招考专业列表和考试课程列表。在“/web/student/”目录下创建招考信息查阅功能页面“doc.jsp”，页面的实现代码如9.4-03所示。

【代码9.4-03】文件/web/student/doc.jsp，版本1.0。

```
01 <%@ page language="java" contentType="text/html; charset=UTF-8"
   pageEncoding="UTF-8" import="cn.bmxt.util.DatetimeUtil" %>
02 <%@ include file="/includes/page-head.jsp" %>
03 <section id="main">
04   <%@ include file="/student/includes/left-nav.jsp" %>
05   <div id="right">
06     <h1 id="nav-title">招考信息查阅</h1>
07     <div id="right-area">
08       <%@ include file="/student/includes/right-nav.jsp" %>
09       <div class="operation">
10         <span class="text-blue">↓ 文件列表：</span>
11       </div>
12       <table class="data-table">
13         <tr><th>序号</th><th>文件</th><th>上传时间</th></tr>
14         <c:forEach var="doc" items="${docs}" varStatus="status">
15           <tr>
16             <td>${status.count}</td>
17             <td><a href="${root}${doc.doc_uri}" target="_
   blank">${doc.doc_name}</a></td>
18             <td>${DatetimeUtil.stamp2ds(doc.doc_upload_
   timestamp)}</td>
19           </tr>
20         </c:forEach>
21       </table>
22       <div class="fgx"></div>
23       <div class="operation">
24         <span class="text-blue">↓ 专业列表：</span>
25       </div>
```

```
26        <table class="data-table">
27          <tr><th> 序号 </th><th> 专业名称 </th><th> 计划招生数 </th></tr>
28          <c:forEach var="major" items="${majors}"
  varStatus="status">
29            <tr>
30              <td>${status.count}</td>
31              <td>${major.major_name}</td>
32              <td>${major.major_plan_number}</td>
33            </tr>
34          </c:forEach>
35        </table>
36        <div class="fgx"></div>
37        <div class="operation">
38          <span class="text-blue"> ↓ 考试课程列表: </span>
39        </div>
40        <table class="data-table">
41          <tr>
42            <th> 序号 </th><th> 专业名称 </th><th> 课程名称 </th><th> 考试开
  始时间 </th><th> 考试结束时间 </th>
43          </tr>
44          <c:forEach var="course" items="${courses}"
  varStatus="status">
45            <tr>
46              <td>${status.count}</td>
47              <td>${course.major_name}</td>
48              <td>${course.course_name}</td>
49              <td>${DatetimeUtil.stamp2ds(course.course_start_
  timestamp)}</td>
50              <td>${DatetimeUtil.stamp2ds(course.course_end_
  timestamp)}</td>
51            </tr>
52          </c:forEach>
53        </table>
54      </div>
55    </div>
56 </section>
57 <%@ include file="/includes/page-bottom.jsp" %>
```

4. 控制层Servlet的实现

视频讲解

招考信息查阅功能仅需要向服务器请求查询招考文件列表。在8.2.1节中讲解招考文件管理功能时已经实现了招考文件列表展示的功能，可以参考Servlet类AdminZsDocList的实现代码。在“cn.bmxt.controller”包中创建一个新的Servlet类，命名为StudentDocList，然后编辑该文件，在其中实现查询招考文件列表的操作，设计代码如9.4-04所示。

【代码9.4-04】文件/src/cn.bmxt.controller/StudentDocList.java，版本1.0。

```
01 package cn.bmxt.controller;
02 // import ... 此处省略了导包语句
03 @WebServlet("/student/doc/list")
04 public class StudentDocList extends HttpServlet {
05   // ...此处省略了 doGet 方法，参见代码 7.2.2-02
06   protected void doPost(HttpServletRequest request,
   HttpServletResponse response) throws ServletException, IOException {
07     DocDao docDao = (DocDao) DaoFactory.getInstance("DocDao");
08     request.setAttribute("docs", docDao.findAll());
09     TransUtil.forward("/student/doc.jsp", request, response);
10   }
11 }
```

5. 功能测试

使用考生账号“student_01”登录系统，登录成功后请求会被转发至“/student/doc/list”这个地址（参见代码9.2-07中第24行），此地址正是实现招考信息查阅请求的Servlet类StudentDocList的映射地址。在Servlet类StudentDocList中查询得到招考文件列表之后，请求最终会被转发至招考信息查阅的功能页面，并在页面中渲染、展示出招考文件列表、招考专业列表和考试课程列表，页面的实现效果如图9.6所示。

> 招考信息查阅

欢迎您：张小三 | 我的登录历史 | 修改密码 | 注销登录 |

↓文件列表：

序号	文件	上传时间
1	2023年XXX大学高职升本科报考须知.pdf	2022/12/02 09:35:49

↓专业列表：

序号	专业名称	计划招生数
1	计算机科学与技术	100

↓考试课程列表：

序号	专业名称	课程名称	考试开始时间	考试结束时间
1	计算机科学与技术	计算机科学导论	2023/12/24 09:00:00	2023/12/24 10:30:00
2	计算机科学与技术	C语言程序设计	2023/12/24 15:00:00	2023/12/24 16:30:00

图 9.6 招考信息查阅功能页面

9.5 考生查看个人登录历史功能的实现

视频讲解

考生用户查看登录历史功能仅供当前登录的考生用户查看本人的登录历史记录信息。考生用户每次成功登录系统后，系统都会记录一条登录信息，当考生用户登录的次数非常多时，对应地，存储在数据库表中的登录记录条数也会非常多。考生用户查看过于久远的登录历史记录没有太大意义，因此，在显示个人的登录历史记录时，可以仅展示最近的20条登录历史记录信息。

1. 页面视图的设计与实现

页面视图中可以采用数据表格展示考生用户的登录历史记录信息，只需要将服务端传递过来的日志记录列表逐条填充至数据表格行中即可。在“/web/student/”目录下创建页面“log.jsp”，页面的实现代码如9.5-01所示。

【代码9.5-01】文件/web/student/log.jsp，版本1.0。

```
01 <%@ page language="java" contentType="text/html; charset=UTF-8"
   pageEncoding="UTF-8" import="cn.bmxt.util.DatetimeUtil" %>
02 <%@ include file="/includes/page-head.jsp" %>
03 <section id="main">
04   <%@ include file="/student/includes/left-nav.jsp" %>
05   <div id="right">
06     <h1 id="nav-title">我的登录历史</h1>
07     <div id="right-area">
08       <%@ include file="/student/includes/right-nav.jsp" %>
09       <div class="operation">
10         <span class="text-blue">↓ 查看登录历史记录：</span>
11         <span class="text-red">（注：仅显示最近的20条记录）</span>
12       </div>
13       <table class="data-table">
14         <tr>
15           <th>序号</th>
16           <th>用户名</th>
17           <th>用户组</th>
18           <th>登录时间</th>
19           <th>登录ip</th>
20         </tr>
21         <c:forEach var="log" items="${logs}" varStatus="status">
22           <tr>
23             <td>${status.count}</td>
24             <td>${log.log_username}</td>
25             <td>${log.log_group}</td>
26             <td>${DatetimeUtil.stamp2ds(log.log_timestamp)}</td>
27             <td>${log.log_ip}</td>
28           </tr>
29         </c:forEach>
30       </table>
31     </div>
32   </div>
33 </section>
34 <%@ include file="/includes/page-bottom.jsp" %>
```

2. 控制层Servlet的实现

考生用户查看个人登录历史记录的功能可以参照管理员查看个人登录历史记录的功能进行设计。功能实现时的处理流程基本一致，只是其中有两处不同，一处是查询登录历史记录时的传参不同，另一处是请求处理完毕后转发的页面视图不同。在“cn.bmxt.controller”包中创建一个新的Servlet类，命名为StudentLogList，然后编辑该文件，设计代码如9.5-02所示，其中第11行findRecent方法已经在7.7节中封装并实现。

【代码9.5-02】文件/src/cn.bmxt.controller/StudentLogList.java，版本1.0。

```
01 package cn.bmxt.controller;
02 // import ... 此处省略了导包语句
03 @WebServlet("/student/log/list")
04 public class StudentLogList extends HttpServlet {
05   // ...此处省略了doGet方法，参见代码7.2.2-02
06   protected void doPost(HttpServletRequest request,
   HttpServletResponse response) throws ServletException, IOException {
07     HttpSession session = request.getSession();
08     Student student = (Student) session.getAttribute("Student");
09     String username = student.getStudent_username();
10     LogDao logDao = (LogDao) DaoFactory.getInstance("LogDao");
11     List<Log> logs = logDao.findRecent(username, "考生", 20);
12     request.setAttribute("logs", logs);
13     TransUtil.forward("/student/log.jsp", request, response);
14   }
15 }
```

3. 功能测试

使用考生账号“student_01”登录系统，单击左侧功能菜单“我的登录历史”，切换到查看个人登录历史的功能页面，呈现的页面效果如图9.7所示。

> 我的登录历史

欢迎您：张小三 | 我的登录历史 | 修改密码 | 注销登录 |

↓查看登录历史记录：（注：仅显示最近的20条记录）

序号	用户名	用户组	登录时间	登录ip
1	student_01	考生	2022/12/03 19:57:26	127.0.0.1
2	student_01	考生	2022/12/03 19:57:03	0:0:0:0:0:0:0:1
3	student_01	考生	2022/12/03 19:55:53	0:0:0:0:0:0:0:1

图9.7 考生用户查看个人登录历史页面

9.6 考生修改个人密码功能的实现

视频讲解

考生用户登录系统后可以修改个人密码，在考生用户功能页面左侧区域的功能菜单中以及右侧区域顶部的快捷菜单中都提供了修改密码的链接。考生用户修改个人密码功能在设计时可以参考7.8节中管理员修改个人密码功能的实现代码。

1. 页面视图的设计与实现

在“/web/student/”目录下创建考生修改个人密码的功能页面“password.jsp”，页面的实现代码如9.6-01所示。

【代码9.6-01】文件/web/student/password.jsp，版本1.0。

```
01 <%@ page language="java" contentType="text/html; charset=UTF-8"
   pageEncoding="UTF-8" %>
02 <%@ include file="/includes/page-head.jsp" %>
03 <section id="main">
04   <%@ include file="/student/includes/left-nav.jsp" %>
05   <div id="right">
06     <h1 id="nav-title">修改密码</h1>
07     <div id="right-area">
08       <%@ include file="/student/includes/right-nav.jsp" %>
09       <div class="operation">
10         <span class="text-blue">↓ 修改个人密码：</span>
11         <span id="mess" class="text-red">${mess}</span>
12       </div>
13       <div class="form-area">
14         <form action="${root}/student/password/modify"
method="post">
15           <div class="row">
16             <div class="label">旧密码：</div>
17             <div class="item"><input type="password" name="student_
password" value="${param.student_password}" /></div>
18             <div class="item hint">*</div>
19           </div>
20           <div class="row">
21             <div class="label">新密码：</div>
22             <div class="item"><input type="password" name="new_
password" value="${param.new_password}" /></div>
23             <div class="item hint">*</div>
24           </div>
25           <div class="row">
26             <div class="label">确认新密码：</div>
27             <div class="item"><input type="password" name="confirm_
password"  value="${param.confirm_password}"/></div>
28             <div class="item hint">*</div>
29           </div>
30           <div class="row">
31             <div class="label"></div>
```

```
32            <div class="item">
33              <button class="btn-long" type="submit">修改</button>
34              <button class="btn-long" type="reset">重置</button>
35            </div>
36          </div>
37        </form>
38      </div>
39    </div>
40  </div>
41 </section>
42 <script type="text/javascript">
43   $(function () {
44     let form = document.forms[0];
45     $(form).submit(function (e) {
46       if (!/^\w{6,20}$/.test(form.student_password.value.trim())) {
47         $("#mess").text(" * 旧密码输入错误，应为6~20位数字、字母或下画线
的组合！");
48         form.student_password.focus();
49         return false;
50       }
51       if (!/^\w{6,20}$/.test(form.new_password.value.trim())) {
52         $("#mess").text(" * 新密码输入错误，应为6~20位数字、字母或下画线
的组合！");
53         form.new_password.focus();
54         return false;
55       }
56       if(form.new_password.value.trim()!=form.confirm_password.
value.trim()){
57         $("#mess").text(" * 两次输入的密码不一致，请重输！");
58         form.confirm_password.focus();
59         return false;
60       }
61       return true;
62     });
63   });
64 </script>
65 <%@ include file="/includes/page-bottom.jsp" %>
```

2. DAO层方法的封装

在修改密码操作执行之前，需要验证考生用户输入的旧密码是否正确。可以根据session作用域中存储的当前考生用户的用户名和用户输入的旧密码来查询考生，如果查询结果不为null，就说明考生用户输入的旧密码是正确的。这和考生用户登录系统时执行的查询操作是一样的，直接使用9.2节中封装好的findByUsernameAndPassword方法就可以实现。

考生用户修改个人密码的操作需要根据当前登录考生的用户名和新密码构建更新语句，

然后调用通用DAO接口中的updateBySql方法执行。为了避免在控制层出现底层的SQL语句，可以在DAO层中封装一个新的方法，供控制层调用，需要在StudentDao接口中定义该方法，然后在其实现类StudentDaoImpl中实现该方法。首先编辑文件"/src/cn.bmxt.dao/StudentDao.java"，在其中定义接口方法updatePassword，代码如9.6-02所示，方法的入参为考生用户名和新密码。

【代码9.6-02】文件/src/cn.bmxt.dao/StudentDao.java，版本0.03，上一个版本参见代码9.2-05。

```
01 package cn.bmxt.dao;
02 import cn.bmxt.dao.common.BaseDao;
03 import cn.bmxt.entity.Student;
04 public interface StudentDao extends BaseDao<Student> {
05   public Student findByUsernameAndPassword(String student_username,
   String student_password);
06   public int updatePassword(String student_username, String new_
   password);
07 }
```

接着编辑文件"/src/cn.bmxt.dao.impl/StudentDaoImpl.java"，实现StudentDao接口中新增的方法，实现代码如9.6-03所示。

【代码9.6-03】文件/src/cn.bmxt.dao.impl/StudentDaoImpl.java，版本0.03，上一个版本参见代码9.2-06。

```
01 package cn.bmxt.dao.impl;
02 import cn.bmxt.dao.StudentDao;
03 import cn.bmxt.dao.common.impl.BaseDaoImpl;
04 import cn.bmxt.entity.Student;
05 public class StudentDaoImpl extends BaseDaoImpl<Student> implements
   StudentDao {
06   public Student findByUsernameAndPassword(String student_username,
   String student_password) {
07     return findOneBySql("select * from student where student_
   username=? and student_password=?", student_username, student_
   password);
08   }
09   public int updatePassword(String student username, String new_
   password) {
10     return updateBySql("update student set student_password=? where
   student_username=?", new_password, student_username);
11   }
12 }
```

3. 控制层Servlet的实现

考生用户修改个人密码功能的实现需要传递参数，涉及请求参数字段的服务端校验环节。考生用户修改个人密码时需要校验的请求参数字段有“student_password”和“new_password”，其中“student_password”这个请求参数字段的校验方法在考生用户登录系统功能开发时已经封装好了，可以直接复用。“new_password”这个请求参数字段的校验方法在管理员修改个人密码功能开发时已经封装好了，可以直接复用。而“confirm_password”这个请求参数字段不需要封装字段校验方法，因为在请求处理过程中需要判断它是否与“new_password”字段相等。

接下来在“cn.bmxt.controller”包中创建一个新的Servlet类，命名为StudentPasswordModify，然后编辑该文件，在其中实现用于处理考生用户修改个人密码操作请求的方法，代码如9.6-04所示。

【代码9.6-04】文件/src/cn.bmxt.controller/StudentPasswordModify.java，版本1.0。

```
01 package cn.bmxt.controller;
02 // import ... 此处省略了导包语句
03 @WebServlet("/student/password/modify")
04 public class StudentPasswordModify extends HttpServlet {
05   // ...此处省略了doGet方法，参见代码7.2.2-02
06   protected void doPost(HttpServletRequest request,
   HttpServletResponse response) throws ServletException, IOException {
07     HttpSession session = request.getSession();
08     Student student = (Student) session.getAttribute("student");
09     Map<String, String> paras = TransUtil.getParameterMap(request);
10     List<String> messList = Validator.parasValidate(paras);
11     if (messList.size() == 0) {
12       if (paras.get("new_password").equals(paras.get("confirm_
   password"))) {
13         StudentDao studentDao = (StudentDao) DaoFactory.
   getInstance("StudentDao");
14         if (studentDao.findByUsernameAndPassword(student.getStudent_
   username(), EncryptUtil.SHA(paras.get("student_password"))) !=
   null) {
15           if (studentDao.updatePassword(student.getStudent_
   username(), EncryptUtil.SHA(paras.get("new_password"))) > 0) {
16             request.setAttribute("mess", "* 提示：密码修改成功，请您重
   新登录！");
17             TransUtil.forward("/index.jsp", request, response);
18             return;
19           } else {
20             messList.add("* 提示：密码修改失败！");
21           }
22         } else {
23           messList.add("* 提示：旧密码输入错误！");
24         }
25       } else {
```

```
26          messList.add("* 提示：两次输入的密码不一致，请重输！ ");
27        }
28      }
29      request.setAttribute("mess", messList.get(0));
30      TransUtil.forward("/student/password.jsp", request, response);
31    }
32 }
```

4. 功能测试

按照上述步骤完成了考生用户修改个人密码功能的设计开发之后，就可以重启Tomcat服务器进行访问测试了。功能实现后的页面效果如图9.8所示，其中展示的是用户两次输入的新密码不一致时的显示界面。

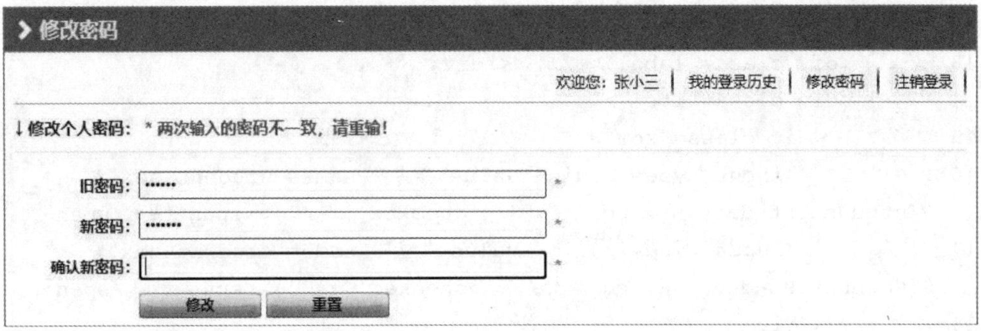

图9.8 考生修改个人密码功能页面效果

9.7 考生个人信息维护功能的实现

考生注册时填报的姓名、性别、身份证号和民族等个人基本信息需要在考试及录取时使用，必须保证正确无误。因此，在考生注册之后、现场确认个人报名信息之前，考生发现个人信息填写错误时，系统允许考生对自己的个人信息做出修改。下面对考生个人信息维护功能的设计实现进行详细介绍。

1. 页面视图的设计与实现

考生个人信息维护功能是阶段受限的功能，处于不同系统阶段时，页面中呈现的内容是不同的，因此页面视图在设计、实现、测试时都需要考虑当前所处阶段。当系统处于开放报名阶段时，考生可以随时修改个人信息；当系统处于现场确认阶段时，需要根据考生当前的确认状态来确定是否可以修改个人信息；如果考生已经进行了现场确认，就不能再修改个人信息了。

视频讲解

（1）考生修改个人信息操作的页面视图代码。首先在“/web/student/”目录下创建考生个人信息维护功能页面“info.jsp”，然后在页面的右侧功能区内实现修改个人信息操作的页面视图，代码如9.7-01所示。

【代码9.7-01】考生修改个人信息操作的页面视图，代码位置：/web/student/info.jsp。

```
01 <div class="operation">
02   <span class="text-blue">↓ 修改个人信息：</span>
03   <span id="mess" class="text-red">${mess}</span>
04 </div>
05 <div class="form-area">
06   <form action="${root}/student/info/modify" method="post">
07     <div class="row">
08       <div class="label">姓名：</div>
09       <div class="item"><input type="text" name="student_name"
  value="${student.student_name}"/></div>
10       <div class="item hint">* </div>
11     </div>
12     <div class="row">
13       <div class="label">性别：</div>
14       <div class="item">
15         <div class="row">
16           <input type="radio" value="男" name="student_sex"
  ${student.student_sex eq '男' ? 'checked' : ''}><span>男</span>
17           <input type="radio" value="女" name="student_sex"
  ${student.student_sex eq '女' ? 'checked' : ''}><span>女</span>
18         </div>
19       </div>
20     </div>
21     <div class="row">
22       <div class="label">身份证号：</div>
23       <div class="item"><input type="text" name="student_id_code"
  value="${student.student_id_code}"/>
24       </div>
25       <div class="item hint">* </div>
26     </div>
27     <div class="row">
28       <div class="label">民族：</div>
29       <div class="item">
30         <div class="row">
31           <select name="student_nation">
32             <option value="汉">汉</option>
33             <option value="其他" ${student.student_nation eq '其他'
  ? 'selected' : ''}>其他</option>
34           </select>
35         </div>
36       </div>
37       <div class="item hint">* </div>
38     </div>
```

```
39    <div class="row">
40      <div class="label"></div>
41      <div class="item">
42        <button class="btn-long" type="submit">修改</button>
43      </div>
44    </div>
45  </form>
46 </div>
```

（2）实现修改个人信息表单数据的前端校验。考生修改个人信息操作的表单数据在提交前需要在前端使用JavaScript脚本进行合规性校验，以减轻服务端压力。参照考生用户注册页面中表单数据的校验代码，考生修改个人信息操作的表单数据校验代码的实现如代码9.7-02所示。

【代码9.7-02】考生修改个人信息操作的表单数据校验代码，代码位置：/web/student/info.jsp。

```
01 <script type="text/javascript">
02   $(function () {
03     let form = document.forms[0];
04     $(form).submit(function (e) {
05       let student_name = form.student_name.value.trim();
06       if (student_name.length < 1 || student_name.length > 20) {
07         $("#mess").text(" * 姓名输入错误，应为1~20位！ ");
08         form.student_name.focus();
09         return false;
10       }
11       if (!/^\d{17}[0-9xX]$/.test(form.student_id_code.value.
trim())) {
12         $("#mess").text(" * 身份证号格式输入错误！ ");
13         form.student_id_code.focus();
14         return false;
15       }
16       return true;
17     });
18   });
19 </script>
```

（3）实现考生用户个人信息展示的页面视图设计。如果当前阶段不是处于开放报名阶段和现场确认阶段，考生就不能修改个人信息。如果当前阶段处于现场确认阶段，那么已经到校现场确认过报名信息的考生也不能再修改个人信息了。在上述两种情况下，考生个人信息维护功能页面视图中仅展示个人信息即可，可以使用数据表格来进行展示，实现代码如9.7-03所示。

【代码9.7-03】考生用户个人信息展示的页面视图，代码位置：/web/student/info.jsp。

```
01 <div class="operation">
```

```
02   <span class="text-blue"> ↓ 个人信息: </span>
03 </div>
04 <table class="data-table">
05   <tr><th> 字段 </th><th> 值 </th></tr>
06   <tr><td> 用户名 </td><td>${student.student_username}</td></tr>
07   <tr><td> 姓名 </td><td>${student.student_name}</td></tr>
08   <tr><td> 性别 </td><td>${student.student_sex}</td></tr>
09   <tr><td> 身份证号 </td><td>${student.student_id_code}</td></tr>
10   <tr><td> 民族 </td><td>${student.student_nation}</td></tr>
11 </table>
```

（4）考生个人信息维护功能的完整页面需要包含封装好的页面头部文件、页面底部文件、考生用户功能页面左侧的导航文件以及考生用户功能页面右侧的快捷导航文件，然后在页面右侧功能区中包含具体操作的视图并嵌入相关脚本文件。此外，还需要考虑在不同系统阶段和不同状态下的操作视图的展示情况。考生个人信息维护功能页面的完整构成如代码9.7-04所示。

【代码9.7-04】文件/web/student/info.jsp，版本1.0。

```
01 <%@ page language="java" contentType="text/html; charset=UTF-8"
   pageEncoding="UTF-8" %>
02 <%@ include file="/includes/page-head.jsp" %>
03 <section id="main">
04   <%@ include file="/student/includes/left-nav.jsp" %>
05   <div id="right">
06     <h1 id="nav-title"> 个人信息维护 </h1>
07     <div id="right-area">
08       <%@ include file="/student/includes/right-nav.jsp" %>
09       <c:if test="${ (currentPhase.phase_number eq 2) or
   (currentPhase.phase_number eq 3 and (enroll eq null or enroll.
   enroll_confirm eq 0)) }">
10         ... 此处为【代码 9.7-01】中的所有代码
11       </c:if>
12       <c:if test="${(currentPhase.phase_number gt 3) or
   (currentPhase.phase_number eq 3 and enroll.enroll_confirm eq 1)}">
13         ... 此处为【代码 9.7-03】中的所有代码
14       </c:if>
15     </div>
16   </div>
17 </section>
18 <c:if test="${ (currentPhase.phase_number eq 2) or (currentPhase.
   phase_number eq 3 and (enroll eq null or enroll.enroll_confirm eq 0))
   }">
19   ... 此处为【代码 9.7-02】中的所有代码
20 </c:if>
21 <%@ include file="/includes/page-bottom.jsp" %>
```

在代码9.7-04中，视图展示的判断条件相对较为复杂，既要考虑系统当前所处阶段，又要考虑当前考生的确认状态。其中，第09行和第18行给出了考生可以修改个人信息的具体判断条件：当系统处于第2阶段（开放报名阶段）时可以修改个人信息；当系统处于第3阶段（现场确认阶段），考生尚未报名或者考生已经报名但尚未现场确认时，也可以修改个人信息。第12行给出了考生不可以修改个人信息的具体判断条件：当系统处于现场确认阶段之后的阶段（当前系统阶段编号大于3）时不可以修改个人信息；当系统处于第3阶段（现场确认阶段），考生已经报名且经过了现场确认时，也不可以修改个人信息。

2. DAO层方法的应用

视频讲解

考生用户修改个人信息的操作可以通过实体类DAO接口所继承的通用DAO接口中的updateById方法实现，方法需要传递的参数id可以从保存在session作用域中的考生对象中获得。此外，在考生修改个人信息时，要注意身份证号字段的唯一性约束，如果用户修改了身份证号，需要校验这个新的身份证号是否在数据库表中已存在，避免出现相同的身份证号。检索数据库表中是否已经存在某个身份证号可以通过通用DAO接口中的findOneByField方法实现。考生用户成功地修改了个人信息之后，还需要更新session作用域中保存的考生对象，可以使用通用DAO接口中的findOneById方法来获取更新了信息之后的考生对象。因此，实现考生用户修改个人信息功能时不需要在DAO层定义新的数据操作方法。

3. 控制层Servlet的实现

在考生个人信息维护功能的页面视图中，需要根据当前所处阶段、考生是否报名以及是否确认等状态来呈现不同的视图部分。页面视图渲染时需要提前获取考生的报名信息，因此考生个人信息维护的功能菜单不能直接链接到考生的个人信息维护功能页面，需要先向服务端请求获取考生报名信息，再转发至页面视图。考生个人信息维护功能需要实现两个操作，一个是请求获取当前考生报名信息的操作，另一个是修改个人信息的操作。在“cn.bmxt.controller”包中创建两个新的Servlet类，分别命名为StudentInfoShow和StudentInfoModify。接下来逐一讲解这两个Servlet的具体实现。

（1）Servlet类StudentInfoShow用于处理获取当前考生报名信息的请求。处理流程比较简单，只需根据当前考生的用户名检索出报名信息，将报名信息存入request作用域中，然后将请求转发至考生的个人信息维护页面即可，具体实现代码如9.7-05所示。

【代码9.7-05】文件/src/cn.bmxt.controller/StudentInfoShow.java，版本1.0。

```
01 package cn.bmxt.controller;
02 // import ... 此处省略了导包语句
03 @WebServlet("/student/info/show")
04 public class StudentInfoShow extends HttpServlet {
05   // ... 此处省略了 doGet 方法，参见代码 7.2.2-02
06   protected void doPost(HttpServletRequest request,
   HttpServletResponse response) throws ServletException, IOException {
07     Student student = (Student) request.getSession().
   getAttribute("student");
08     EnrollDao enrollDao = (EnrollDao) DaoFactory.
   getInstance("EnrollDao");
```

```
09     Enroll enroll = enrollDao.findOneByField("student_username",
  student.getStudent_username());
10     request.setAttribute("enroll", enroll);
11     TransUtil.forward("/student/info.jsp", request, response);
12   }
13 }
```

（2）Servlet类StudentInfoModify用于处理考生修改个人信息的请求，功能的实现需要传递请求参数，涉及请求参数字段的服务端校验。考生修改个人信息时需要校验的请求参数字段有三个，分别为“student_name”“student_sex”和“student_id_code”，而这几个字段的校验方法在考生用户注册功能开发时就已经封装好了，可以直接复用。接下来在StudentInfoModify类中编写处理考生修改个人信息请求的程序，实现代码如9.7-06所示。

【代码9.7-06】文件/src/cn.bmxt.controller/StudentInfoModify.java，版本1.0。

```
01 package cn.bmxt.controller;
02 // import ... 此处省略了导包语句
03 @WebServlet("/student/info/modify")
04 public class StudentInfoModify extends HttpServlet {
05   // ...此处省略了 doGet 方法，参见代码 7.2.2-02
06   protected void doPost(HttpServletRequest request,
  HttpServletResponse response) throws ServletException, IOException {
07     ServletContext sc = request.getServletContext();
08     Phase currentPhase = (Phase) sc.getAttribute("currentPhase");
09     HttpSession session = request.getSession();
10     Student student = (Student) session.getAttribute("student");
11     EnrollDao enrollDao = (EnrollDao) DaoFactory.
  getInstance("EnrollDao");
12     Enroll enroll = enrollDao.findOneByField("student_username",
  student.getStudent_username());
13     if ((currentPhase.getPhase_number() == 2 ) || (currentPhase.
  getPhase_number() == 3 && (enroll == null || enroll.getEnroll_
  confirm() == 0))) {
14       Map<String, String> paras = TransUtil.
  getParameterMap(request);
15       List<String> messList = Validator.parasValidate(paras);
16       if (messList.size() == 0) { // 数据校验通过
17         StudentDao studentDao = (StudentDao) DaoFactory.
  getInstance("StudentDao");
18         if (!paras.get("student_id_code").equals(student.
  getStudent_id_code())
19             && studentDao.findOneByField("student_id_code", paras.
  get("student_id_code")) != null) {
20           messList.add("* 提示：您修改的身份证号已存在，请检查！ ");
21         } else {
```

```
22          if(studentDao.updateById(student.getId(), TransUtil.
  getEntityFieldMap(Student.class, paras)) > 0) {
23            session.setAttribute("student", studentDao.
  findOneById(student.getId()));
24            messList.add("* 提示：个人信息修改成功！ ");
25          } else {
26            messList.add("* 提示：个人信息修改失败！ ");
27          }
28        }
29      }
30      request.setAttribute("mess", messList.get(0));
31    }
32    request.setAttribute("enroll", enroll);
33    TransUtil.forward("/student/info.jsp", request, response);
34  }
35 }
```

代码9.7-06说明如下：

（1）第07行~第08行，从application作用域中获取当前阶段对象。

（2）第09行~第10行，从session作用域中获取当前登录的考生对象。

（3）第11行~第12行，获取当前考生用户的报名信息对象，如果考生尚未报名，报名信息对象为null。

（4）第13行，判断是否具备修改个人信息的条件。如果当前阶段处于第2阶段（开放报名阶段），满足条件。如果当前阶段处于第3阶段（现场确认阶段），还需要进一步判断报名确认状态；如果考生还没有报名（此时报名信息对象为null），或者考生已经报名但尚未进行现场确认（此时报名信息对象的“enroll_confirm”字段值为0），也满足条件。满足以上两种情况就可以继续执行修改个人信息的操作流程。

（5）第14行~第15行，使用统一的请求参数校验器对请求参数字段进行合规性校验。

（6）第18行~第19行，如果提交修改的身份证号信息和当前考生对象的身份证号不一致，说明考生想要修改身份证号信息，此时需要校验新修改的身份证号在数据库表中是否存在。如果存在，则执行第20行代码，给出相应的提示消息；否则，程序转至第22行开始执行修改个人信息的操作流程。

（7）第23行，考生修改个人信息操作执行成功后，需要更新当前session作用域中保存的考生对象。

（8）第30行，在请求作用域中保存需向用户反馈的提示消息。

（9）第32行，在请求作用域中保存当前考生的报名信息。

（10）第33行，将请求转发至考生修改个人信息的功能页面。

4. 功能测试

按照上述步骤完成了考生个人信息维护功能的设计开发之后，就可以重启Tomcat服务器进行访问测试了，需要测试系统处于不同阶段和不同状态时的功能实现情况。首先使用招生管理员账号“zs_admin_01”登录系统，将系统当前所处阶段设置为第2阶段（开放报名阶段），然后使用学生账号“student_01”登录系统，进入个人信息维护功能页面，将姓名修改为“张小二”，页面效果如图9.9所示。

> 个人信息维护

欢迎您：张小二 | 我的登录历史 | 修改密码 | 注销登录 |

↓修改个人信息： * 提示：个人信息修改成功！

姓名：张小二 *

性别：◉ 男 ○ 女

身份证号：999999200606060001 *

民族：汉 *

修改

图9.9 考生修改个人信息功能页面效果

由于阶段和确认状态的限制，当不具备修改个人信息的条件时，比如处于第4阶段（排考阶段）时，考生个人信息维护功能页面中仅显示个人的基本信息，页面效果如图9.10所示。

> 个人信息维护

欢迎您：张小二 | 我的登录历史 | 修改密码 | 注销登录 |

↓个人信息：

字段	值
用户名	student_01
姓名	张小二
性别	男
身份证号	999999200606060001
民族	汉

图9.10 不具备修改个人信息条件时的页面效果

9.8 招生管理员重置考生密码功能的实现

当考生忘记了自己的密码时，可以联系招生管理员进行密码重置操作。考生可以向招生管理员提供注册时填写的用户名或者身份证号信息，招生管理员根据考生提供的用户名或者身份证号查询考生信息，然后执行密码重置操作。下面对考生密码重置功能的设计实现进行详细介绍。

1. 页面视图的设计与实现

视频讲解

考生密码重置功能实现时应该先检索出需要重置密码的考生信息，检索条件是考生提供的用户名或者身份证号，需要在页面视图中设计一个查询表单。为了便于操作，招生管理员在查询考生信息时可以在表单元素中输入一部分信息（例如身份证号中的后四位），查询得到与之匹配的考生列表，在展示的考生列表中再去定位要重置密码的考生。采用模糊查询的方法进行数据检索，可以只显示前10条查询结果，用户给出的信息越精确，匹配得到的结果就越少。查询得到的考生列表可以使用数据表格展示，并在表格的每行中增加一个单元格，部署一个超链接，用于实现考生密码重置的操作。在“/web/admin/zs/”目录下创建考生密码重置的功能页面“student.jsp”，页面的实现代码如9.8-01所示。

【代码9.8-01】文件/web/admin/zs/student.jsp，版本1.0。

```
01 <%@ page language="java" contentType="text/html; charset=UTF-8"
   pageEncoding="UTF-8" %>
02 <%@ include file="/includes/page-head.jsp" %>
03 <section id="main">
04   <%@ include file="/admin/includes/left-nav.jsp" %>
05   <div id="right">
06     <h1 id="nav-title">考生密码重置</h1>
07     <div id="right-area">
08       <%@ include file="/admin/includes/right-nav.jsp" %>
09       <div class="operation">
10         <span class="text-blue">↓ 查询考生：</span>
11         <span class="text-red">（* 支持模糊查询，最多显示 10 条结果）
</span>
12       </div>
13       <div class="form-area">
14         <form action="${root}/admin/zs/student/query"
method="post">
15           <div class="row">
16             <div class="bold">用户名：</div>
17             <div class="item"><input type="text" name="student_
username" value="${param.student_username}"/></div>
18             <div class="bold">身份证号：</div>
19             <div class="item"><input type="text" name="student_id_
code" value="${param.student_id_code}"/></div>
20             <div><button class="btn-short" type="submit">查询
</button></div>
21           </div>
22         </form>
23       </div>
24       <div class="fgx"></div>
25       <div class="operation">
26         <span class="text-blue">↓ 考生列表：</span>
27         <span id="mess" class="text-red">${mess}</span>
28       </div>
29       <table class="data-table">
30         <tr>
31           <th>序号</th>
32           <th>考生用户名</th>
33           <th>考生姓名</th>
34           <th>考生性别</th>
```

```
35          <th>考生身份证号</th>
36          <th>操作</th>
37        </tr>
38        <c:forEach var="student" items="${students}"
   varStatus="status">
39          <tr>
40            <td>${status.count}</td>
41            <td>${student.student_username}</td>
42            <td>${student.student_name}</td>
43            <td>${student.student_sex}</td>
44            <td>${student.student_id_code}</td>
45            <td>
46              <a class="btn btn-short" href="${root}/admin/
   zs/student/password/reset?student_username=${student.student_
   username}">密码重置</a>
47            </td>
48          </tr>
49        </c:forEach>
50      </table>
51    </div>
52  </div>
53 </section>
54 <%@ include file="/includes/page-bottom.jsp" %>
```

2. DAO层方法的封装

视频讲解

考生密码重置功能中的密码重置操作可以使用9.6节中封装好的updatePassword方法实现。对考生用户的模糊查询操作可以通过通用DAO接口中的findAllBySql方法实现，但是需要提供SQL查询语句。为了避免在控制层出现底层的SQL语句，可以在DAO层中封装一个新的查询方法，供控制层调用。在StudentDao接口中定义该方法，然后在其实现类StudentDaoImpl中实现该方法。首先编辑文件"/src/cn.bmxt.dao/StudentDao.java"，在其中定义接口方法findLikeUsernameAndIdCode，代码如9.8-02所示，方法的入参为考生用户名和考生身份证号。

【代码9.8-02】文件/src/cn.bmxt.dao/StudentDao.java，版本1.0，上一个版本参见代码9.6-02。

```
01 package cn.bmxt.dao;
02 import cn.bmxt.dao.common.BaseDao;
03 import cn.bmxt.entity.Student;
04 import java.util.List;
05 public interface StudentDao extends BaseDao<Student> {
06   ... 此处为【代码9.6-02】中的第05行~第06行代码
07   public List<Student> findLikeUsernameAndIdCode(String student_
   username, String student_id_code);
08 }
```

接着编辑文件“/src/cn.bmxt.dao.impl/StudentDaoImpl.java”，实现StudentDao接口中新增的方法，实现代码如9.8-03所示。注意，SQL语句中提供的参数值两侧需要拼接上“%”通配符实现模糊查询操作，在SQL语句最后还要使用“limit 10”子句来限定最多获取的结果记录条数为10。

【代码9.8-03】文件/src/cn.bmxt.dao.impl/StudentDaoImpl.java，版本1.0，上一个版本参见代码9.6-03。

```
01 package cn.bmxt.dao.impl;
02 import cn.bmxt.dao.StudentDao;
03 import cn.bmxt.dao.common.impl.BaseDaoImpl;
04 import cn.bmxt.entity.Student;
05 import java.util.List;
06 public class StudentDaoImpl extends BaseDaoImpl<Student> implements
   StudentDao {
07   ... 此处为【代码 9.6-03】中的第 06 行～第 11 行代码
08   public List<Student> findLikeUsernameAndIdCode(String student_
   username, String student_id_code) {
09     return findAllBySql("select * from student where student_
   username like ? and student_id_code like ? limit 10", "%" +
   student_username + "%", "%" + student_id_code + "%");
10   }
11 }
```

3. 控制层Servlet的实现

考生密码重置功能需要实现查询考生和密码重置两个操作，需要创建两个Servlet，分别用于响应这两个不同的操作请求。在“cn.bmxt.controller”包中创建两个Servlet类，分别命名为AdminZsStudentQuery和AdminZsStudentPasswordModify。接下来逐一讲解这两个Servlet类的设计实现代码。

（1）Servlet类AdminZsStudentQuery用于处理查询考生的请求。虽然功能实现时需要传递请求参数，但是请求参数仅仅用于查询操作，不涉及数据的更新操作，可以不对请求参数进行服务端校验。直接在Servlet类AdminZsStudentQuery中编写程序处理查询考生的请求，实现代码如9.8-04所示。

【代码9.8-04】文件/src/cn.bmxt.controller/AdminZsStudentQuery.java，版本1.0。

```
01 package cn.bmxt.controller;
02 // import ... 此处省略了导包语句
03 @WebServlet("/admin/zs/student/query")
04 public class AdminZsStudentQuery extends HttpServlet {
05   // ... 此处省略了 doGet 方法，参见代码 7.2.2-02
06   protected void doPost(HttpServletRequest request,
   HttpServletResponse response) throws ServletException, IOException {
07     Map<String, String> paras = TransUtil.getParameterMap(request);
```

```
08    StudentDao studentDao = (StudentDao) DaoFactory.
  getInstance("StudentDao");
09    List<Student> students = studentDao.
  findLikeUsernameAndIdCode(paras.get("student_username"), paras.
  get("student_id_code"));
10    request.setAttribute("students", students);
11    TransUtil.forward("/admin/zs/student.jsp", request, response);
12  }
13 }
```

（2）Servlet类AdminZsStudentPasswordModify用于处理考生密码重置的请求，传递的请求参数是要重置密码的考生的用户名，其值不是由招生管理员用户通过表单进行输入的，而是在执行完查询考生操作之后，附加在密码重置的超链接中的，因此也不需要进行服务端校验。直接在Servlet类AdminZsStudentPasswordModify中编写程序处理密码重置的请求，实现代码如9.8-05所示。

【代码9.8-05】文件/src/cn.bmxt.controller/AdminZsStudentPasswordModify.java，版本1.0。

```
01 package cn.bmxt.controller;
02 // import ... 此处省略了导包语句
03 @WebServlet("/admin/zs/student/password/reset")
04 public class AdminZsStudentPasswordReset extends HttpServlet {
05   // ... 此处省略了 doGet 方法，参见代码 7.2.2-02
06   protected void doPost(HttpServletRequest request,
  HttpServletResponse response) throws ServletException, IOException {
07    String mess = "";
08    String student_username = TransUtil.getString("student_
  username", request);
09    StudentDao studentDao = (StudentDao) DaoFactory.
  getInstance("StudentDao");
10    if(studentDao.updatePassword(student_username, EncryptUtil.
  SHA("000000")) > 0){
11      mess = "* 提示：考生用户‘" + student_username + "’的密码已经成功
  重置为‘000000’！";
12    } else {
13      mess = "* 提示：考生用户密码重置失败！";
14    }
15    request.setAttribute("students", studentDao.
  findAllByField("student_username", student_username));
16    request.setAttribute("mess", mess);
17    TransUtil.forward("/admin/zs/student.jsp", request, response);
18  }
19 }
```

代码9.8-05中，完成了密码重置操作之后，请求仍然要转发至考生密码重置的功能页面。

此时在考生列表中可以仅保留重置了密码的考生信息，但由于页面视图是以列表的形式展示的考生信息，因此第15行使用通用DAO接口中的findAllByField方法查询考生结果列表。当然，结果中有且仅有一条考生记录信息，最后将这个结果列表保存至请求作用域中传递到页面即可。同时第16行将操作的提示消息也随请求传递到页面中展示给用户。

4. 功能测试

按照上述步骤完成了考生密码重置功能的设计开发之后，就可以重启Tomcat服务器进行访问测试了。使用招生管理员账号“zs_admin_01”登录系统，切换至考生密码重置功能页面，仅在查询表单的身份证号一栏输入数字“8”，单击查询按钮，结果匹配到了3个身份证号中包含数字“8”的考生，页面实现效果如图9.11所示。

> 考生密码重置

欢迎您：招生01 | 我的登录历史 | 修改密码 | 注销登录 |

↓查询考生：（* 支持模糊查询，最多显示10条结果）

用户名：[ ] 身份证号：[8] 查询

↓考生列表：

序号	考生用户名	考生姓名	考生性别	考生身份证号	操作
1	student_08	黄小娟	女	999999200606060008	密码重置
2	student_18	林小杰	男	999999200606060018	密码重置
3	student_28	邓小旭	男	999999200606060028	密码重置

图9.11　查询考生操作的页面效果

在图9.11所示的页面中，将用户名为“student_08”的考生密码进行重置，单击该考生信息所在行的“密码重置”按钮，向服务端发送密码重置的请求。请求处理完毕之后的页面效果如图9.12所示，成功地将考生的密码重新设置为了“000000”。

> 考生密码重置

欢迎您：招生01 | 我的登录历史 | 修改密码 | 注销登录 |

↓查询考生：（* 支持模糊查询，最多显示10条结果）

用户名：[ ] 身份证号：[ ] 查询

↓考生列表：* 提示：考生用户‘student_08’的密码已经成功重置为‘000000’！

序号	考生用户名	考生姓名	考生性别	考生身份证号	操作
1	student_08	黄小娟	女	999999200606060008	密码重置

图9.12　考生密码重置操作的页面效果

视频讲解

9.9　考生在线报名功能的实现

考生注册了用户之后，就可以在线报名了。在线报名功能包括首次填写报名信息操作、修改报名信息操作、功能页面展示前的数据加载操作（用于展示或填充个人报名信息）。这些操作能否执行需要依据系统当前所处阶段、当前考生是否报名、报名信息是否已经确认这些条件来综合判定，从而保证页面视图及功能符合正常的业务流程且逻辑上正确。为便于分析设计与代码实现，将各种状态下的视图展示及功能操作一一列举出来，如表9.1所示。

表9.1 不同状态下的在线报名视图及功能操作分析

序 号	阶 段	状 态	视 图 呈 现	可执行的操作
1	=2 （开放报名阶段）	考生尚未报名	填写报名的表单	提交报名信息
2	=2 （开放报名阶段）	考生已经报名	修改报名的表单	修改报名信息
3	=3 （现场确认阶段）	考生尚未报名	填写报名的表单	提交报名信息
4	=3 （现场确认阶段）	考生已经报名，尚未确认	修改报名的表单	修改报名信息
5	=3 （现场确认阶段）	考生已经报名，已经确认	个人报名信息	查看报名信息
6	>3 （后续阶段）	考生尚未报名	提示报名已结束	无
7	>3 （后续阶段）	考生已经报名，尚未确认	个人报名信息，提示未确认缴费	查看报名信息
8	>3 （后续阶段）	考生已经报名，已经确认	个人报名信息以及排考相关信息	查看报名信息

下面结合表9.1对考生在线报名功能的具体设计实现进行详细讲解。

9.9.1 在线报名页面视图的设计与实现

根据表9.1的分析，考生在线报名功能的页面视图会随着阶段和状态的变化而变化，需要在页面中设计多个视图呈现，然后依据条件进行切换。为了减少代码冗余，可以将其中一些条件进行合并判断。表9.1中前4行中列出的条件可以合并，填写报名的表单视图和修改报名的表单视图基本一样，少许的不同之处可以再依据具体条件进行判断切换。表9.1中第5行、第7行和第8行列出的条件可以合并，合并后的页面视图中也会存在少许不同之处，也可以依据具体条件进行判断切换。表9.1中第6行列出的条件可以单独进行判断，页面视图中仅需要提示用户报名已结束即可。在“/web/student/”目录下创建考生在线报名功能页面“enroll.jsp”，首先在页面中对上述三种情况下的视图进行详细设计，然后通过上述合并条件的判断将它们组织成一个完整的页面。

1. 填写报名和修改报名的视图设计

视频讲解

页面中判断考生报名状态时需要向服务器请求获取当前考生用户的报名信息。修改报名信息时需要将当前考生用户的报名信息填充到表单中，通常采用的做法是从服务端获取报名信息对象，然后将对象的各个属性填充到与之对应的表单中。此外，当填写或者修改报名信息时，服务端在处理请求过程中可能会因为数据校验失败等原因造成操作不成功，此时除了在页面中给出提示消息之外，还需要考虑用户输入值的驻留。驻留的是用户填写或修改的值，这些值也需要填充到表单中，通常从内置对象param中获取请求参数值填充到与之对应的表单中。上述两种情况会造成填充表单值的代码不一致，给页面视图的合并共用带来了设计上的困难。为了解决这个问题，让表单的填充代码一致，可以在服务端将报名信息对象打散为Map（即转换为属性和值的映射），并将打散后的Map命名为paras，然后将其保存至当前session作用域中；对用户输入值驻留的处理则不采用原来的处理方式，而是在服务端将接收到的参数Map命名为paras，然后将其保存至request作用域中，再随着请求转发至页面。采用这样的设计方法，页面视图中填充表单值的代码就可以做到完全一致，填充表单默认值时使用EL表达式从paras这个变量中取值。当首次打开页面进行修改报名信息操作时，request作用域中没有paras这个变量，系统就会到上一级作用域session中查找，并且查找到paras。此时表单中填充的值来自session作用域中的paras，填充的值是从服务端获取的报名信息。当需要在表单中实现用户输入值的驻留时，在request作用域中就能够直接找到paras这个变量，此时填充的值是用户上次请求时输入的值。按照上述解决方案，就实现了填写报名和修改报名表单的共享共用。此外，如果在页面视图的某处需要使用保存在session作用域中的报名信息，只需要在EL表达式中引用paras前加上sessionScope作用域进行限定即可。填写报名和修改报名表单的视图设计代码如9.9.1-01所示。

【代码9.9.1-01】填写报名和修改报名表单的视图设计代码，代码位置：/web/student/enroll.jsp。

```
01 <div class="operation">
02   <span class="text-blue">↓ ${empty sessionScope.paras.student_
   username ? '填写报名信息：' : '修改报名信息：'}</span>
03   <span id="mess" class="text-red">${mess}</span>
04 </div>
05 <div class="form-area">
06   <form action="${root}/student/enroll/${empty sessionScope.
   paras.student_username ? 'add' : 'modify'}" method="post"
   ENCTYPE="multipart/form-data">
07     <div class="row">
08       <div class="label">报考专业：</div>
09       <div class="item">
10         <select name="major_name">
11           <c:forEach var="major" items="${majors}">
12             <option value="${major.major_name}" ${paras.major_
   name eq major.major_name ? 'selected' : ''} >${major.major_name}
   </option>
13           </c:forEach>
14         </select>
15       </div>
16       <div class="item hint">*</div>
17     </div>
```

```
18    <div class="row">
19      <div class="label">毕业院校：</div>
20      <div class="item"><input type="text" name="enroll_school"
value="${paras.enroll_school}"/></div>
21      <div class="item hint">* 1~50位</div>
22    </div>
23    <div class="row">
24      <div class="label">毕业年份：</div>
25      <div class="item"><input type="text" name="enroll_graduate_
year" value="${paras.enroll_graduate_year}"/></div>
26      <div class="item hint">* 毕业年份为4位数字，示例：2023</div>
27    </div>
28    <div class="row">
29      <div class="label">联系电话：</div>
30      <div class="item"><input type="text" name="enroll_contact"
value="${paras.enroll_contact}"/></div>
31      <div class="item hint">* 请填写11位手机号码</div>
32    </div>
33    <div class="row">
34      <div class="label">邮政编码：</div>
35      <div class="item"><input type="text" name="enroll_zip_code"
value="${paras.enroll_zip_code}"/>
36      </div>
37      <div class="item hint">* 6位数字</div>
38    </div>
39    <div class="row">
40      <div class="label">联系地址：</div>
41      <div class="item"><input type="text" name="enroll_address"
value="${paras.enroll_address}"/></div>
42      <div class="item hint">* 1~100位，用于邮寄录取通知书，务必填写准确
</div>
43    </div>
44    <div class="row">
45      <div class="label">联系人：</div>
46      <div class="item"><input type="text" name="enroll_receiver"
value="${paras.enroll_receiver}"/>
47      </div>
48      <div class="item hint">* 1~20位</div>
49    </div>
50    <div class="row">
51      <div class="label">上传照片：</div>
52      <div class="item"><input type="file" name="enroll_photo"/>
</div>
53      <div class="item">
54        <img id="photo" style="display:block;width:
```

```
   100px;height:123px;border: 1px solid lightblue;"
   src="${root}${empty sessionScope.paras.enroll_photo ? '/assets/
   imgs/photo.jpg' : sessionScope.paras.enroll_photo}?tm=${UUID.
   randomUUID()}" alt="等待上传照片">
55       </div>
56     </div>
57     <div class="row">
58       <div class="label"></div>
59       <div class="item info">
60         <p>提示：</p>
61         <p>1.电子照片为近期免冠证件照，能够清晰反映本人特征，红底、蓝底均可。
   </p>
62         <p>2.照片格式为.jpg格式，宽高比约为13 ：16，大小约为130×160像素。
   </p>
63       </div>
64     </div>
65     <div class="row">
66       <div class="label"></div>
67       <div class="item">
68         <button class="btn-long" type="submit">${empty
   sessionScope.paras.student_username? '提交报名' : '修改报名'}
   </button>
69       </div>
70     </div>
71   </form>
72 </div>
```

代码9.9.1-01说明如下：

（1）第02行，功能操作标题在不同的状态下是不一样的，判断的条件是当前考生用户是否已经报名。如果考生用户尚未报名，那么操作标题就是“填写报名信息：”；如果考生用户已经报名。那么操作标题就是“修改报名信息：”。可以根据session作用域中的“paras.get('student_username')”这个值是否存在来确定用户是否已经报名。按照之前的分析，在页面视图渲染之前，需要在服务端获取打散为Map之后的报名信息，如果用户尚未报名，服务端获取不到用户的报名信息对象，就要创建一个空的Map替代，并以paras命名保存在session作用域中。页面中如果从session作用域下的paras中读取不到其中的“student_username”字段的值，就说明不存在当前用户的报名信息，也就意味着用户尚未报名，需要呈现的操作标题就是填写报名信息，反之则是修改报名信息。再次强调，此处使用的paras必须是保存在session作用域中的paras，在EL表达式中引用paras时需要在之前加上sessionScope进行限定。

（2）第06行，与第02行使用的判断条件一致，判断用户目前要执行的操作是填写报名信息的操作还是修改报名信息的操作。这两个操作的请求处理程序是不一样的，请求的Servlet是不一样的，表单请求的地址也是不同的，要根据条件判断的结果设置不同的请求地址。如果是填写报名信息操作，表单请求地址就设置为“/student/enroll/add”；如果是修改报名信息操作，表单请求地址就设置为“/student/enroll/modify”。此外，填写报名信息操作必须上传照片，修改报名信息操作也允许考生重新上传照片，因此form表单元素中还需要添加enctype属性，并且其属性值应设置为“multipart/form-data”，用于支持文件上传操作。

（3）第10行~第14行，以下拉列表的形式展示报考专业，供考生选择，专业列表可以直接从application作用域中读取。当用户打开页面执行填写报名信息操作时，第12行中EL表达式里的值“paras.get('major_name')”是不存在的，此时默认选中的就是第一个选项。当用户打开页面执行修改报名信息操作时，第12行中EL表达式里的paras来自session作用域，此时“paras.get('major_name')”的值就是用户报名信息中的专业名称，该专业将会被设置为选中状态。当用户执行填写报名操作或修改报名操作未成功时，页面重新渲染之后，第12行中EL表达式里的paras来自request作用域，此时“paras.get('major_name')”的值就是用户上次操作（填写报名或修改报名）时选择的专业名称，该专业会被设置为选中状态，实现了用户表单输入值（或选项值）的页面驻留。

（4）第54行，显示用户照片。如果用户上传过照片，显示的就是用户上传的照片；如果用户还没有上传照片，则默认显示一幅简笔画头像轮廓图片，用于占位并示意，需要提前将这幅图片“photo.jpg”复制到“/web/assets/imgs/”目录中。某个考生上传的照片在服务端保存的位置是确定的，照片的名称以考生用户名命名，因此，如果考生修改报名信息时重新上传了照片，新照片的URL与旧照片的URL完全相同，没有发生任何变化。由于浏览器具有缓存机制，可能会造成照片更新之后页面中展示的还是本地缓存的旧照片，给用户造成困扰。我们可以在照片的URL上附加一个请求参数，使用“java.util.UUID”类中的randomUUID方法生成一个随机的UUID字符串作为请求参数的值，从而保证每次请求照片的URL请求参数都是不同的，这样浏览器显示页面时就不会再使用本地缓存的照片了。除此之外，用户在本地系统选择了要上传的照片后，还可以使用前端脚本读取用户选择的照片并在此处的img标签中显示出来，实现实时预览的效果。

（5）第60行~第62行，展示上传照片的格式要求等注意事项。

（6）第68行，不同操作对应的提交按钮上展示的文本不同，判断不同操作时使用的判断条件与第02行和第06行一致。如果是填写报名的操作，按钮上显示的文本是“提交报名”；如果是修改报名的操作，按钮上显示的文本是“修改报名”。

2. 填写报名和修改报名表单的前端校验

视频讲解

填写报名信息操作和修改报名信息操作都需要在前端校验表单数据，两个操作的表单校验代码基本一致。填写报名信息时必须上传照片，也必须对上传照片的表单进行校验；而修改报名信息时，可以不用重新上传照片，无须对上传照片的表单进行校验，因此对上传照片的表单进行校验时需要判断当前操作的类型。填写报名和修改报名表单的前端校验代码实现如代码9.9.1-02所示。

【代码9.9.1-02】填写报名和修改报名表单的前端校验，代码位置：/web/student/enroll.jsp。

```
01 <script type="text/javascript">
02   $(function () {
03     let form = document.forms[0];
04     $(form).submit(function (e) {
05       let enroll_school = form.enroll_school.value.trim();
06       if (enroll_school.length < 1 || enroll_school.length > 50) {
```

```
07          $("#mess").text(" * 毕业院校名称应为 1~50 位! ");
08          form.enroll_school.focus();
09          return false;
10        }
11        if (!/^\d{4}$/.test(form.enroll_graduate_year.value.trim())) {
12          $("#mess").text(" * 毕业年份应为 4 位数字! ");
13          form.enroll_graduate_year.focus();
14          return false;
15        }
16        if (!/^\d{11}$/.test(form.enroll_contact.value.trim())) {
17          $("#mess").text(" * 联系电话应为 11 位数字! ");
18          form.enroll_contact.focus();
19          return false;
20        }
21        if (!/^\d{6}$/.test(form.enroll_zip_code.value.trim())) {
22          $("#mess").text(" * 邮政编码应为 6 位数字! ");
23          form.enroll_zip_code.focus();
24          return false;
25        }
26        let enroll_address = form.enroll_address.value.trim();
27        if (enroll_address.length < 1 || enroll_address.length > 100) {
28          $("#mess").text(" * 联系地址应为 1~100 位! ");
29          form.enroll_address.focus();
30          return false;
31        }
32        let enroll_receiver = form.enroll_receiver.value.trim();
33        if (enroll_receiver.length < 1 || enroll_receiver.length >
   20) {
34          $("#mess").text(" * 联系人应为 1~20 位! ");
35          form.enroll_address.focus();
36          return false;
37        }
38        <c:if test="${empty sessionScope.paras.get('student_
   username')}">
39          if (form.enroll_photo.value.trim() == "") {
40            $("#mess").text(" * 请先选择要上传的照片! ");
41            form.enroll_photo.focus();
42            return false;
43          }
44        </c:if>
45        return true;
46      });
47    });
48 </script>
```

3. 上传照片的实时预览

视频讲解

考生填写报名信息时需要上传照片，修改报名信息时也可以重新上传照片。考生用户从本地文件系统中选择了一张照片后，在照片被上传到服务器之前，可以使用前端脚本获取用户选择的照片文件并在页面中显示出来，达到实时预览的效果。使用脚本读取用户选择的照片文件时，还可以顺便校验用户选择的文件是否为系统指定格式，如果不是，则直接在页面中给出提示消息，让用户重新选择符合要求的照片文件。实时预览上传照片功能的设计代码如9.9.1-03所示。

【代码9.9.1-03】上传照片的实时预览功能代码，代码位置：/web/student/enroll.jsp。

```
01 <script type="text/javascript">
02   $(function () {
03     let fileReader = new FileReader;
04     form.enroll_photo.onchange = function () {
05       let file = this.files[0];
06       if(file.name.endsWith(".jpg") || file.name.endsWith(".JPG")) {
07         fileReader.readAsDataURL(file);
08       } else {
09         $("#mess").text(" * 上传的照片格式不正确! ");
10       }
11     }
12     fileReader.onloadend = function () {
13       $("#photo").attr("src", this.result);
14     }
15   });
16 </script>
```

代码9.9.1-03中，第04行定义了上传照片文件表单的change事件。用户单击上传文件表单并从本地文件系统中选择了一个照片文件之后，就会触发change事件的执行。此时第05行获取用户选择的文件，接着第06行获取该文件的名称并判断文件名称的扩展名是否为“.jpg”或者“.JPG”，如果不是，则执行第09行，提示用户上传的照片格式不正确；如果用户选择的照片文件的扩展名符合要求，则使用FileReader对象读取该文件。FileReader对象提供了异步读取存储在用户计算机中的文件内容的方法，其中readAsDataURL方法读取的是URL格式的Base64字符串编码的文件内容。文件读取完成后，将触发onloadend这个事件（第12行代码绑定了该事件），执行第13行代码，获取页面中用于展示照片的“img#photo”元素，将读取的URL字符串赋值给img元素的src属性，图片就会在页面中展示出来，实现图片预览的效果。

4. 个人报名信息展示的视图设计

视频讲解

在表9.1第5行、第7行和第8行列出的条件下，页面视图中主要展示个人报名信息，可以合并设计页面视图。不同条件下的视图会存在少许不同之处，再依据具体条件进行判断切换即可。其中，第5行和第8行的条件都是考生已报名且已确认缴费，只是所处的阶段不同。这样的考生后续一定会安排考试，因此在展示个人报名信息时，可以一并将排考信息展示出来。这很容易做到，因为考生的报名信息和排考信息是保存在同一个数据库表enroll中的。当然，在排考之前，页面中展示的排考信息是空白的，排考之后这些信息才会被展示出来。表9.1中第7行的条件是考生已报名但没有确认缴费，而且已经过了现场确认阶段，不允许再进行确认缴费操作。这样的考生不能够参加考试，在视图中可以仅显示其填写的报名信息，然后提示考生未在规定时间确认缴费，视作放弃报考。个人报名信息和排考信息可以使用数据表格来展示，具体的设计代码如9.9.1-04所示。

【代码9.9.1-04】个人报名信息展示的视图设计代码，代码位置：/web/student/enroll.jsp。

```
01 <div class="operation">
02   <span class="text-blue">↓ 报名信息：</span>
03 </div>
04 <table class="data-table table-bordered">
05   <tr><th>用户信息字段</th><th colspan="2">值</th></tr>
06   <tr>
07     <td>用户名</td><td>${sessionScope.student.student_username}
</td>
08     <td rowspan="5" class="text-center">
09       <img style="width: 100px;height:123px;border: 1px
solid lightblue;" src="${root}${sessionScope.paras.enroll_
photo}?tm=${UUID.randomUUID()}">
10     </td>
11   </tr>
12   <tr><td>姓名</td><td>${sessionScope.student.student_name}</td>
</tr>
13   <tr><td>身份证号</td><td>${sessionScope.student.student_id_
code}</td></tr>
14   <tr><td>性别</td><td>${sessionScope.student.student_sex}</td>
</tr>
15   <tr><td>民族</td><td>${sessionScope.student.student_nation}
</td></tr>
16 </table>
17 <table class="data-table">
18   <tr><th>报考信息字段</th><th colspan="2">值</th></tr>
19   <tr><td>报考专业</td><td>${sessionScope.paras.major_name}</td>
</tr>
20   <tr><td>毕业学校</td><td>${sessionScope.paras.enroll_school}
</td></tr>
21   <tr><td>毕业年份</td><td>${sessionScope.paras.enroll_graduate_
year}</td></tr>
22   <tr><td>联系电话</td><td>${sessionScope.paras.enroll_contact}
</td></tr>
23   <tr><td>邮政编码</td><td>${sessionScope.paras.enroll_zip_code}
</td></tr>
24   <tr><td>联系地址</td><td>${sessionScope.paras.enroll_address}
</td></tr>
25   <tr><td>联系人</td><td>${sessionScope.paras.enroll_receiver}
</td></tr>
```

```
26   <c:if test="${(sessionScope.paras.enroll_confirm eq 1)}">
27     <tr><td> 确认缴费状态 </td><td> 已确认缴费 </td></tr>
28     <tr><td> 准考证号 </td><td>${sessionScope.paras.enroll_exam_
  number}</td></tr>
29     <tr><td> 考场号 </td><td>${sessionScope.paras.enroll_room_
  number}</td></tr>
30     <tr><td> 考场位置 </td><td>${sessionScope.paras.enroll_room_
  location}</td></tr>
31     <tr><td> 座位号 </td><td>${sessionScope.paras.enroll_seat_
  number}</td></tr>
32   </c:if>
33   <c:if test="${sessionScope.paras.enroll_confirm eq 0}">
34     <tr><td> 确认缴费状态 </td><td class="text-red"> 您未在规定时间内确认
  缴费，视作放弃报考！ </td></tr>
35   </c:if>
36 </table>
```

代码9.9.1-04中使用了两个数据表格，第一个数据表格展示了考生用户的基本信息，第二个数据表格展示了考生用户报考的相关信息。第26行~第32行代码展示了已确认缴费状态下方可查看的排考信息。第33行~第35行展示的是处于排考阶段及之后的阶段时，仍未确认缴费的提示信息。

5. 未在规定时间报名的页面视图设计

视频讲解

在表9.1第6行列出的条件下，考生用户虽然进行了注册，但是未在规定的时间内填写报名信息。页面中需要向用户提示报名已结束，不能参加招生考试，对应的视图设计代码如9.9.1-05所示。

【代码9.9.1-05】未在规定时间报名的页面视图，代码位置：/web/student/enroll.jsp。

```
01 <div class="info text-red">* 提示：您未在规定时间内报名，视作放弃报考！
   </div>
```

6. 考生在线报名功能页面视图的完整代码实现

考生在线报名功能的完整页面需要包含封装好的页面头部文件、页面底部文件、考生用户功能页面左侧的导航文件以及考生用户功能页面右侧的快捷导航文件，在页面右侧功能区中应包含不同系统阶段和不同状态下的视图，最后还需要嵌入相关脚本文件。考生在线报名功能页面的完整构成代码如9.9.1-06所示。

【代码9.9.1-06】文件/web/student/enroll.jsp，版本1.0。

```
01 <%@ page language="java" contentType="text/html; charset=UTF-8"
   pageEncoding="UTF-8" import="java.util.UUID" %>
02 <%@ include file="/includes/page-head.jsp" %>
03 <section id="main">
04   <%@ include file="/student/includes/left-nav.jsp" %>
```

```
05   <div id="right">
06     <h1 id="nav-title">在线报名</h1>
07     <div id="right-area">
08       <%@ include file="/student/includes/right-nav.jsp" %>
09       <c:if test="${ (currentPhase.phase_number eq 2) or
  (currentPhase.phase_number eq 3 and sessionScope.paras.enroll_
  confirm ne 1) }">
10           ...此处为【代码9.9.1-01】中的所有代码
11       </c:if>
12       <c:if test="${(sessionScope.paras.enroll_confirm eq 1) ||
  (sessionScope.paras.enroll_confirm eq 0 and currentPhase.phase_
  number gt 3)}">
13           ...此处为【代码9.9.1-04】中的所有代码
14       </c:if>
15       <c:if test="${empty sessionScope.paras.student_username and
  currentPhase.phase_number gt 3}">
16           ...此处为【代码9.9.1-05】中的所有代码
17       </c:if>
18     </div>
19   </div>
20 </section>
21 <c:if test="${ (currentPhase.phase_number eq 2) or (currentPhase.
  phase_number eq 3 and paras.enroll_confirm ne 1) }">
22   <script type="text/javascript">
23     $(function () {
24       ...此处为【代码9.9.1-02】中的第03行~第46行代码
25       ...此处为【代码9.9.1-03】中的第03行~第14行代码
26     });
27   </script>
28 </c:if>
29 <%@ include file="/includes/page-bottom.jsp" %>
```

代码9.9.1-06中第09行和第21行的判断条件对应的都是表9.1前4行，即当前阶段为第2阶段（开放报名阶段），或者当前阶段为第3阶段（现场确认阶段）且考生尚未确认（包含尚未报名的情况），此时页面中展示的是填写报名和修改报名表单的视图（代码9.9.1-01），以及前端校验和照片预览的脚本（代码9.9.1-02和代码9.9.10-03）。第12行的判断条件对应的是表9.1第5行、第7行和第8行，即考生已报名且已经确认缴费，或者当前阶段大于3（确认缴费阶段之后的阶段）且考生已经报名但未确认的情况，此时页面中呈现的是个人报名信息展示视图（代码9.9.1-04）。第15行的判断条件对应的是表9.1第6行，即当前阶段大于3（确认缴费阶段之后的阶段）且考生未报名，此时页面中呈现的是考生未报名的提示信息（代码9.9.1-05）。

9.9.2 在线报名功能的服务端实现

考生在线报名功能主要包括功能页面展示前的数据加载操作、填写报名信息操作和修改报名信息操作，需要创建3个Servlet，分别用于响应这3个不同的操作请求。在“cn.bmxt.controller”包中创建三个Servlet类，分别命名为StudentEnrollAdd、StudentEnrollModify和StudentEnrollShow。这几个操作之间的流程如图9.13所示。

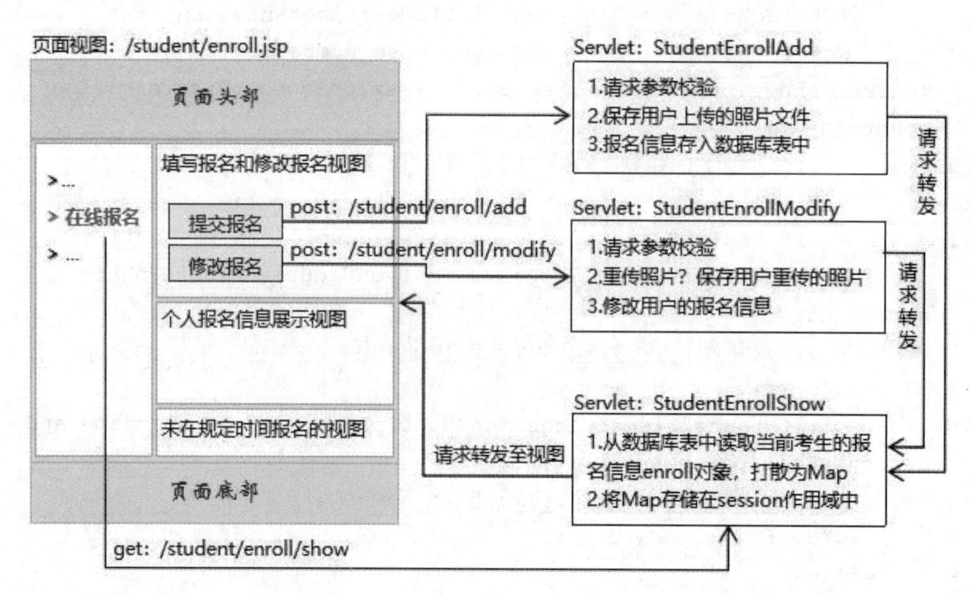

图9.13　考生在线报名功能操作流程示意图

功能页面在展示之前都要经过StudentEnrollShow这个Servlet进行报名数据的读取加载，填写报名信息操作以及修改报名操作完成之后也需要先将请求转发至StudentEnrollShow这个Servlet类，然后再将请求转发至页面视图，页面视图在渲染时会根据当前所处阶段以及报名信息的状态来确定显示哪部分视图。接下来详细介绍考生用户在线报名功能的服务端代码的设计实现。

1. DAO层方法的应用

视频讲解

考生用户填写报名信息的操作可以通过实体类DAO接口所继承的通用DAO接口中的save方法实现。考生修改报名信息操作时，首先使用通用DAO接口中的findOneByField方法查询当前考生的报名信息对象enroll，可通过“student_username”字段进行查找，“student_username”字段值直接从session中保存的student对象中获取；接着使用通用DAO接口中的updateById方法实现考生报名信息的更新操作，参数id值从当前考生报名信息对象enroll中获取。功能页面展示前的数据加载操作需要查询的数据就是当前考生报名信息对象，使用通用DAO接口中的findOneByField方法便能够实现。因此，实现考生在线报名功能时不需要在DAO层定义新的数据操作方法。

2. 请求参数的服务端校验

视频讲解

考生在线报名功能中的填写报名信息和修改报名信息操作，在实现时都需要传递参数，涉及请求参数的服务端校验。在包“cn.bmxt.validation”的请求参数字段校验器类FieldValidator中添加这些字段的校验方法，实现代码如9.9.2-01所示。

【代码9.9.2-01】考生在线填写或修改报名信息时需要在服务端封装的报名信息相关字段的合规性校验方法，代码位置：/src/cn.bmxt.validation/FieldValidator.java。

```
01 public static String enroll_school(String enroll_school) {
02   return (enroll_school.length() < 1 || enroll_school.length() >
50) ? "* 提示：毕业院校名称应为1~50位！ " : "";
03 }
04 public static String enroll_graduate_year(String enroll_graduate_
year) {
05   return enroll_graduate_year.matches("\\d{4}") ? "" : "* 提示：毕业
年份应为4位数字！ ";
06 }
07 public static String enroll_contact(String enroll_contact) {
08   return enroll_contact.matches("\\d{11}") ? "" : "* 提示：联系电话应
为11位数字！ ";
09 }
10 public static String enroll_zip_code(String enroll_zip_code) {
11   return enroll_zip_code.matches("\\d{6}") ? "" : "* 提示：邮政编码应
为6位数字！ ";
12 }
13 public static String enroll_address(String enroll_address) {
14   return (enroll_address.length() < 1 || enroll_address.length() >
100) ? "* 提示：联系地址应为1~100位！ " : "";
15 }
16 public static String enroll_receiver(String enroll_receiver) {
17   return (enroll_receiver.length() < 1 || enroll_receiver.length()
> 20) ? "* 提示：联系人应为1~20位！ " : "";
18 }
```

3. 在线报名页面展示时的Servlet实现

视频讲解

正如图9.13所示，在线报名页面视图在渲染之前都要通过StudentEnrollShow这个Servlet读取当前考生用户的报名信息，为页面的正确展示提供必要的数据。Servlet类StudentEnrollShow的具体实现代码如9.9.2-02所示。

【代码9.9.2-02】文件/src/cn.bmxt.controller/StudentEnrollShow.java，版本1.0。

```
01 package cn.bmxt.controller;
02 // import ... 此处省略了导包语句
03 @WebServlet("/student/enroll/show")
04 public class StudentEnrollShow extends HttpServlet {
05   // ...此处省略了doGet方法，参见代码7.2.2-02
06   protected void doPost(HttpServletRequest request,
HttpServletResponse response) throws ServletException, IOException {
07     HttpSession session = request.getSession();
08     Student student = (Student) session.getAttribute("student");
09     EnrollDao enrollDao = (EnrollDao) DaoFactory.
getInstance("EnrollDao");
```

```
10     Enroll enroll = enrollDao.findOneByField("student_username",
  student.getStudent_username());
11     Map<String, Object> paras = enroll == null ? new HashMap<>() :
  DbUtil.getFieldValueMap(enroll);
12     session.setAttribute("paras", paras);
13     TransUtil.forward("/student/enroll.jsp", request, response);
14   }
15 }
```

代码9.9.2-02中，第08行从session作用域中获取当前登录的考生用户对象；第10行根据当前考生用户的用户名检索其报名信息对象；第11行再将查询到的报名信息对象转换为Map类型数据并命名为paras，如果考生尚未报名，则新建一个空的Map赋值给paras；第12行将paras保存至session作用域中；第13行将请求转发至考生在线报名的页面视图。

4. 填写报名信息的Servlet实现

视频讲解

服务端用于处理填写报名信息请求的Servlet是StudentEnrollAdd，其处理逻辑较为复杂，实现代码如9.9.2-03所示。

【代码9.9.2-03】文件/src/cn.bmxt.controller/StudentEnrollAdd.java，版本1.0。

```
01 package cn.bmxt.controller;
02 // import ... 此处省略了导包语句
03 @WebServlet("/student/enroll/add")
04 @MultipartConfig
05 public class StudentEnrollAdd extends HttpServlet {
06   // ...此处省略了doGet方法，参见代码7.2.2-02
07   protected void doPost(HttpServletRequest request,
  HttpServletResponse response) throws ServletException, IOException {
08     Phase currentPhase = (Phase) request.getServletContext().
  getAttribute("currentPhase");
09     Student student = (Student) request.getSession().
  getAttribute("student");
10     String student_username = student.getStudent_username();
11     EnrollDao enrollDao = (EnrollDao) DaoFactory.
  getInstance("EnrollDao");
12     Enroll enroll = enrollDao.findOneByField("student_username",
  student_username);
13     if (enroll == null && (currentPhase.getPhase_number() == 2 ||
  currentPhase.getPhase_number() == 3)) {
14       Map<String, String> paras = TransUtil.
  getParameterMap(request);
15       List<String> messList = Validator.parasValidate(paras);
16       if (messList.size() == 0) { // 数据校验通过
17         String photoName = TransUtil.getFileName("enroll_photo",
  request);
```

```
18          if ("jpg".equalsIgnoreCase(TransUtil.
getFileExt(photoName))) {
19              int result = 0;
20              try {
21                  TransUtil.saveFile("enroll_photo", "/assets/upload/
file/", student_username + ".jpg", request);
22                  paras.put("student_username", student_username);
23                  paras.put("enroll_photo", "/assets/upload/file/" +
student_username + ".jpg");
24                  result = enrollDao.save(TransUtil.
getEntityFieldMap(Enroll.class, paras));
25              } catch (IOException | ServletException e) {
26                  e.printStackTrace();
27              }
28              messList.add(result > 0 ? "* 提示：报名成功！ " : "* 提示：报
名失败！ ");
29          } else {
30              messList.add("* 提示：上传的照片格式不正确！ ");
31          }
32        }
33        request.setAttribute("paras", paras);
34        request.setAttribute("mess", messList.get(0));
35        TransUtil.forward("/student/enroll/show", request, response);
36      } else {
37        TransUtil.forward("/exception/unauthorized.html", request,
response);
38      }
39    }
40  }
```

结合代码9.9.2-03，将处理考生用户填写报名信息请求的流程说明如下：

（1）第04行，考生用户填写报名信息时需要上传照片文件，使用注解“@MultipartConfig”对Servlet类进行标注，使这个Servlet类支持文件上传操作。

（2）第08行~第12行，分别获取系统当前所处阶段信息、当前考生用户对象、当前考生的用户名以及当前考生的报名信息对象。

（3）第13行，判断是否具备执行填写报名信息操作的条件。当系统处于第2、3阶段（在线报名阶段、现场确认阶段）且考生尚未报名时，才可以继续执行报名操作，否则程序转至第37行，向用户展示未授权操作的提示页面。

（4）第14行~第15行，接收所有的请求参数并使用统一的请求参数校验器对请求参数进行合规性校验。

（5）第16行，判断请求参数的合规性校验是否通过，校验通过后继续执行后续处理流程，否则程序转至第33行。

（6）第17行，获取考生用户上传的照片文件的名称（包含扩展名）。

（7）第18行，判断考生用户上传的照片文件的扩展名是否为“jpg”，如果是则继续执行后续处理流程，否则认定考生用户上传的照片文件格式不正确，程序转到第30行，在消息列表中添加对应的提示消息。

（8）第21行，将考生用户上传的照片文件保存至“/assets/upload/file/”目录下，并将保存的照片文件以考生用户名命名。

（9）第22行~第24行，将报名信息存入数据库表enroll中，操作时提供的参数就是第14行获取的请求参数paras。但需要注意以下两点。第一，enroll表中包含考生用户名“student_username”这个字段，而“student_username”字段不是由前端页面传递过来的，在请求参数映射paras中并不存在，需要将第10行中获取的当前考生的用户名存入paras中（参见第22行代码）。第二，enroll表中包含的“enroll_photo”字段保存的是照片文件在服务端的地址，这个地址也不是从前端页面传递过来的，因此需要在paras中添加这个参数的值（参见第23行代码）。

（10）第28行，根据添加报名信息操作的执行结果在消息列表中添加对应的提示消息。

（11）第33行~第35行：第33行在请求作用域中保存请求参数paras，用于实现表单输入值的驻留；第34行在请求作用域中保存消息列表中的第一条消息，用于向用户提示操作的结果；第35行将请求转发至StudentEnrollShow这个Servlet继续处理（参见图9.13）。

5. 修改报名信息的Servlet实现

视频讲解

服务端用于处理修改报名信息请求的Servlet是StudentEnrollModify，其处理逻辑与处理填写报名信息请求的逻辑基本一致。不同之处在于，填写报名信息时必须上传照片文件，而修改报名信息时用户并不一定会重新上传照片文件，因此在处理修改报名信息的请求时，需要判断用户是否重新上传了照片文件。如果用户未重新上传照片，直接修改报名信息即可；如果用户重新上传了照片，则需要先保存照片文件，然后再修改报名信息。修改报名信息的Servlet类的具体实现代码如9.9.2-04所示。

【代码9.9.2-04】文件/src/cn.bmxt.controller/StudentEnrollModify.java，版本1.0。

```
01 package cn.bmxt.controller;
02 // import ... 此处省略了导包语句
03 @WebServlet("/student/enroll/modify")
04 @MultipartConfig
05 public class StudentEnrollModify extends HttpServlet {
06   // ...此处省略了 doGet 方法，参见代码 7.2.2-02
07   protected void doPost(HttpServletRequest request,
   HttpServletResponse response) throws ServletException, IOException
   {
08     ServletContext sc = request.getServletContext();
09     Phase currentPhase = (Phase) sc.getAttribute("currentPhase");
10     HttpSession session = request.getSession();
11     Student student = (Student) session.getAttribute("student");
12     String student_username = student.getStudent_username();
13     EnrollDao enrollDao = (EnrollDao) DaoFactory.
   getInstance("EnrollDao");
14     Enroll enroll = enrollDao.findOneByField("student_username",
```

```
student_username);
15    if (enroll != null && enroll.getEnroll_confirm() == 0 &&
(currentPhase.getPhase_number() == 2 || currentPhase.getPhase_
number() == 3)){
16      Map<String, String> paras = TransUtil.
getParameterMap(request);
17      List<String> messList = Validator.parasValidate(paras);
18      if (messList.size() == 0) {
19        String photoName = TransUtil.getFileName("enroll_photo",
request);
20        if ("".equals(photoName) || "jpg".
equalsIgnoreCase(TransUtil.getFileExt(photoName))) {
21          int result = 0;
22          if (!"".equals(photoName)) {
23            TransUtil.saveFile("enroll_photo", "/assets/upload/
file/", student_username + ".jpg", request);
24          }
25          paras.put("enroll_photo", "/assets/upload/file/" +
student_username + ".jpg");
26          result = enrollDao.updateById(enroll.getId(), TransUtil.
getEntityFieldMap(Enroll.class, paras));
27          messList.add(result > 0 ? "* 提示：修改报名信息成功！" : "*
提示：修改报名信息失败！");
28        } else {
29          messList.add("* 提示：上传的照片格式不正确！");
30        }
31      }
32      request.setAttribute("mess", messList.get(0));
33      request.setAttribute("paras", paras);
34      TransUtil.forward("/student/enroll/show", request, response);
35    } else {
36      TransUtil.forward("/exception/unauthorized.html", request,
response);
37    }
38  }
39 }
```

6. 考生用户照片的访问权限控制

视频讲解

考生用户报名时需要上传照片，照片文件在服务端存储的目录是“/assets/upload/file/”。为确保照片文件的安全，不能让匿名用户随意访问考生的照片文件，因此需要增加对该目录内照片文件的访问授权控制功能，让已登录的考生用户仅具有访问自己上传的照片文件的权限，已登录的管理员用户则可以访问所有的考生照片文件。参照7.3节用户权限控制功能的实现方法，可以在系统中增加一个权限过滤器来实现考生用户照片的访问权限控制。在包“cn.bmxt.filter”中新建过滤器类FileFilter，其实现代码如9.9.2-05所示。

【代码9.9.2-05】文件/src/cn.bmxt.Filter/FileFilter.java，版本1.0。

```
01 package cn.bmxt.filter;
02 // import ... 此处省略了导包语句
03 @WebFilter("/assets/upload/file/*")
04 public class FileFilter implements Filter {
05   public void doFilter(ServletRequest req, ServletResponse resp,
 FilterChain chain) throws ServletException, IOException {
06     HttpServletRequest request = (HttpServletRequest) req;
07     HttpServletResponse response = (HttpServletResponse) resp;
08     HttpSession session = request.getSession();
09     Student student = (Student) session.getAttribute("student");
10     Admin admin = (Admin) session.getAttribute("admin");
11     String photo = StringUtils.substringAfterLast(request.
 getRequestURI(), "/");
12     if (admin != null || (student != null && (student.getStudent_
 username() + ".jpg").equals(photo))) {
13       chain.doFilter(req, resp);
14     } else {
15       TransUtil.redirect("/exception/unauthorized.html", request,
 response);
16     }
17   }
18 }
```

7. 功能测试

按照上述步骤完成了考生在线报名功能的设计开发之后，就可以重启Tomcat服务器进行访问测试了，需要测试系统处于不同阶段和不同状态时的功能实现情况。

（1）首先使用招生管理员账号“zs_admin_01”登录系统，将系统当前所处阶段设置为第2阶段（开放报名阶段）或者第3阶段（现场确认阶段）；再使用学生账号“student_01”登录系统，进入在线报名功能页面，填写报名信息并选择要上传的照片文件；接着单击按钮提交报名，报名成功后的页面视图就会被切换为修改报名信息的视图，页面效果如图9.14所示，此时可以对报名信息进行修改。

（2）使用招生管理员账号“zs_admin_01”登录系统，将系统当前所处阶段设置为第3阶段（现场确认阶段）。考生用户“student_01”报名之后，需要进行现场确认，现场确认时会将报名信息表中的“enroll_confirm”字段设置为1。现场确认功能会在后续章节中介绍，为了能够提前测试页面效果，可以手动将数据库表中考生“student_01”的报名信息的“enroll_confirm”字段修改为1，然后再去访问该考生用户的在线报名功能页面。此时的页面效果如图9.15所示，页面中将显示个人信息、报名信息以及排考相关信息。

图9.14 考生报名成功后的页面视图

图9.15 个人报名信息展示的页面视图

（3）使用招生管理员账号“zs_admin_01”登录系统，将系统当前所处阶段设置为第4阶段（排考阶段），然后手动将数据库表中考生“student_01”的报名信息的“enroll_confirm”字段修改为0，这意味着该考生填写了报名信息，但是没有进行现场确认。此时的在线报名页面仍然会展示其个人信息与报名信息，但是最后一行的确认缴费状态字段会提示用户未在规定时间内确认缴费，视作放弃报考，页面效果如图9.16所示。

报考信息字段	值
报考专业	计算机科学与技术
毕业学校	XXX市XX职业学校
毕业年份	2023
联系电话	18600060001
邮政编码	300000
联系地址	XXX市XX区XX路01号
联系人	张小二
确认缴费状态	您未在规定时间内确认缴费，视作放弃报考！

图9.16　考生已报名但未在规定时间内确认缴费的页面视图

（4）使用招生管理员账号“zs_admin_01”登录系统，将系统当前所处阶段设置为第4阶段（排考阶段）；然后使用考生账号“student_02”登录系统，该考生未在规定的时间内报名，数据库表中没有该考生的报名信息。此时的在线报名页面中仅显示相关提示消息，页面效果如图9.17所示。

图9.17　考生未在规定时间内报名的页面视图

第10章 现场确认阶段的业务功能实现

在现场确认阶段，已报名考生需要携带个人身份证明到学校进行缴费并确认报考信息。具体流程是由招生管理员根据考生身份证号检索出考生在系统中填写的个人基本信息以及报考信息，然后在线打印报名信息表，由考生本人确认并签字后交回，同时收取报名费用，最后由招生管理员将该考生的报考信息状态修改为“已确认”。依据上述工作流程，现场确认阶段的业务功能可以分为在线打印报名表功能和现场确认功能两个模块，它们都属于招生管理员用户的功能，而且都是阶段受限的功能，只能在现场确认阶段开放。一旦进入排考阶段，这些功能就必须关闭，否则会影响正常的排考流程。

此外，管理员查询报名信息功能用于随时查询考生的报名信息，它是阶段不受限的功能。功能实现时可以按照报考专业和确认状态进行综合查询，当数据库表中有了考生报名数据并且存在处于“已确认”状态的报名信息数据时，才便于开发测试，因此将管理员查询报名信息功能的设计实现也放在本章进行讲述。

10.1 现场确认功能的实现

现场确认功能包括考生报名信息检索、在线打印报名表和报名信息确认三个操作，首先根据考生的身份证号检索出考生的报考信息，接着在线打印出考生的报名表并由考生本人签字确认，最后向考生收取报名费并执行报名信息的确认操作。下面对招生管理员的现场确认功能进行详细介绍。

1. 页面视图的设计与实现

现场确认功能需要先查询考生的报名信息，查询条件是考生提供的身份证号，页面视图中需要提供一个查询表单。在“/web/admin/zs/”目录下创建现场确认的功能页面“confirm.jsp”，页面中查询表单的实现代码如10.1-01所示。

【代码10.1-01】现场确认页面中的查询表单设计，代码位置：/web/admin/zs/confirm.jsp。

```
01 <div class="operation">
02   <span class="text-blue">↓ 查询考生报考信息：</span>
03   <span id="mess" class="text-red">${mess}</span>
04 </div>
05 <div class="form-area">
06   <form action="${root}/admin/zs/enroll/find" method="post">
07     <div class="row">
08       <div class="bold">身份证号：</div>
09       <div class="item">
10         <input type="text" name="student_id_code" value="${param.
student_id_code}">
11       </div>
12       <div>
13         <button class="btn-short" type="submit">查询</button>
14       </div>
15     </div>
16   </form>
17 </div>
```

通过代码10.1-01所示的表单向服务端发起查询请求，如果服务端能够查询得到对应的考生及其报名信息，会将查到的考生对象student和报名信息对象enroll通过请求作用域转发至页面中，之后就可以使用数据表格来展示报考信息了。此外，需要在线打印的报名表除了要使用报名信息数据表格之外，还要设计报名表的表头、表尾个人声明及签字部分的内容。这些内容在页面中处于隐藏的状态，在打印时需要显示出来，可以通过设置打印样式实现。最后，对于未确认的报名信息还需要展示两个功能操作按钮，一个是进行信息确认操作的按钮，一个是进行报名表在线打印操作的按钮。报名信息表格及功能按钮的页面视图设计代码如10.1-02所示。

【代码10.1-02】报名信息表格及功能按钮的视图设计，代码位置：/web/admin/zs/confirm.jsp。

```
01 <div class="print-info text-center bold" style="display:none;font-
   size:16px;height:50px;line-height:50px;">${site.site_school}-
   ${site.site_test_name}-报名信息表</div>
02 <table class="data-table">
03   <tr><th>报考专业</th><td>${enroll.major_name}</td><th>姓名
</th><td>${student.student_name}</td>
04     <td rowspan="5" class="text-center">
05       <img style="width: 100px;height:123px;border: 1px solid
lightblue;" src="${root}${enroll.enroll_photo}?tm=${UUID.
randomUUID()}">
06     </td></tr>
07   <tr>
08     <th>毕业学校</th><td>${enroll.enroll_school}</td>
09     <th>身份证号</th><td>${student.student_id_code}</td>
```

```
10   </tr>
11   <tr>
12     <th>毕业年份</th><td>${enroll.enroll_graduate_year}</td>
13     <th>性别</th><td>${student.student_sex}</td>
14   </tr>
15   <tr>
16     <th>邮政编码</th><td>${enroll.enroll_zip_code}</td>
17     <th>民族</th><td>${student.student_nation}</td>
18   </tr>
19   <tr>
20     <th>联系人</th><td>${enroll.enroll_receiver}</td>
21     <th>联系电话</th><td>${enroll.enroll_contact}</td>
22   </tr>
23   <tr>
24     <th>联系地址</th><td colspan="4">${enroll.enroll_address}</td>
25   </tr>
26 </table>
27 <div class="print-info" style="display: none;">
28   <br><p>声明：本报名表所有信息准确无误，照片真实有效，若有虚假，所产生的后果
   将由本人承担。</p><br>
29   <br><p class="text-right">报名人（签名）：______________________
   </p><br>
30   <br><p class="text-right">__________年__________月__________
   日</p>
31 </div>
32 <c:if test="${enroll.enroll_confirm eq 0}">
33   <div class="form-area text-center">
34     <div class="row">
35       <div class="item">
36         <a class="btn-long" href="${root}/admin/zs/enroll/
   confirm?id=${enroll.id}&student_username=${student.student_
   username}">信息确认</a>
37       </div>
38       <div class="item">
39         <button id="print" class="btn-long">报名表打印</button>
40       </div>
41     </div>
42   </div>
43 </c:if>
```

代码10.1-02中第01行是报名表的表头部分，内容格式是“学校名称-考试名称-报名信息表”，通过内联样式设置其在页面中处于隐藏状态。第02行~第26行则是使用数据表格展示的考生基本信息以及考生的报名信息。第27行~第31行是报名表的表尾部分，包含个人声明、签字行和日期行，这部分内容也使用内联样式设置了隐藏状态。第32行~第43行则是功能按钮部

分，仅当报名信息未被确认时才会显示，一个是信息确认的链接按钮，一个是报名表在线打印的按钮。

接下来使用前端脚本实现报名表在线打印功能。首先在现场确认页面的head元素中新增一个样式节点，并在其中定义本页面的打印样式，然后为报名表在线打印按钮绑定单击事件，实现报名表的在线打印功能，脚本设计代码如10.1-03所示。

【代码10.1-03】报名表在线打印功能的脚本设计代码，代码位置：/web/admin/zs/confirm.jsp。

```
01 <script>
02   $(function () {
03     $("head").append(
04       `<style media="print">
05         #header,#footer,#left,h1,#right-nav,.operation,.form-area{
06           display: none;
07         }
08         .print-info{
09           display:block !important;
10         }
11         @page {
12           size: landscape;
13         }
14       </style>`);
15     $("#print").click(function (e) {
16       window.print();
17     });
18   });
19 </script>
```

代码10.1-03中第03行~第14行实现了在head元素中动态新增一段内部样式代码。第04行，在新增的style标签中使用media属性来选择样式应用的媒体，media属性值设置为print，意味着标签内部定义的样式仅在页面打印时才会生效，在浏览器的显示页面中不会生效。第05行~第07行，当打印页面时，将页面的头部、底部、左侧区域、右侧标题、右侧快捷导航、右侧功能操作标题以及表单区域部分都设置为隐藏状态。第08行~第10行，当打印页面时，将报名表的表头和表尾部分设置为区块显示出来。第11行~第13行，当打印页面时，设置纸张打印的方向为横向。第15行~第17行，为报名表在线打印按钮绑定单击事件，事件处理程序则通过调用window对象的print方法实现当前页面的在线打印。

现场确认功能的完整页面需要包含封装好的页面头部文件、页面底部文件、管理员用户功能页面左侧的导航文件以及管理员用户功能页面右侧的快捷导航文件，在页面右侧功能区中包含不同系统阶段和不同状态下的视图，最后还需要嵌入相关脚本文件。现场确认功能页面的完整构成代码如10.1-04所示，其中第09行~第11行展示的是当系统阶段不处于现场确认阶段时的提示信息。

【代码10.1-04】文件/web/admin/zs/confirm.jsp，版本1.0。

```
01 <%@ page language="java" contentType="text/html; charset=UTF-8"
   pageEncoding="UTF-8" %>
02 <%@ include file="/includes/page-head.jsp" %>
03 <section id="main">
04   <%@ include file="/admin/includes/left-nav.jsp" %>
05   <div id="right">
06     <h1 id="nav-title">现场确认</h1>
07     <div id="right-area">
08       <%@ include file="/admin/includes/right-nav.jsp" %>
09       <c:if test="${currentPhase.phase_number ne 3}">
10         <div class="info text-red">* 提示：当前处于${currentPhase.
   phase_name}，不能进行现场确认操作！</div>
11       </c:if>
12       <c:if test="${currentPhase.phase_number eq 3}">
13         ...此处为【代码10.1-01】中的所有代码
14         <c:if test="${not empty student and not empty enroll}">
15           ...此处为【代码10.1-02】中的所有代码
16         </c:if>
17       </c:if>
18     </div>
19   </div>
20 </section>
21 ...此处为【代码10.1-03】中的所有代码
22 <%@ include file="/includes/page-bottom.jsp" %>
```

2. DAO层方法的应用

视频讲解

现场确认功能中，考生及报名信息的检索操作可以通过实体类DAO接口所继承的通用DAO接口中的findOneByField方法实现；报名信息确认操作可以通过通用DAO接口中的updateById方法实现。因此，实现现场确认功能时不需要在DAO层定义新的数据操作方法。

3. 控制层Servlet的实现

现场确认功能共涉及三个操作，其中报名表在线打印功能是通过前端脚本实现的，考生报名信息检索操作和报名信息确认操作则需要由服务端实现。在“cn.bmxt.controller”包中创建两个Servlet类，分别命名为AdminZsEnrollFind和AdminZsEnrollConfirm，接下来分别讲解这两个Servlet的具体设计代码。

（1）Servlet类AdminZsEnrollFind用于实现考生报名信息检索操作，首先根据招生管理员在前端输入的身份证号检索出考生信息，接着根据考生的用户名信息检索出其报名信息，然后将考生信息及其报名信息保存至request作用域中并随请求转发至现场确认页面。Servlet类AdminZsEnrollFind的具体实现代码如10.1-05所示。

【代码10.1-05】文件/src/cn.bmxt.controller/AdminZsEnrollFind.java，版本1.0。

```
01 package cn.bmxt.controller;
02 // import ... 此处省略了导包语句
03 @WebServlet("/admin/zs/enroll/find")
04 public class AdminZsEnrollFind extends HttpServlet {
05   // ... 此处省略了 doGet 方法，参见代码 7.2.2-02
06   protected void doPost(HttpServletRequest request,
  HttpServletResponse response) throws ServletException, IOException
  {
07     String student_id_code = TransUtil.getString("student_id_code",
  request);
08     StudentDao studentDao = (StudentDao) DaoFactory.
  getInstance("StudentDao");
09     EnrollDao enrollDao = (EnrollDao) DaoFactory.
  getInstance("EnrollDao");
10     Student student = studentDao.findOneByField("student_id_code",
  student_id_code);
11     String mess = "";
12     if (student != null){
13       Enroll enroll = enrollDao.findOneByField("student_username",
  student.getStudent_username());
14       if (enroll != null) {
15         if(enroll.getEnroll_confirm() == 1) {
16           mess = "* 提示：该考生已经确认，请勿重复确认！ ";
17         }
18         request.setAttribute("student", student);
19         request.setAttribute("enroll", enroll);
20       }else {
21         mess = "* 提示：该考生尚未报名，请先报名！ ";
22       }
23     } else {
24       mess = "* 提示：您输入的身份证号不存在！ ";
25     }
26     request.setAttribute("mess", mess);
27     TransUtil.forward("/admin/zs/confirm.jsp", request, response);
28   }
29 }
```

（2）Servlet类AdminZsEnrollConfirm用于实现报名信息确认操作，需要获取请求链接中的两个参数：一个是id，其值为当前正在确认的考生报名信息的id值；另一个是“student_usernane”，其值为当前正在确认的考生的用户名。执行完确认操作后，还需要将考生信息和报名信息检索出来保存至request作用域中，并将请求重新转发至现场确认页面。实现报名信息确认操作的Servlet类的实现代码如10.1-06所示。

【代码10.1-06】文件/src/cn.bmxt.controller/AdminZsEnrollConfirm.java，版本1.0。

```
01 package cn.bmxt.controller;
02 // import ... 此处省略了导包语句
03 @WebServlet("/admin/zs/enroll/confirm")
04 public class AdminZsEnrollConfirm extends HttpServlet {
05   // ... 此处省略了 doGet 方法，参见代码 7.2.2-02
06   protected void doPost(HttpServletRequest request,
   HttpServletResponse response) throws ServletException, IOException
   {
07     long id = TransUtil.getLong("id", request);
08     String student_username = TransUtil.getString("student_
   username", request);
09     HashMap<String, Object> map = new HashMap<>();
10     map.put("enroll_confirm", 1);
11     EnrollDao enrollDao = (EnrollDao) DaoFactory.
   getInstance("EnrollDao");
12     String mess = enrollDao.updateById(id, map) > 0 ? "* 提示：信息
   确认成功！" : "* 提示：信息确认失败！";
13     StudentDao studentDao = (StudentDao) DaoFactory.
   getInstance("StudentDao");
14     request.setAttribute("student", studentDao.
   findOneByField("student_username", student_username));
15     request.setAttribute("enroll", enrollDao.findOneById(id));
16     request.setAttribute("mess", mess);
17     TransUtil.forward("/admin/zs/confirm.jsp", request, response);
18   }
19 }
```

4. 功能测试

按照上述步骤完成了现场确认功能的设计开发之后，就可以重启Tomcat服务器进行访问测试了，需要测试系统处于不同阶段时的功能实现情况。首先使用招生管理员账号“zs_admin_01”登录系统，将系统当前所处阶段设置为基础信息维护阶段；然后切换到现场确认功能页面，此阶段不能进行现场确认操作，页面中仅显示出相应的提示消息，效果如图10.1所示。

图10.1　基础信息维护阶段时的现场确认页面效果

接着将系统当前所处阶段设置为现场确认阶段，此时可以检索已报名的考生并进行确认操作。在文本框中输入一个已报名考生的身份证号，然后单击“查询”按钮，操作执行成功后会在页面中呈现出考生的报名信息，页面视图效果如图10.2所示。

在图10.2所示的页面中，单击“报名表打印”按钮，将会弹出报名表打印窗口。如图10.3所示，窗口左侧会呈现出页面打印的预览效果图，用户可以单击窗口右侧的“打印”按钮进行打印。

最后，招生管理员单击图10.2中的“信息确认”按钮之后，如果确认操作执行成功，重新渲染后的页面中将不会再出现“信息确认”和“报名表打印”这两个按钮。

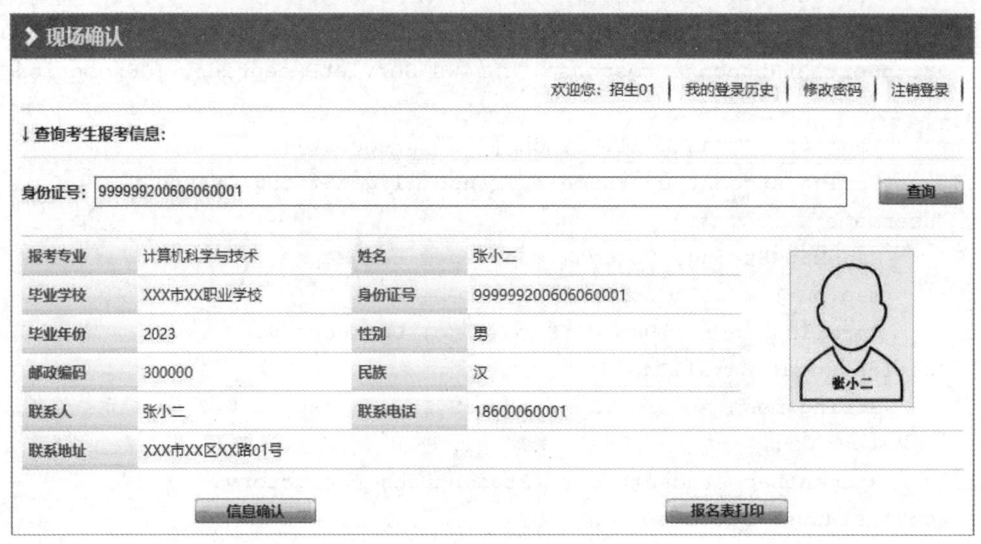

图10.2 现场确认页面效果

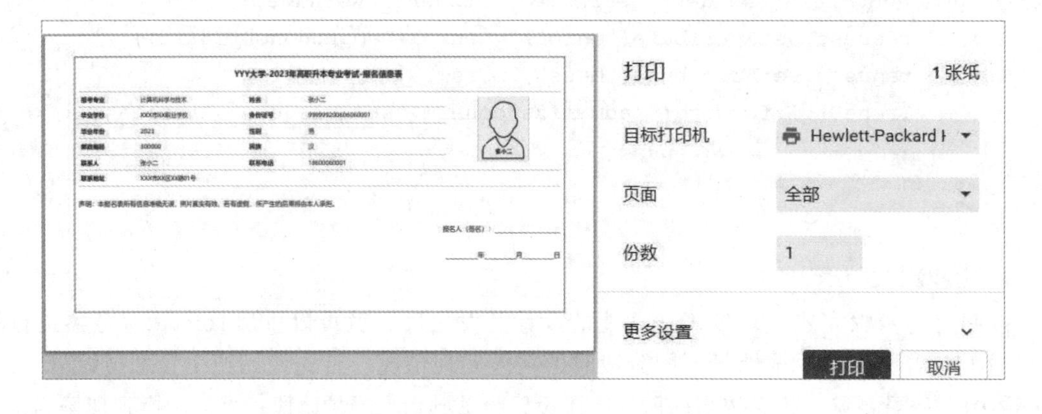

图10.3 报名表打印窗口

10.2 管理员查询报名信息功能的实现

管理员的报名信息综合查询功能是阶段不受限的功能，三类管理员用户都能随时查询考生的报名信息，可以按照报考专业和确认状态进行查询。结果以分页数据表格的形式展示，在结果列表中展示考生姓名、考生身份证号、报考专业、确认状态、准考证号、考场等字段，涉及数据库表student和数据库表enroll中的相关字段。下面对管理员查询报名信息功能的设计实现进行详细介绍。

1. 报名信息查询页面视图设计

视频讲解

管理员可以根据报考专业和确认状态来查询报名信息，二者均可使用下拉列表元素实现查询表单。在报考专业的选项列表中增加一个空值项（选项为空，传值为空），表示查询所有的报考专业。在确认状态的选项列表中也增加一个选项（选项为空，传值为2），表示查询所有确认状态。在“/web/admin/common/”目录下创建查询报名信息的功能页面“enroll.jsp”，其中查询表单的设计代码如10.2-01所示。

【代码10.2-01】查询报名信息的表单设计代码，代码位置：/web/admin/common/enroll.jsp。

```
01 <div class="operation">
02   <span class="text-blue"> ↓ 查询报名信息：</span>
03 </div>
04 <div class="form-area">
05   <form action="${root}/admin/common/enroll/page" method="post">
06     <div class="row">
07       <div class="bold">专业：</div>
08       <div class="item">
09         <select name="major_name">
10           <option value=""></option>
11           <c:forEach var="major" items="${majors}">
12             <option value="${major.major_name}" ${major.major_name
   eq param.major_name ? 'selected' : ''} >${major.major_name}
   </option>
13           </c:forEach>
14         </select>
15       </div>
16       <div class="bold">确认状态：</div>
17       <div class="item">
18         <select name="enroll_confirm">
19           <option value="2"></option>
20           <option value="0" ${param.enroll_confirm eq 0 ? 'selected'
   : ''}>未确认</option>
21           <option value="1" ${param.enroll_confirm eq 1 ? 'selected'
   : ''}>已确认</option>
22         </select>
23       </div>
24       <div>
25         <button class="btn-short" type="submit">查询</button>
26       </div>
27     </div>
28   </form>
29 </div>
```

查询结果视图使用数据表格设计，可以在数据表格中展示一部分关键信息字段。报名信息查询结果视图的设计代码如10.2-02所示，其中“确认状态”一列中根据实际的确认状态显示为“已确认”或者“未确认”的字样。

【代码10.2-02】报名信息查询结果视图设计代码，代码位置：/web/admin/common/enroll.jsp。

```
01 <table class="data-table">
02   <tr>
03     <th>序号</th>
04     <th>姓名</th>
05     <th>身份证号</th>
06     <th>专业</th>
07     <th>确认状态</th>
08     <th>准考证号</th>
09     <th>考场</th>
10   </tr>
11   <c:forEach var="item" items="${pageData.items}"
varStatus="status">
12     <tr>
13       <td>${(pageData.number-1) * pageData.size + status.count}
</td>
14       <td>${item.student_name}</td>
15       <td>${item.student_id_code}</td>
16       <td>${item.major_name}</td>
17       <td>${item.enroll_confirm eq 1 ? "已确认" : "未确认"}</td>
18       <td>${item.enroll_exam_number}</td>
19       <td>${item.enroll_room_location}</td>
20     </tr>
21   </c:forEach>
22 </table>
```

2. 数据分页导航设计

视频讲解

报名信息查询结果是以分页数据表格的形式呈现的，需要设计并实现数据分页导航。数据分页导航的HTML结构设计可以参考代码6.2.2-13，在此基础上需要完成对请求参数的处理、导航链接的更新、每页显示条数的自由设置以及不同数据页的跳转的功能。数据分页导航的代码是通用的，可以进行单独封装。在“/web/admin/includes/”目录下创建页面“page-nav.jsp”，在其中实现分页数据导航代码的封装，具体实现如代码10.2-03所示。

【代码10.2-03】文件/web/admin/includes/page-nav.jsp，版本1.0。

```
01 <%@ page contentType="text/html;charset=UTF-8" language="java" %>
02 <%@ taglib prefix="c" uri="http://java.sun.com/jsp/jstl/core" %>
```

```
03 <c:set var="numberPara" value="${empty param.number ? 'number=1' :
  'number='.concat(param.number)}"></c:set>
04 <c:set var="sizePara" value="${empty param.size ? 'size=10' :
  'size='.concat(param.size)}"></c:set>
05 <c:set var="queryParas" value=""></c:set>
06 <c:forEach var="para" items="${param}">
07   <c:if test="${para.key ne 'number' and para.key ne 'size'}">
08     <c:set var="queryParas" value="${queryParas.concat('&').
concat(para.key).concat('=').concat(para.value)}"></c:set>
09   </c:if>
10 </c:forEach>
11 <div class="page-nav">
12   <input type="text" value="${pageData.size}" class="text-center
text-red" style="width: 30px;"> 条 / 页
13   共 <span>${pageData.total}</span> 条
14   当前第 <span>${pageData.number}</span> 页
15   <a href="?number=1&${sizePara}${queryParas}"> 首页 </a>
16   <a href="?number=${pageData.prev}&${sizePara}${queryParas}"> 上一
页 </a>
17   <a href="?number=${pageData.next}&${sizePara}${queryParas}"> 下一
页 </a>
18   <a href="?number=${pageData.pages}&${sizePara}${queryParas}"> 尾
页 </a>
19   跳转到
20   <select class="text-red">
21     <c:forEach var="index" begin="1" end="${pageData.pages}">
22       <option value="${index}" ${index eq pageData.number ?
 'selected' : ''}>${index} / ${pageData.pages}</option>
23     </c:forEach>
24   </select>
25   页
26 </div>
27 <script>
28   $(function () {
29     $(".page-nav input").change(function (e) {
30       location.href = "?number=1&size=" + $(this).val() +
 "${queryParas}";
31     });
32     $(".page-nav select").change(function (e) {
33       location.href = "?number=" + $(this).val() +
 "&${sizePara}${queryParas}";
34     });
35   });
36 </script>
```

代码10.2-03说明如下：

（1）第03行，声明变量numberPara，用于保存当前请求中的页次number这个请求参数。如果内置对象param中包含请求参数number，就将请求参数number及其值转换为“key=value”格式的字符串，然后赋值给变量numberPara。如果内置对象param中没有请求参数number，就将当前页次number设置为1，在numberPara变量中保存字符串“number=1”。

（2）第04行，声明变量sizePara，用于保存当前请求中的每页数据条数size这个请求参数。如果内置对象param中包含请求参数size，就将请求参数size及其值转换为“key=value”格式的字符串，然后赋值给变量sizePara。如果内置对象param中没有请求参数size，就将每页数据条数size设置为10，在sizePara变量中保存字符串“size=10”。

（3）第05行~第10行，声明变量queryParas，用于保存当前请求中除number和size之外的其他所有请求参数，也就是那些与分页无关的，用于实现相关功能的业务请求参数。这些业务请求参数将以URL中附加请求参数格式的字符串形式进行保存，形如“&key1=value1&key2=value2&...”的格式。实现时只需要遍历内置对象param中除size和number以外的参数，每次遍历时，先拼接一个字符“&”，然后再拼接上当前遍历的请求参数（“key=value”格式的字符串）。

（4）第12行与第29行~第31行：第12行在文本框内呈现当前每页显示的数据条数“pageData.size”，pageData是由服务端读取并保存在请求作用域中的分页数据模型对象；第29行~第31行的脚本为该文本框绑定了change事件，用户可以在文本框中修改每页显示的数据条数。当文本框中的内容发生变化时，就会触发事件处理程序（第30行）执行，完成当前页面的刷新操作。刷新操作执行时在请求URL中重构了完整的请求参数，其中分页请求参数中的当前页次number被设置为1，分页请求参数中的每页数据条数size被设置为文本框中变化后的数据值，而其余的业务请求参数queryParas保持不变。这样，页面刷新时就会发送新的分页请求参数，服务端将会响应使用新的分页请求参数查询出来的分页数据对象，从而实现每页数据显示条数的设置切换功能。

（5）第13行，显示共有多少条数据（pageData.total）。

（6）第14行，显示当前是第几页数据（pageData.number）。

（7）第15行~第18行，分别实现导航至首页、上一页、下一页和尾页的链接，链接中保持当前请求URL地址不变，重新构建请求参数。原有的业务请求参数queryParas保持不变，分页请求参数中的每页数据条数size也保持不变，分页请求参数中的当前页次number的值分别设置为1、pageData.prev、pageData.next、pageData.pages，对应请求的页次就是首页、上一页、下一页和尾页。

（8）第19行~第25行与第32行~第34行，构建下拉列表select，实现跳转到任意一页的功能。在select元素中循序构建包含任意页次的选项，其中默认处于选中状态的选项是当前页次。第32行~第34行的脚本为该下拉列表select绑定了change事件，用户可以通过切换选项来请求不同页次的数据。当选项发生变化时，就会触发事件处理程序（第33行）执行，完成当前页面的刷新操作。刷新操作执行时在请求URL中重构了完整的请求参数，其中原有的业务请求参数queryParas保持不变，分页请求参数中的每页数据条数size也不变，仅将分页请求参数中的当前页次number设置为用户切换后的选项的值所代表的页次，这样页面刷新之后就实现了数据页次的切换。

3. 管理员查询报名信息的完整页面视图

视频讲解

管理员查询报名信息功能的完整页面需要包含封装好的页面头部文件、页面底部文件、管理员功能页面左侧的导航文件以及管理员功能页面右侧的快捷导航文件，页面右侧功能区包含功能操作的视图部分，还需要在页面中使用“jsp:include”标签导入数据分页导航文件。管理员查询报名信息功能页面的完整构成代码如10.2-04所示。

【代码10.2-04】文件/web/admin/common/enroll.jsp，版本1.0。

```
01 <%@ page language="java" contentType="text/html; charset=UTF-8"
   pageEncoding="UTF-8" %>
02 <%@ include file="/includes/page-head.jsp" %>
03 <section id="main">
04   <%@ include file="/admin/includes/left-nav.jsp" %>
05   <div id="right">
06     <h1 id="nav-title">报名信息</h1>
07     <div id="right-area">
08       <%@ include file="/admin/includes/right-nav.jsp" %>
09       ...此处为【代码10.2-01】中的所有代码
10       ...此处为【代码10.2-02】中的所有代码
11       <jsp:include page="/admin/includes/page-nav.jsp" />
12     </div>
13   </div>
14 </section>
15 <%@ include file="/includes/page-bottom.jsp" %>
```

4. DAO层方法的封装

视频讲解

查询报名信息时需要根据招考专业以及确认状态这两个条件来进行分页数据查询，通过实体类DAO接口所继承的通用DAO接口中的findOnePageMapListBySql方法实现，但是需要提供SQL查询语句。为了避免在控制层出现底层的SQL语句，可以在DAO层中封装一个新的查询方法，供控制层调用。在EnrollDao接口中定义该方法，然后在其实现类EnrollDaoImpl中实现该方法。首先编辑文件“/src/cn.bmxt.dao/EnrollDao.java”，在其中定义接口方法findOnePageEnrolls，代码如10.2-05所示。方法的入参为当前页次、每页数据条数、招考专业和确认状态。

【代码10.2-05】文件/src/cn.bmxt.dao/EnrollDao.java，版本0.03，上一个版本参见代码7.5.2-02。

```
01 package cn.bmxt.dao;
02 // import ... 此处省略了导包语句
03 public interface EnrollDao extends BaseDao<Enroll> {
04   public long confirmCount();
05   public Page<Map<String, Object>> findOnePageEnrolls(int number,
   int size, String major_name, int enroll_confirm);
06 }
```

接着编辑文件“/src/cn.bmxt.dao.impl/EnrollDaoImpl.java”，实现EnrollDao接口中新增的方法，实现代码如10.2-06所示。

【代码10.2-06】文件/src/cn.bmxt.dao.impl/EnrollDaoImpl.java，版本0.03，上一个版本参见代码7.5.2-03。

```
01 package cn.bmxt.dao.impl;
02 // import ... 此处省略了导包语句
03 public class EnrollDaoImpl extends BaseDaoImpl<Enroll> implements
   EnrollDao {
04   public long confirmCount() {
05     return count("select * from enroll where enroll_confirm=1");
06   }
07   public Page<Map<String, Object>> findOnePageEnrolls(int number,
   int size, String major_name, int enroll_confirm) {
08     String major_name_cond = "".equals(major_name) ? "<>" : "=";
09     String enroll_confirm_cond = enroll_confirm == 2 ? "<>" : "=";
10     String sql = "select student.student_name, student.student_
   id_code,enroll.* from enroll,student where enroll.student_
   username=student.student_username and major_name " + major_name_
   cond + "? and enroll_confirm " + enroll_confirm_cond + "?";
11     return findOnePageMapListBySql(number, size, sql, major_name,
   enroll_confirm);
12   }
13 }
```

代码10.2-06中第07行~第12行代码实现了接口方法findOnePageEnrolls。第08行根据参数“major_name”的具体传值来确定SQL语句中“major_name”字段的具体查询条件字符串，如果参数“major_name”传值为空，说明查询的是所有的专业，此时查询条件字符串应为“不等于”（<>），否则查询条件字符串就是“等于”（=）。第09行根据参数“enroll_confirm”的具体传值来确定SQL语句中“enroll_confirm”字段的具体查询条件字符串，如果参数“enroll_confirm”传值为2，说明查询的是所有状态的数据，此时查询条件字符串应为“不等于”（<>），否则查询条件字符串就是“等于”（=）。第10行构建查询语句时使用连接查询，通过“student_username”这个字段连接考生表student和报名信息表enroll，在查询结果中包含考生姓名、考生身份证号以及报名信息表中的所有字段。第11行调用findOnePageMapListBySql方法获取一页结果数据，并封装在Page对象中返回。

5. 控制层Servlet的实现

视频讲解

分页查询报名信息时既需要分页信息相关的参数，又需要查询条件的参数。如果用户在请求时没有提供这些参数，那么接收请求参数时就需要设置一个有效的默认值，可以直接使用TransUtil工具类中封装好的需要提供默认值参数的getInt、getString等方法获取请求参数值，从而保证程序能够正常执行。在“cn.bmxt.controller”包中创建一个新的Servlet类，命名为AdminCommonEnrollPage，然后编辑该文件，在其中编写分页查询报名信息的请求处理程序，实现代码如10.2-07所示。

【代码10.2-07】文件/src/cn.bmxt.controller/AdminCommonEnrollPage.java，版本1.0。

```
01 package cn.bmxt.controller;
02 // import ... 此处省略了导包语句
03 @WebServlet("/admin/common/enroll/page")
04 public class AdminCommonEnrollPage extends HttpServlet {
05   // ... 此处省略了 doGet 方法，参见代码 7.2.2-02
06   protected void doPost(HttpServletRequest request,
   HttpServletResponse response) throws ServletException, IOException
   {
07     EnrollDao enrollDao = (EnrollDao) DaoFactory.
   getInstance("EnrollDao");
08     int number = TransUtil.getInt("number", 1, request);
09     int size = TransUtil.getInt("size", 10, request);
10     String major_name = TransUtil.getString("major_name", request);
11     int enroll_confirm = TransUtil.getInt("enroll_confirm", 2,
   request);
12     Page<Map<String, Object>> pageData = enrollDao.
   findOnePageEnrolls(number, size, major_name, enroll_confirm);
13     request.setAttribute("pageData", pageData);
14     TransUtil.forward("/admin/common/enroll.jsp", request,
   response);
15   }
16 }
```

代码10.2-07中，第08行接收当前页次number这个请求参数的值，如果请求中不存在该参数或者参数在类型转换时发生了异常，会使用getInt方法中设置的默认值1。同样地，第09行接收每页显示条目数size这个请求参数的值时，在getInt方法中设置了默认值10。第10行接收招考专业“major_name”这个请求参数的值，如果在请求中不存在该参数，那么getString方法的返回值就是空值，意味着不限专业。第11行接收确认状态“enroll_confirm”这个请求参数的值，如果在请求中不存在该参数，会使用getInt方法中设置的默认值2，意味着不限确认状态。第12行调用DAO层封装的findOnePageEnrolls方法获取分页数据模型对象；第13行将其保存至request作用域；第14行将请求转发至查询报名信息的页面。

6. 功能测试

按照上述步骤完成了管理员查询报名信息功能的设计开发之后，就可以重启Tomcat服务器进行访问测试了。测试之前需要使用一些考生账号完成在线报名，并使用招生管理员账号完成一些考生报名信息的现场确认操作。图10.4展示的是报考专业为“软件工程”的报名信息数据查询结果，其中每页显示条目数被修改为3条，并且页次被切换到第2页。

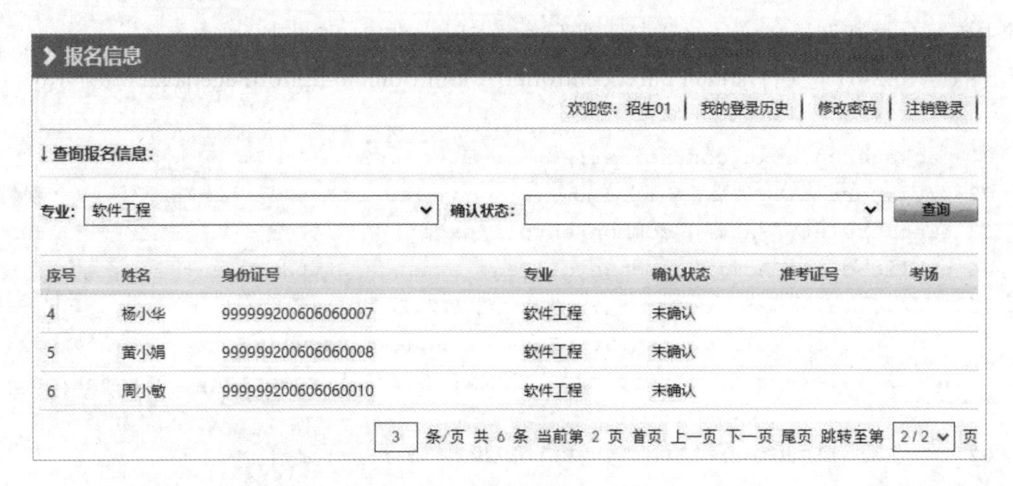

图10.4 查询报名信息页面效果

第11章 排考阶段的业务功能实现

排考阶段的主要业务就是为已缴费确认的所有考生编排准考证号码并安排考场。在传统的教务管理模式下，教务人员手动为考生编排准考证号码并分配考场，工作量大且易于出错。通过对排考业务进行研究分析，可以发现无论是准考证号码的编排，还是考场的分配，都可以通过设置一些规则来完成。定义好了规则之后就可以通过程序实现自动化排考，在提高效率的同时，也能够节约人力成本。本章将结合系统具体需求，完成排考阶段的业务功能设计。

11.1 准考证号码编排功能的实现

任何考试的准考证号都不是随意编排的，而是基于一些组合规则生成的。我们将准考证号码的构成按顺序划分为以下几个部分：前五位数字为学校代码，接着使用两位数字表示考试年份，然后使用两位数字代表报考专业，再使用三位数字表示考场编号，最后两位数字代表考生的座位号。假设有一个准考证号码为“13897230100306”，那么其中“13897”是学校代码，“23”表示2023年，“01”代表一个报考专业，“003”指第3考场，“06”则代表考生在考场教室中的座位号。在数据库表enroll中，与排考信息相关的字段共有4个，字段名称分别为“enroll_exam_number”“enroll_room_number”“enroll_room_location”和“enroll_seat_number”，其含义依次为准考证号码、考场号、考场教室地址和座位号。完成了准考证号码的编排之后，就能够对准考证号码、考场号和座位号三个字段进行填充，最后再为每一个考场号关联一个具体的考场教室，就完成了所有的排考任务。通过两个步骤来实现排考业务，第一步，编排准考证号码，在数据库表中填写准考证号、考场号和座位号信息；第二步，为每一个考场号分配一个考场教室，在数据库表中填写考场教室地址。本节将详细讲述如何编排准考证号码，考场教室的分配操作将在下一节中进行讲述。

1. 准考证号编排的表单视图设计

视频讲解

为了简化程序，降低代码的复杂度，采取按专业分别进行准考证号码编排的策略，一次操作仅编排一个专业的准考证号码。在准考证号编排页面中，由教务管理员通过表单设置准考证号码的各个组成部分，包括学校代码、年份代码、专业代码、该专业的起始考场编号以及每考场人数。服务端将根据专业报考确认人数、起始考场编号以及每考场人数等信息，为每个已确认考生编排考场号及座位号，并拼接为最终的准考证号码。一个专业的准考证号码分配完毕后，教务管理员可以继续执行下一个专业的准考证号码分配操作。为使教务管理员能够更加直观地了解目前的编排情况和进度，有必要在服务端生成一些关键的编排统计信息并在页面中显示，辅助教务管理员进行排考操作。可以分专业统计出确认缴费人数、已编排准考证号人数、编排的起止考场编号和末尾考场人数等信息，然后使用数据表格展示出每个专业的这些统计信息。准考证号码编排时会根据每考场人数依次编排，只有最后一个考场的人数才有可能少于每考场人数，统计显示出末尾考场人数便于教务管理员进行研判，避免因末尾考场人数过少而浪费考试资源。如果出现了末尾考场人数过少的情况，可以根据现有考场教室资源重新设置一个合适的每考场人数，然后重新进行准考证号码的编排操作。

根据上述编排策略，页面包括准考证号编排表单和当前编排情况统计两部分。在“/web/admin/jw/”目录下创建准考证号编排功能页面“card.jsp”，其中准考证号编排表单的设计代码如11.1-01所示。

【代码11.1-01】准考证号编排表单的设计代码，代码位置：/web/admin/jw/card.jsp。

```
01 <div class="operation">
02   <span class="text-blue">↓ 分配准考证号：</span>
03   <span id="mess" class="text-red">${mess}</span>
04 </div>
05 <div class="form-area">
06   <form action="${root}/admin/jw/card/arrange" method="post">
07     <div class="row">
08       <div class="label">报考专业：</div>
09       <div class="item">
10         <select name="major_name">
11           <c:forEach var="major" items="${majors}">
12             <option value="${major.major_name}" ${major.major_name
 eq paras.major_name ? 'selected' : ''} >${major.major_name}
 </option>
13           </c:forEach>
14         </select>
15       </div>
16       <div class="item hint">*</div>
17     </div>
18     <div class="row">
19       <div class="label">学校代码：</div>
20       <div class="item"><input type="text" name="school_code"
```

```
value="${paras.school_code}"/></div>
21        <div class="item hint">* 5位数字，示例：13897</div>
22      </div>
23      <div class="row">
24        <div class="label">年份代码：</div>
25        <div class="item"><input type="text" name="year_code"
value="${paras.year_code}"/></div>
26        <div class="item hint">* 2位数字，示例：23</div>
27      </div>
28      <div class="row">
29        <div class="label">专业代码：</div>
30        <div class="item"><input type="text" name="major_code"
value="${paras.major_code}"/></div>
31        <div class="item hint">* 2位数字，示例：01</div>
32      </div>
33      <div class="row">
34        <div class="label">起始考场编号：</div>
35        <div class="item"><input type="text" name="room_start"
value="${paras.room_start}"/></div>
36        <div class="item hint">* 3位数字，示例：001</div>
37      </div>
38      <div class="row">
39        <div class="label">每考场人数：</div>
40        <div class="item"><input type="text" name="room_count"
value="${paras.room_count}"/></div>
41        <div class="item hint">* 1与99之间的数字</div>
42      </div>
43      <div class="row">
44        <div class="label"></div>
45        <div class="item">
46          <button class="btn-long" type="submit">开始分配</button>
47        </div>
48      </div>
49    </form>
50 </div>
```

正如代码11.1-01所示，按专业编排准考证号时首先选择当前编排的是哪个专业的准考证号，然后依次设置学校代码、年份代码、专业代码、起始考场编号和每考场人数。为避免用户输入不规范的数据，需要对表单数据进行前端校验，表单数据校验代码的实现如11.1-02所示。

【代码11.1-02】准考证号编排表单的前端校验代码，代码位置：/web/admin/jw/card.jsp。

```
01 <script>
02   $(function () {
03     let form = document.forms[0];
```

```
04     $(form).submit(function (e) {
05       if (!/^\d{5}$/.test(form.school_code.value.trim())){
06         $("#mess").text(" * 学校代码为 5 位数字！ ");
07         form.school_code.focus();
08         return false;
09       }
10       if (!/^\d{2}$/.test(form.year_code.value.trim())){
11         $("#mess").text(" * 年份代码为 2 位数字！ ");
12         form.year_code.focus();
13         return false;
14       }
15       if (!/^\d{2}$/.test(form.major_code.value.trim())){
16         $("#mess").text(" * 专业代码为 2 位数字！ ");
17         form.major_code.focus();
18         return false;
19       }
20       if (!/^\d{3}$/.test(form.room_start.value.trim())){
21         $("#mess").text(" * 起始考场编号为 3 位数字！ ");
22         form.room_start.focus();
23         return false;
24       }
25       if (!/^[1-9]\d?$/.test(form.room_count.value.trim())){
26         $("#mess").text(" * 每考场人数为 1 与 99 之间的数字！ ");
27         form.room_count.focus();
28         return false;
29       }
30       return true;
31     });
32   });
33 </script>
```

2. 当前编排情况展示视图的设计

接下来实现当前编排情况展示的数据表格，代码设计如11.1-03所示。数据表格每一行展示一个专业的准考证号码编排统计数据。

【代码11.1-03】当前编排情况展示的视图设计，代码位置：/web/admin/jw/card.jsp。

```
01 <div class="operation">
02   <span class="text-blue">↓ 当前编排情况：</span>
03 </div>
04 <table class="data-table">
05   <tr>
06     <th>序号</th>
07     <th>专业名称</th>
08     <th>确认缴费人数</th>
```

```
09     <th>已编排准考证人数</th>
10     <th>起止考场编号</th>
11     <th>末尾考场人数</th>
12   </tr>
13   <c:forEach var="arrange" items="${arranges}" varStatus="status">
14     <tr>
15       <td>${status.count}</td>
16       <td>${arrange.major_name}</td>
17       <td>${arrange.confirm_count}</td>
18       <td>${arrange.card_count}</td>
19       <td>${arrange.room_start} - ${arrange.room_end}</td>
20       <td>${arrange.last_room_count}</td>
21     </tr>
22   </c:forEach>
23 </table>
```

3. 准考证号码编排功能的完整页面视图

准考证号码编排功能的完整页面需要包含封装好的页面头部文件、页面底部文件、管理员用户功能页面左侧的导航文件以及管理员用户功能页面右侧的快捷导航文件，在页面右侧功能区中包含不同系统阶段下的视图，还需要嵌入相关脚本文件。准考证号码编排功能页面的完整构成如代码11.1-04所示，其中第10行展示的是当系统阶段处于第4阶段（排考阶段）之前的阶段时的提示信息。准考证号编排的表单视图以及前端校验的脚本代码仅当系统阶段处于第4阶段（排考阶段）时方可显示，而当前编排情况展示的视图则可以在排考阶段以及之后的阶段内正常显示。

【代码11.1-04】文件/web/admin/jw/card.jsp，版本1.0。

```
01 <%@ page language="java" contentType="text/html; charset=UTF-8"
   pageEncoding="UTF-8" %>
02 <%@ include file="/includes/page-head.jsp" %>
03 <section id="main">
04   <%@ include file="/admin/includes/left-nav.jsp" %>
05   <div id="right">
06     <h1 id="nav-title">准考证号分配</h1>
07     <div id="right-area">
08       <%@ include file="/admin/includes/right-nav.jsp" %>
09       <c:if test="${currentPhase.phase_number lt 4}">
10         <div class="info text-red">* 提示：当前处于${currentPhase.
   phase_name}，不能进行准考证号分配操作！</div>
11       </c:if>
12       <c:if test="${currentPhase.phase_number eq 4}">
13         ...此处为【代码11.1-01】中的所有代码
14       </c:if>
15       <c:if test="${currentPhase.phase_number ge 4}">
```

```
16          ... 此处为【代码 11.1-03】中的所有代码
17        </c:if>
18      </div>
19    </div>
20 </section>
21 <c:if test="${currentPhase.phase_number eq 4}">
22    ... 此处为【代码 11.1-02】中的所有代码
23 </c:if>
24 <%@ include file="/includes/page-bottom.jsp" %>
```

4. DAO层方法的封装

视频讲解

在排考阶段以及之后的阶段中，准考证号码编排功能页面中始终要展示准考证号码的编排统计数据，需要在DAO层封装若干统计查询方法，这些方法在EnrollDao接口中定义，在EnrollDaoImpl类中实现。其中，统计某专业已确认缴费人数的方法命名为confirmedCountOfMajor，统计某专业已编排准考证号人数的方法命名为cardCountOfMajor，查询某专业起始考场编号（最小的考场编号）的方法命名为findMinRoomNumberOfMajor，查询某专业末尾考场编号（最大的考场编号）的方法命名为findMaxRoomNumberOfMajor，统计某专业末尾考场人数的方法命名为countLastRoomOfMajor。此外，在编排某专业准考证号码时需要首先获取该专业已确认的报名信息列表，可以根据具体的SQL查询语句在DAO层封装一个新的查询方法，命名为findConfirmedByMajor。首先编辑文件“/src/cn.bmxt.dao/EnrollDao.java”，在EnrollDao接口中定义上述方法，代码如11.1-05所示。

【代码11.1-05】文件/src/cn.bmxt.dao/EnrollDao.java，版本0.04，上一个版本参见代码10.2-05。

```
01 package cn.bmxt.dao;
02 import cn.bmxt.dao.common.BaseDao;
03 import cn.bmxt.entity.Enroll;
04 import cn.bmxt.entity.common.Page;
05 import java.util.List;
06 import java.util.Map;
07 public interface EnrollDao extends BaseDao<Enroll> {
08    ... 此处为【代码 10.2-05】中的第 07 行 ~ 第 08 行代码
09    public long confirmedCountOfMajor(String major_name);
10    public long cardCountOfMajor(String major_name);
11    public String findMaxRoomNumberOfMajor(String major_name);
12    public String findMinRoomNumberOfMajor(String major_name);
13    public long countLastRoomOfMajor(String major_name);
14    public List<Enroll> findConfirmedByMajor(String major_name);
15 }
```

接着编辑文件“/src/cn.bmxt.dao.impl/EnrollDaoImpl.java”，实现EnrollDao接口中新增的方法，实现代码如11.1-06所示。

【代码11.1-06】文件/src/cn.bmxt.dao.impl/EnrollDaoImpl.java，版本0.04，上一个版本参见代码10.2-06。

```
01 package cn.bmxt.dao.impl;
02 import cn.bmxt.dao.EnrollDao;
03 import cn.bmxt.dao.common.impl.BaseDaoImpl;
04 import cn.bmxt.entity.Enroll;
05 import cn.bmxt.entity.common.Page;
06 import cn.bmxt.util.DbUtil;
07 import java.util.List;
08 import java.util.Map;
09 public class EnrollDaoImpl extends BaseDaoImpl<Enroll> implements
   EnrollDao {
10   ... 此处为【代码 10.2-06】中的第 08 行 ~ 第 16 行代码
11   public long confirmedCountOfMajor(String major_name) {
12     return count("select * from enroll where enroll_confirm=1 and
   major_name=?", major_name);
13   }
14   public long cardCountOfMajor(String major_name) {
15     return count("select * from enroll where enroll_exam_number<>''
   and major_name=?", major_name);
16   }
17   public String findMaxRoomNumberOfMajor(String major_name) {
18     String result = DbUtil.queryScalar("select enroll_room_number
   from enroll where enroll_room_number<>'' and major_name=? order by
   enroll_room_number desc limit 1", major_name);
19     return result == null ? "" : result;
20   }
21   public String findMinRoomNumberOfMajor(String major_name) {
22     String result = DbUtil.queryScalar("select enroll_room_number
   from enroll where enroll_room_number<>'' and major_name=? order by
   enroll_room_number asc limit 1", major_name);
23     return result == null ? "" : result;
24   }
25   public long countLastRoomOfMajor(String major_name) {
26     String lastRoomNumber = findMaxRoomNumberOfMajor(major_name);
27     return  "".equals(lastRoomNumber) ? 0 : count("select * from
   enroll where enroll_room_number=?", lastRoomNumber);
28   }
29   public List<Enroll> findConfirmedByMajor(String major_name) {
30     return findAllBySql("select * from enroll where major_name=?
   and enroll_confirm=1", major_name);
31   }
32 }
```

5. 控制层Servlet的实现

视频讲解

准考证号编排功能包括当前编排情况统计展示以及准考证号编排两个操作，需要创建两个Servlet，分别用于响应这两个不同的操作请求。在“cn.bmxt.controller”包中创建两个Servlet，分别命名为AdminJwCardShow和AdminJwCardArrange，这两个操作之间的流程示意如图11.1所示。

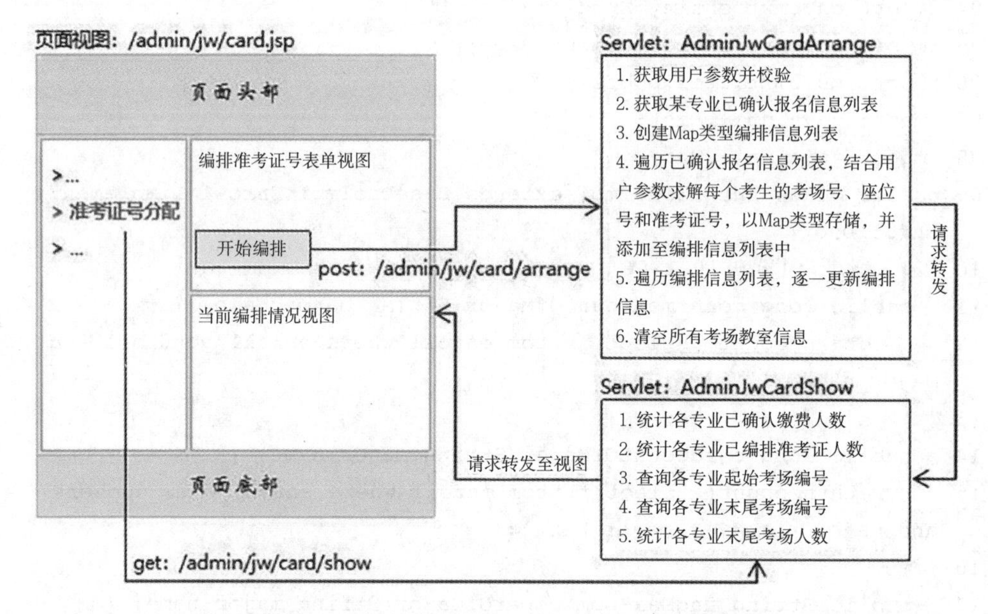

图11.1 准考证号编排功能操作流程示意图

功能页面在展示之前都要经过AdminJwCardShow这个Servlet，对各专业的当前编排情况进行统计。某专业准考证号编排完毕之后也需要先将请求转发至AdminJwCardShow这个Servlet，然后再将请求转发至页面视图。Servlet类AdminJwCardShow的实现代码如11.1-07所示。

【代码11.1-07】文件/src/cn.bmxt.controller/AdminJwCardShow.java，版本1.0。

```
01 package cn.bmxt.controller;
02 // import ... 此处省略了导包语句
03 @WebServlet("/admin/jw/card/show")
04 public class AdminJwCardShow extends HttpServlet {
05   // ...此处省略了doGet方法，参见代码7.2.2-02
06   protected void doPost(HttpServletRequest request,
   HttpServletResponse response) throws ServletException, IOException
   {
07     List<Map<String, Object>> mapList = new ArrayList<>();
08     List<Major> majors = (List<Major>) request.getServletContext().
   getAttribute("majors");
09     EnrollDao enrollDao = (EnrollDao) DaoFactory.
   getInstance("EnrollDao");
10     for (Major major : majors) {
11       Map<String, Object> map = new HashMap<>();
12       String major_name = major.getMajor_name();
```

```
13        map.put("major_name", major_name);
14        map.put("confirm_count", enrollDao.confirmedCountOfMajor(major_
   name));
15        map.put("card_count", enrollDao.cardCountOfMajor(major_
   name));
16        map.put("room_start", enrollDao.
   findMinRoomNumberOfMajor(major_name));
17        map.put("room_end", enrollDao.findMaxRoomNumberOfMajor(major_
   name));
18        map.put("last_room_count", enrollDao.
   countLastRoomOfMajor(major_name));
19        mapList.add(map);
20      }
21      request.setAttribute("arranges", mapList);
22      TransUtil.forward("/admin/jw/card.jsp", request, response);
23    }
24 }
```

Servlet类AdminJwCardArrange用于实现某专业准考证号的编排功能，功能实现时需要接收用于编排准考证号的请求参数，涉及请求参数字段的服务端校验。在包“cn.bmxt.validation”下的请求参数字段校验器类FieldValidator中添加这些请求参数字段的校验方法，实现代码如11.1-08所示。

【代码11.1-08】准考证号编排操作时需要在服务端封装的相关字段的合规性校验方法，代码位置：/src/cn.bmxt.validation/FieldValidator.java。

```
01 public static String school_code(String school_code) {
02   return school_code.matches("\\d{5}") ? "" : "* 提示：学校代码为 5 位
   数字！ ";
03 }
04 public static String year_code(String year_code) {
05   return year_code.matches("\\d{2}") ? "" : "* 提示：年份代码为2位数字！ ";
06 }
07 public static String major_code(String major_code) {
08   return major_code.matches("\\d{2}") ? "" : "* 提示：专业代码为 2 位数
   字！ ";
09 }
10 public static String room_start(String room_start) {
11   return room_start.matches("\\d{3}") ? "" : "* 提示：起始考场编号为 3
   位数字！ ";
12 }
13 public static String room_count(String room_count) {
14   return room_count.matches("[1-9]\\d?") ? "" : "* 提示：每考场人数为
   1 与 99 之间的数字！ ";
15 }
```

接下来实现用于编排准考证号的Servlet类AdminJwCardArrange，具体代码如11.1-09所示。

【代码11.1-09】文件/src/cn.bmxt.controller/AdminJwCardArrange.java，版本1.0。

```
01 package cn.bmxt.controller;
02 // import ... 此处省略了导包语句
03 @WebServlet("/admin/jw/card/arrange")
04 public class AdminJwCardArrange extends HttpServlet {
05   // ... 此处省略了 doGet 方法，参见代码 7.2.2-02
06   protected void doPost(HttpServletRequest request,
HttpServletResponse response) throws ServletException, IOException
{
07     Map<String, String> paras = TransUtil.getParameterMap(request);
08     List<String> messList = Validator.parasValidate(paras);
09     if (messList.size() == 0) { // 数据校验通过
10       int room_start = TransUtil.getInt("room_start", request);
11       int room_count = TransUtil.getInt("room_count", request);
12       EnrollDao enrollDao = (EnrollDao) DaoFactory.
getInstance("EnrollDao");
13       List<Enroll> enrolls = enrollDao.findConfirmedByMajor(paras.
get("major_name"));
14       List<Map<String, Object>> mapList = new ArrayList<>();
15       for (int i = 0; i < enrolls.size(); i++) {
16         Enroll enroll = enrolls.get(i);
17         int room_number = i / room_count + room_start;
18         String enroll_room_number = room_number < 10 ? "00" +
room_number : (room_number < 100 ? "0" + room_number : "" + room_
number);
19         int seat_number = i % room_count + 1;
20         String enroll_seat_number = seat_number < 10 ? "0" + seat_
number : "" + seat_number;
21         String enroll_exam_number = paras.get("school_code") +
paras.get("year_code") + paras.get("major_code") + enroll_room_
number + enroll_seat_number;
22         Map<String, Object> map = new HashMap<>();
23         map.put("id", enroll.getId());
24         map.put("enroll_exam_number", enroll_exam_number);
25         map.put("enroll_room_number", enroll_room_number);
26         map.put("enroll_seat_number", enroll_seat_number);
27         mapList.add(map);
28       }
29       for (Map<String, Object> entityFieldMap : mapList) {
30         long id = (long) entityFieldMap.get("id");
31         enrollDao.updateById(id, entityFieldMap);
32       }
33       enrollDao.updateByField("enroll_room_location", "");
```

```
34        messList.add("* 提示: " + paras.get("major_name") + " 专业准考证
   号分配完毕! ");
35      }
36      request.setAttribute("mess", messList.get(0));
37      TransUtil.forward("/admin/jw/card/show", request, response);
38    }
39 }
```

代码11.1-09说明如下：

（1）第07行~第08行，接收用户请求参数并进行统一校验。

（2）第10行，获取起始考场编号并转换为整型数据。

（3）第11行，获取每考场人数并转换为整型数据。

（4）第13行，获取当前编排专业已确认的报名信息列表enrolls。

（5）第14行，构建“List<Map<String, Object>>”类型对象mapList，用于临时存储所有的准考证号编排信息。列表中的Map数据用于存储一条具体的编排信息，包括报名信息id、编排的准考证号、考场编号和座位号四个字段。

（6）第15行~第28行，遍历当前编排专业已确认的报名信息列表enrolls，按顺序依次计算每一条报名信息应该分配的考场号、座位号和准考证号，并将编排结果临时保存至mapList中。第17行使用当前循环变量*i*除以每考场人数，然后加上起始考场编号（整数值），作为第*i*次循环时分配的考场编号（整数值）。第18行将编排的考场编号（整数值）转换为三位数字字符串，如果考场编号（整数值）为1位，则需要在前面补上两个0；如果考场编号（整数值）为2位，则需要在前面补上一个0。第19行使用当前循环变量*i*取模每考场人数，然后加上1，作为第*i*次循环时分配的座位号（整数值）。第20行将编排的座位号（整数值）转换为两位数字字符串，如果座位号（整数值）为1位，则需要在前面补上一个0。第21行，根据教务管理员设置的学校代码、年份代码、专业代码，以及计算得到的考场编号和座位号，拼接成完整的准考证号码字符串。第22行~第27行将本次循环的报名信息id以及编排的准考证号、考场编号和座位号存储在一条Map数据中，并将这条Map数据保存至编排信息列表mapList中。

（7）第29行~第32行，遍历编排信息列表mapList，在数据库表enroll中逐一更新准考证号编排信息。

（8）第33行，清空报名信息表enroll中所有的考场教室。之所以执行这一步操作，是因为准考证号本次有可能不是第一次编排，而是重新编排。当重新编排时，enroll表中准考证号、考场号、座位号和考场教室都可能存在旧值，其中的准考证号、考场号和座位号字段一定会被新编排的值覆盖，上次排考时依据考场号分配的考场教室将不再与新编排的考场号对应，考场教室字段中的数据就成为了无效数据，需要重新分配考场教室。为了不干扰考场分配功能的正常执行，有必要提前将考场教室字段中的数据全部清空，这样，教务管理员执行了准考证号编排操作之后，一定还需要执行考场分配操作才能完成整个排考任务。

（9）第34行，在消息列表中添加提示消息。

（10）第36行，取出消息列表中的第一条消息，保存至request作用域。

（11）第37行，将请求转发至AdminJwCardShow这个Servlet，统计查询各专业的编排情况之后，最终会将请求转发至准考证号编排功能页面。

6. 功能测试

按照上述步骤完成了教务管理员的准考证号编排功能的设计开发之后，就可以重启Tomcat服务器进行访问测试了。测试之前首先需要使用招生管理员账号“zs_admin_01”登录系统，完成一些考生报名信息的现场确认操作，然后再将系统当前所处阶段设置为第4阶段（排考阶段）。接下来需要使用教务管理员账号“jw_admin_01”登录系统，并切换到准考证号编排功能页面，先选择“计算机科学与技术”专业来编排准考证号，填写编排准考证号的各项表单数据，然后单击“开始编排”按钮执行编排操作。准考证号码编排完毕后的页面效果如图11.2所示，在页面视图的数据表格中，准确统计出了各专业的当前编排数据。

> 准考证号分配

欢迎您：教务01 | 我的登录历史 | 修改密码 | 注销登录 |

↓编排准考证号：* 提示：计算机科学与技术专业准考证号分配完毕!

报考专业：计算机科学与技术 *

学校代码：13897 * 5位数字，示例：13897

年份代码：23 * 2位数字，示例：23

专业代码：01 * 2位数字，示例：01

起始考场编号：001 * 3位数字，示例：001

每考场人数：4 * 1与99之间的数字

开始编排

↓当前编排情况：

序号	专业名称	确认缴费人数	已编排准考证人数	起止考场编号	末尾考场人数
1	计算机科学与技术	6	6	001 - 002	2
2	软件工程	18	0	-	0

图11.2 准考证号编排功能页面效果

11.2 考场教室分配功能的实现

考场教室分配操作的前提是已经完成了所有专业的准考证号编排，所有已确认的报名信息记录中都已经填写了考场编号，只需要给每一间考场编号对应分配一间考场教室即可。下面对考场教室分配功能的设计实现进行详细介绍。

1. 页面视图的设计与实现

视频讲解

在考场教室分配页面中，需要展示所有考场编号以及该考场编号对应分配的考生人数，以便教务管理员分配合适的教室作为考场。可以使用数据表格展示，每行展示一条考场信息，每行的最后一个单元格中部署一个用于关联考场教室的文本框。如果尚未分配教室，文本框为空，教务管理员可以执行分配考场教室的操作；如果已经分配了教室，文本框中需要显示已经关联的考场教室，教务管理员可以修改考场教室，然后重新执行分配考场教室的操作。数据表格嵌套在一个表单区域中，在数据表格最后一行中部署表单的提交按钮，用于触发提交请求。此外，页面设计时还需要考虑不同系统阶段下的视图展示。在“/web/admin/jw/”目录下创建用于分配考场教室的功能页面“room.jsp”，页面的完整设计代码如11.2-01所示。

【代码11.2-01】文件/web/admin/jw/room.jsp，版本1.0。

```
01 <%@ page language="java" contentType="text/html; charset=UTF-8"
   pageEncoding="UTF-8" %>
02 <%@ include file="/includes/page-head.jsp" %>
03 <section id="main">
04   <%@ include file="/admin/includes/left-nav.jsp" %>
05   <div id="right">
06     <h1 id="nav-title">考场安排</h1>
07     <div id="right-area">
08       <%@ include file="/admin/includes/right-nav.jsp" %>
09       <c:if test="${currentPhase.phase_number lt 4}">
10         <div class="info text-red">* 提示：当前处于${currentPhase.
phase_name}，不能进行考场教室分配操作！</div>
11       </c:if>
12       <c:if test="${currentPhase.phase_number ge 4}">
13         <div class="operation">
14           <span class="text-blue">↓ 考场教室分配：</span>
15           <span id="mess" class="text-red">${mess}</span>
16         </div>
17         <div class="form-area">
18           <form action="${root}/admin/jw/room/arrange"
method="post">
19             <table class="data-table">
20               <tr>
21                 <th>序号</th><th>考场编号</th><th>人数</th><th>教室
</th>
22               </tr>
23               <c:forEach var="location" items="${locations}"
varStatus="status">
24                 <tr>
25                   <td>${status.count}</td>
26                   <td>${location.enroll_room_number}</td>
27                   <td>${location.room_count}</td>
28                   <td>
29                     <input class="location" type="text"
name="room_${location.enroll_room_number}" value="${location.
enroll_room_location}" ${currentPhase.phase_number eq 4 ? '' :
'disabled'}/>
30                   </td>
```

```
31                </tr>
32              </c:forEach>
33              <c:if test="${(currentPhase.phase_number eq 4) and
   (locations.size() gt 0)}">
34                <tr><td colspan="3"></td><td><button class="btn-
   long" type="submit">关联教室</button></td></tr>
35                </c:if>
36            </table>
37          </form>
38        </div>
39      </c:if>
40    </div>
41  </div>
42 </section>
43 <c:if test="${currentPhase.phase_number eq 4}">
44   <script>
45     $(function () {
46       let form = document.forms[0];
47       $(form).submit(function (e) {
48         $("#mess").empty();
49         $("input.location").each(function (index, element) {
50           if ($(element).val().trim().length == 0) {
51             $("#mess").text(" * 考场 " + $(element).attr("name") +
   " 未关联教室，请输入！ ");
52             $(element).focus();
53             return false;
54           }
55         });
56         if ($("#mess").text() != "") {
57           return false;
58         }
59         return true;
60       });
61     });
62   </script>
63 </c:if>
64 <%@ include file="/includes/page-bottom.jsp" %>
```

代码11.2-01说明如下：

（1）第09行~第11行，当系统阶段编号小于4时，系统处于排考阶段之前的阶段，此时不能进行考场教室分配操作，页面中仅显示相应的提示消息即可。

（2）第12行~第39行，当系统阶段大于或等于4时，系统处于排考阶段或者排考阶段之后的阶段，此时需要在页面中展示考场教室分配的数据表格。

（3）第23行~第32行，页面渲染之前需要经服务端统计查询出考场信息列表，以locations

命名并在request作用域中共享，然后就可以通过循环遍历出所有考场信息填充到数据表格中，每行显示考场编号、考场人数及关联的考场教室三个字段。循环体中第29行设置考场教室文本框的name属性值时都以“room_”开头，后面再拼接上考场编号，便于服务端接收对应考场编号的考场教室信息。此外，当系统阶段不处于第4阶段（排考阶段）时，文本框中增加属性disabled，设置禁用的状态，此时的文本框只能显示数据，不能进行编辑修改。

（4）第33行~第35行，在数据表格最后增加一行用于展示表单的“提交”按钮。必须满足两个条件才能展示“提交”按钮，第一个条件是当前阶段为第4阶段（排考阶段），第二个条件是考场信息列表中有值，也就是说用户已经完成了准考证号码的编排工作。

（5）第43行~第63行，使用JavaScript脚本实现表单数据规范性的前端校验。当教务管理员单击“提交”按钮时触发校验程序执行，确保提交数据时所有考场教室表单都不为空。

2. DAO层方法的封装

视频讲解

在排考阶段以及之后的阶段中，考场教室分配功能页面中都要显示考场教室分配数据，需要在DAO层封装查询统计考场教室及人数的方法，可以将方法命名为findRoomLocations。此外，在执行分配考场操作时需要根据考场编号在数据库表enroll中设置考场教室，可以在DAO层封装一个设置考场教室的操作方法，将方法命名为updateRoomLocation。这两个方法需要在EnrollDao接口中定义，然后在其实现类EnrollDaoImpl中实现。首先编辑文件“/src/cn.bmxt.dao/EnrollDao.java”，在接口中定义上述两个方法，方法的实现代码如11.2-02所示。

【代码11.2-02】文件/src/cn.bmxt.dao/EnrollDao.java，版本0.05，上一个版本参见代码11.1-05。

```
01 package cn.bmxt.dao;
02 // import ... 此处省略了导包语句
03 public interface EnrollDao extends BaseDao<Enroll> {
04   ... 此处为【代码 10.2-05】中的第 07 行 ~ 第 08 行代码
05   ... 此处为【代码 11.1-05】中的第 09 行 ~ 第 14 行代码
06   public List<Map<String, Object>> findRoomLocations();
07   public int updateRoomLocation(String enroll_room_number, String
   enroll_room_location);
08 }
```

接着编辑文件“/src/cn.bmxt.dao.impl/EnrollDaoImpl.java”，实现EnrollDao接口中新增的方法，实现代码如11.2-03所示。

【代码11.2-03】文件/src/cn.bmxt.dao.impl/EnrollDaoImpl.java，版本0.05，上一个版本参见代码11.1-06。

```
01 package cn.bmxt.dao.impl;
02 // import ... 此处省略了导包语句
03 public class EnrollDaoImpl extends BaseDaoImpl<Enroll> implements
   EnrollDao {
04   ... 此处为【代码 10.2-06】中的第 08 行 ~ 第 16 行代码
```

```
05    ... 此处为【代码 11.1-06】中的第 11 行 ~ 第 31 行代码
06    public List<Map<String, Object>> findRoomLocations() {
07      return findMapListBySql("select enroll_room_number, enroll_room_
location, count(enroll_room_number) as room_count  from enroll
where enroll_room_number<>'' group by enroll_room_number,enroll_
room_location");
08    }
09    public int updateRoomLocation(String enroll_room_number, String
enroll_room_location) {
10      return updateBySql("update enroll set enroll_room_location=?
where enroll_room_number=?", enroll_room_location, enroll_room_
number);
11    }
12 }
```

3. 控制层Servlet的实现

视频讲解

考场教室分配功能包括考场教室人数统计展示以及考场教室分配，需要创建两个Servlet，分别用于响应这两个不同的操作请求。在“cn.bmxt.controller”包中创建两个Servlet，分别命名为AdminJwRoomShow和AdminJwRoomArrange，这两个操作之间的流程示意如图11.3所示。

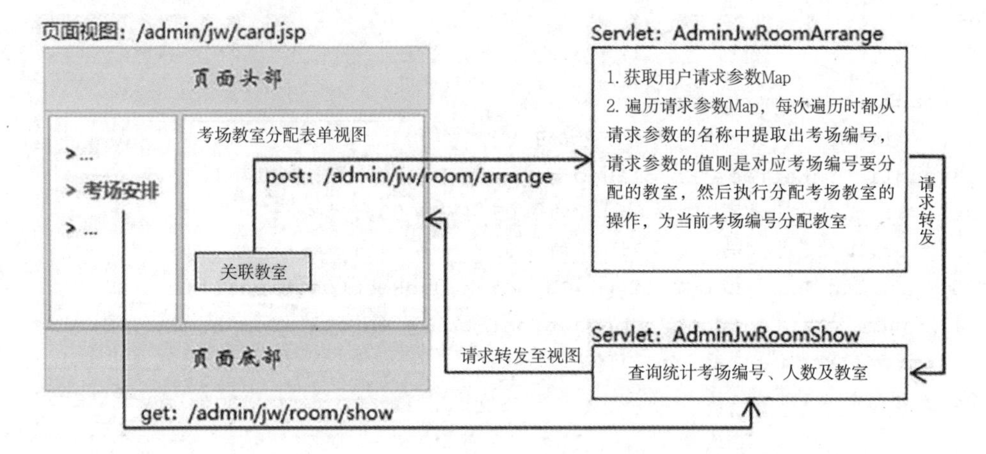

图11.3 考场教室分配功能操作流程示意图

考场教室分配功能页面在展示之前都要经过AdminJwRoomShow这个Servlet进行考场信息的统计查询。考场教室分配操作完成之后也需要先将请求转发至AdminJwRoomShow这个Servlet，然后再将请求转发至页面视图。Servlet类AdminJwRoomShow的实现代码如11.2-04所示。

【代码11.2-04】文件/src/cn.bmxt.controller/AdminJwRoomShow.java，版本1.0。

```
01 package cn.bmxt.controller;
02 // import ... 此处省略了导包语句
03 @WebServlet("/admin/jw/room/show")
```

```
04 public class AdminJwRoomShow extends HttpServlet {
05   // ...此处省略了doGet方法，参见代码7.2.2-02
06   protected void doPost(HttpServletRequest request,
  HttpServletResponse response) throws ServletException, IOException
  {
07     EnrollDao enrollDao = (EnrollDao) DaoFactory.
  getInstance("EnrollDao");
08     request.setAttribute("locations", enrollDao.
  findRoomLocations());
09     TransUtil.forward("/admin/jw/room.jsp", request, response);
10   }
11 }
```

Servlet类AdminJwRoomArrange用于实现考场教室分配功能。首先获取用户请求参数Map，然后遍历请求参数Map，每次遍历时从请求参数名称中提取出一个考场编号，请求参数的值则是对应考场编号要分配的教室。然后调用DAO层封装的updateRoomLocation方法执行分配考场教室的操作，为当前考场编号分配教室。循环遍历结束之后，enroll表中所有考场编号不为空的记录中都会设置一个关联的考场教室。AdminJwRoomArrange这个Servlet类的实现代码如11.2-05所示。

【代码11.2-05】文件/src/cn.bmxt.controller/AdminJwRoomArrange.java，版本1.0。

```
01 package cn.bmxt.controller;
02 // import ... 此处省略了导包语句
03 @WebServlet("/admin/jw/room/arrange")
04 public class AdminJwRoomArrange extends HttpServlet {
05   // ...此处省略了doGet方法，参见代码7.2.2-02
06   protected void doPost(HttpServletRequest request,
  HttpServletResponse response) throws ServletException, IOException
  {
07     Map<String, String> paras = TransUtil.getParameterMap(request);
08     EnrollDao enrollDao = (EnrollDao) DaoFactory.
  getInstance("EnrollDao");
09     for (Map.Entry<String, String> entry : paras.entrySet()) {
10       String enroll_room_number = StringUtils.
  substringAfterLast(entry.getKey(), "_");
11       String enroll_room_location = entry.getValue();
12       enrollDao.updateRoomLocation(enroll_room_number, enroll_room_
  location);
13     }
14     request.setAttribute("mess", "* 提示：教室关联完成！ ");
15     TransUtil.forward("/admin/jw/room/show", request, response);
16   }
17 }
```

4. 功能测试

按照上述步骤完成了教务管理员的考场教室分配功能的设计开发之后，就可以重启Tomcat服务器进行访问测试了。测试之前首先需要使用招生管理员账号“zs_admin_01”登录系统，将系统当前所处阶段设置为第4阶段（排考阶段）。接下来需要使用教务管理员账号“jw_admin_01”登录系统，登录系统之后应该先完成所有专业的准考证号码编排操作，然后才可以切换到考场教室分配的功能页面，执行分配考场教室的操作。在考场教室分配页面中由教务管理员为每个考场设置一个具体的教室，然后单击“关联教室”按钮完成数据的提交。执行完考场教室分配操作后的页面效果如图11.4所示。

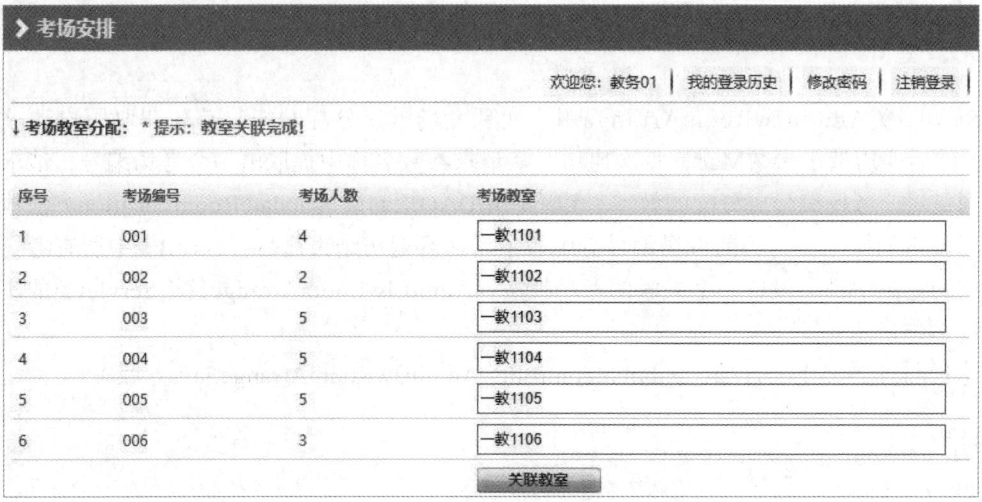
考场安排
欢迎您：教务01
我的登录历史
修改密码
注销登录
↓考场教室分配： *提示：教室关联完成!
序号 考场编号 考场人数 考场教室
1 001 4 一教1101
2 002 2 一教1102
3 003 5 一教1103
4 004 5 一教1104
5 005 5 一教1105
6 006 3 一教1106
关联教室

图11.4 考场教室分配功能页面效果

第12章 考试阶段的业务功能实现

结束了在线报名、缴费确认和排考环节之后，就进入了考试阶段。在考试阶段中，考生要登录系统自行打印准考证，并按照准考证上规定的时间和地点自行前往考场参加考试。考试当天，考生入场时要进行考试签到操作。准考证在线打印功能和考试签到功能都是阶段受限功能，只有当系统处于考试阶段时才会被开放使用。

12.1 准考证在线打印功能的实现

准考证中显示的信息一般包含考生基本信息、排考信息、考试科目、考试时间、考场信息、考试签到二维码图片以及考试须知等相关内容。只有在线报名并缴费确认完毕的考生才会被安排考试，才能够在线打印准考证。考生在线打印准考证功能的设计实现可以参考现场确认环节中在线打印报名表功能的设计代码。下面对准考证在线打印功能的设计实现进行详细介绍。

1. 页面视图的设计与实现

视频讲解

考生在线打印准考证的功能与招生管理员在线打印报名表功能的实现思路是一样的，都是通过使用前端脚本打印页面来实现的。考生在线打印准考证的功能页面中需要使用数据表格展示出准考证中需要显示的考生信息、排考信息和考试信息等内容。此外，还需要设计准考证表头的标题、表尾的考试须知等视图，这些内容可以不在页面中显示，但需要在打印时显示出来。在“/web/student/”目录下创建用于在线打印准考证的功能页面“card.jsp”，其中用于展示准考证信息的视图代码设计如12.1-01所示。

【代码12.1-01】准考证信息的展示视图设计，代码位置：/web/student/card.jsp。

```
01 <div class="print-info text-center bold" style="display: none;
   font-size: 16px; height: 50px; line-height: 50px;">${site.site_
   school}-${site.site_test_name}-准考证</div>
02 <table class="data-table table-bordered">
```

```
03   <tr>
04     <th>姓名</th>
05     <td>${student.student_name}</td>
06     <td rowspan="5" class="text-center"><img style="width: 100px;
height: 123px; border: 1px solid lightblue;" src="${root}${enroll.
enroll_photo}?tm=${UUID.randomUUID()}"></td>
07     <td rowspan="5" class="text-center"><img src="${root}/assets/
qrcode/${enroll.enroll_exam_number}.png"></td>
08   </tr>
09   <tr><th>性别</th><td>${student.student_sex}</td></tr>
10   <tr><th>民族</th><td>${student.student_nation}</td></tr>
11   <tr><th>身份证号</th><td>${student.student_id_code}</td></tr>
12   <tr><th>报考院校</th><td>${site.site_school}</td></tr>
13   <tr><th>报考专业</th><td>${enroll.major_name}</td><th>准考证号
</th><td>${enroll.enroll_exam_number}</td></tr>
14   <tr><th>考点地址</th><td>${site.site_location}</td><th>考场编号
</th><td>${enroll.enroll_room_number}</td></tr>
15   <tr><th>考场教室</th><td>${enroll.enroll_room_location}</td><th>
座位号</th><td>${enroll.enroll_seat_number}</td></tr>
16   <tr><td colspan="4" class="text-center bold">考试安排</td></tr>
17   <tr><th>序号</th><th>考试科目</th><th>考试日期</th><th>考试时间
</th></tr>
18   <c:forEach items="${courses}" var="course" varStatus="status">
19     <tr>
20       <td>${status.count}</td>
21       <td>${course.course_name}</td>
22       <td>${DatetimeUtil.stamp2ds(course.course_start_timestamp,
'YYYY/MM/dd')}</td>
23       <td>${DatetimeUtil.stamp2ds(course.course_start_timestamp,
'HH:mm')} - ${DatetimeUtil.stamp2ds(course.course_end_timestamp,
'HH:mm')}</td>
24     </tr>
25   </c:forEach>
26 </table>
27 <div class="print-info" style="display: none;">
28   <br><p class="text-center bold">考试须知</p><br>
29   <p>1.考生需凭准考证、身份证或者公安户籍部门开具的贴有近期免冠照片的身份证明、
护照等证件参加考试。</p>
30   <p>2.考生必须按照规定的考试时间提前 15 分钟进场，入场时需要扫描准考证右上角
的二维码进行考试签到，考试开始后禁止入场。</p>
31   <p>3.考生只准携带必要文具入场，如铅笔、黑色签字笔、橡皮等。禁止携带任何书籍、
笔记、资料、报刊以及各种无线电通信工具、录音机、电子设备等。</p>
32   <p>4.考生在答题前应在试卷指定位置认真填写姓名、准考证号等信息，必须严格按照
要求作答题目，书写部分一律使用黑色签字笔。</p>
33   <p>5.在考试结束前禁止提前退场，考场内必须严格遵守考场纪律，对于违反考场规定
```

```
和不服从考试工作人员的指令的，取消考试成绩并按照相关规定处理。</p>
34   <p>6. 考试结束铃声响起时，要立即停止答题，待监考人员允许后方可离开考场，离开
时不允许携带试卷及草稿纸等考试物品。</p>
35 </div>
36 <div class="form-area text-center">
37   <div class="row">
38     <div class="item">
39       <button class="btn-long" id="print">准考证打印</button>
40     </div>
41   </div>
42 </div>
```

代码12.1-01中第01行是准考证的表头部分，内容格式是“学校名称-考试名称-准考证”，通过内联样式设置其在页面中处于隐藏状态。第02行~第26行是数据表格部分，通过合理布局，将考生信息、排考信息、考生照片、签到二维码以及考试信息展示出来。第27行~第35行是准考证尾部的考试须知部分，这部分内容也使用内联样式设置了隐藏状态。第36行~第42行展示的是准考证打印按钮的视图。

接下来使用前端脚本实现准考证在线打印功能。首先在准考证打印页面的head元素中新增一个样式节点，并在其中定义本页面的打印样式，然后为准考证打印按钮绑定单击事件，实现准考证的在线打印功能，脚本设计代码如12.1-02所示。

【代码12.1-02】准考证在线打印功能的脚本代码，代码位置：/web/student/card.jsp。

```
01 <script>
02   $(function () {
03     $("head").append(
04       `<style media="print">
05         #header,#footer,#left,h1,#right-nav,.operation,.form-area{
06           display: none;
07         }
08         .print-info{
09           display:block !important;
10         }
11          @page {
12           size: landscape;
13         }
14       </style>`);
15     $("#print").click(function (e) {
16       window.print();
17     });
18   });
19 </script>
```

代码12.1-02中，第03行~第14行实现了在head元素中动态新增一段内部样式代码。第04行，在新增的style标签中使用media属性来选择样式应用的媒体，media属性值设置为print，意

味着标签内部定义的样式仅在页面打印时才会生效，在浏览器的显示页面中不会生效。第05行~第07行，当打印页面时，将页面的头部、底部、左侧区域、右侧标题、右侧快捷导航、右侧功能操作标题以及表单区域部分都设置为隐藏状态。第08行~第10行，当打印页面时，将报名表的表头和表尾部分设置为区块显示出来。第11行~第13行，当打印页面时，设置纸张打印的方向为横向。第15行~第17行，为准考证打印按钮绑定单击事件，事件处理程序则通过调用window对象的print方法实现当前页面的在线打印。

准考证在线打印功能的完整页面需要包含封装好的页面头部文件、页面底部文件、考生用户功能页面左侧的导航文件以及考生用户功能页面右侧的快捷导航文件，页面右侧功能区中包含不同系统阶段和不同状态下的视图，还需要嵌入相关脚本文件。准考证在线打印功能页面的完整构成代码如12.1-03所示。

【代码12.1-03】文件/web/student/card.jsp，版本1.0。

```
01 <%@ page language="java" contentType="text/html; charset=UTF-8"
   pageEncoding="UTF-8" import="cn.bmxt.util.DatetimeUtil" %>
02 <%@ include file="/includes/page-head.jsp" %>
03 <section id="main">
04   <%@ include file="/student/includes/left-nav.jsp" %>
05   <div id="right">
06     <h1 id="nav-title">准考证打印</h1>
07     <div id="right-area">
08       <%@ include file="/student/includes/right-nav.jsp" %>
09       <c:if test="${currentPhase.phase_number ne 5}">
10         <div class="info text-red">* 提示：当前处于 ${currentPhase.
phase_name}，不能进行准考证打印操作！</div>
11       </c:if>
12       <c:if test="${currentPhase.phase_number eq 5}">
13         <div class="operation">
14           <span class="text-blue">↓ 准考证打印：</span>
15         </div>
16         <c:if test="${empty enroll}">
17           <div class="info text-red">* 提示：您未在规定时间内报名，不能
进行准考证打印操作！</div>
18         </c:if>
19         <c:if test="${not empty enroll and enroll.enroll_confirm eq
0}">
20           <div class="info text-red">* 提示：您未在规定时间内缴费确认，
不能进行准考证打印操作！</div>
21         </c:if>
22         <c:if test="${not empty enroll and enroll.enroll_confirm eq
1}">
23           ...此处为【代码 12.1-01】中的所有代码
24         </c:if>
25       </c:if>
26     </div>
```

```
27   </div>
28 </section>
29 <c:if test="${not empty enroll and enroll.enroll_confirm eq 1}">
30   ...此处为【代码12.1-02】中的所有代码
31 </c:if>
32 <%@ include file="/includes/page-bottom.jsp" %>
```

代码12.1-03中第10行展示的是系统阶段不处于考试阶段时的提示信息。第17行展示的是考生未在规定时间内在线报名的提示信息。第20行展示的是考生未在规定时间缴费确认的提示信息。

2. DAO层方法的应用

准考证页面中需要加载考生信息、报考信息以及考试课程信息，其中，考生信息可以在session作用域中直接获取，报考信息可以通过调用通用DAO接口中的findOneByField方法进行查找，考试课程信息列表则可以通过调用通用DAO接口中的findAllByField方法进行查找。因此，实现准考证在线打印功能时不需要在DAO层定义新的数据操作方法。

视频讲解

3. 封装生成二维码图片的工具类

为了快速识别考生准考证号码，提升考试签到效率，在准考证页面中，生成并嵌入了准考证号码的二维码图片，考生入场签到时可以通过考点配备的二维码识别设备进行扫码签到。可以在服务端使用谷歌提供的“com.google.zxing”工具包封装一个生成二维码图片的工具类。首先将准备好的jar包“core-3.3.3.jar”和“javase-3.3.0.jar”复制到项目的“/web/WEB-INF/lib/”目录下，然后在“cn.bmxt.util”包中创建工具类QRCodeUtil，并在其中封装一个用于实现生成二维码的方法，方法的实现代码如12.1-04所示。生成二维码图片的方法需要提供5个入参，分别为待生成二维码的文本内容、二维码图片的高度和宽度、二维码图片保存的路径以及二维码图片文件的名称。方法生成的是png格式的二维码图片。

视频讲解

【代码12.1-04】文件/src/cn.bmxt.util/QRCodeUtil.java，版本1.0。

```
01 package cn.bmxt.util;
02 import com.google.zxing.BarcodeFormat;
03 import com.google.zxing.WriterException;
04 import com.google.zxing.client.j2se.MatrixToImageWriter;
05 import com.google.zxing.common.BitMatrix;
06 import com.google.zxing.qrcode.QRCodeWriter;
07 import java.io.IOException;
08 import java.nio.file.FileSystems;
09 import java.nio.file.Path;
10 public class QRCodeUtil {
11   public static void generateQRCodeImage(String text, int width,
   int height, String filePath, String fileName) throws WriterException,
   IOException {
12     QRCodeWriter qrCodeWriter = new QRCodeWriter();
```

```
13    BitMatrix bitMatrix = qrCodeWriter.encode(text, BarcodeFormat.
QR_CODE, width, height);
14    File folder = new File(filePath);
15    if (!folder.exists()) {
16      folder.mkdirs();
17    }
18    Path path = FileSystems.getDefault().getPath(filePath + fileName+
".png");
19    MatrixToImageWriter.writeToPath(bitMatrix, "PNG", path);
20  }
21 }
```

4. 控制层Servlet的实现

视频讲解

在“cn.bmxt.controller”包中创建Servlet类“StudentCardShow”，然后编辑该文件，在其中读取考生报考信息和考试课程信息，并生成考生准考证号码的二维码图片，实现代码如12.1-05所示。

【代码12.1-05】文件/src/cn.bmxt.controller/StudentCardShow.java，版本1.0。

```
01 package cn.bmxt.controller;
02 // import ... 此处省略了导包语句
03 @WebServlet("/student/card/show")
04 public class StudentCardShow extends HttpServlet {
05   // ...此处省略了doGet方法，参见代码7.2.2-02
06   protected void doPost(HttpServletRequest request,
HttpServletResponse response) throws ServletException, IOException
{
07     Student student = (Student) request.getSession().
getAttribute("student");
08     EnrollDao enrollDao = (EnrollDao) DaoFactory.
getInstance("EnrollDao");
09     Enroll enroll = enrollDao.findOneByField("student_username",
student.getStudent_username());
10     if(enroll != null && enroll.getEnroll_confirm() == 1) {
11       String enroll_exam_number = enroll.getEnroll_exam_number();
12       String path = TransUtil.getRealPath("/assets/qrcode/",
request);
13       File file = new File( path + enroll_exam_number + ".png");
14       if (!file.exists()){
15         try {
16           QRCodeUtil.generateQRCodeImage(enroll_exam_number, 125,
125, path, enroll_exam_number);
17         } catch (WriterException e) {
18           e.printStackTrace();
19         }
```

```
20        }
21        CourseDao courseDao = (CourseDao) DaoFactory.
   getInstance("CourseDao");
22        List<Course> courses = courseDao.findAllByField("major_name",
   enroll.getMajor_name());
23        request.setAttribute("courses", courses);
24      }
25      request.setAttribute("enroll", enroll);
26      TransUtil.forward("/student/card.jsp", request, response);
27    }
28 }
```

代码12.1-05中第09行根据当前考生的用户名获取考生报名信息对象。第10行执行条件判断，当报名信息存在且为已缴费确认状态时，继续进行准考证号码的二维码图片生成操作和考试课程信息的读取操作。第11行~第20行读取当前考生的准考证号码并生成二维码图片，二维码图片以考生的准考证号命名，存储在项目的“/assets/qrcode/”目录下。第14行首先判断当前考生的准考证号对应的二维码图片是否已经存在，如果不存在，则调用二维码图片生成工具类QRCodeUtil中的二维码图片生成方法，生成当前考生准考证号码对应的二维码图片；如果二维码图片已存在，则不需要重新执行生成二维码图片的操作。第22行获取当前考生报考专业对应的考试课程信息。第26行将请求转发至准考证在线打印的功能页面。

5. 功能测试

按照上述步骤完成了考生用户的准考证在线打印功能的设计开发之后，就可以重启Tomcat服务器进行访问测试了。首先使用招生管理员账号“zs_admin_01”将当前系统阶段设置为考试阶段，然后使用考生账号“student_01”登录系统并切换到准考证打印页面，页面效果如图12.1所示。

图12.1 准考证打印页面效果

在图12.1所示的页面中，单击“准考证打印”按钮，弹出准考证打印窗口，如图12.2所示，窗口左侧是准考证打印的预览效果图，用户可单击窗口右侧的“打印”按钮执行准考证的在线打印操作。

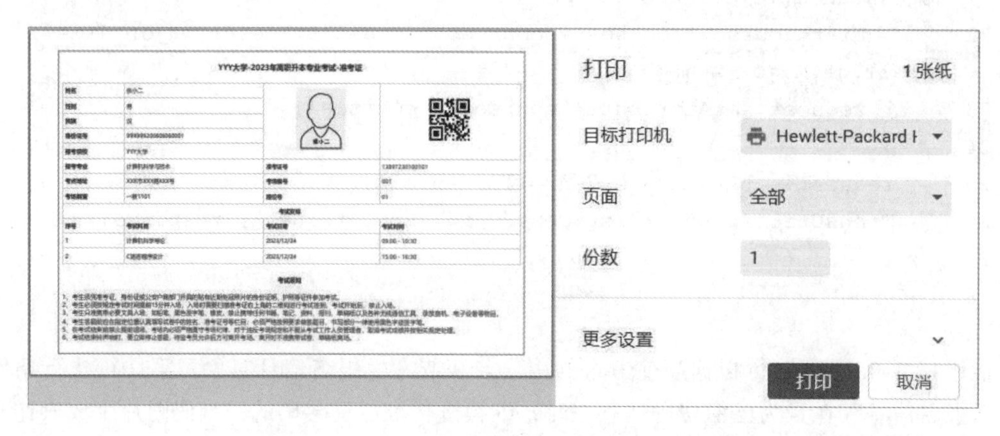

图12.2　准考证打印窗口

此外，不同系统阶段和不同状态下的准考证打印页面视图也是不一样的，例如，当系统不处于排考阶段时，页面将显示提示信息，提示用户不能执行准考证打印操作。当系统处于排考阶段但当前考生未报名或者当前考生未确认缴费时，页面也会显示不能执行准考证打印操作的提示消息，并显示具体原因，读者可以自行测试验证。

12.2　考试入场签到功能的实现

考试当天，学校考点可以在考场所在楼宇的入口处设置入场签到卡口，配备二维码识别设备。考生在入场时通过出示准考证上的二维码进行扫描签到。考试签到功能是教务管理员的功能，需要在入场卡口处配备联网的客户端设备（笔记本电脑等），使用教务管理员账号登录系统进行考试入场签到操作。下面对考试入场签到功能的设计实现进行详细介绍。

1. 页面视图的设计与实现

视频讲解

考试入场签到时需要提供签到考生的准考证号码，可以在页面视图中设计一个用于输入准考证号码的文本框，然后由教务管理员输入准考证号码执行签到操作，或者由考生出示准考证上的二维码图片，经扫描识别后自动输入准考证号码并触发签到操作。签到成功后的页面中显示考生基本信息、排考信息以及考生的入场签到时间。在“/web/admin/jw/”目录下创建考试入场签到的功能页面sign.jsp，页面视图的完整实现代码如12.2-01所示。

【代码12.2-01】文件/web/admin/jw/sign.jsp，版本1.0。

```
01 <%@ page language="java" contentType="text/html; charset=UTF-8"
   pageEncoding="UTF-8"  import="cn.bmxt.util.DatetimeUtil" %>
02 <%@ include file="/includes/page-head.jsp" %>
03 <section id="main">
04   <%@ include file="/admin/includes/left-nav.jsp" %>
```

```
05  <div id="right">
06    <h1 id="nav-title">入场签到</h1>
07    <div id="right-area">
08      <%@ include file="/admin/includes/right-nav.jsp" %>
09      <c:if test="${currentPhase.phase_number ne 5}">
10        <div class="info text-red">* 提示：当前处于${currentPhase.
phase_name}，不能进行入场签到！</div>
11      </c:if>
12      <c:if test="${currentPhase.phase_number eq 5}">
13        <div class="operation">
14          <span class="text-blue">↓ 考试签到：</span>
15          <span id="mess" class="text-red">${mess}</span>
16        </div>
17        <div class="form-area">
18          <form action="${root}/admin/jw/enroll/sign"
method="post">
19            <div class="row">
20              <div class="bold">准考证号（扫码或输入）：</div>
21              <div class="item"><input type="text" name="enroll_
exam_number" value="${param.enroll_exam_number}"></div>
22              <div><button class="btn-short" type="submit">签到
</button></div>
23            </div>
24          </form>
25        </div>
26        <c:if test="${not empty student and not empty enroll}">
27          <table class="data-table table-bordered">
28            <tr>
29              <th>准考证号</th>
30              <td>${enroll.enroll_exam_number}</td>
31              <td colspan="2" rowspan="5" class="text-center">
32                <img style="width: 100px;height:125px;border: 1px
solid lightblue;" src="${root}${enroll.enroll_photo}?tm=${UUID.
randomUUID()}">
33              </td>
34            </tr>
35            <tr><th>姓名</th><td>${student.student_name}</td></tr>
36            <tr><th>性别</th><td>${student.student_sex}</td></tr>
37            <tr><th>身份证号</th><td>${student.student_id_code}
</td></tr>
38            <tr><th>报考院校</th><td>${site.site_school}</td></tr>
39            <tr><th>考点地址</th><td>${site.site_location}</td><th>
考场编号</th><td>${enroll.enroll_room_number}</td></tr>
40            <tr><th>考场教室</th><td>${enroll.enroll_room_
location}</td><th>座位号</th><td colspan="3">${enroll.enroll_seat_
```

```
number}</td></tr>
41                <tr><th> 签到时间 </th><td colspan="3">${DatetimeUtil.
stamp2ds(enroll.enroll_sign_timestamp)}</td></tr>
42           </table>
43          </c:if>
44        </c:if>
45      </div>
46    </div>
47  </section>
48  <%@ include file="/includes/page-bottom.jsp" %>
```

2. DAO层方法的封装

视频讲解

考试入场签到操作需要根据签到考生的准考证号码设置报名信息表中的考试签到时间字段，可以通过通用DAO接口中的updateBySql方法实现，但是需要提供SQL语句。为了避免在控制层出现底层的SQL语句，可以在DAO层中封装一个新的数据操作方法，供控制层调用。在EnrollDao接口中定义该方法，然后在其实现类EnrollDaoImpl中实现该方法。首先编辑文件“/src/cn.bmxt.dao/EnrollDao.java”，在其中定义接口方法signIn，方法的定义代码如12.2-02所示，方法的入参为考生准考证号码和秒级时间戳表示的签到时间。

【代码12.2-02】文件/src/cn.bmxt.dao/EnrollDao.java，版本1.0，上一个版本参见代码11.2-02。

```
01 package cn.bmxt.dao;
02 // import ... 此处省略了导包语句
03 public interface EnrollDao extends BaseDao<Enroll> {
04   ... 此处为【代码 10.2-05】中的第 07 行 ~ 第 08 行代码
05   ... 此处为【代码 11.1-05】中的第 09 行 ~ 第 14 行代码
06   ... 此处为【代码 11.2-02】中的第 10 行 ~ 第 11 行代码
07   public int signIn(String enroll_exam_number, long enroll_sign_
timestamp);
08 }
```

接着编辑文件“/src/cn.bmxt.dao.impl/EnrollDaoImpl.java”，实现EnrollDao接口中新增的方法，实现代码如12.2-03所示。

【代码12.2-03】文件/src/cn.bmxt.dao.impl/EnrollDaoImpl.java，版本1.0，上一个版本参见代码11.2-03。

```
01 package cn.bmxt.dao.impl;
02 // import ... 此处省略了导包语句
03 public class EnrollDaoImpl extends BaseDaoImpl<Enroll> implements
   EnrollDao {
04   ... 此处为【代码 10.2-06】中的第 08 行 ~ 第 16 行代码
05   ... 此处为【代码 11.1-06】中的第 11 行 ~ 第 31 行代码
```

```
06   ... 此处为【代码 11.2-03】中的第 12 行 ~ 第 17 行代码
07   public int signIn(String enroll_exam_number, long enroll_sign_
timestamp) {
08     return updateBySql("update enroll set enroll_sign_timestamp=?
where enroll_exam_number=?", enroll_sign_timestamp, enroll_exam_
number);
09   }
10 }
```

3. 控制层Servlet的实现

视频讲解

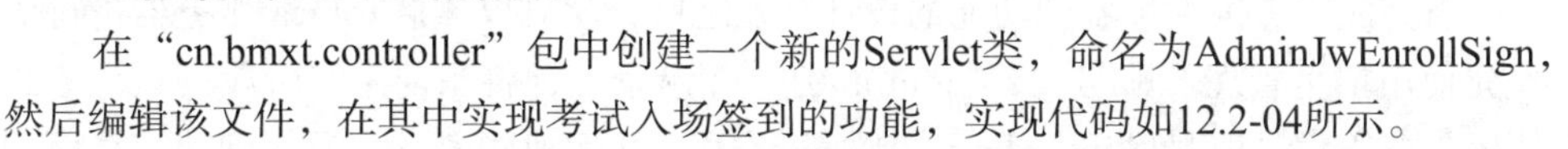
在“cn.bmxt.controller”包中创建一个新的Servlet类，命名为AdminJwEnrollSign，然后编辑该文件，在其中实现考试入场签到的功能，实现代码如12.2-04所示。

【代码12.2-04】文件/src/cn.bmxt.controller/AdminJwEnrollSign.jsp，版本1.0。

```
01 package cn.bmxt.controller;
02 // import ... 此处省略了导包语句
03 @WebServlet("/admin/jw/enroll/sign")
04 public class AdminJwEnrollSign extends HttpServlet {
05   // ... 此处省略了 doGet 方法，参见代码 7.2.2-02
06   protected void doPost(HttpServletRequest request,
HttpServletResponse response) throws ServletException, IOException
{
07     Phase currentPhase = (Phase) request.getServletContext().
getAttribute("currentPhase");
08     if (currentPhase.getPhase_number() == 5) {
09       String enroll_exam_number = TransUtil.getString("enroll_exam_
number", request);
10       EnrollDao enrollDao = (EnrollDao) DaoFactory.
getInstance("EnrollDao");
11       String mess = "";
12       if(enrollDao.signIn(enroll_exam_number, DatetimeUtil.
nowStamp()) > 0){
13         mess = "* 提示：签到成功！ ";
14         Enroll enroll = enrollDao.findOneByField("enroll_exam_
number", enroll_exam_number);
15         request.setAttribute("enroll", enroll);
16         StudentDao studentDao = (StudentDao) DaoFactory.
getInstance("StudentDao");
17         request.setAttribute("student", studentDao.
findOneByField("student_username", enroll.getStudent_username()));
18       }else {
19         mess = "* 提示：签到失败！ ";
20       }
```

```
21          TransUtil.forward("/admin/jw/sign.jsp", request, response);
22      } else {
23          TransUtil.forward("/exception/unauthorized.html", request,
   response);
24      }
25    }
26 }
```

4. 功能测试

按照上述步骤完成了考试入场签到功能的设计开发之后，就可以重启Tomcat服务器进行访问测试了。首先使用招生管理员账号“zs_admin_01”登录系统，将当前系统阶段设置为考试阶段，然后使用教务管理员账号“jw_admin_01”登录系统并切换到考试入场签到功能页面，在准考证号表单中输入考生“student_01”的准考证号码，然后单击“签到”按钮完成考试入场签到操作。签到成功后的页面效果如图12.3所示。

> 入场签到

欢迎您：教务01 | 我的登录历史 | 修改密码 | 注销登录 |

↓查询考生报考信息：*提示：签到成功！

准考证号（扫码或输入）：13897230100101 [签到]

姓名	张小二	张小二	
性别	男		
民族	汉		
身份证号	999999200606060001		
报考院校	YYY大学		
报考专业	计算机科学与技术	准考证号	13897230100101
考点地址	XXX市XXX路XXX号	考场编号	001
考场教室	一教1101	座位号	01
签到时间	2023/12/24 08:06:24		

图12.3 考试入场签到页面效果

第13章 成绩及录取查询阶段的业务功能实现

考试结束后，首先由专业教师阅卷并判定成绩，接着由招生处根据考生的最终成绩排名确定考生是否被录取。最后，考生的成绩及录取情况等信息被汇总在一张Excel表格文件中，由招生管理员将这个Excel表格文件上传至系统，并导入数据库表grade中，供管理员或者考生用户查询。

13.1 成绩与录取信息导入功能的实现

成绩与录取信息导入功能的实现分为两个步骤，第一步是由招生管理员将成绩与录取信息表格上传到服务器，第二步则由服务端读取上传表格文件中的数据并导入至数据库表grade中。下面对成绩与录取信息的上传导入功能进行讲解。

1. 页面视图的设计与实现

视频讲解

在成绩与录取信息导入功能的页面中，需要部署一个上传文件的表单，用于将本地的Excel表格文件上传至服务器。由于Excel表格中的数据要导入到数据库表中，因此Excel表格中的数据列必须与数据库表的字段相对应。为了减少错误的发生，可以提前准备一张设计好的Excel样表供招生管理员下载，还可以在页面中展示出样表的示例截图，提醒招生管理员按照样表的格式准备上传的数据。在页面视图设计之前，首先将准备好的Excel文件“成绩样表.xlsx”复制到项目的“/web/assets/upload/file/”目录中，接着将样表的示例截图“grade_demo.jpg”复制到项目的“/web/assets/imgs/”目录下，然后在“/web/admin/zs/”目录下创建成绩与录取信息导入功能的页面文件“import.jsp”。成绩与录取信息导入功能的完整页面视图设计代码如13.1-01所示。

【代码13.1-01】文件/web/admin/zs/import.jsp，版本1.0。

```
01 <%@ page language="java" contentType="text/html; charset=UTF-8"
   pageEncoding="UTF-8" %>
02 <%@ include file="/includes/page-head.jsp" %>
03 <section id="main">
04   <%@ include file="/admin/includes/left-nav.jsp" %>
```

```
05   <div id="right">
06     <h1 id="nav-title">成绩与录取维护</h1>
07     <div id="right-area">
08       <%@ include file="/admin/includes/right-nav.jsp" %>
09       <c:if test="${currentPhase.phase_number ne 6}">
10         <div class="info text-red">* 提示：当前处于${currentPhase.
phase_name}，不能进行成绩及录取维护操作！</div>
11       </c:if>
12       <c:if test="${currentPhase.phase_number eq 6}">
13         <div class="operation">
14           <span class="text-blue">↓ 上传并导入成绩与录取信息：</span>
15           <span id="mess" class="text-red">${mess}</span>
16         </div>
17         <div class="form-area">
18           <form action="${root}/admin/zs/grade/import"
method="post" ENCTYPE="multipart/form-data">
19             <div class="row">
20               <div class="label">文件：</div>
21               <div class="item"><input type="file" name="file"/>
</div>
22               <div class="item hint">* 仅支持上传xlsx格式文件，<a
href="${root}/assets/upload/file/成绩样表.xlsx">下载样表</a></div>
23             </div>
24             <div class="row">
25               <div class="label">样表示例：</div>
26               <div class="item">
27                 <img style="width: 650px;" src="${root}/assets/
imgs/grade_demo.jpg">
28               </div>
29             </div>
30             <div class="row">
31               <div class="label"></div>
32               <div class="item">
33                 <button class="btn-long" type="submit">上传并导入
</button>
34               </div>
35             </div>
36           </form>
37         </div>
38       </c:if>
39     </div>
40   </div>
41 </section>
42 <script>
43   $(function () {
```

```
44      let form = document.forms[0];
45      $(form).submit(function (e) {
46        if (form.file.value.trim() == "") {
47          $("#mess").text(" * 请先选择要上传的文件! ");
48          form.file.focus();
49          return false;
50        }
51        return true;
52      });
53    });
54  </script>
55  <%@ include file="/includes/page-bottom.jsp" %>
```

代码13.1-01中第10行展示的是当前系统阶段编号不为6（成绩及录取查询阶段）时的提示信息。第18行中form表单元素中添加了enctype属性，其值被设置为“multipart/form-data”，用于实现文件的上传。第22行在文件表单后提示用户上传文件格式为xlsx，并提供了Excel样表的下载链接。第24行~第29行中展示了数据样表的示例截图。第42行~第54行使用前端脚本确保用户执行导入操作时在本地系统中选择了要上传的文件。

2. DAO层方法的封装

视频讲解

在执行成绩与录取信息导入操作之前，要确保数据库表grade中没有数据，否则会因为表中存在准考证号这个唯一性索引而导致导入数据失败。招生管理员第一次执行成绩与录取信息导入操作时，数据库表grade中是没有数据的。如果招生管理员导入成绩与录取信息之后发现数据有误，则可以再次执行成绩与录取信息的上传导入操作。此时数据库表grade中已经有了数据，需要先清除数据库表grade中的所有数据。为简化程序设计，不管是否为第一次上传导入成绩数据，在执行导入操作前都先清空数据库表grade中的数据。清空数据库表的操作可以通过通用DAO接口中的deleteBySql方法实现，但是需要提供SQL语句。为了避免在控制层出现底层的SQL语句，可以在DAO层中封装一个清空数据库表中数据的方法，供控制层调用。在GradeDao接口中定义该方法，然后在其实现类GradeDaoImpl中实现该方法。首先编辑文件“/src/cn.bmxt.dao/GradeDao.java”，在其中定义接口方法clear，实现代码如13.1-02所示。

【代码13.1-02】文件/src/cn.bmxt.dao/GradeDao.java，版本0.02，上一个版本参见代码5.4-16。

```
01 package cn.bmxt.dao;
02 import cn.bmxt.dao.common.BaseDao;
03 import cn.bmxt.entity.Grade;
04 public interface GradeDao extends BaseDao<Grade> {
05   public int clear();
06 }
```

接着编辑文件“/src/cn.bmxt.dao.impl/GradeDaoImpl.java”，实现GradeDao接口中新增的

方法，实现代码如13.1-03所示。

【代码13.1-03】文件/src/cn.bmxt.dao.impl/GradeDaoImpl.java，版本0.02，上一个版本参见代码5.4-17。

```
01 package cn.bmxt.dao.impl;
02 import cn.bmxt.dao.GradeDao;
03 import cn.bmxt.dao.common.impl.BaseDaoImpl;
04 import cn.bmxt.entity.Grade;
05 public class GradeDaoImpl extends BaseDaoImpl<Grade> implements
   GradeDao {
06   public int clear() {
07     return deleteBySql("delete from grade");
08   }
09 }
```

3. Excel文件数据导入数据库表的方法封装

视频讲解

招生管理员将成绩与录取信息表格文件上传到服务器之后，需要从Excel文件中读取数据，可以使用开源项目“Apache POI”中提供的API来实现Excel文件的读写操作。“Apache POI”是用Java编写的免费开源的跨平台的API，它提供了对Office格式文档的读写功能，其中应用较多的就是使用POI操作Excel文件，可以使用POI提供的API封装一个从Excel文件中读取数据并导入至数据库表中的方法。首先将依赖的相关jar包复制到项目的“/web/WEB-INF/lib/”目录下，包括“poi-3.17.jar”“poi-ooxml-3.17.jar”“poi-ooxml-schemas-3.17.jar”和“xmlbeans-2.6.0.jar”这四个jar包，然后在“cn.bmxt.util”包中创建工具类POIUtil，并在其中封装一个从Excel文件中读取数据并导入至数据库表的方法，方法的实现代码如13.1-04所示。

【代码13.1-04】文件/src/cn.bmxt.util/POIUtil.java，版本1.0。

```
01 package cn.bmxt.util;
02 import cn.bmxt.entity.common.Entity;
03 import org.apache.poi.xssf.usermodel.XSSFCell;
04 import org.apache.poi.xssf.usermodel.XSSFRow;
05 import org.apache.poi.xssf.usermodel.XSSFSheet;
06 import org.apache.poi.xssf.usermodel.XSSFWorkbook;
07 import java.io.File;
08 import java.util.HashMap;
09 import java.util.Map;
10 public class POIUtil {
11   public static <T extends Entity> String importDataFromXLSX(String
   importXLSXFile, Class<T> entityClass) {
12     String result = "";
13     File xlsxFile = null;
14     try {
15       xlsxFile = new File(importXLSXFile);
```

```
16     XSSFWorkbook workbook = new XSSFWorkbook(xlsxFile);
17     XSSFSheet sheet = workbook.getSheetAt(0);
18     XSSFRow rowTwo = sheet.getRow(1);
19     if (rowTwo == null) {
20       result = "* 提示：数据表头格式不正确！ ";
21     } else {
22       int cols = rowTwo.getPhysicalNumberOfCells();
23       boolean hasNextRow = true;
24       Map<String, Object> paras = new HashMap<>();
25       for (int i = 2; hasNextRow; i++) {
26         XSSFRow dataRow = sheet.getRow(i);
27         if (dataRow == null) {
28           hasNextRow = false;
29         } else {
30           paras.clear();
31           for (int j = 0; j<cols; j++){
32             XSSFCell cell = dataRow.getCell(j);
33             paras.put(rowTwo.getCell(j).getStringCellValue().
  trim(), cell.getStringCellValue().trim());
34           }
35           DbUtil.insertEntity(entityClass, paras);
36         }
37       }
38     }
39   } catch (Exception e) {
40     e.printStackTrace();
41     result = "* 提示：数据导入失败！ ";
42   }
43   return result;
44 }
45 }
```

代码13.1-04说明如下：

（1）第11行，方法为泛型方法，T表示一个继承自Entity类的实体类。方法的返回值是一个字符串，如果数据导入成功则返回空字符串，如果数据导入失败，则返回导入失败的提示消息。方法的入参有两个，一个是要导入的Excel文件路径，另一个是与数据库表相对应的实体类的类型信息。

（2）第12行，定义结果消息字符串result，并初始化为空字符串。

（3）第13行，声明一个File类型，引用xlsxFile，并初始化为null。

（4）第15行，根据方法入参importXLSXFile，创建文件对象并赋值给引用的xlsxFile，它就是要导入的Excel文件。

（5）第16行，根据Excel文件xlsxFile创建一个Workbook工作簿对象workbook。

（6）第17行，从workbook中获取第一个（索引为0）工作表sheet。

（7）第18行，从第一个工作表sheet中获取第2行（索引为1）数据对象rowTwo。注意，上传的Excel表格中约定了一些格式，其中必须有两行表头，第1行表头为中文表示的列名，第2行表头则是数据库表中对应的字段名称。只有知道了Excel表格中每列数据分别对应存入数据库表的哪个字段，才能够正确地将数据导入至数据库表中。

（8）第19行，判断表格中是否存在第2行数据对象，如果不存在则执行第20行代码，将错误提示消息存入result变量中；否则继续执行后续操作。

（9）第22行，从第2行数据对象rowTwo中获取表格的总列数cols。

（10）第23行，声明布尔型变量hasNextRow，初始化为true，作为后续的遍历操作中的循环条件。

（11）第24行，声明一个“Map<String, Object>”类型变量paras，用于保存在每一行中读取的具体数据，作为插入数据库操作的方法参数。

（12）第25行~第37行，循环遍历读取工作表sheet中的每一行数据，并逐一存入数据库表中。第25行中初始的循环变量*i*的值为2，表示从第3行（起始索引值为0）开始读取数据。第26行读取当前索引值*i*对应行的数据对象dataRow，接着判断dataRow是否为null，如果为null则将变量hasNextRow设置为false，循环结束；否则继续执行下一行数据的导入操作。第30行清空paras。第31行~第34行遍历当前行的所有列，以第2行对应单元格中的字段名称为键，以当前行单元格中的数据为值，依次填充至paras中。第35行调用DbUtil工具类中封装的insertEntity方法，将paras插入数据库表，就完成了一条数据的导入操作。

（13）第41行，如果在数据导入操作时产生了异常，就将数据导入操作失败的提示消息存入result变量中。

（14）第43行，返回结果字符串result。

4. 控制层Servlet的实现

视频讲解

在“cn.bmxt.controller”包中创建一个新的Servlet类，命名为AdminZsGradeImport，然后编辑该文件，在其中实现成绩与录取信息的上传导入功能。先接收用户上传的Excel文件，再将其中的数据导入数据库表grade，具体实现代码如13.1-05所示。

【代码13.1-05】文件/src/cn.bmxt.controller/AdminZsGradeImport.jsp，版本1.0。

```
01 package cn.bmxt.controller;
02 // import ... 此处省略了导包语句
03 @WebServlet("/admin/zs/grade/import")
04 @MultipartConfig
05 public class AdminZsGradeImport extends HttpServlet {
06   // ...此处省略了doGet方法，参见代码7.2.2-02
07   protected void doPost(HttpServletRequest request,
   HttpServletResponse response) throws ServletException, IOException
   {
08     Phase currentPhase = (Phase) request.getServletContext().
   getAttribute("currentPhase");
09     if (currentPhase.getPhase_number() == 6) {
10       String mess = "";
11       String fileName = TransUtil.getFileName("file", request);
```

```
12        if ("xlsx".equalsIgnoreCase(TransUtil.getFileExt(fileName))){
13          try {
14              TransUtil.saveFile("file", "/assets/upload/file/",
request);
15              GradeDao gradeDao = (GradeDao) DaoFactory.
getInstance("GradeDao");
16              gradeDao.clear();
17              mess = POIUtil.importDataFromXLSX(TransUtil.
getRealPath("/assets/upload/file/", request) + fileName, Grade.
class);
18          } catch (IOException | ServletException e) {
19              mess = "* 提示：文件上传失败！ ";
20              e.printStackTrace();
21          }
22          mess = ("".equals(mess)) ? "* 提示：文件上传导入成功，请到“成绩
与录取查询”功能页面查看！ " : mess;
23        } else {
24          mess = "* 提示：上传的文件格式不正确！ ";
25        }
26        request.setAttribute("mess", mess);
27        TransUtil.forward("/admin/zs/import.jsp", request, response);
28      } else {
29        TransUtil.forward("/exception/unauthorized.html", request,
response);
30      }
31    }
32 }
```

代码13.1-05说明如下：

（1）第08行，从application作用域中获取当前阶段对象currentPhase。

（2）第09行，判断系统当前所处阶段的阶段编号是否为6（成绩及录取查询阶段），如果是则继续处理请求，否则直接转到第29行代码，将请求转发至未授权操作的提示页面。

（3）第10行，声明字符串变量mess，用于保存操作执行后的提示消息。

（4）第11行，从当前请求对象中获取上传文件的名称（含扩展名）。

（5）第12行，判断上传文件的扩展名是否为xlsx，如果是则继续处理请求，否则说明用户上传的文件格式不正确，直接转到第24行代码，在mess中存入对应的提示消息。

（6）第14行，接收用户上传的Excel文件，并将其保存至“/assets/upload/file/”目录下。

（7）第16行，调用DAO层封装的clear方法，将数据库表grade中的数据清空。

（8）第17行，调用工具类POIUtil中封装的从Excel文件读取数据并导入至数据库表的方法importDataFromXLSX，完成数据导入操作，并将导入操作方法的返回结果存入mess。

（9）第19行，如果第14行~第17行代码执行过程中产生了异常，则在mess中存入文件上传失败的提示消息。

（10）第22行，程序执行到此行时，若字符串变量mess的值仍为空值，则说明数据的导入

操作顺利完成，可以在mess中存入文件上传成功的提示消息，并在其中提示用户可以到“成绩与录取查询”功能页面去查询已导入的成绩数据。

（11）第26行，将提示消息mess保存至request作用域中。

（12）第27行，将请求转发至招生管理员的成绩与录取信息维护的功能页面。

5. 功能测试

按照上述步骤完成了成绩与录取信息导入功能的设计开发之后，就可以重启Tomcat服务器进行访问测试了。使用招生管理员账号“zs_admin_01”登录系统，首先将当前阶段设置为第6阶段（成绩及录取查询阶段），然后切换到成绩与录取维护功能页面，在本地文件系统中选择要上传导入的Excel文件，单击“上传并导入”按钮发送功能操作的请求。执行数据导入操作成功后的页面效果如图13.1所示。

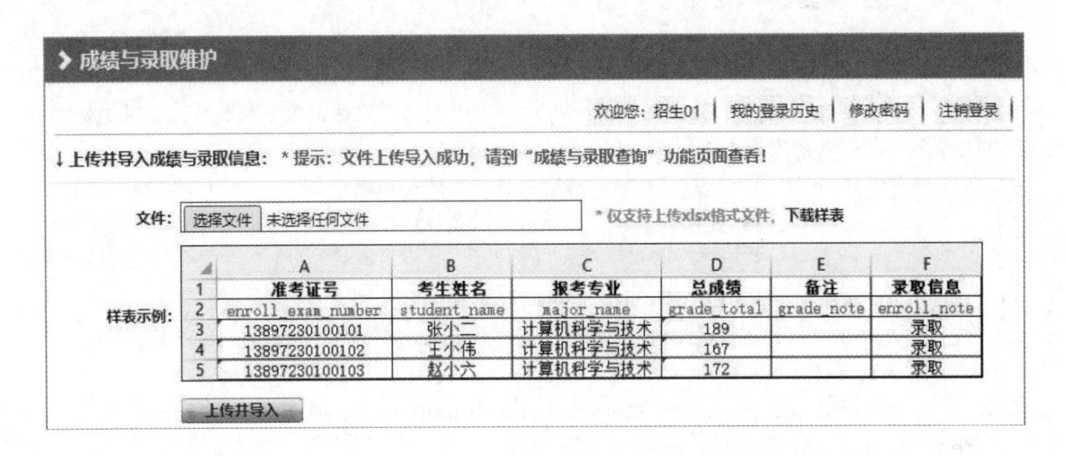

图13.1 成绩与录取信息维护功能页面效果

13.2 成绩与录取信息查询功能的实现

成绩与录取信息上传并导入至系统后，所有管理员都可以根据专业和录取状态查询考生成绩，考生也可以登录系统查询自己的成绩及录取信息。下面分别介绍管理员查询成绩与录取信息功能的实现和考生查询个人成绩与录取信息功能的实现。

13.2.1 管理员查询成绩与录取信息功能的实现

管理员查询成绩与录取信息的功能是阶段不受限的功能，可以随时执行查询操作，但是只有在招生管理员导入了成绩与录取信息之后，才会真正查询到数据。管理员可以按照报考专业和录取状态这两个条件查询成绩数据，结果以分页数据列表的形式展示，在结果列表中展示准考证号码、考生姓名、报考专业、总成绩、备注、录取状态等字段。接下来对管理员查询成绩与录取信息功能的设计实现进行详细讲解。

视频讲解

1. 页面视图的设计与实现

管理员可以根据报考专业和录取状态查询成绩信息，二者均可使用下拉列表元素实现查询表单。在报考专业的选项列表中增加一个空值项（选项为空，传值为空），表示查询所有的报考专业。在录取状态的选项列表中也增加一个空值项（选项为空，传值为空），表示查询所有录取状态。在“/web/admin/common/”目录下创建查询成绩与录取信息的功能页面“grade.jsp”，其中查询表单的设计代码如13.2.1-01所示。

【代码13.2.1-01】查询成绩与录取信息的表单设计，代码位置：/web/admin/common/grade.jsp。

```
01 <div class="operation">
02   <span class="text-blue"> ↓ 查询成绩与录取信息：</span>
03 </div>
04 <div class="form-area">
05   <form action="${root}/admin/common/grade/page" method="post">
06     <div class="row">
07       <div class="bold"> 专业：</div>
08       <div class="item">
09         <select name="major_name">
10           <option value=""></option>
11           <c:forEach var="major" items="${majors}">
12             <option value="${major.major_name}" ${major.major_
   name eq param.major_name ? 'selected' : ''} >${major.major_name}
   </option>
13           </c:forEach>
14         </select>
15       </div>
16       <div class="bold"> 录取状态：</div>
17       <div class="item">
18         <select name="enroll_note">
19           <option value=""></option>
20           <option value=" 录取 " ${param.enroll_note eq ' 录取 ' ?
   'selected' : ''}> 录取 </option>
21           <option value=" 未录取 " ${param.enroll_confirm eq ' 未录取 '
   ? 'selected' : ''}> 未录取 </option>
22         </select>
23       </div>
24       <div>
25         <button class="btn-short" type="submit"> 查询 </button>
26       </div>
27     </div>
28   </form>
29 </div>
```

查询结果视图使用数据表格设计，在结果中展示必要的信息字段。之后，数据表格还要使用“jsp:include”标签动态包含数据分页导航文件，实现数据的分页导航。成绩与录取信息查询结果视图的设计代码如13.2.1-02所示。

【代码13.2.1-02】成绩与录取信息查询结果视图设计，代码位置：/web/admin/common/grade.jsp。

```
01 <table class="data-table">
02   <tr>
03     <th>序号</th>
04     <th>准考证号</th>
05     <th>姓名</th>
06     <th>专业</th>
07     <th>总成绩</th>
08     <th>备注</th>
09     <th>录取状态</th>
10   </tr>
11   <c:forEach var="item" items="${pageData.items}"
  varStatus="status">
12     <tr>
13       <td>${(pageData.number-1) * pageData.size + status.count}
  </td>
14       <td>${item.enroll_exam_number}</td>
15       <td>${item.student_name}</td>
16       <td>${item.major_name}</td>
17       <td>${item.grade_total}</td>
18       <td>${item.grade_note}</td>
19       <td>${item.enroll_note}</td>
20     </tr>
21   </c:forEach>
22 </table>
23 <jsp:include page="/admin/includes/page-nav.jsp" />
```

管理员查询成绩与录取信息功能的完整页面需要包含封装好的页面头部文件、页面底部文件、管理员用户功能页面左侧的导航文件以及管理员用户功能页面右侧的快捷导航文件，在页面右侧功能区中包含查询表单与分页的数据表格结果视图，还需要将分页导航文件包含进来。页面的完整构成代码如13.2.1-03所示。

【代码13.2.1-03】文件/web/admin/common/grade.jsp，版本1.0。

```
01 <%@ page language="java" contentType="text/html; charset=UTF-8"
   pageEncoding="UTF-8" %>
02 <%@ include file="/includes/page-head.jsp" %>
03 <section id="main">
04   <%@ include file="/admin/includes/left-nav.jsp" %>
05   <div id="right">
06     <h1 id="nav-title">成绩与录取信息</h1>
07     <div id="right-area">
08       <%@ include file="/admin/includes/right-nav.jsp" %>
09       ...此处为【代码13.2.1-01】中的所有代码
10       ...此处为【代码13.2.1-02】中的所有代码
```

```
11      </div>
12    </div>
13 </section>
14 <%@ include file="/includes/page-bottom.jsp" %>
```

2. DAO层方法的封装

查询成绩与录取信息时需要根据招考专业以及录取状态这两个条件执行分页数据查询操作，通过实体类DAO接口所继承的通用DAO接口方法findOnePageBySql可以实现，但是需要提供SQL查询语句。为了避免在控制层出现底层的SQL语句，可以在DAO层中封装一个新的查询方法，供控制层调用。在GradeDao接口中定义该方法，然后在其实现类GradeDaoImpl中实现该方法。首先编辑文件“/src/cn.bmxt.dao/GradeDao.java”，在其中定义接口方法findOnePageGrades，实现代码如13.2.1-04所示。方法的入参有四个，分别为当前页次、每页数据条数、招考专业和录取状态。

视频讲解

【代码13.2.1-04】文件/src/cn.bmxt.dao/GradeDao.java，版本1.0，上一个版本参见代码13.1-02。

```
01 package cn.bmxt.dao;
02 import cn.bmxt.dao.common.BaseDao;
03 import cn.bmxt.entity.Grade;
04 import cn.bmxt.entity.common.Page;
05 public interface GradeDao extends BaseDao<Grade> {
06   public int clear();
07   public Page<Grade> findOnePageGrades(int number, int size, String
   major_name, String enroll_note);
08 }
```

接着编辑文件“/src/cn.bmxt.dao.impl/GradeDaoImpl.java”，实现GradeDao接口中新增的方法，实现代码如13.2.1-05所示。

【代码13.2.1-05】文件/src/cn.bmxt.dao.impl/GradeDaoImpl.java，版本1.0，上一个版本参见代码13.1-03。

```
01 package cn.bmxt.dao.impl;
02 import cn.bmxt.dao.GradeDao;
03 import cn.bmxt.dao.common.impl.BaseDaoImpl;
04 import cn.bmxt.entity.Grade;
05 import cn.bmxt.entity.common.Page;
06 public class GradeDaoImpl extends BaseDaoImpl<Grade> implements
   GradeDao {
07   public int clear() {
08     return deleteBySql("delete from grade");
09   }
10   public Page<Grade> findOnePageGrades(int number, int size, String
```

```
major_name, String enroll_note) {
11      String major_name_cond = "".equals(major_name) ? "<>" : "=";
12      String enroll_note_cond = "".equals(enroll_note) ? "<>" : "=";
13      String sql = "select * from grade where major_name " + major_
name_cond + "? and enroll_note " + enroll_note_cond + "?";
14      return findOnePageBySql(number, size, sql, major_name, enroll_
note);
15    }
16 }
```

代码13.2.1-05中，第10行~第15行代码实现了接口方法findOnePageGrades。第11行根据参数“major_name”的具体传值来确定SQL语句中“major_name”字段的具体查询条件字符串，如果参数“major_name”传值为空，说明查询的是所有的专业，此时查询条件字符串应为“不等于”（<>），否则查询条件字符串就是“等于”（=）。第12行根据参数“enroll_note”的具体传值来确定SQL语句中“enroll_note”字段的具体查询条件字符串，如果请求参数“enroll_note”传值为空，说明查询的是所有录取状态的数据，此时查询条件字符串应为“不等于”（<>），否则查询条件字符串就是“等于”（=）。

第13行通过拼接查询条件where子句构建出完整的SQL查询语句。第14行调用通用DAO接口中的findOnePageBySql方法获取一页结果数据，并封装在Page对象中返回。

3. 控制层Servlet的实现

视频讲解

分页查询成绩与录取信息时既需要分页信息相关的参数，又需要查询条件的参数。如果用户在请求时没有提供这些参数，那么接受请求参数时就需要设置一个有效的默认值。可以直接使用TransUtil工具类中封装好的需要提供默认值参数的getInt、getString等方法获取请求参数值，从而保证程序能够正常执行。在“cn.bmxt.controller”包中创建一个新的Servlet类，命名为AdminCommonGradePage，然后编辑该文件，实现分页查询成绩与录取信息的功能，设计代码如13.2.1-06所示。

【代码13.2.1-06】文件/src/cn.bmxt.controller/AdminCommonGradePage.java，版本1.0。

```
01 package cn.bmxt.controller;
02 // import ... 此处省略了导包语句
03 @WebServlet("/admin/common/grade/page")
04 public class AdminCommonGradePage extends HttpServlet {
05   // ... 此处省略了 doGet 方法，参见代码 7.2.2-02
06   protected void doPost(HttpServletRequest request,
HttpServletResponse response) throws ServletException, IOException
{
07     GradeDao gradeDao = (GradeDao) DaoFactory.
getInstance("GradeDao");
08     int number = TransUtil.getInt("number",1, request);
09     int size = TransUtil.getInt("size", 10, request);
10     String major_name = TransUtil.getString("major_name", request);
```

```
11     String enroll_note = TransUtil.getString("enroll_note",
  request);
12     Page<Grade> pageData = gradeDao.findOnePageGrades(number, size,
  major_name, enroll_note);
13     request.setAttribute("pageData", pageData);
14     TransUtil.forward("/admin/common/grade.jsp", request,
  response);
15   }
16 }
```

代码13.2.1-06中第08行接收当前页次number这个请求参数的值，如果请求中不存在该参数或者参数在类型转换时发生了异常，会使用getInt方法中设置的默认值1。同样地，第09行接收每页显示条目数size这个请求参数的值时，在getInt方法中设置了默认值10。第10行接收招考专业“major_name”这个请求参数的值，如果在请求中不存在该参数，那么getString方法的返回值就是空值，意味着不限专业。同样地，第11行接收录取状态“enroll_note”这个请求参数的值，如果在请求中不存在该参数，那么getString方法的返回值就是空值，意味着不限录取状态。第12行调用DAO层封装的findOnePageGrades方法获取分页数据模型对象，第13行将其保存至request作用域，最后第14行将请求转发至查询成绩与录取信息的功能页面。

4. 功能测试

按照上述步骤完成了分页查询成绩与录取信息功能的设计开发之后，就可以重启Tomcat服务器进行访问测试了。使用招生管理员账号“zs_admin_01”登录系统，首先将当前阶段设置为第6阶段（成绩及录取查询阶段），还需要完成成绩与录取信息的导入操作，然后就可以切换到成绩与录取信息查询的功能页面执行查询操作了。图13.2展示的是查询报考专业为“软件工程”的成绩与录取信息数据的页面效果，其中每页显示条目数修改为4条，并且通过分页数据导航将当前页次切换到第2页。

> 成绩与录取信息

欢迎您：招生01 | 我的登录历史 | 修改密码 | 注销登录 |

↓查询成绩与录取信息：

专业：软件工程 录取状态： 查询

序号	准考证号	姓名	专业	总成绩	备注	录取状态
5	13897230200305	黄小娟	软件工程	175		录取
6	13897230200401	周小敏	软件工程	150		录取
7	13897230200402	马小明	软件工程	181		录取
8	13897230200403	朱小丽	软件工程	182		录取

4 条/页 共 18 条 当前第 2 页 首页 上一页 下一页 尾页 跳转至第 2/5 页

图13.2 管理员查询成绩与录取信息功能的页面效果

13.2.2 考生查询个人成绩与录取信息功能的实现

招生管理员导入了成绩与录取信息之后，考生就可以登录系统查询个人的成绩与录取信息了。该功能对于考生而言是阶段受限的功能，考生只能在成绩及录取查询阶段执行查询操作。下面对考生查询个人成绩与录取信息功能的设计实现进行详细介绍。

1. 页面视图的设计与实现

视频讲解

在考生查询个人成绩与录取信息的页面中，需要根据当前阶段、报名信息以及成绩信息进行综合研判来确定页面的显示内容。为便于分析设计与代码实现，将各种状态条件下的视图展示一一列举如下。

（1）系统当前阶段不处于第6阶段（成绩及录取查询阶段）。此时可在页面中显示当前阶段信息，并提示考生不能进行成绩与录取查询操作。

（2）系统当前阶段处于第6阶段（成绩及录取查询阶段），但考生未报名。此时可在页面中提示考生未在规定时间内报名，不能进行成绩与录取查询操作。

（3）系统当前阶段处于第6阶段（成绩及录取查询阶段），考生已报名，但是未缴费确认。此时可在页面中提示考生未在规定时间内缴费确认，不能进行成绩与录取查询操作。

（4）系统当前阶段处于第6阶段（成绩及录取查询阶段），考生已报名并且已缴费确认。此时如果不存在成绩与录取信息，则是因为招生管理员尚未上传成绩与录取信息，可以在页面中提示考生成绩与录取信息尚未发布，请考生耐心等待。

（5）系统当前阶段处于第6阶段（成绩及录取查询阶段），考生已报名并且已缴费确认，招生管理员也已经上传了成绩与录取信息，才能在页面中展示考生的成绩与录取信息。

根据以上各种状态条件对考生查询个人成绩与录取信息的页面进行设计，在“/web/student/”目录下创建考生查询个人成绩与录取信息的功能页面“grade.jsp”，其完整的页面设计代码如13.2.2-01所示。

【代码13.2.2-01】文件/web/student/grade.jsp，版本1.0。

```
01 <%@ page language="java" contentType="text/html; charset=UTF-8"
   pageEncoding="UTF-8" %>
02 <%@ include file="/includes/page-head.jsp" %>
03 <section id="main">
04   <%@ include file="/student/includes/left-nav.jsp" %>
05   <div id="right">
06     <h1 id="nav-title">成绩与录取查询</h1>
07     <div id="right-area">
08       <%@ include file="/student/includes/right-nav.jsp" %>
09       <c:if test="${currentPhase.phase_number ne 6}">
10         <div class="info text-red">* 提示：当前处于${currentPhase.
   phase_name}，不能进行成绩及录取查询操作！</div>
11       </c:if>
12       <c:if test="${currentPhase.phase_number eq 6}">
13         <div class="operation">
14           <span class="text-blue">↓ 成绩与录取结果：</span>
15         </div>
16         <c:if test="${empty enroll}">
```

```
17            <div class="info text-red">* 提示：您未在规定时间内报名，不能
  进行成绩及录取查询操作！ </div>
18          </c:if>
19          <c:if test="${not empty enroll and enroll.enroll_confirm eq
  0}">
20            <div class="info text-red">* 提示：您未在规定时间内缴费确认，
  不能进行成绩及录取查询操作！ </div>
21          </c:if>
22          <c:if test="${not empty enroll and enroll.enroll_confirm ne
  0}">
23            <c:if test="${empty grade}">
24              <div class="info  text-red">* 提示：成绩与录取信息尚未发布，
  请您耐心等待！ </div>
25            </c:if>
26            <c:if test="${not empty grade}">
27              <div class="info">
28                您的总成绩为 <span class="text-red bold">${grade.grade_
  total}</span> 分，
29                <c:if test="${not empty grade.grade_note}">${grade.
  grade_note}，</c:if>
30                <c:if test="${grade.enroll_note eq '录取'}">恭喜您被
  我校<span class="text-red bold"> ${grade.major_name} </span>专业录取，
  录取通知书将通过邮寄方式送达！ </c:if>
31                <c:if test="${grade.enroll_note eq '未录取'}">很遗憾，
  您未被我校录取！ </c:if>
32              </div>
33            </c:if>
34          </c:if>
35        </c:if>
36      </div>
37    </div>
38  </section>
39  <%@ include file="/includes/page-bottom.jsp" %>
```

2. DAO层方法的应用

考生查询个人成绩与录取信息的页面中需要加载考生报名信息、考生的成绩与录取信息，它们都可以通过实体类DAO接口所继承的通用DAO接口中的findOneByField方法查询得到。查询考生的报名信息时，可以通过考生的用户名字段来查询，考生的用户名等个人信息可以从session作用域中获取。查询考生的成绩与录取信息时，可以通过考生的准考证号码字段来查询，考生的准考证号码字段信息可以从查询到的考生的报名信息中获取。因此，实现考生查询个人成绩与录取信息功能时不需要在DAO层定义新的数据操作方法。

视频讲解

3. 控制层Servlet的实现

在“cn.bmxt.controller”包中创建一个新的Servlet类，命名为StudentGradeShow，然后编辑该文件，在其中查询考生的报名信息以及成绩与录取信息，将它们保存至request作用域，随

请求转发至功能页面中。Servlet类StudentGradeShow的实现代码如13.2.2-02所示。

【代码13.2.2-02】文件/src/cn.bmxt.controller/StudentGradeShow.java，版本1.0。

```
01 package cn.bmxt.controller;
02 // import ... 此处省略了导包语句
03 @WebServlet("/student/grade/show")
04 public class StudentGradeShow extends HttpServlet {
05   // ... 此处省略了 doGet 方法，参见代码 7.2.2-02
06   protected void doPost(HttpServletRequest request,
   HttpServletResponse response) throws ServletException, IOException
   {
07     Student student = (Student) request.getSession().
   getAttribute("student");
08     EnrollDao enrollDao = (EnrollDao) DaoFactory.
   getInstance("EnrollDao");
09     Enroll enroll = enrollDao.findOneByField("student_username",
   student.getStudent_username());
10     if (enroll != null) {
11       GradeDao gradeDao = (GradeDao) DaoFactory.
   getInstance("GradeDao");
12       Grade grade = gradeDao.findOneByField("enroll_exam_number",
   enroll.getEnroll_exam_number());
13       request.setAttribute("grade", grade);
14     }
15     request.setAttribute("enroll", enroll);
16     TransUtil.forward("/student/grade.jsp", request, response);
17   }
18 }
```

4. 功能测试

按照上述步骤完成了考生查询个人成绩与录取信息功能的设计开发之后，就可以重启Tomcat服务器进行访问测试了。测试之前需要由招生管理员将系统阶段设置为第6阶段（成绩及录取查询阶段），并完成成绩与录取信息的导入操作。图13.3展示的是考生“student_01”登录系统后的成绩与录取查询功能页面，查询结果显示该考生被成功录取。其他状态条件下的页面视图请读者自行测试查看。

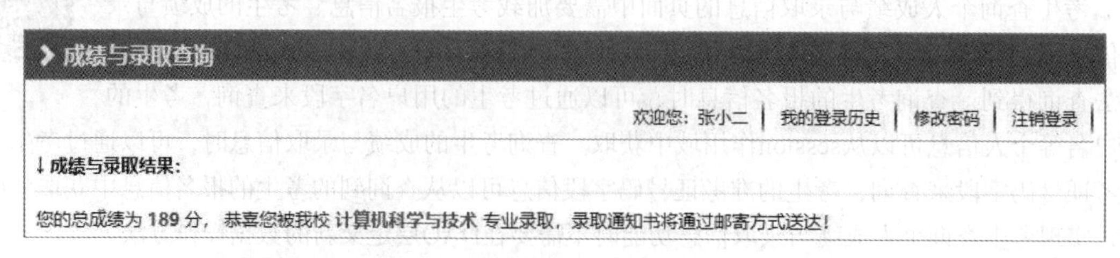

图13.3 被录取考生的成绩与录取查询页面效果

第14章 数据库备份与恢复

在系统使用过程中，需要定期执行数据库备份操作。一旦发生意外情况，造成了数据丢失，可以使用最近的数据库备份文件恢复数据库，将损失与影响降至最低限度。数据库备份与恢复操作由系统管理员执行，属于阶段不受限的功能。本章介绍数据库备份与恢复功能的具体设计实现。

14.1 数据库备份功能的实现

备份和恢复MySQL数据库的操作可以通过执行数据库备份和恢复命令实现。执行MySQL数据库备份的命令为mysqldump，它通过调用MySQL安装路径下的bin目录中的“msqldump.exe”这个可执行文件完成数据库备份操作。因此，在Java代码中，需要调用执行外部exe文件命令的API来执行mysqldump命令。接下来对数据库备份功能的设计实现进行详细介绍。

1. 页面视图的设计与实现

数据库备份操作在服务端完成，前端页面只需要部署一个超链接，用于发起数据库备份操作的请求。数据库备份成功后，可以将备份到服务端的数据库文件的链接在页面中展示出来，让系统管理员将备份后的数据库文件下载到本地文件系统中保存，在恢复数据库时要使用这个数据库文件。在“/web/admin/sys/”目录下创建数据库维护的功能页面“db.jsp”，该页面用于部署数据库备份和数据库恢复功能操作的视图，其中数据库备份操作视图的设计代码如14.1-01所示。

视频讲解

【代码14.1-01】数据库备份操作的视图设计，代码位置：/web/admin/sys/db.jsp。

```
01 <div class="operation">
02   <span class="text-blue">↓ 数据库备份：</span>
03   <span class="text-red">${backupMess}</span>
04 </div>
05 <div class="form-area">
06   <div class="row">
07     <div class="item">
```

```
08          <a class="btn-long" href="${root}/admin/sys/db/backup"> 开始备
份 </a>
09          <c:if test="${not empty downloadUri}"><a class="btn-long"
href="${root}${downloadUri}"> 下载备份文件 </a></c:if>
10        </div>
11      </div>
12 </div>
```

2. 控制层Servlet的实现

视频讲解

在“cn.bmxt.controller”包中创建一个新的Servlet类，命名为AdminSysDbBackup，然后编辑该文件，在其中实现数据库的备份操作，设计代码如14.1-02所示。

【代码14.1-02】文件/src/cn.bmxt.controller/AdminSysDbBackup.java，版本1.0。

```
01 package cn.bmxt.controller;
02 // import ... 此处省略了导包语句
03 @WebServlet("/admin/sys/db/backup")
04 public class AdminSysDbBackup extends HttpServlet {
05   // ...此处省略了 doGet 方法，参见代码 7.2.2-02
06   protected void doPost(HttpServletRequest request,
HttpServletResponse response) throws ServletException, IOException
{
07     String filePath = TransUtil.getRealPath("/assets/upload/file/",
request);
08     String sqlFileName = "bmxt_" + DatetimeUtil.
stamp2ds(DatetimeUtil.nowStamp(), "yyyy_MM_dd_HH_mm_ss")+ ".sql";
09     String os_name = System.getProperty("os.name");
10     boolean isWinOs = os_name.toLowerCase().startsWith("win");
11     String c1 = isWinOs ? "cmd" : "/bin/sh";
12     String c2 = isWinOs ? "/c" : "-c";
13     String cmd = "mysqldump -hlocalhost -uroot -proot bmxt > " +
filePath + sqlFileName;
14     String backupMess = "";
15     try {
16       Process process = Runtime.getRuntime().exec(new String[]{c1,
c2, cmd});
17       process.waitFor();
18     } catch (Exception e) {
19       backupMess = "* 提示：数据库备份失败！ ";
20       e.printStackTrace();
21     }
22     String downloadUri = "".equals(backupMess) ? "/assets/upload/
file/" + sqlFileName : "";
```

```
23      request.setAttribute("backupMess", "".equals(backupMess) ? "*
    提示：数据库备份成功，请下载保存备份文件！ " : backupMess);
24      request.setAttribute("downloadUri", downloadUri);
25      TransUtil.forward("/admin/sys/db.jsp", request, response);
26    }
27 }
```

代码14.1-02实现数据库备份操作的步骤说明如下：

（1）第07行，备份的数据库文件可以保存在项目的"/assets/upload/file/"目录下，本行声明的filePath获取的就是这个目录的绝对路径。

（2）第08行，定义备份的数据库文件的名称，以"bmxt_"开头，后面拼接上表示当前时间的字符串，格式为"yyyy_MM_dd_HH_mm_ss"，最后再拼接上文件的扩展名".sql"。

（3）第09行，获取当前操作系统的名称。由于Linux系统下执行命令的参数与Windows系统下执行命令的参数有所不同，因此程序在实现数据库备份操作时要考虑兼容性。

（4）第10行，声明布尔型变量isWinOs，根据当前操作系统名称是否以"win"（不区分大小写）开头来确定当前系统是否为Windows系统。如果是windows系统，变量isWinOs的值就为true，否则isWinOs的值为false。

（5）第11行，如果当前操作系统是windows系统，则将执行命令的第一个参数设置为"cmd"，否则设置为"/bin/sh"。

（6）第12行，如果当前操作系统是windows系统，则将执行命令的第二个参数设置为"/c"，否则设置为"-c"。

（7）第13行，声明数据库备份操作的命令字符串，其中"mysqldump"是数据库备份的命令，参数"-h"指明要备份的数据库所在的服务器地址，参数值"localhost"表示本机，参数"-u"是备份数据库时使用的数据库用户名，参数"-p"是数据库用户的密码，"bmxt"则是要备份的数据库名称。命令行中">"号之后的部分是备份导出的数据库文件的存储路径及文件名称。

（8）第14行，声明字符串变量backupMess，用于保存操作结果的提示消息。

（9）第16行~第17行，调用执行命令的API执行数据库备份命令，完成数据库的备份操作。

（10）第19行，如果备份操作执行时产生了异常，就在backupMess中存入数据库备份失败的提示消息。

（11）第22行，声明字符串变量downloadUri，用于保存数据库备份文件的URI。程序执行到本行时，如果backupMess仍为空，说明数据库备份操作成功，就可以将数据库备份文件的路径URI保存至downloadUri中，以便在页面中渲染出下载链接，供用户下载数据库备份文件。如果数据库备份操作失败，downloadUri就设置为空字符串。对照代码14.1-01中的第09行，只有当downloadUri不为空时，页面中才会渲染出"下载备份文件"这个链接按钮。

（12）第23行，在request作用域中保存操作提示消息，如果此时backupMess为空，那么就提示用户数据库备份操作成功，需要下载保存备份文件。

（13）第24行，在request作用域中保存数据库备份文件的URI地址字符串downloadUri。

（14）第25行，将请求转发至数据库维护页面。

3. 功能测试

按照上述步骤完成了数据库备份功能的设计开发之后，就可以重启Tomcat服务器进行访问测试了。使用系统管理员账号“sys_admin”登录系统，切换到数据库维护功能页面，单击页面中的“开始备份”按钮发起数据库备份请求。数据库备份成功时的页面效果如图14.1所示，此时在“开始备份”按钮之后渲染出“下载备份文件”的链接按钮，单击这个链接按钮就可以将本次备份的数据库文件下载到本地了。

图14.1　数据库备份操作成功的页面视图

14.2 数据库恢复功能的实现

实现MySQL数据库恢复的命令为mysql，它通过调用MySQL安装路径下的bin目录中的“msql.exe”这个可执行文件完成数据库恢复操作。因此，在Java代码中，需要调用执行外部exe文件命令的API来执行mysql命令。接下来对数据库恢复功能的设计实现进行详细介绍。

1. 页面视图的设计与实现

视频讲解

恢复数据库时需要使用之前备份到本地的数据库文件。首先将数据库文件上传到服务器，然后由服务端执行数据库恢复命令完成数据库的恢复操作。数据库恢复操作的页面视图中需要部署一个上传文件的表单，也是在“/web/admin/sys/”目录下的“db.jsp”页面中部署。数据库恢复操作的页面视图设计代码如14.2-01所示。

【代码14.2-01】数据库恢复操作的页面视图设计，代码位置：/web/admin/sys/db.jsp。

```
01 <div class="operation">
02   <span class="text-blue">↓ 数据库恢复：</span>
03   <span id="recovery_mess" class="text-red">${recoveryMess}</span>
04 </div>
05 <div class="form-area">
06   <form action="${root}/admin/sys/db/recovery" method="post"
ENCTYPE="multipart/form-data">
07     <div class="row">
08       <div class="label">备份文件：</div>
09       <div class="item"><input type="file" name="file"/></div>
10       <div class="item hint">* 请上传备份时保存的 .sql 格式文件 </div>
11     </div>
12     <div class="row">
13       <div class="label"></div>
```

```
14      <div class="item">
15        <button class="btn-long" type="submit">确认恢复</button>
16      </div>
17    </div>
18   </form>
19 </div>
```

代码14.2-01中涉及文件上传的表单，在表单提交时需要校验用户是否选择了要上传的文件，使用前端脚本进行校验，校验代码如14.2-02所示。

【代码14.2-02】数据库恢复操作页面视图中上传文件表单数据的前端校验代码，代码位置：/web/admin/sys/db.jsp。

```
01 <script>
02   $(function () {
03     let form = document.forms[0];
04     $(form).submit(function (e) {
05       if (form.file.value.trim() == "") {
06         $("#recovery_mess").text(" * 请先选择要上传的文件！ ");
07         form.file.focus();
08         return false;
09       }
10       return true;
11     });
12   });
13 </script>
```

系统管理员的数据库维护功能的完整页面除了右侧功能区包含数据库备份操作和数据库恢复操作的页面视图之外，还需要包含封装好的页面头部文件、页面底部文件、管理员用户功能页面左侧的导航文件以及管理员用户功能页面右侧的快捷导航文件。数据库维护功能页面的完整构成代码如14.2-03所示。

【代码14.2-03】文件/web/admin/sys/db.jsp，版本1.0。

```
01 <%@ page language="java" contentType="text/html; charset=UTF-8"
   pageEncoding="UTF-8" %>
02 <%@ include file="/includes/page-head.jsp" %>
03 <section id="main">
04   <%@ include file="/admin/includes/left-nav.jsp" %>
05   <div id="right">
06     <h1 id="nav-title">数据库维护</h1>
07     <div id="right-area">
08       <%@ include file="/admin/includes/right-nav.jsp" %>
09       ...此处为【代码 14.1-01】中的所有代码
10       <div class="fgx"></div>
11       ...此处为【代码 14.2-01】中的所有代码
```

```
12    </div>
13  </div>
14 </section>
15 ... 此处为【代码 14.2-02】中的所有代码
16 <%@ include file="/includes/page-bottom.jsp" %>
```

2. 控制层Servlet的实现

视频讲解

在“cn.bmxt.controller”包中创建一个新的Servlet类，命名为AdminSysDbRecovery，然后编辑该文件，在其中实现数据库的恢复操作，设计代码如14.2-04所示。

【代码14.2-04】文件/src/cn.bmxt.controller/AdminSysDbRecovery.java，版本1.0。

```
01 package cn.bmxt.controller;
02 // import ... 此处省略了导包语句
03 @WebServlet("/admin/sys/db/recovery")
04 @MultipartConfig
05 public class AdminSysDbRecovery extends HttpServlet {
06   // ...此处省略了 doGet 方法，参见代码 7.2.2-02
07   protected void doPost(HttpServletRequest request,
   HttpServletResponse response) throws ServletException, IOException
   {
08     String recoveryMess = "";
09     String fileName = TransUtil.getFileName("file", request);
10     if ("sql".equalsIgnoreCase(TransUtil.getFileExt(fileName))) {
11       try {
12         TransUtil.saveFile("file", "/assets/upload/file/", request);
13         String filePath = TransUtil.getRealPath("/assets/upload/
file/", request);
14         String os_name = System.getProperty("os.name");
15         boolean isWinOs = os_name.toLowerCase().startsWith("win");
16         String c1 = isWinOs ? "cmd" : "/bin/sh";
17         String c2 = isWinOs ? "/c" : "-c";
18         String cmd = "mysql -hlocalhost -uroot -proot bmxt < " +
filePath + fileName;
19         Process process = Runtime.getRuntime().exec(new String[]{c1,
   c2, cmd});
20         process.waitFor();
21       } catch (IOException | ServletException |
   InterruptedException e) {
22         recoveryMess = "* 提示: 数据库恢复失败! ";
23         e.printStackTrace();
24       }
25       recoveryMess = "".equals(recoveryMess) ? "* 提示: 数据库恢复成功!
   " : recoveryMess;
```

```
26      } else {
27        recoveryMess = "* 提示：上传的文件格式不正确！ ";
28      }
29      request.setAttribute("recoveryMess", recoveryMess);
30      TransUtil.forward("/admin/sys/db.jsp", request, response);
31    }
32 }
```

代码14.2-04实现数据库恢复操作的步骤说明如下：

（1）第08行，声明字符串变量recoveryMess，用于保存操作结果的提示消息。

（2）第09行，从请求参数中获取上传的文件名称（含扩展名）。

（3）第10行，判断上传文件的扩展名是否为“sql”，如果是，则继续执行数据库恢复操作；如果不是，程序就转到第27行，在recoveryMess变量中保存上传文件格式不正确的提示消息。

（4）第12行，接收用户上传的数据库文件，并保存至“/assets/upload/file/”目录下。

（5）第13行，获取“/assets/upload/file/”目录在服务器中的绝对路径。

（6）第14行，获取当前操作系统的名称。由于Linux系统下执行命令的参数与Windows系统下执行命令的参数有所不同，程序在实现数据库恢复操作时要考虑兼容性。

（7）第15行，声明布尔型变量isWinOs，根据当前操作系统名称是否以“win”（不区分大小写）开头来确定当前系统是否为Windows系统，如果是windows系统，变量isWinOs的值就为true，否则isWinOs的值为false。

（8）第16行，如果当前操作系统是windows系统，则将执行命令的第一个参数设置为“cmd”，否则设置为“/bin/sh”。

（9）第17行，如果当前操作系统是windows系统，则将执行命令的第二个参数设置为“/c”，否则设置为“-c”。

（10）第18行，声明数据库恢复操作的命令字符串，其中“mysql”是数据库恢复的命令，参数“-h”指明要恢复的数据库所在的服务器地址，参数“localhost”表示本机，参数“-u”是恢复据库时使用的数据库用户名，参数“-p”是数据库用户的密码，“bmxt”则是要恢复的数据库名称，命令行中“<”号之后的部分是数据库恢复时要执行的SQL文件，它正是用户上传到服务器的数据库备份文件。

（11）第19行~第20行，调用执行命令的API执行数据库恢复命令，完成数据库的恢复操作。

（12）第22行，如果数据库恢复操作执行时产生了异常，就在recoveryMess中存入数据库恢复失败的提示消息。

（13）第25行，如果此时recoveryMess仍为空，则说明数据库恢复操作成功，就在其中存入数据库恢复成功的提示消息。

（14）第29行，在request作用域中保存操作结果的提示消息recoveryMess。

（15）第30行，将请求转发至数据库维护页面。

3. 功能测试

按照上述步骤完成了数据库恢复功能的设计开发之后，就可以重启Tomcat服务器进行访问测试了。使用系统管理员账号“sys_admin”登录系统，切换到数据库维护页面。执行数据库恢复操作时，应确保已经执行过数据库备份操作，也就是说本地文件系统中保存有之前备份的数据库文件。测试数据库恢复操作功能之前，不妨先对数据库中的数据做一些破坏，比如清空报名信息表中的数据，然后再通过数据库恢复操作将数据恢复。图14.2展示的是数据库恢复操作执行成功时的页面视图。

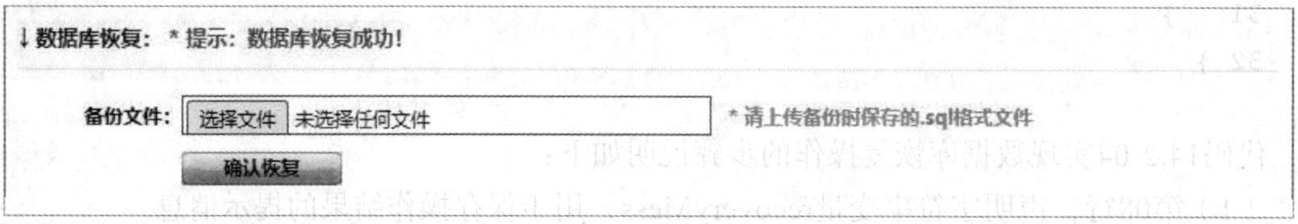

↓数据库恢复: * 提示: 数据库恢复成功!

备份文件: 选择文件 未选择任何文件 * 请上传备份时保存的.sql格式文件

确认恢复

图14.2 数据库恢复操作成功的页面视图